NEW WCDP
新文京開發出版股份有限公司
新世紀・新視野・新文京—精選教科書・考試用書・專業參考書

New Wun Ching Developmental Publishing Co., Ltd.

New Age · New Choice · The Best Selected Educational Publications — NEW WCDP

|EIGHTH EDITION|

CULINARY CARVING AND PLATE DECORATION

編著 周振文

推薦序

RECOMMENDATION

學習蔬果切雕的另類「偷呷步」！

各位喜好蔬果切雕的前輩、同業、讀者、學生大家好！今日有幸我的好友振文兄又有一本蔬果切雕書籍出版，內容視野不斷翻新問世，之中除了感動也是佩服。目前市集坊間此類型的書籍還真是有如過江之鯽，可是振文兄書中的大綱、指引、技法與美學，能有系統的做出編排卻是鮮而少見。由日常食材選購、切雕工具的運用技巧，衍生出周邊相關精緻刀工的專業常識，都在書中表露得淋漓盡致。

餐飲專業職場所須的技能，乃手藝不斷的提升，除了有賴資訊科技的搭配互補外，務實的刀工基礎訓練如不能夠靠著書籍參照，還真是有一點難。

傳統的土法煉鋼學習模式已趕不上時代潮流，本人確信此書的重出江湖，勢必會給大環境帶來相當程度的衝擊與喚醒，它是正面的、不藏私的、有訣竅的，尤其是數十款的連載圖片，將切雕技巧每一步驟具體呈現，對於學習者而言，還真是蔬果切雕的另類偷呷步！

振文兄是一路走來不斷扶持，伴隨衍基學習、成長的晚輩、好友，希望能透過小弟的推薦，勉勵大家一起和振文兄切磋學習，秉持著餐飲環境的務實精神，一同向提升餐飲業的道路邁進，在這漫長的學習過程中，「它」絕對是您最可信賴的選擇。

福容大飯店連鎖集團　餐飲營運部廚藝總監

推薦序

RECOMMENDATION

感恩的心，感謝有您，有您真好！

我校育達在創辦人王廣亞博士擘劃領導之下，超越一甲子的用心辦學卓為私校典範，培育出三十餘萬校友遍布社會各界貢獻良多，尤其以會計商業起家的育達，社會各界多有育達是以商職科系為主流的印象。實則育達身處時代變遷潮流，王創辦人以「倫理創新、品質績效」為辦學準則，歷年來先後體察社會需求調整科系，以務實致用為宗旨，其中於民國九十八年創設的餐飲管理科即為成功之一例，不但學生人數與規模穩定成長，不論技能、證照和學術科教學，均見優良成果。

個人有幸躬逢其盛，恰於創科時期開始擔任教務主任，等同親眼見證一個新生兒從無到有的誕生與逐漸茁壯，王創辦人秉持創科一定要具備優良師資、優良設備、優良課程為先，因此在規劃階段，最重要的師資方面學校下足了工夫，特別敦請到最受敬愛的國廚阿基師擔任總顧問，而每一位特聘的師傅和教師，更是一一由劉育仨校長親自請託，加上創辦人投下鉅資全新建設了設備新穎實用的教學大樓，於是開啟了育達跨足餐飲職科教育的新紀元。

於今回顧起來，我內心最感恩的是以中餐烹飪和蔬果切雕聞名於業界的周振文老師，當時周師傅任職於阿基師主持的維多麗亞酒店，經常利用工作之餘與校方長談餐飲教學專業需求和設備規劃，加上周師傅又是資深技能檢定專業評審，因此我校餐飲科得以在先期即創立「教、學、訓、檢」合一的教學專業設備實習場地，周師傅居功厥偉！加上洪婉瑜前科主任用心規劃理論與實務兼備的課程，也使家長對本科有信心而願意送孩子到育達來，第一年便招收了三百名學生。更感激的是開課之初，周師傅在百忙之中慨允撥冗在育達任教，帶領著這個新生兒一步步前進。也許是緣分，也許是孩子們的福氣，周老師現在已經是我校專任師傅了！數年來，與周老師長期相處，不只是驚羨於精湛的廚藝專業，更和孩子們一樣，深深被周老師溫文儒雅、誠懇熱心所吸引！周老師教學認真之外，常在課餘留校指導有興趣的學生，這幾年來更大手牽小手費心帶著願意挑戰自我的學生參加校外競賽，讓這群初生之犢勇奪眾多大小獎項為校爭光；而選手們的感言總見最感謝的是師傅的悉心教導與全心投入，尤其為訓練過程的每道菜都親手繪圖，維妙維肖的菜譜厚厚一大疊，真教人感動——師傅簡直是廚房裡的藝術家啊！

每每在傍晚信步走在放學後逐漸安靜的校園，只要走近中餐教室，一定會有一盞燈還亮著，一群孩子簇擁著周師傅做菜，學生們還會按年齡以師兄弟姊妹相稱，總是被好一幅溫馨互動猶如一家人的畫面所感動！個人很慶幸能與良師為友，我敬愛的周老師體現的正是為師者應為的典範。欣聞周老師精心設計製作的書籍《蔬果切雕技法與盤飾》即將再版，衷心為我們的周師傅賀喜！承蒙不棄力邀寫序備感榮幸，也藉這個機會向周老師說出心聲：感恩的心，感謝有您，有您真好！

 敬筆

推薦序

RECOMMENDATION

果雕藝術傳承的永續價值與樂趣

飲食文化是人類社會最早發展的文化，隨著時代的變遷，人們的飲食習慣由量的提升進展到對品質的要求，而烹調技術也隨著生活品質的進步，達到了講究藝術和氣氛的境界。

果雕藝術在現今的餐飲業界可以說是一項獨門的技術，在國內這項技藝的傳承者並不多見，周師傅便是少數能堅持所好者之一。隨著經濟快速發展，人力成本高漲的情形下，許多餐旅業者為了節省成本，紛紛將蔬果切雕盤飾改以鮮花或塑膠花取代。但是任何行業想要永續經營，都必須跟得上時代的腳步，個人認為藝術傳承的兩大法則是：「適度的商業包裝」及「生活化」，也就是透過數據、系統、理論基礎與科技，將傳統與生活融會貫通；蔬果切雕因為和食材關係密切，作為盤飾更能突顯食物的價值感，並增進用餐氣氛與樂趣，且果雕題材運用多變，可以說是強化餐旅包裝的利器。

果雕裝飾品給人的印象往往是高人力成本，或是學習者需要有美術天分，其實不然。萬般事物都在於得不得法，不得法者蹉跎時日，最後往往半途而廢；掌握訣竅者則能事半功倍，一步步實踐理想。

欣喜《蔬果切雕技法與盤飾》一書的再版，本書內容完整，理論與實務並重，同時也打破菜系的隔閡，是學習者的最佳寶典。很榮幸再次為周師傅提序，周師傅產學經歷豐富，博學謙卑，更毫不吝嗇的將其豐富的經驗跟大家分享。此外，周師傅的學習態度和成長過程也值得年輕一輩的餐旅人學習。

食材造型藝術中心主廚

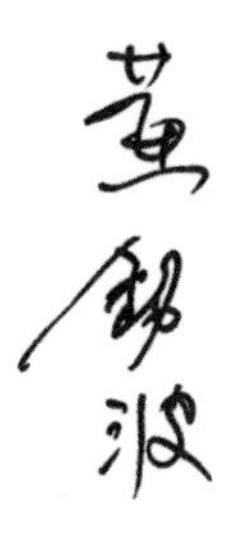

自序 PREFACE

讓每道菜餚，增添食趣和食慾

當一道菜餚被端上餐桌，用餐者會先看到餐盤內的顏色和形狀，在還沒嚐到味道之前，就已經先產生了視覺印象，這也正是盤飾藝術的價值所在：蔬果切雕是一種非常亮眼、非常美麗的藝術，它用最自然的色彩來表現生動、活潑、有趣的雕刻技巧，讓每一道菜餚多了生命力，增添了食趣和食慾。

從事餐飲教學多年，本著與學生們的良性互動，亦師、亦友，互相尊重，以快樂學習的方式進行，但我的要求是一定要學到東西。

時間飛快，從我第一本創意蔬果切雕盤飾書出版，到此書的付梓，已隔數年，這期間陸續出版了五本關於蔬果切雕的教學用書，有初級、中級、高級，以期能符合各階段學習者的需要，而每本書都有詳盡的切雕操作圖解與文字說明，可豐富閱讀者的能力與思考方向。

回顧每一本書的編寫過程，是辛苦的，慶幸有朋友的協助與支持，家人的鼓勵與關懷，點點滴滴都是使我長久以來不敢懈怠的原動力，也讓我得以投注更多的精神與心力在蔬果切雕這項技藝上不斷的精進。

本書的內容與先前出版的書籍，最大的不同，是新增了線條美感的排盤訓練，以及花式綜合水果盤，並將中式排盤、西式排盤、日式排盤分門別類。值得一提的是，本書收錄了非常完整的各式蔬果盅切雕。此外，由於飲料部門在餐飲業的經營中日趨重要，本書也特別設計了杯飾切雕單元，也在此感謝益泰玻璃公司熱心提供各式杯盤拍照使用。

透過本書的出版，將自己累積的經驗寫在書中，衷心樂見所有初學者能有個順利的開始。在學習的過程中，免不了會遇到疑問或困難，希望本書能提供給您最大的助益。要有耐心，一次、二次、三次就成功了。

本書雖經編者細心核對，仍恐不免有疏漏之處，請各位教學先進不吝指正，以供修訂之參考，不勝感激。

編者 周振文 謹識

作者簡介
ABOUT THE AUTHOR

周 振 文

經歷

1984.8 開始餐飲廚藝工作

1. 維多麗亞酒店－副主廚
2. 欣上海珍品堂餐廳－主廚
3. 國聯大飯店－副主廚
4. 鑽石樓粵菜餐廳－主廚
5. 美麗華高爾夫球場－副主廚
6. 美麗華大飯店－副主廚
7. 粵江園海鮮餐廳（二砧）
8. 香滿樓海鮮餐廳（四鍋）
9. 香鴨村鴨庄（廚師）
10. 兩屆參謀總長官邸（御廚）

擅長料理

江浙和廣東料理（蔬果切雕）

證照

1. 中餐烹調乙級證照
2. 中餐烹調丙級證照
3. 行政院勞委會（現勞動部）全國技能競賽裁判
4. 行政院衛生署（現衛福部）廚師專業證書
5. 中餐烹飪技術士檢定，乙、丙級監評委員
6. 教育部專科學校畢業程度學歷鑑定考試及格
7. 臺北市技術及專業教師證書
8. 中國大陸高級技能中式烹調師證照
9. 第一屆大陸在臺廚師特考監評委員
10. 食物製備一單一級

著作

創意蔬果切雕盤飾（發行大陸簡體版）
刀法、刀功、食雕、冰雕
故鄉路邊小吃
國內首創適用高中職校蔬果切雕（五南版）
食材切雕
主廚快餐～飯、麵、粥VS.小菜　共三冊
蔬果切雕技法與盤飾（發行大陸簡體版）
中餐烹飪實習 I, II 冊，新文京版
精緻蔬果切雕技法與美學（發行大陸簡體版）
中餐烹調實習 I, II 冊，全華版
等餐飲果雕書籍共23冊

授課

1. 現任臺北市育達高級職業學校餐飲科技術講師
2. 現任臺北市育達科技大學推廣部餐飲技術講師
3. 現任臺北市實踐大學推廣部餐飲技術講師
4. 現任臺北市職能發展學院中餐技術講師

獎歷

1998.08　「臺北中華美食展」蔬果雕刻比賽榮獲靜態雕刻金牌獎、動態雕刻銅牌獎

1999.05　「臺灣省廚藝競賽暨花蓮美食展」蔬果雕刻組金牌

2000.08　「臺北中華美食展廚藝競賽組」蔬果雕刻比賽靜態雕刻銀牌獎

2002.04　「新加坡國際美食廚藝競賽組」蔬果雕刻比賽動態雕刻銅牌獎

2003.02　「交通部觀光局評選為92年優良廚師」特頒獎座乙座

2003.03　「大陸北京國際美食廚藝競賽組」蔬果雕刻比賽靜態滿分特金牌獎
2003.08　「臺北中華美食展」廚藝創意菜烹調比賽雙人組銅鼎獎、團體組銅鼎獎
2003.10　全國「可果美美極創意菜」烹調比賽美極金牌獎
2003.11　第一屆中西百家名廚烹調比賽銀鼎獎
2004.08　臺北中華美食展名廚烹藝表演獲頒廚藝楷模獎
2004.10　全國稻香料理米酒食補烹飪大賽「複賽」榮獲職業組冠軍
2004.11　全國稻香料理米酒食補烹飪大賽「決賽」榮獲職業組冠軍
2005.07　客家美食大賽初賽廚師組榮獲特優獎
2005.08　客家美食展大賽全國冠亞軍總決賽榮獲廚師組銅鼎獎
2005.10　牛頭牌沙茶醬美食料理比賽榮獲全國社會組金牌
2011.05　世界廚王臺北爭霸賽榮獲神廚雙人組亞軍
2012.11　榮獲行政院衛生署舉辦FDA優良廚師獎狀及證書
個人獎項共得金牌獎：8面，銀牌獎：4面，銅牌獎：8面

指導學生比賽

2011.11　全國第五屆菩堤金廚獎素食比賽榮獲第一名
2012.08　中華美食展（明星廚房）分別榮獲第二名、第三名及佳作獎
2012.11　全國第六屆菩堤金廚獎素食比賽榮獲第二名
2012.12　全國商業類科技藝競賽中餐烹飪榮獲第八名（金手獎）
2012.12　第一屆可果美盃全國料理大賽榮獲第一名冠軍
2013.05　全國素食創意比賽榮獲第二名亞軍
2013.10　榮獲台灣美食擂台賽校園組全國總冠軍金鼎獎
2013.11　全國第七屆菩提金廚獎素食比賽榮獲第五名
2013.11　新北市醒吾技術學院中式創意料理比賽榮獲金牌獎
2013.11　新北市德林技術學院舉辦刀工比賽榮獲第一名
2013.11　德霖第二屆快刀天王挑戰賽榮獲第二名
2014.05　第三屆全國佛光創意素食比賽榮獲第一名
2014.05　苗栗客家美食創意粽比賽榮獲第一名
2015.03　臺日城市國際烹飪比榮獲第三名
2015.05　第五屆金蘭盃全國烹飪比賽團體組第二名、個人組佳作
2015.05　第四屆新北市神形雕手、果雕菜餚會前賽第一名
2015.09　第四屆美食藝術大賽榮獲雙料金牌獎
2015.10　新一代廚藝全國料理大賽團體組榮獲金牌獎
2015.12　佛光全國創意素食料理競賽榮獲靜態銀牌獎、動態銀牌獎
2016.03　第一屆德霖盃高中職廚藝競賽榮獲第一名
2016.06　第一屆全國機能食材料理王榮獲金牌獎
2016.08　新北市深坑豆腐72變創意料理競賽榮獲第一名
2016.10　全國健康餐飲實務創意能力競賽動態團體組冠軍
2016.11　全國高中職極限廚師挑戰賽榮獲金牌獎
2017.04　第四十七屆全國技能競賽北區榮獲第二名
2017.06　第六屆果雕技能校園暖身賽榮獲第一名、第三名

目 錄 | CONTENTS

PART
04 中式排盤裝飾

PART
05 西式排盤裝飾

PART
06 日式排盤裝飾

免費下載示範影片

PART

01

蔬果切雕基礎知識

開始接觸蔬果切雕前，先了解蔬果的特性與選購原則，準備好適當的工具，並了解工具的使用方法，例如磨刀、刀具拿握等技巧，學習過程會更加順利哦！

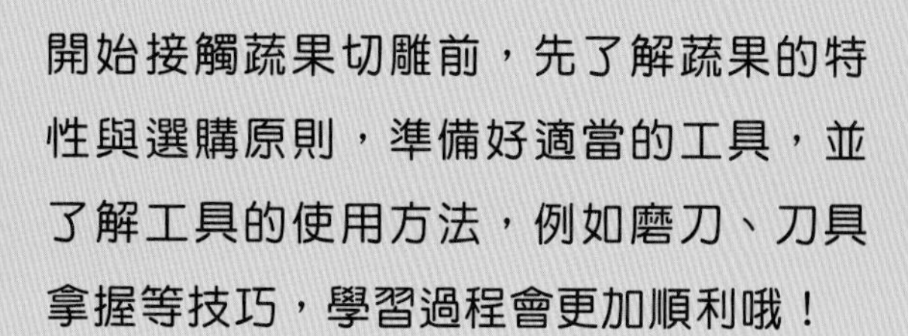

Culinary Carving and Plate Decoration

選購適合切雕的蔬果食材

○宜選購 ╳不宜選購

奇異果（綠肉、黃肉）

○ 外形呈圓胖、橢圓形。

╳ 表皮有斑點、壓傷、鬆軟、表皮皺摺。

火龍果

○ 果身飽滿完整、無蟲害、呈鮮粉紅色、葉片飽滿呈綠色。

╳ 果身歪斜、表皮皺摺、顏色不均、無光澤。

美濃瓜

○ 飽滿、端正、無蟲害、果皮呈銀白略帶黃色、氣味香濃。

╳ 蒂頭脫落、有刮痕斑點、無光澤。

芭樂

○ 圓弧形、厚重、蒂頭緊連、表皮呈光亮的鮮綠色。

╳ 果形凹凸、泛黃、有斑痕、無光澤、蒂頭脫落。

蘋果

○ 表皮呈鮮豔亮麗的紅色、蒂頭緊連、有天然芳香的果香味。

╳ 顏色太白、果形歪斜、有壓傷、太軟。

木瓜

○ 果身完整、表皮呈亮麗的金黃色、有光澤、斑點細而均勻。

╳ 蒂頭脫落、太熟、顏色不均、有蟲蛀、無光澤。

洋香瓜

○ 圓弧形、厚重、蒂頭緊連、表皮呈翠綠色，含天然果香味。

╳ 果形歪斜、有蟲蛀與斑痕、顏色不均、無光澤。

紅、綠櫻桃（罐裝）

櫻桃的醃漬品有紅色及綠色，無籽，分為有梗及無梗，可在市場食品雜貨店購買到。

楊桃

○ 表皮呈光亮的黃綠色、果形完整、無大小片。

╳ 果形歪斜、顏色太綠、蒂頭脫落、太熟、表皮有刮痕。

牛番茄

○ 果形端正、外皮呈鮮紅色、蒂頭緊連、較硬實者。

╳ 果形歪斜、有斑點、太熟、太軟、無光亮色澤。

香蕉

○ 外形完整、表皮無刮痕、蒂頭緊連、呈淡黃色、有天然果香味。

╳ 蒂頭脫落、形狀太過彎曲、太熟太軟。

愛文芒果

○ 果形完整、蒂頭緊連、表皮光亮、表皮斑點細而均勻、呈粉紅或黃色、有天然果香味。

╳ 蒂頭脫落、太熟、有刮痕、無光澤。

小玉西瓜

○ 圓弧形、厚重、蒂頭緊連、表皮無刮痕、有鮮明的綠色及黑色條紋。

╳ 果形歪斜、有刮痕、顏色不均。

紅肉西瓜

○ 呈圓弧形、厚重、蒂頭緊連、表皮無刮痕、呈鮮豔光亮的淡綠色。

╳ 果形歪斜、有刮痕、顏色不均。

草莓

○ 果形頭大尾小、蒂頭緊連，顏色呈鮮紅色，有自然果香。

╳ 果形不完整、大小不均、有斑點、顏色偏白、無亮麗光澤及軟爛者。

水梨

○ 果形圓弧、表皮光亮、表皮斑點細而均勻、呈黃色、有天然果香味。

╳ 表皮有刮痕、果形歪斜、蒂頭脫落、有壓傷。

龍眼

○ 果形飽滿、無蟲害、色澤呈土黃色、蒂頭緊連樹枝者。

╳ 大小不均、蒂頭容易掉落、有刮痕或黑點。

荔枝

○ 果形飽滿、無蟲害、色澤呈鮮粉紅色、蒂頭緊連樹枝。

╳ 顏色不均、蒂頭容易掉落、無鮮豔光澤。

巨峰葡萄

○大小均勻、果身呈紫黑色、散發葡萄芬芳果香味者為最佳。

╳顏色淡綠、蒂頭易掉落、無光澤、有壓傷、太軟。

鳳梨片罐頭、水蜜桃罐頭

鳳梨片罐頭分為大罐及小罐，又分為切小塊及圓片，宜選購圓片不切的。水蜜桃罐頭為醃漬品，無籽、無皮。可在市場食品雜貨店購買到。

鳳梨

○長圓筒形、厚重、表皮呈頭青尾黃之金黃色、能散發出濃郁的香味。

╳表皮有蟲蛀、太熟、葉子脫離蒂頭。

哈蜜瓜

○果形飽滿之圓弧形、厚重、表皮網紋線條呈青白色。

╳果形歪斜、有蟲蛀、有斑痕、蒂頭脫落。

檸檬

○果形完整、呈橢圓狀、果皮顏色均勻呈青綠色、蒂頭緊連。

╳形狀歪斜、有裂痕、刮傷、顏色不鮮豔亮麗。

百香果

○果形為完整的圓弧形、蒂頭緊連、表皮呈紫色。

╳顏色不均、無光澤、表皮有刮痕。

金桔

○大小均勻、蒂頭緊連、呈光亮的青橘色、有天然芳香的果香味。

╳表皮有斑點、顏色不均、無光澤、表皮皺摺。

葡萄柚

○果身呈飽滿之圓弧形、厚重、蒂頭緊連、表皮呈光亮的橘黃色。

╳果形歪斜、有壓傷、有斑痕、顏色不均。

小番茄

○果形呈橢圓、蒂頭緊連、顏色呈鮮紅色。

╳果形不完整、有斑點、大小不均、無亮麗光澤。

生菜葉

○ 整顆結球鬆散者、葉子呈波浪狀、富有光澤之淡黃色。

╳ 葉子太綠或太白、有蟲蛀、葉子邊緣焦黑。

九層塔

○ 葉子亮麗新鮮完整、細緻呈綠色、有天然香味。

╳ 葉子有蟲蛀、太老、有斑點、發黑、變軟。

荷蘭豆莢

○ 外形飽滿、色澤亮麗、大小均勻、呈鮮綠色。

╳ 有斑點、蟲蛀、外形歪斜、有皺痕、變軟。

甜豆莢

○ 外形飽滿、新鮮亮麗、大小均勻、呈鮮綠色。

╳ 有斑點、蟲蛀、外形有皺痕、蒂頭脫落。

綠竹筍

○ 外形飽滿完整、顏色亮麗富光澤、頭部白皙、尾端黃綠。

╳ 體型歪斜、有裂痕、有斑點。

巴西里

○ 外形亮麗鮮豔、葉子濃密且呈波浪造型之深綠色。

╳ 葉子泛黃、無光澤、有蟲蛀、葉子稀疏。

紅、黃甜椒

○ 外形完整飽滿、表皮有鮮豔亮麗的光澤。

╳ 椒身有斑點、有蟲蛀、外形歪斜、表皮有皺摺。

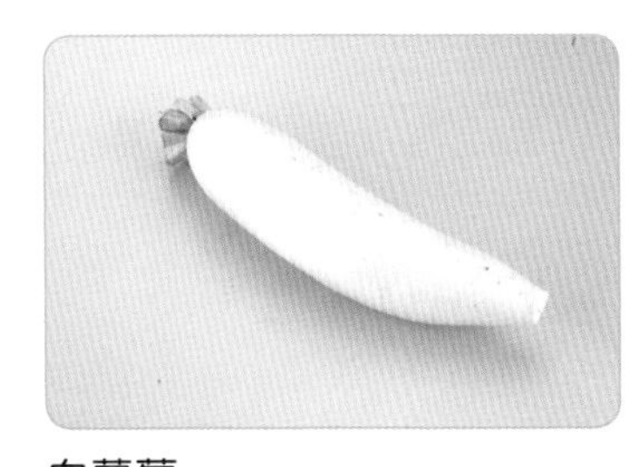

白蘿蔔

○ 外表勻稱、飽滿、厚重（避免空心）、色澤白皙。

╳ 表皮粗皺、歪斜、有裂痕、蒂頭葉梗脫落。

南瓜

○ 外形飽滿呈橢圓形、表皮綠白富光澤、蒂頭緊連。

╳ 避免選購表皮黃白（肉較薄）、有蟲蛀、歪斜、無光澤。

小黃瓜

○ 呈長直條形、鮮綠色、瓜身有凸出的小點為佳。

╳ 尾端太胖、無光澤、有蟲蛀及瓜身鬆軟。

大黃瓜

○ 長直條形、蒂頭緊連、呈深綠色、瓜身富有光澤。

╳ 尾端太胖、表皮呈黃白色，有蟲蛀、瓜身鬆軟。

洋菇

○ 大小均勻、菇帽無歪斜、顏色雪白潔淨。

╳ 顏色變黃、外形不夠飽滿，菇帽有刮傷壓傷。

茄子

○ 外形飽滿、長直條形、表皮無刮痕、呈光亮的暗紫色。

╳ 有蟲蛀、茄身歪斜、尾端太胖、茄身鬆軟。

黃秋葵

○ 外形飽滿、長條形、表皮無蟲蛀、呈鮮綠色。

╳ 外形歪斜、蒂頭脫落、大小不均、太軟。

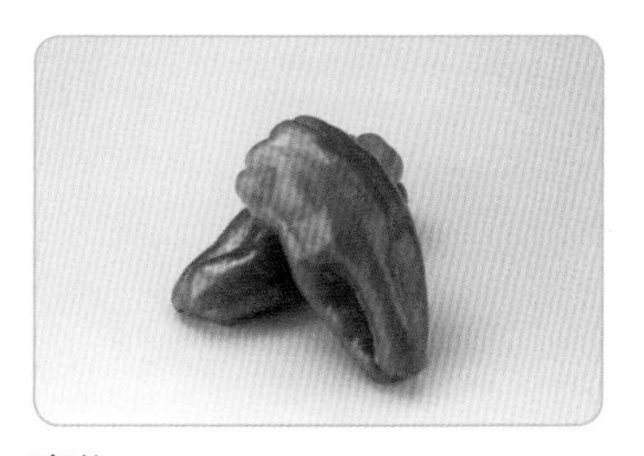

青椒

○ 外形完整飽滿，表皮無斑點刮痕，呈鮮綠色。

╳ 無光澤，表皮有皺痕及歪斜。

綠花椰菜

○ 外形飽滿、新鮮厚重、色澤呈深綠色、富光澤。

╳ 葉子稀鬆、顏色不均、葉子內夾帶蟲蛀。

白花椰菜

○ 外型飽滿、新鮮厚重，色澤呈乳白色，富光澤。

╳ 葉子稀鬆，有刮傷、雜質，或葉子內夾帶小蟲。

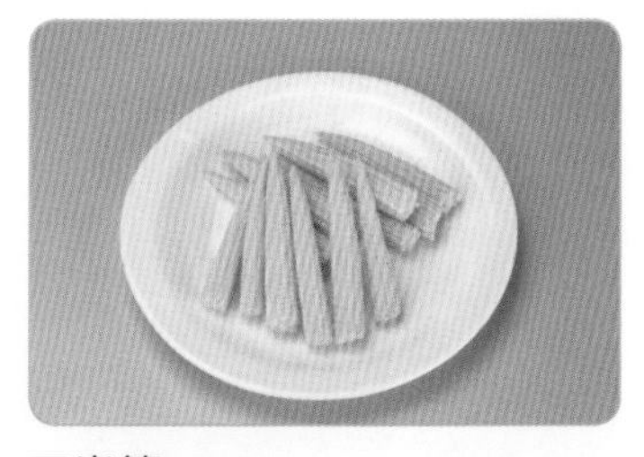

玉米筍

○ 大小長短均勻、身形飽滿、顏色呈淡黃色。

╳ 外表有蟲蛀、筍尖斷掉、有壓傷、太軟。

苜蓿芽

○外形飽滿呈細長條狀、新鮮富光澤，顏色呈淡黃色。

╳大小不均、變軟、顏色不均。

紫高麗菜

○外形飽滿、富光澤的圓球形、厚重、顏色呈深紫色。

╳表面有蟲蛀、刮痕、不夠新鮮、表皮有皺摺、頭部微爛。

日本南瓜

○外形飽滿、富光澤的圓球形、表皮橘白、蒂頭緊連。

╳表皮有刮痕、歪斜、有蟲蛀、無光澤。

鮮香菇

○大小均勻、菇帽無歪斜、顏色呈暗咖啡色。

╳菇帽太白、太薄、有斑點、變軟、有皺摺。

蒜苗

○新鮮飽滿之長直條形、頭部呈雪白、尾端呈鮮翠綠色。

╳頭大尾細、大小不均、葉子泛黃。

韭菜花

○新鮮飽滿、莖較粗，顏色呈翠綠未開花者。

╳粗細不均勻、泛黃、太老、無天然光澤。

金針菇

○新鮮飽滿、富亮麗光澤、菇身呈白色。

╳菇帽脫落、菇身顏色變黃、有壓傷、變軟。

青蘆筍

○粗細均勻、外形鮮嫩、頭部呈翠綠色、莖呈白玉般潔淨。

╳顏色變黃、變軟、頭部已開花。

馬鈴薯

○外形飽滿均勻、呈橢圓形、無凹凸、色澤呈鮮美之土黃色。

╳有黑色斑點、表皮有裂痕或皺痕、已發芽。

青江菜

○新鮮有光澤、顏色呈翠綠色、大小顆均勻。
╳頭部歪斜、葉子泛黃有蟲蛀、不青翠。

柳橙

○果形呈飽滿厚重之圓球形，蒂頭緊連，表皮呈光高的橘黃色。
╳果形歪斜、有刮痕、有斑點，表皮有皺摺、較軟者。

紅蘿蔔

○身形飽滿、表皮光亮、堅實厚重之橘色。
╳較輕者（可能空心）、表皮粗皺有裂痕、頭部發黑長芽。

紅綠大番茄

○果形呈飽滿之圓弧形、外皮鮮豔有光澤、蒂頭緊連、較硬。
╳避免選購外形不完整、有斑痕、太軟無光澤。

西洋芹菜

○新鮮厚重、身形飽滿、富亮麗光澤、表皮呈淡綠色。
╳有刮傷、表皮泛黃、身形細長呈深綠色。

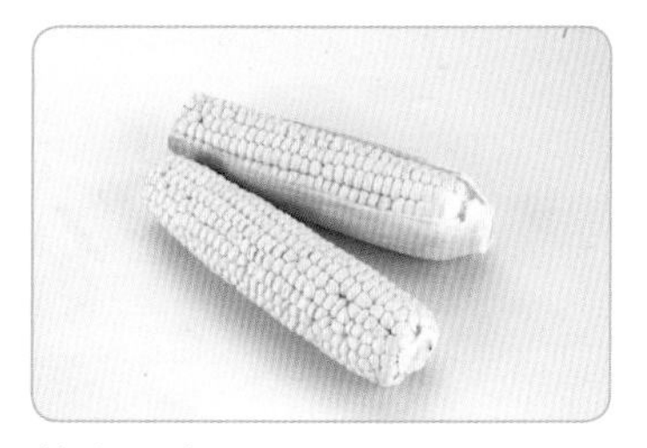

黃肉玉米

○身形飽滿、米粒整齊完整、富亮麗光澤之金黃色。
╳顏色不均、有蟲蛀、米粒大小不均、米粒有皺痕。

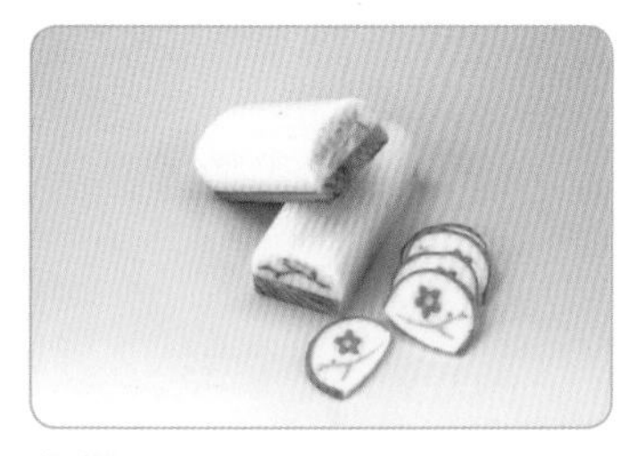

魚板

魚板種類非常多，分為日本製及台灣製，是魚漿的加工品，可在超級市場或賣火鍋料的食品店購買到。

竹輪

竹輪的顏色呈白中帶黃，是魚漿加工品，分為長形及短形，可在超級市場或賣火鍋料的食品店購買到。

蒟蒻板

蒟蒻板常見白色及咖啡色兩種，市面上販賣的有塊、絲、捲、切花、丁狀等。可在超級市場或賣火鍋料的食品店購買到。

紅辣椒

○外形飽滿呈新鮮之長條形、表皮呈鮮豔亮麗的紅色。

╳蒂頭脫落、椒身彎曲、大小不均、有皺痕。

雞心辣椒

○外型飽滿新鮮、呈橢圓尖形，表皮呈鮮豔亮麗的紅色。

╳蒂頭脫落、椒身彎曲、大小及顏色不均、軟爛者。

青辣椒

○外型飽滿新鮮，呈完整長條形，表皮呈鮮豔亮麗的深綠色。

╳蒂頭脫落、椒身彎曲，有皺痕、尾端軟爛者。

山苦瓜

○外型飽滿完整、蒂頭緊連、顏色翠綠富光澤。

╳瓜形歪斜，有蟲蛀、變黃，蒂頭脫落、變軟者。

蓮藕

○選購外型飽滿呈橢圓形、顏色為深褐色，含泥巴者佳。

╳蓮節歪斜，經過漂白，有刮痕、蟲蛀者。

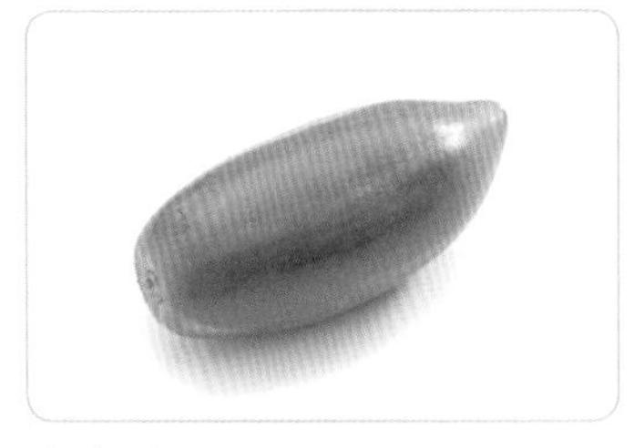

青木瓜

○瓜形飽滿、表皮光亮、堅實、顏色呈深綠色。

╳避免選購外型歪斜，有斑點、蟲蛀，蒂頭脫落及無光澤者。

紅色洋蔥

○外形飽滿均勻，表皮呈透明鮮紅色之圓球形。

╳鬆軟、體型歪斜、長芽或表皮微爛。

洋葱（白、黃）

○外型飽滿均勻，表皮呈透明，顏色一致之圓球形。

╳鬆軟、體型歪斜，發芽或表皮微爛。

地瓜

○外型飽滿均勻，形狀短胖，無凹凸、歪斜，呈土黃色。

╳表皮有裂痕或發芽、頭部變黑、變軟者。

蔬果切雕工具大集合

（一）

①中式片刀。

②9公分雕刻刀。
（有品牌）

③12公分雕刻刀。
（有品牌）

④9公分雕刻刀。
（無品牌）

（二）

①西式片刀22公分。

②長大小挖球器。

③短大小挖球器。

④橄欖刀。

⑤刮皮刀。

（三）

①木柄波浪刀。

②大小6支裝兩用圓形、尖形槽刀組。

③美勞剪刀。

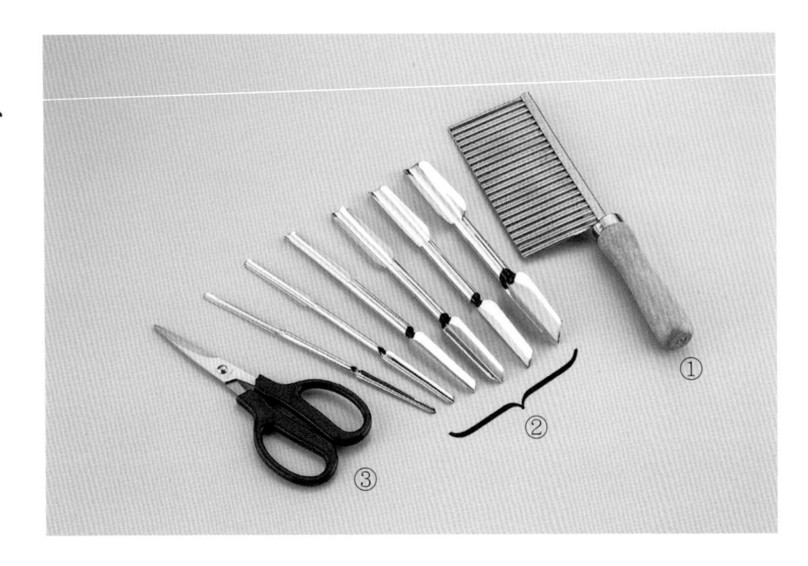

（四）

①塑膠白砧板→適合切割熟食及水果類。

②木質砧板→適合切割生食蔬菜類。

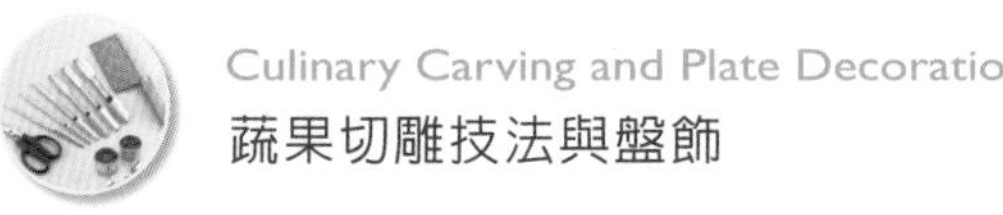

(五)

①大小圓圈形不鏽鋼壓切模具。

②大小波浪形不鏽鋼壓切模具。

③花型＋波浪形不鏽鋼壓切模具。

④雙喜文字不鏽鋼壓切模具。

(六)

①200度及400度兩用磨刀石。

②扁形、半圓形、三角形挫刀。

③醫療用夾子。

④水性奇異筆。

⑤伸縮透氣ok繃。

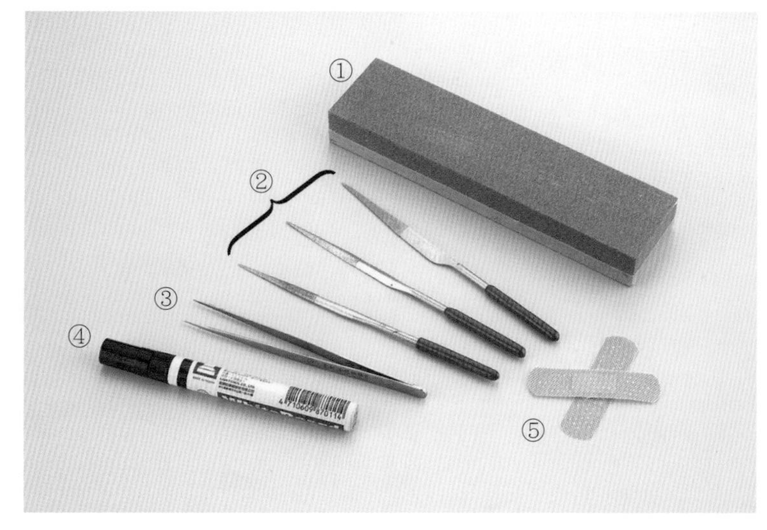

(七)

①手動噴水器。

②400度水沙紙。

③三秒膠。

④各式活動眼睛。

⑤雙頭尖牙籤。

⑥竹籤。

(八)

①各式調酒、果汁棒。

②彩色伸縮吸管。

③刀子形劍插。

④各式圖案劍插。

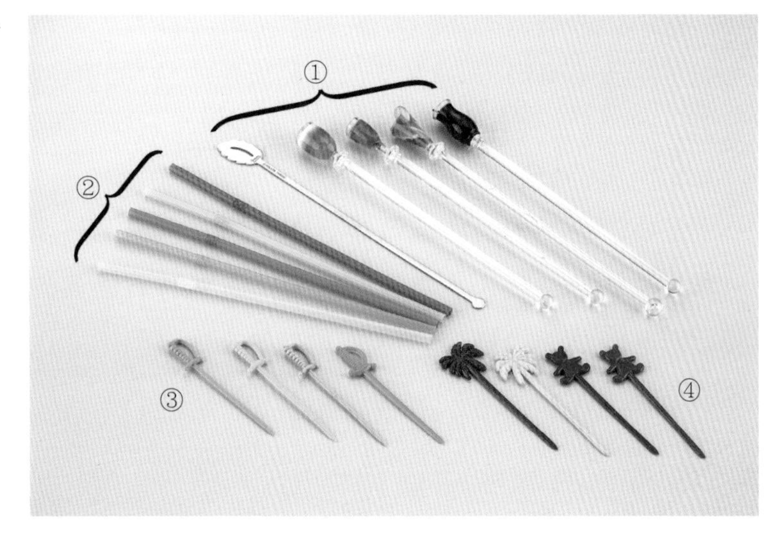

磨刀技法與磨刀石選購

「工欲善其事，必先利其器」，想得心應手切雕出滿意的成品，必須配合鋒利的刀具。若刀具不夠銳利，不但工作效率大打折扣，也無法雕刻出完美的作品。

蔬果切雕常用的刀具如片刀、雕刻刀、槽刀等，由於刀形與功用各異，磨刀的方法和注意事項也大不相同。選購適當的磨刀石，再依據本單元所提示的各類磨刀技巧用心操作，就能做好雕刻前的準備工作。

一、磨刀石的選購

一般磨刀石分為粗、細兩種，新購買的磨刀石，需以清水浸泡二天，使其吸滿水分，較好研磨。而磨刀石一般密度數分為100～400度之間，密度越高，則質地越細緻。密度高的磨刀石適合磨刀刃較薄的片刀、雕刻刀、小刀等，而密度低的磨刀石適合磨骨刀、文武刀，以及刀刃有缺口的刀，新刀開鋒口也宜使用密度低的磨刀石。

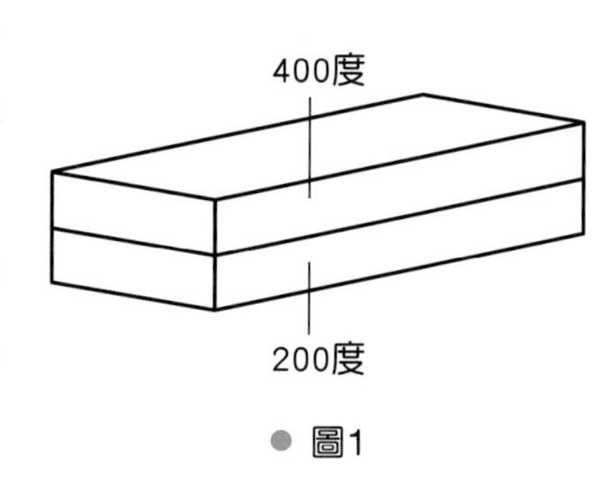

● 圖1

一般市售的磨刀石，有分單塊密度與2合1者，「2合1」就是兩種不同密度合為一塊（構造如圖1），通常顏色為較淡色的為200度，較深色的為400度。

二、磨刀的基本原則

需先將刀面、刀柄清洗乾淨。在研磨時，磨刀石需以木架或濕布墊著防止滑動，其高度約一般持刀者身高的一半，研磨時兩腳與肩同寬，需不斷淋入清水。剛開始研磨時，前後推出、拉回，勿太快，磨利兩面後，可以紙張或食材來測試刀子是否夠鋒利。

三、片刀的用途與研磨技法

「片刀」即是薄刀，特點是刀輕、刀刃鋒利，易於拿握。有鐵製品及不鏽鋼兩種材質。片刀的用途主要為將大塊的食材分切，也常用來片取瓜果類的表皮。不可用來切有骨有刺的食材，否則會損傷刀刃。研磨片刀時，研磨刀鋒兩面的次數需相等，刀面上的受力點也需平均。

磨中式片刀

1. 磨片刀時，磨刀石下方需以濕抹布墊著，避免滑動。
2. 右手握住刀柄，左手壓住刀背及刀面，刀鋒與磨刀石呈3度角，將刀子前後推拉，於刀子的前、中、後部出力須平均（如圖2）。
3. 推拉時，當磨刀石面出現沙漿時，需以清水沖散，再繼續研磨。
4. 磨好一面刀鋒後，翻面以右手握住前刀背，左手貼住刀背及刀面，刀鋒與磨刀石呈斜3度，受力須平均，前後推拉（如圖3）。
5. 須注意兩面的磨刀次數需相等，每面約磨5分鐘。

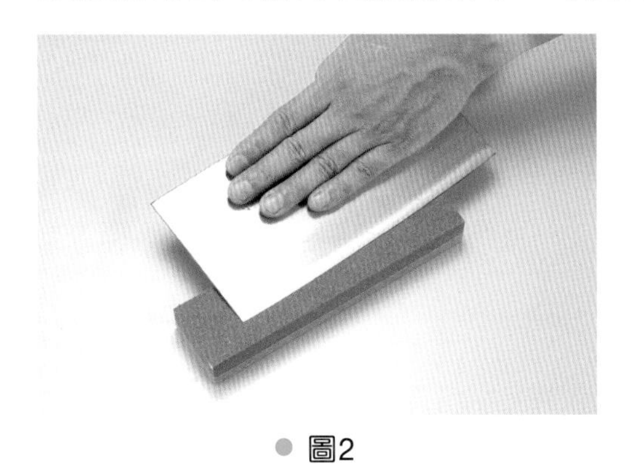

圖2

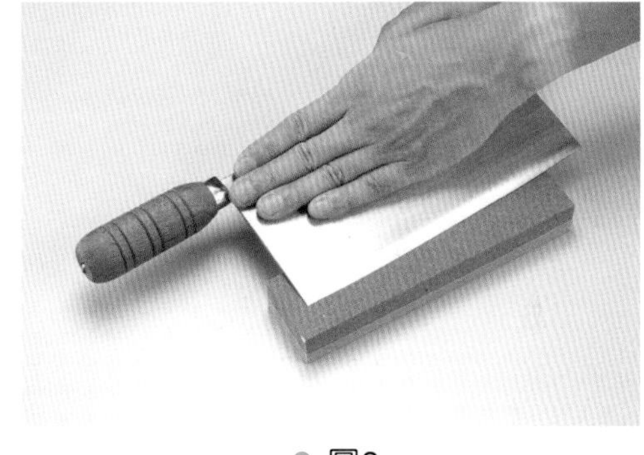

圖3

磨西式片刀

1. 右手握住刀柄，左手食指、中指並攏，大拇指張開貼住刀面，刀鋒與磨刀石呈5度角（如圖4），刀子的前、中、後受力須平均。
2. 磨好一面後翻面，以右手握住前刀背，左手食指、中指並攏，大拇指張開貼住刀面，以同方法繼續磨利另一面（如圖5）。

圖4

圖5

四、雕刻刀的用途與研磨技法

雕刻刀是從事蔬果切雕時使用範圍最多、最廣的工具。有別於水果刀，其特點為刀刃尖、薄而鋒利，可切、可雕。

一般刀子的構造是雙鋒，雕刻刀則是單鋒，以利於切雕圓弧形狀時，方便旋轉切雕。在研磨雕刻刀時，刀鋒一邊需與磨刀石呈3度角，另一面呈1度角研磨。

1. 右手握住雕刻刀刀面，刀鋒與磨刀石呈斜度3度，前後推拉（如圖6），磨刀石有沙漿時以清水滴淋，研磨時受力須平均。
2. 磨好一面後翻面（如圖7），刀鋒與磨刀石呈1度研磨。

圖6

圖7

五、槽刀用途與研磨技法

市售之槽刀通常為一組五支裝（或一組六支裝），內分大、中、小、特小及波浪狀，每支有兩端，一端是半圓形（U型），一端是尖形（V型）。

半圓槽刀用於雕刻圓弧邊，以挖的方式做出花瓣、鱗片、鳥羽毛、孔洞、瓜果盅蓋等形狀。尖型槽刀用於雕刻線條花紋、禽類羽毛、尖形葉片花瓣及瓜果盅開蓋等。

> 雕刻刀及槽刀組，可在大型刀具五金行購買，或是西門町紅樓戲院旁邊清順餐具五金行購得。電話：(02)2312-3521，(02)2312-3522

磨圓槽刀

1. 左手握住槽刀柄，將半圓槽刀刀鋒放於磨刀石上，與磨刀石呈2度。右手拿半圓挫刀，用圓弧面磨利槽刀內面。（如圖8）
2. 槽刀內面以挫刀磨利後，翻面，手握住刀柄，食指按住槽刀，與磨刀石呈5度（如圖9）。以輕微平均的力道，順著圓弧面磨利槽刀。

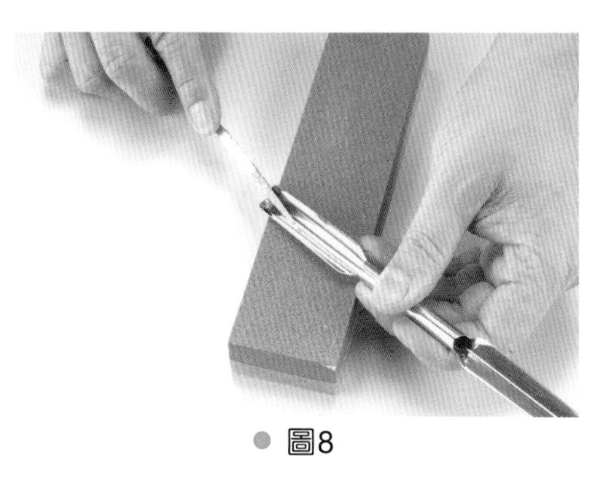

圖8

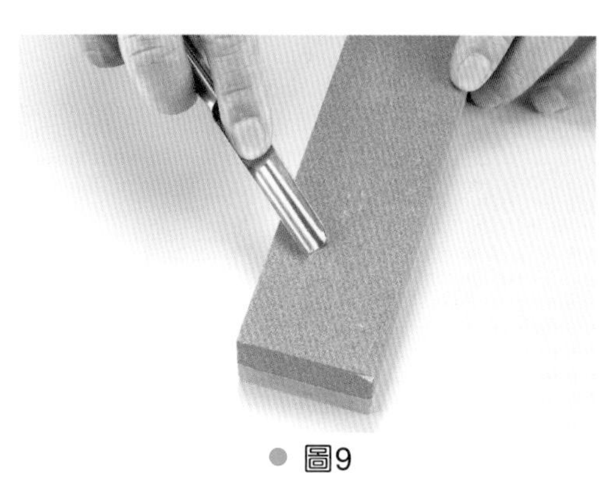

圖9

磨尖槽刀

1. 左手握住尖槽刀刀柄，將刀鋒放於磨刀石上，呈2度角。右手拿三角挫刀，用直角處磨利槽刀內面。（如圖10）
2. 內面以挫刀磨利後，翻面，右手握住槽刀柄，食指、大拇指握住槽刀，與磨刀石呈5度角（如圖11），以輕微平均的力道，分別磨利左右刀鋒。

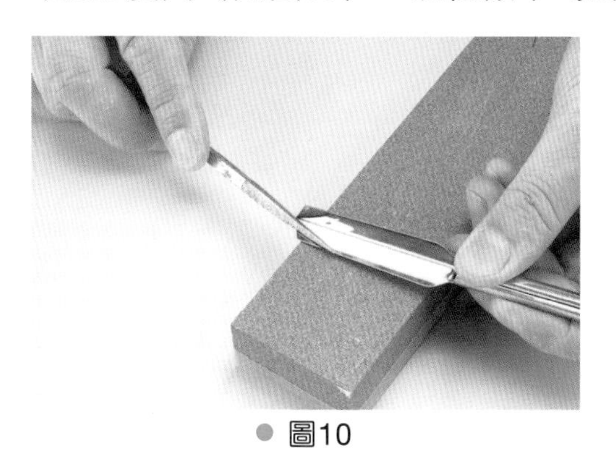

圖10

圖11

六、挖球器研磨技法

1. 左手握住挖球器柄，右手持半圓形挫刀置於挖球器內圓，呈4度角（如圖12），小心前後推拉，磨利內面。
2. 內面磨利後，翻面，挖球器刀鋒與磨刀石呈6度角，順著圓弧磨利（如圖13）。

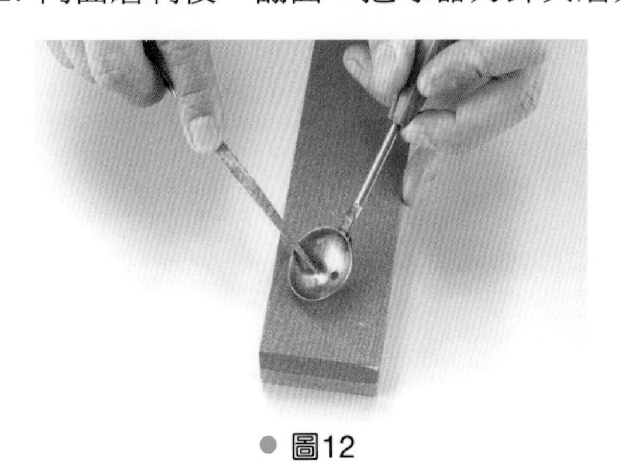

圖12

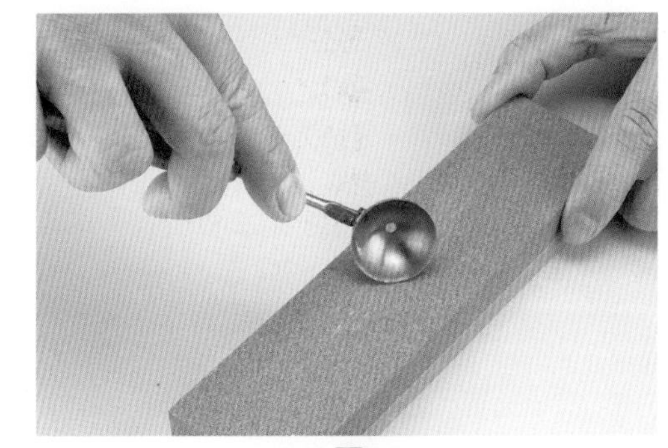

圖13

七、波浪刀研磨技法

1. 左手握住波浪刀刀面，右手拿半圓形挫刀，置於波浪刀鋒內，由內往外，呈4度角間隔磨利內面（如圖14）。
2. 磨好一面，翻面，同方法，由內往外磨利波浪刀鋒內（如圖15）。

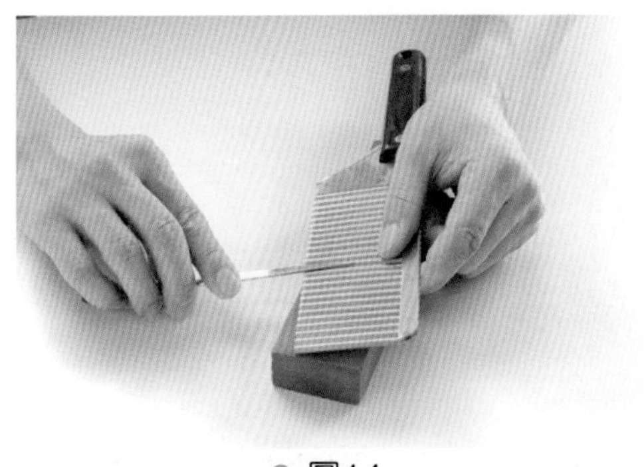

圖14

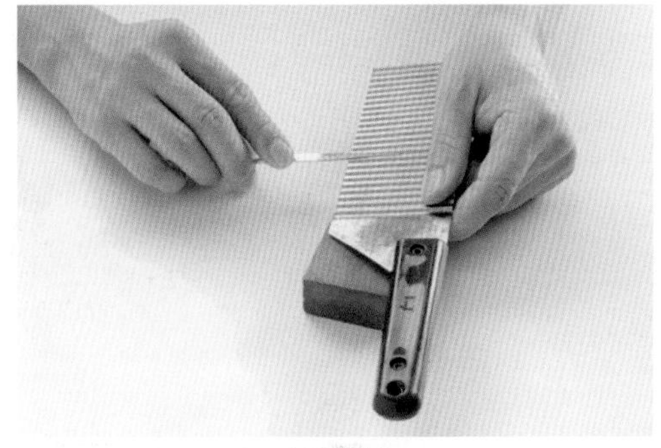

圖15

刀具認識與拿握技巧

一、刀具的基本結構

刀具的結構如下圖所示：

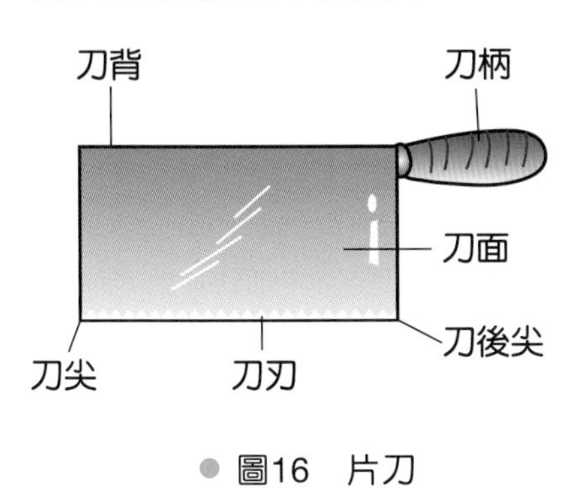

● 圖16　片刀

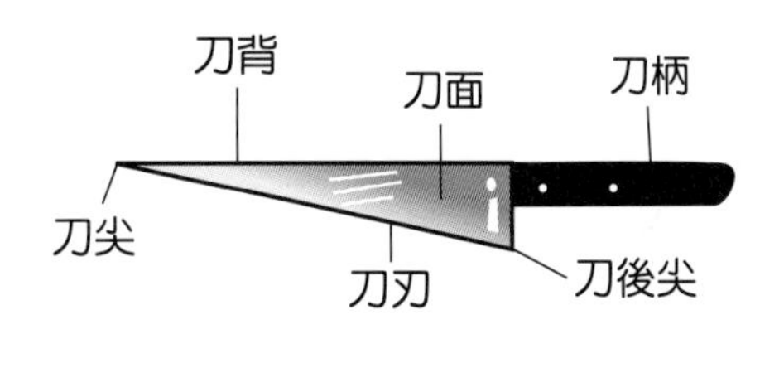

● 圖17　雕刻刀

二、雕刻刀的拿握法

1. 將雕刻刀磨利後，以ok繃海綿處包住刀後尖（如圖18），以避免在切雕時割傷手掌虎口。
2. 刀柄放在虎口處，大拇指緊貼刀柄前刀面，食指是切雕時的出力點，須緊貼按壓刀背。中指彎曲，緊貼外側刀面以穩住刀子。無名指、小指緊靠切雕食材，可借助力道切雕蔬果（如圖19）。

● 圖18

● 圖19

3. 在切雕蔬果時，拿刀如拿筆狀。但是無名指及小指須緊靠食材（如圖20），避免懸空，以免雕壞作品或割傷手指。

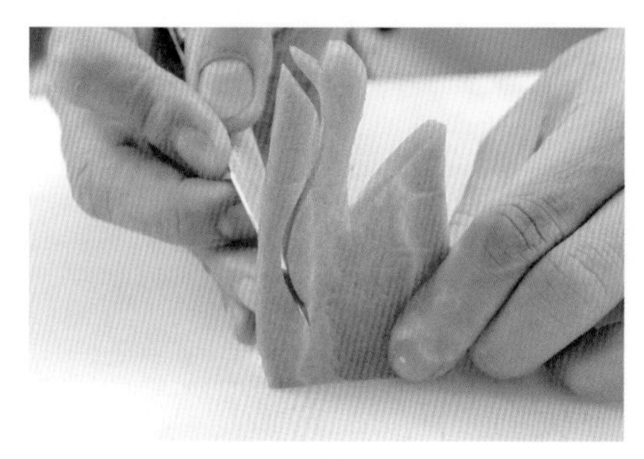

● 圖20

● 圖21

一般雕刻刀分為「長12cm」、「短9cm」兩種（指刀背長度），建議初學者購買9cm者。

三、中式片刀拿握法

1. 手掌虎口打開，握住刀柄（虎口不可超過刀柄），大拇指緊貼刀柄前的刀面（如圖22）。
2. 食指彎曲緊貼刀背及外側刀面，中指、無名指、小指，緊握刀柄（如圖23）。

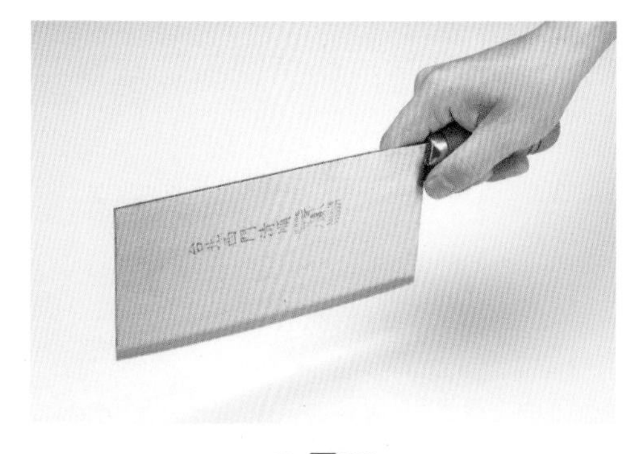

● 圖22

● 圖23

切記拿握刀具時，刀柄須保持乾燥，以免濕滑造成危險。

四、西式片刀拿握法

1. 手掌虎口打開，握住刀柄（虎口不可超過刀柄），大拇指緊貼刀柄前的刀面（如圖24）。
2. 食指彎曲緊貼刀背及外側刀面，中指、無名指、小指，緊握刀柄（如圖25）。

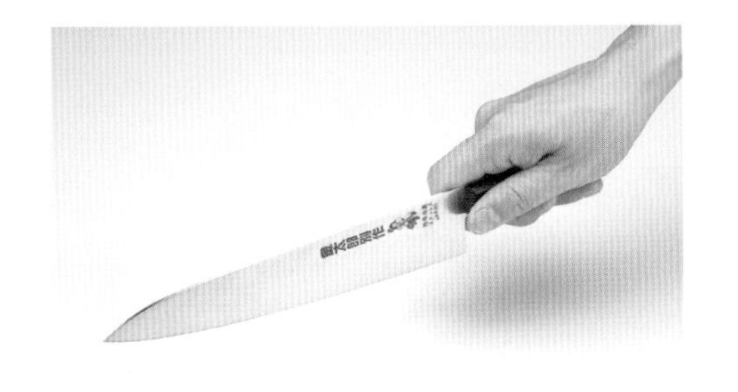

圖24

圖25

> 在開始切割食材時，需站立（不宜坐著），兩腳與肩同寬。砧板底下須以濕布墊著，以防止砧板滑動。左手拿穩食材，右手握穩刀子，以順利進行蔬果切雕。

五、尖槽刀、圓槽刀拿握法

1. 手掌虎口打開、握住槽刀，離刀鋒3cm，如拿筆狀，無名指、小指，緊靠雕刻食材（如圖26、圖27）。
2. 拿握槽刀，避免懸空，以免雕壞作品而穿透材料、受傷。

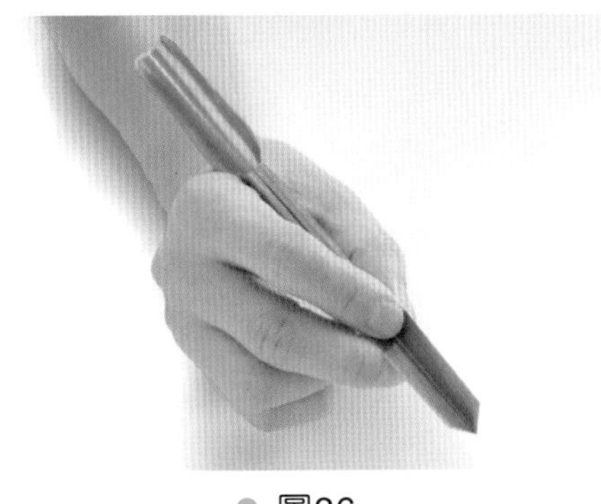

圖26

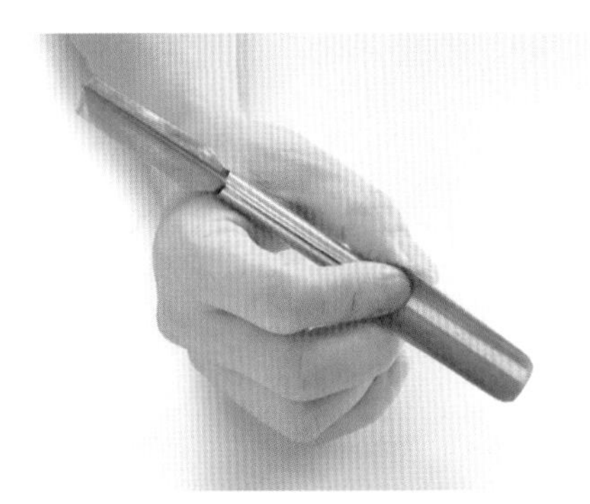

圖27

> 拿握槽刀，避免拿握太後端，而不易對準雕刻食材。
> 買回的新槽刀，需小心用挫刀將槽刀兩側磨鈍，避免出刀過大，而食指受傷。

切雕作品保存技巧

精雕細琢的蔬果切雕成品，最後會伴隨佳餚美饌呈現於用餐者的面前，成為餐桌、餐盤上的視覺焦點，增進用餐情趣。在上菜之前，保持成品的新鮮度與外形的完好是非常重要的任務。

依據根莖類及瓜果類的不同特性，各類蔬果保存方法各異：

水果類

- 方法一：切雕好後，可用濕布或濕紙巾包裹，存放於保鮮盒，冷藏。
- 方法二：含鐵質的水果，切雕好後可浸泡在鹽水或檸檬水中幾秒鐘（軟質水果如香蕉，則於切口處輕沾一下鹽水即可），再拿出濾乾水分，包裹保鮮膜後放入容器，以冷藏保存，可防止乾枯、變色。

> 食鹽水比例：食鹽1茶匙＋清水或礦泉水800c.c.調合。
> 檸檬水比例：檸檬1粒榨汁＋清水或礦泉水800c.c.調合。

根莖類

- 方法一：切雕好後，浸泡於清水中，冷藏。
- 方法二：切雕好後，以濕紙巾包裹，再用保鮮膜包裹冷藏。
- 方法三：切雕好後，以明礬水浸泡冷藏（明礬水比例：50公克明礬粉／3000c.c.清水。（明礬粉可在一般藥局購買到）

> 葉菜類、根莖類在浸泡過程中，不可沾到油或鹽分，否則材料會變軟、腐壞，切記喔！

蔬果雕刻成品的包裝運送

1. 將雕好的果雕成品，以濕紙巾包裹，再以鋁箔紙小心的再包裹，放入紙箱運送到目的地打開小心拿出即成。
2. 包裹鋁箔紙需小心，避免壓斷果雕成品。

自我評量

是非題

(　)1. 火龍果宜選購果身飽滿完整、無蟲害、呈鮮粉紅色、葉片飽滿呈綠色者。

(　)2. 聖女小番茄宜選購果形完整，有斑點，大小均勻，無亮麗光澤者。

(　)3. 荔枝宜選購果形飽滿、無蟲害、色澤呈鮮粉紅色、蒂頭緊連樹枝者。

(　)4. 楊桃以果形端正、顏色偏綠、蒂頭脫落、熟軟、表皮無刮痕為最好。

(　)5. 香蕉以外形完整、表皮無刮痕、蒂頭緊連呈淡黃色、有天然果香味者為最佳。

(　)6. 葡萄以大小均勻、果身呈紫黑色、散發葡萄芬芳果香味者為最佳。

(　)7. 荷蘭豆宜選購外形飽滿、色澤亮麗、大小均勻、無斑點、無蟲蛀、呈鮮綠色者。

(　)8. 巴西里宜選購葉子青綠、無光澤、無蟲蛀及葉子茂密者。

(　)9. 白蘿蔔宜選購表皮粗皺、歪斜、有裂痕、蒂頭葉梗脫落者為佳。

(　)10. 大黃瓜宜選購尾端圓胖、表皮呈黃白色、無蟲蛀及瓜身鬆軟者。

(　)11. 片刀即是薄刀，特點是刀輕，刀刃鋒利，易於拿握，以切割為主。不可用來切有骨、有刺的食材。

(　)12. 磨片刀時，磨刀石下方需以濕布墊著，避免滑動。

(　)13. 磨片刀時，兩面的磨刀次數無需相等，每面約磨1分鐘即可。

(　)14. 雕刻刀是從事蔬果切雕時，使用範圍最多、最廣的工具，有別於水果刀，其特點為刀刃尖、薄而鋒利，可切、可雕。

(　)15. 雕刻刀的拿握法是以拿筆的方式，無名指、小指需靠住食材切雕蔬果。

(　)16. 一般磨刀石分為粗、細兩種，新購買的磨刀石需以清水浸泡二天，使其吸滿水分，較好研磨。

(　)17. 含鐵質的水果，切雕好後可浸泡蜂蜜，防止乾枯變色。

(　)18. 挖球器的作用是將食材挖出四方形凹槽來做裝飾。

(　)19. 圓型槽刀用於雕刻圓邊，以挖的方式做出花瓣、鱗片、鳥羽毛、孔洞、瓜果盅等形狀。

(　)20. 尖型槽刀用於雕刻線條花紋、禽類羽毛、尖形葉片、花瓣及瓜果盅開蓋時。

選擇題

(　　) 1. 在雕刻蔬果時，雕刻刀的拿握法是　(1)拿筆的方式　(2)拿片刀的方式　(3)拿毛筆的方式　(4)隨興無所謂。

(　　) 2. 精雕細琢的蔬果雕刻成品伴隨佳餚增進　(1)彼此間友誼　(2)視覺與用餐情趣　(3)價位提高　(4)造形好看。

(　　) 3. 將雕刻刀磨利後以　(1)橡皮圈　(2)衛生紙　(3)OK繃　(4)厚紙板　包住刀後尖，以避免在切雕時割傷手掌虎口。

(　　) 4. 水果類食材切雕好後以　(1)明礬水浸泡　(2)蘇打水浸泡　(3)鹽水浸泡　(4)濕紙巾包裹，存放保鮮盒冷藏。

(　　) 5. 葉菜類、根莖類在浸泡過程中，不可沾到　(1)油或鹽分　(2)各式澱粉類　(3)小蘇打水　(4)胡椒粉　否則材料會變軟腐壞。

(　　) 6. 波浪刀的使用，是將材料切割成　(1)滾刀塊　(2)波浪狀　(3)直刀狀　(4)斜刀狀。

(　　) 7. 馬鈴薯發芽不可以吃，地瓜發芽　(1)可以吃　(2)不可以吃　(3)看季節變化　(4)看品種。

(　　) 8. 紅辣椒辣的來源，來自於　(1)辣椒汁　(2)辣椒皮　(3)辣椒頭　(4)辣椒籽。

(　　) 9. 各式的挫刀，是用來磨　(1)中式、西式片刀　(2)雕刻刀　(3)刮皮刀　(4)各式圓形、尖形槽刀。

(　　) 10. 根莖類比葉菜類的儲藏期　(1)較短　(2)較長　(3)相同　(4)不能比較。

PART

02

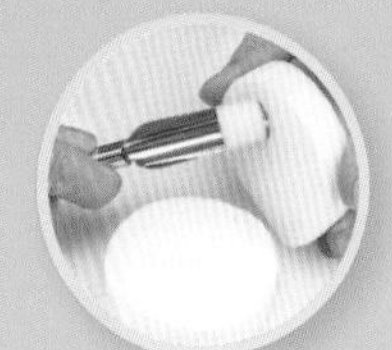

基礎切雕技法

本章介紹的是最基本，也是最簡單的切雕技法，使用各種不同的蔬果來練習，以熟悉各種蔬果食材的硬度、切雕工具的使用方法及技巧。

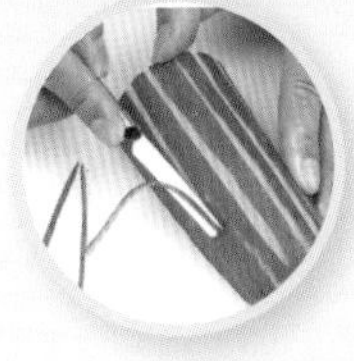

甜椒菱形切雕法

使用工具：片刀

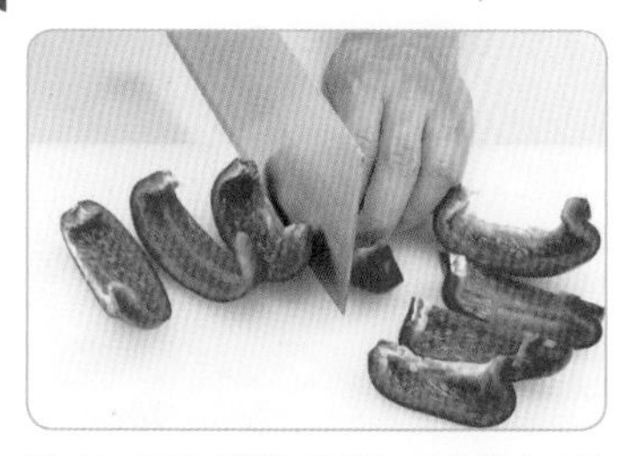

❶ 取色澤鮮豔亮麗，完整紅甜椒1粒以片刀直切為2瓣。

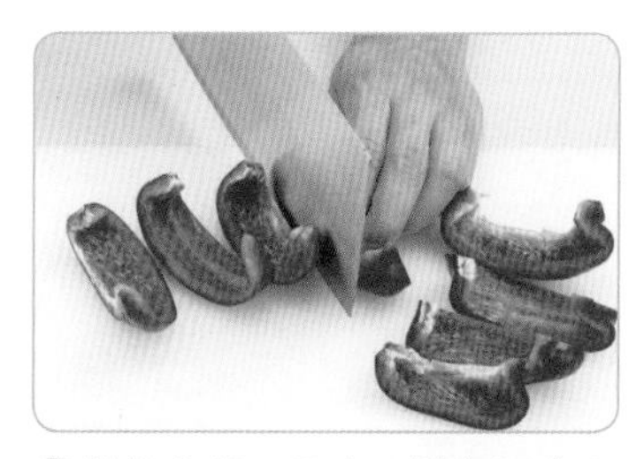

❷ 挖除內籽，取每1瓣直切中心為2。再直切為2呈4等分。

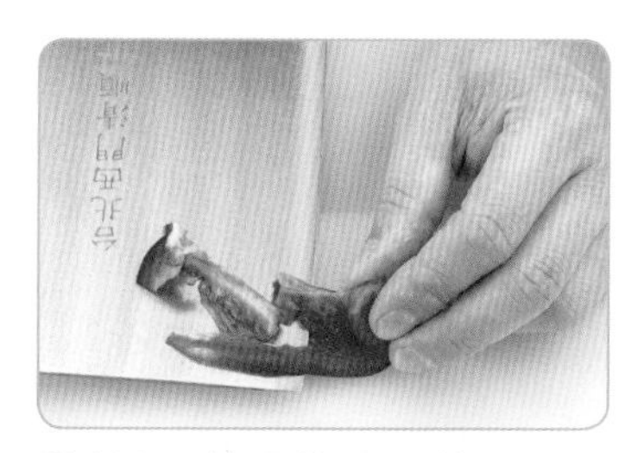

❸ 共切8等分後，以片刀平刀切除每片椒肉內膜，如圖所示。

❹ 以片刀直切甜椒左、右兩邊斜角，呈長四方片。

❺ 取甜椒長四方片，以片刀斜45度，先切除頭部少許，再間隔1.5cm切割菱形片。

❻ 分別將大小均等的甜椒切割成菱形狀後，略川燙，即可排盤。

甜椒葉子形切雕法

使用工具：片刀、雕刻刀、牙籤

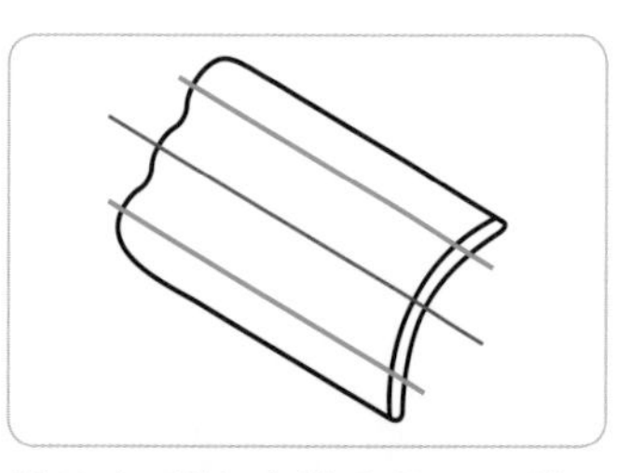

❶ 取紅甜椒半粒去籽，以片刀直切為2瓣，再切為4長瓣。

❷ 取切除內膜的紅甜椒長四方塊，以牙籤輕輕畫出葉子線條後，再以雕刻刀切雕出圓弧葉子。

❸ 分別以雕刻刀切雕出大小均等的葉子形後，略川燙，即可排盤。

- 因甜椒的果肉厚薄不均，切除每片椒肉內膜，需特別注意高低。
- 切割菱形或葉子形時，大小需一致，才會漂亮。
- 可先用牙籤略劃出菜形再切雕，比較不會失敗。

茄子鋸齒花切雕法

使用工具：雕刻刀、牙籤

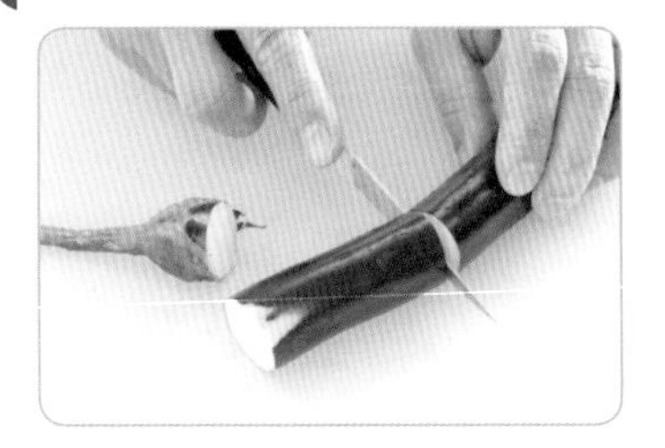

❶ 取色澤鮮紫亮麗，直長條茄子1條。以雕刻刀切除頭帶2cm，再切6cm長段。

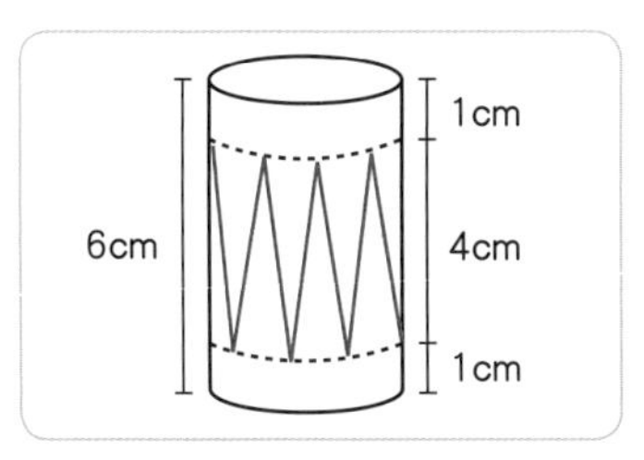

❷ 以牙籤於頭尾預留1cm參考線（如圖中虛線）。於中段輕劃出鋸齒形（如圖中紅線）。

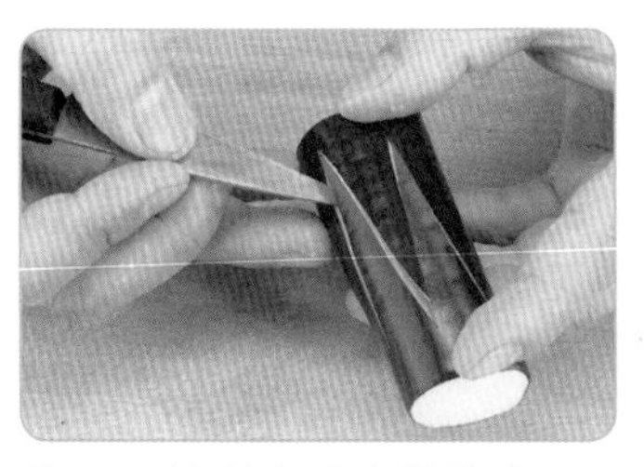

❸ 以牙籤劃出鋸齒線條後，以雕刻刀於鋸齒形線條上切割，需切至茄肉中心。

❹ 完全切割後，以手輕輕拔開即可（若拔不開，則需於原刀痕處再切深一點）。

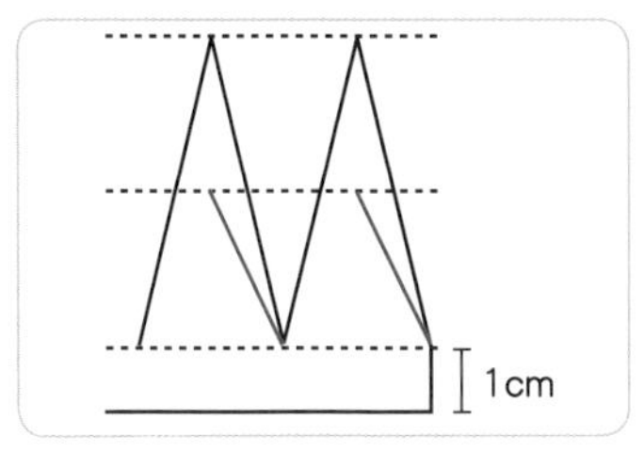

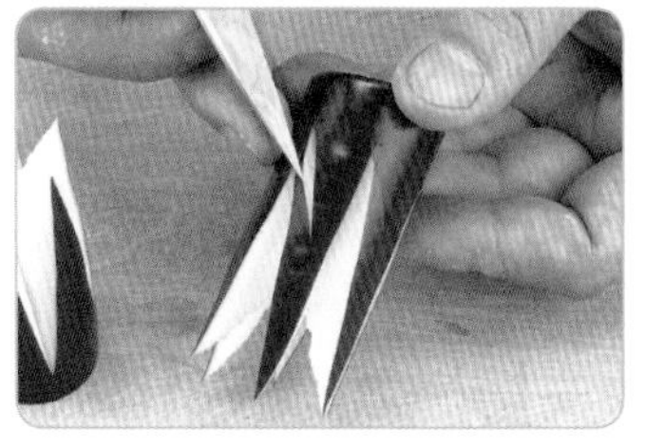

❺ 拔開後，以雕刻刀於每片尖形鋸齒中心點往外斜切，深0.5cm，如圖中紅線所示。

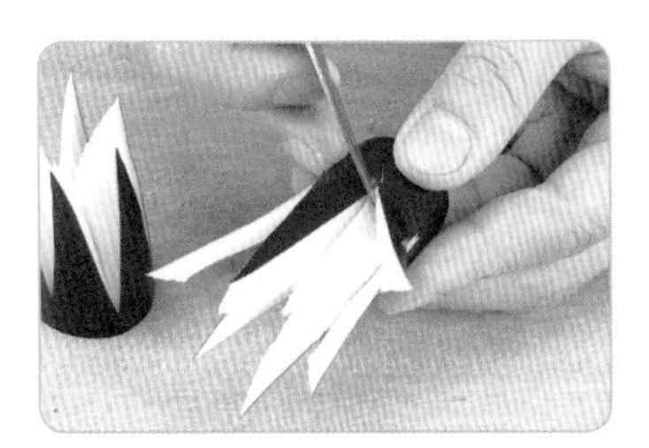

❻ 由每支鋸齒尖端向內0.5cm處片開表皮，至底部預留1cm不切。

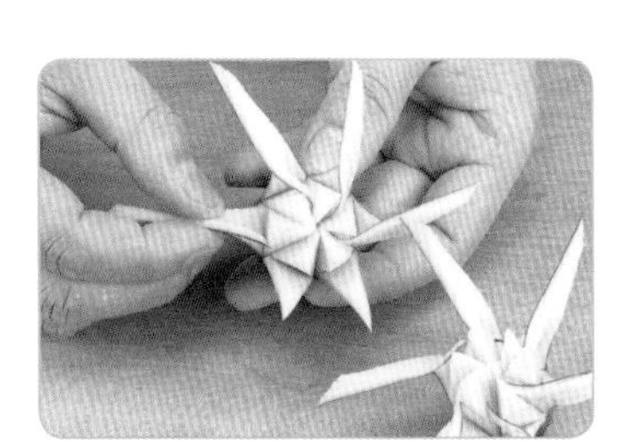

❼ 翻開表皮，以反時針方向輕輕扭轉，將分叉的尖端固定於茄肉間隙，即可染色、排盤。

▶ 茄子切雕後，以鹽水略浸泡，可避免氧化變黑，片切茄子表皮，須注意厚薄度。

▶ 各色染色劑（粉狀）可在食品雜貨店買到。

▶ 一般顏色有紅、桃紅、橘、青綠色等。

洋菇帽切雕法 -1

使用工具：雕刻刀、牙籤

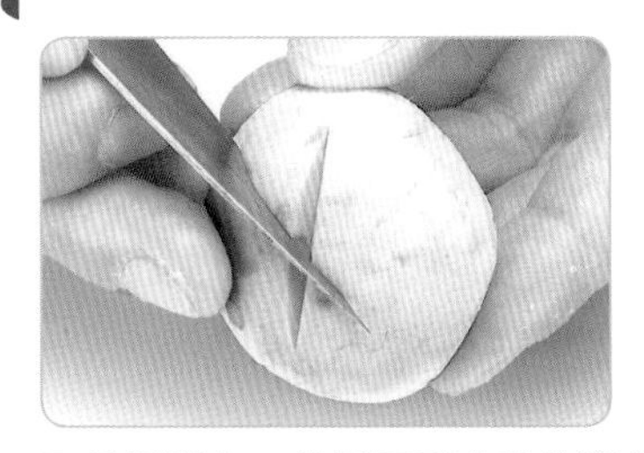

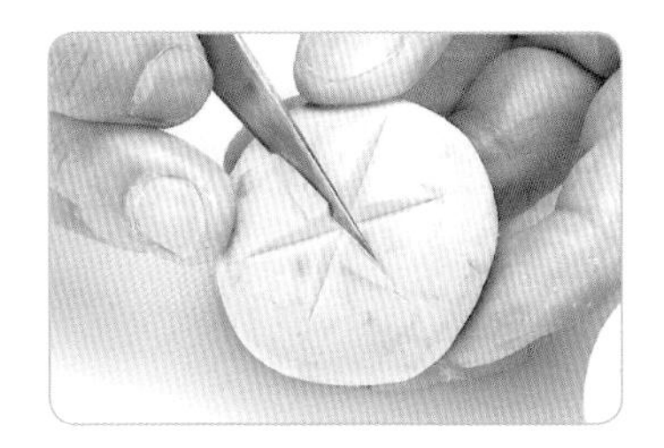

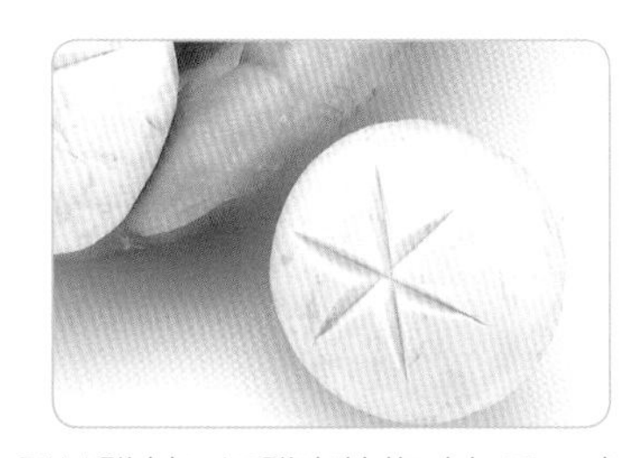

取色澤潔白、菇帽圓形完整的洋菇2朵，先以牙籤於菇帽中心劃分6等分，再以雕刻刀切雕出線條（勿用刀尖切雕）。每條線各以左、右斜刀45度，深0.5cm，切出V形凹槽。

洋菇帽切雕法 -2

使用工具：雕刻刀、牙籤

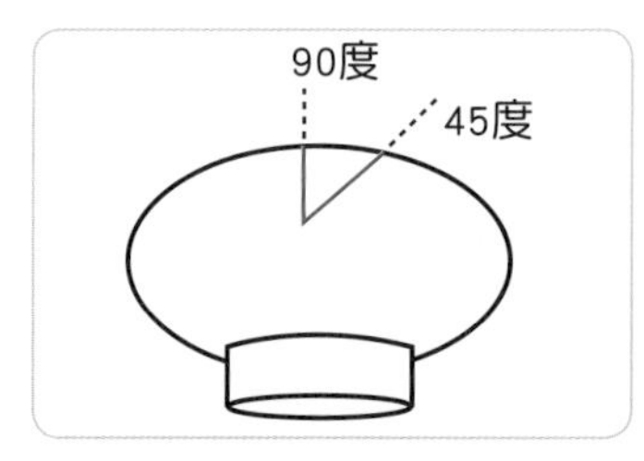

取色澤潔白、菇帽圓形完整的洋菇2朵。以牙籤插於菇帽中心，以雕刻刀順著菇帽圓周，以一直刀90度、一斜刀45度的方式切雕出V形鋸齒（深0.5cm，鋸齒間隔0.4cm），切畢即可入鍋烹煮。

鮮香菇帽切雕法

使用工具：雕刻刀

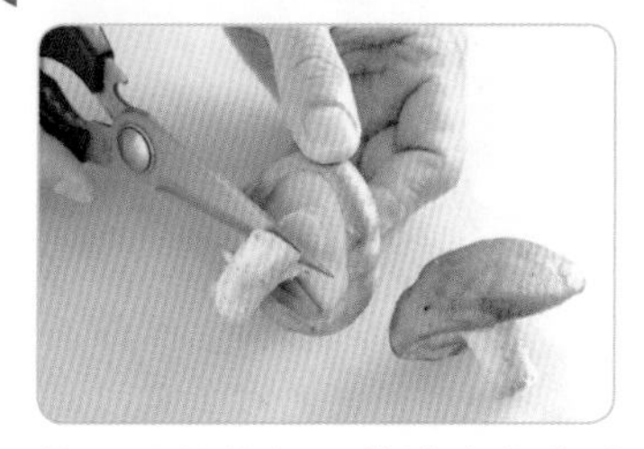

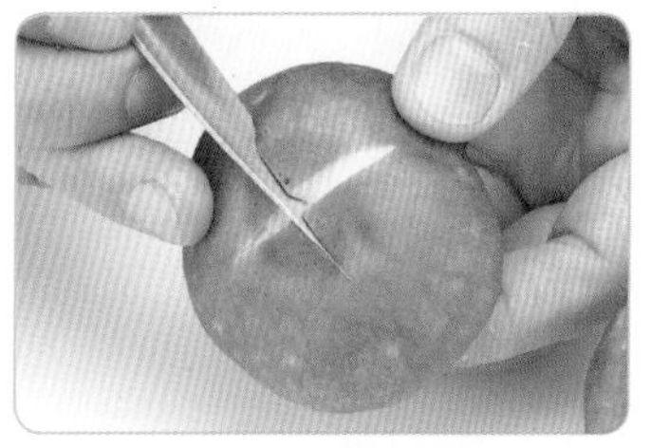

❶ 取色澤均勻，飽滿完整的鮮香菇2朵，以剪刀剪除蒂頭。

❷ 以雕刻刀於帽菇中心平分切出十字線，每條線各以左、右斜刀45度，深0.5cm，切出V形凹槽。

❸ 再切一次十字形，即呈8等分米字形，即可入鍋烹煮。

削橄欖刀法

使用工具：片刀、橄欖刀

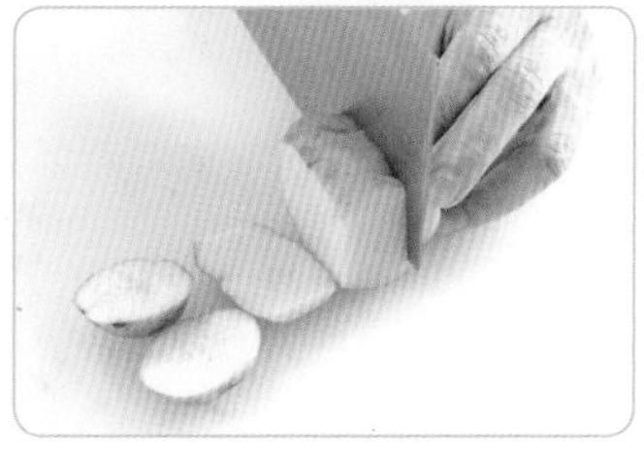

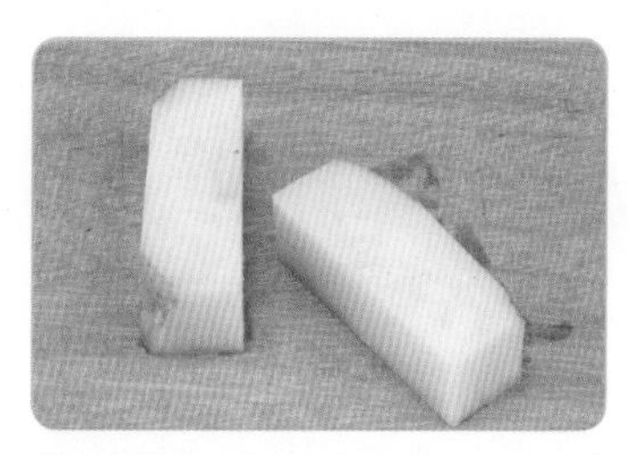

❶ 取新鮮飽滿，無歪斜馬鈴薯1粒，以片刀切除頭尾，切除邊緣，再切割厚1.7cm片狀。

❷ 取1.7cm厚片，直切長條四方塊。

❸ 以片刀分切出長4cm、寬1.7cm的四方長條。

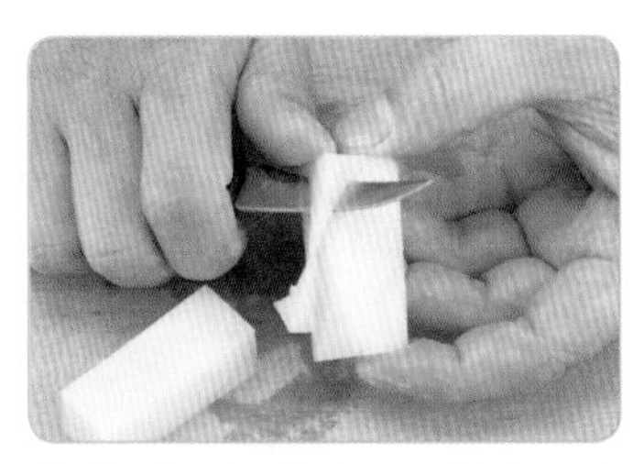

❹ 拿穩馬鈴薯塊，以橄欖刀將四邊角雕成圓弧形（兩端削厚，中間削薄）。

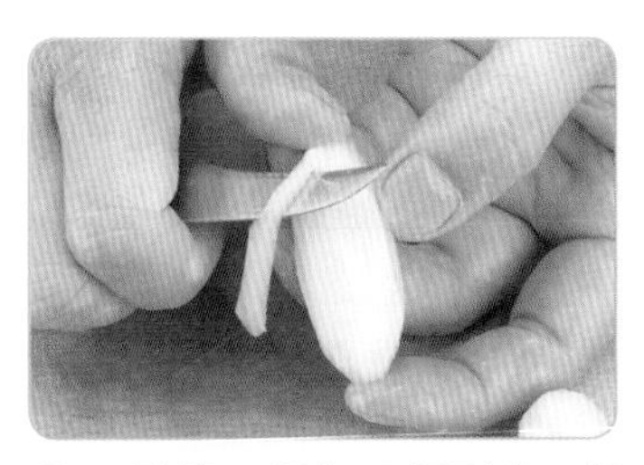

❺ 以橄欖刀細修不規則處，使呈橄欖形。

❻ 亦可以紅蘿蔔、竹筍、大黃瓜切雕出各種不同顏色的橄欖。

大黃瓜鋸齒花切雕法

使用工具：片刀、雕刻刀

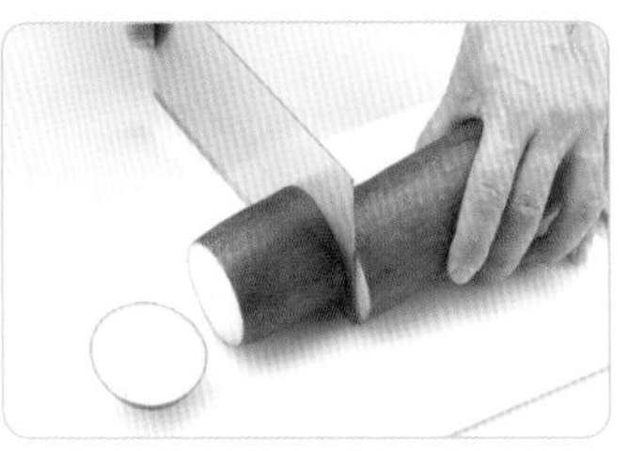

❶ 取色澤翠綠、身形直長的大黃瓜1條，以片刀切除頭帶2cm，直刀切成2個5.5cm圓段。

❷ 圓段一端以牙籤在橫切面上畫十字形，使呈4等分，再將每等分劃分成2等分，共8等分。

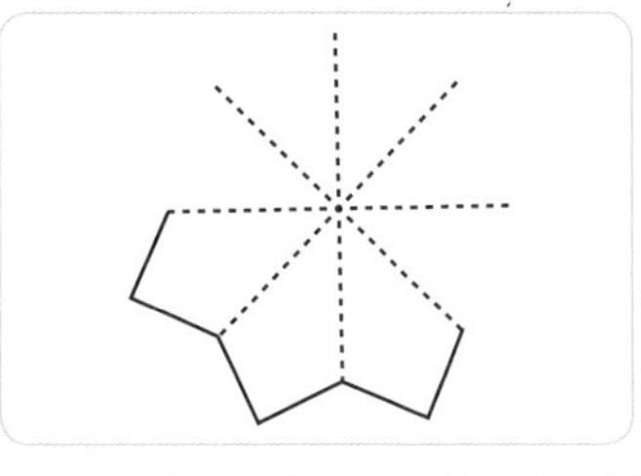

❸ 以雕刻刀斜45度，將每等分雕成深度1.5cm的V形凹槽，使表皮呈鋸齒狀。

❹ 切雕好的大黃瓜，可直接排盤裝飾。

❺ 亦可再以雕刻刀直刀切割圖中紅線部分（深0.5cm），底部1cm不切，再片開每一片表皮。

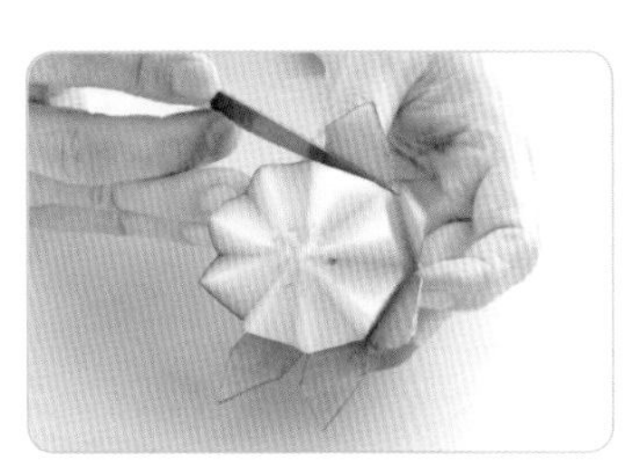

❻ 小心的將每片表皮片切到底部1cm不切斷，泡入清水表皮自然外翻呈開花狀。

- 選購表皮翠綠、飽滿者，切雕成品比較好看。
- 片切表皮時，由上而下需注意厚薄度及避免切斷表皮。泡入清水，容器要大，避免擠壓而摺斷表皮。

大黃瓜表皮葉片切雕法

使用工具：片刀、雕刻刀、牙籤

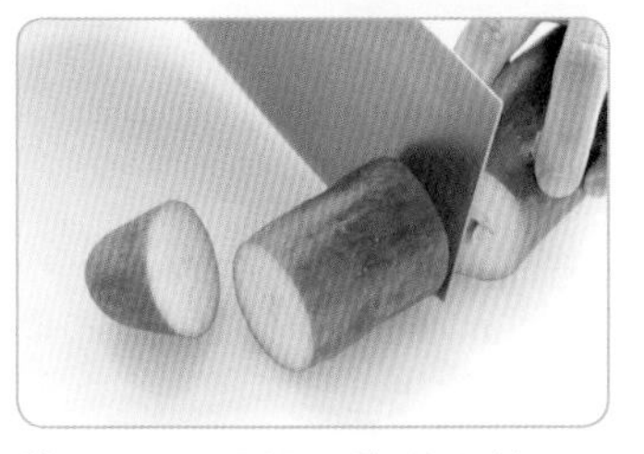

❶ 取色澤翠綠，飽滿大黃瓜切除頭部再切割5～6cm長圓段。

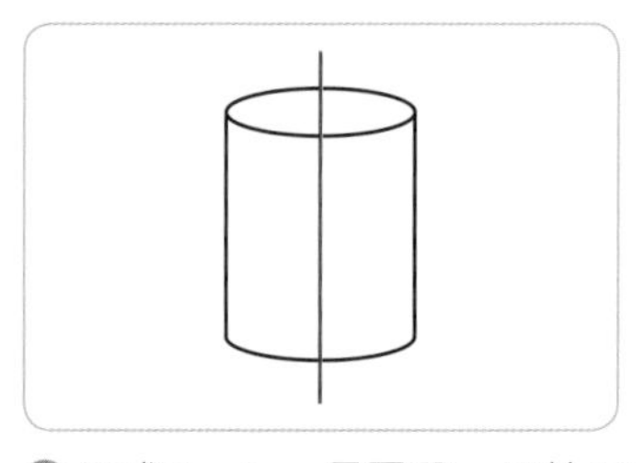

❷ 切成5～6cm長圓段，以片刀切成2半圓形塊。

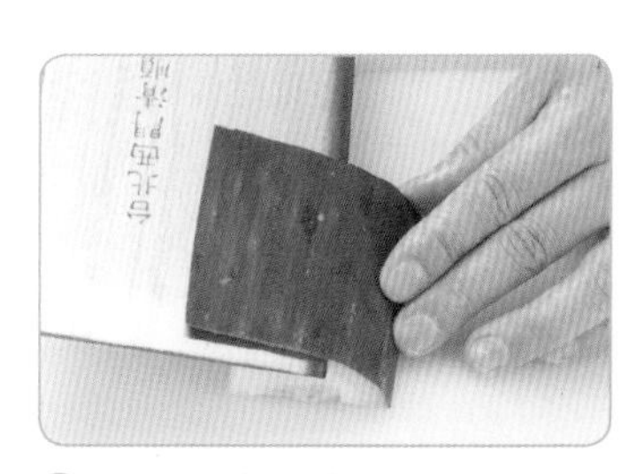

❸ 分別由右而左，順著圓弧面片取表皮，厚度0.5cm。

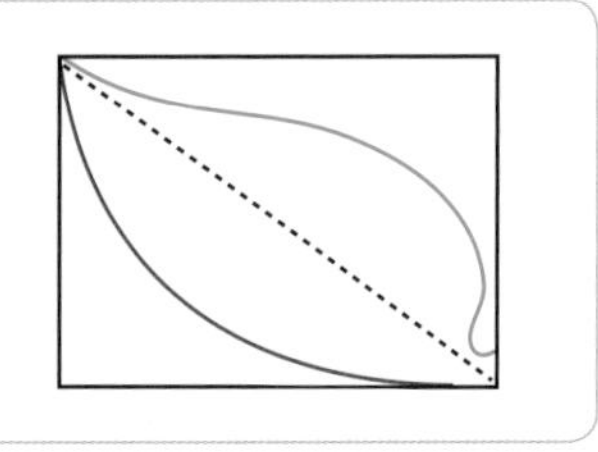

❹ 取大黃瓜表皮，以斜對角為基準，以牙籤畫半圓線條，再劃出葉梗及S線條。

❺ 以雕刻刀順著牙籤線條雕出葉子，分別雕成兩片。

❻ 以牙籤於葉片中心由粗到細畫出中央葉脈，以雕刻刀以直刀、斜刀、深度0.2cm雕出葉脈。

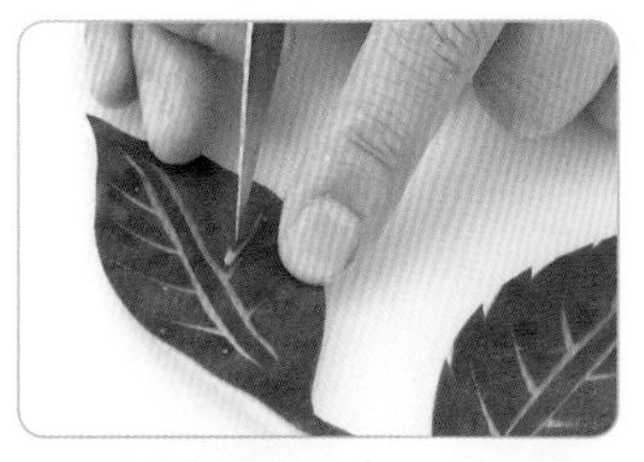

❼ 以同樣技法切割左右葉脈及葉緣鋸齒。

❽ 大黃瓜皮葉片可單獨成為盤飾，亦可排在花朵旁點綴。

- 切割葉脈紋路也可以使用尖形槽刀來雕切。
  片刀切表皮要注意，避免手滑而受傷。
- 選購表皮較翠綠者，切雕起來會更好看。

甜豆切雕法

使用工具：雕刻刀

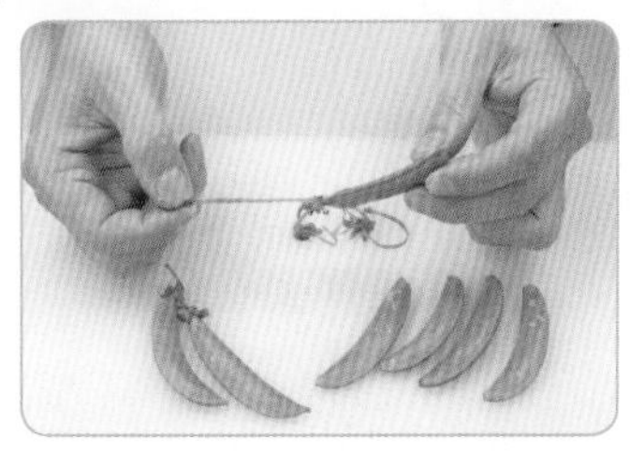

❶ 取豆莢完整飽滿、大小均勻的甜豆，以手撕除上下絲狀筋脈。

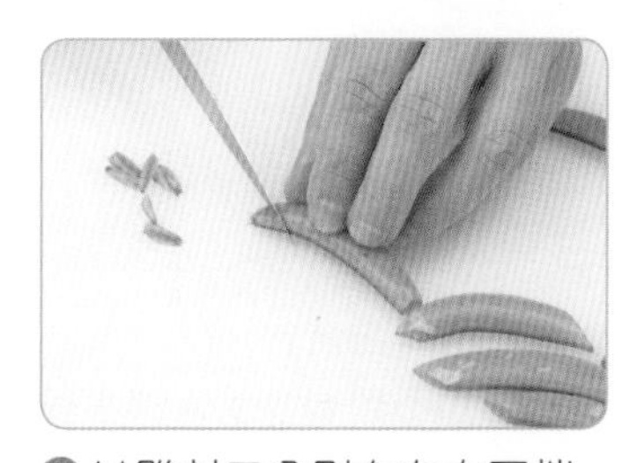

❷ 以雕刻刀分別在左右兩端，斜45度切成斜尖形。

❸ 切好的甜豆莢，燙熟後即可排盤。

變化❶甜豆莢也可將兩端各斜切兩刀，雕成尖形。

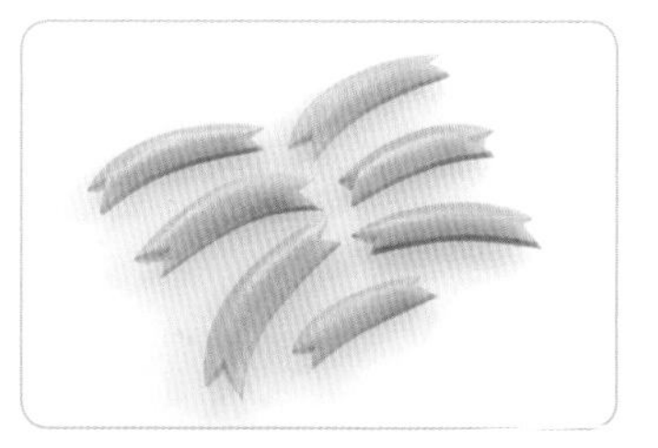

變化❷將甜豆莢兩端，每端左右各斜切45度成V型開叉。

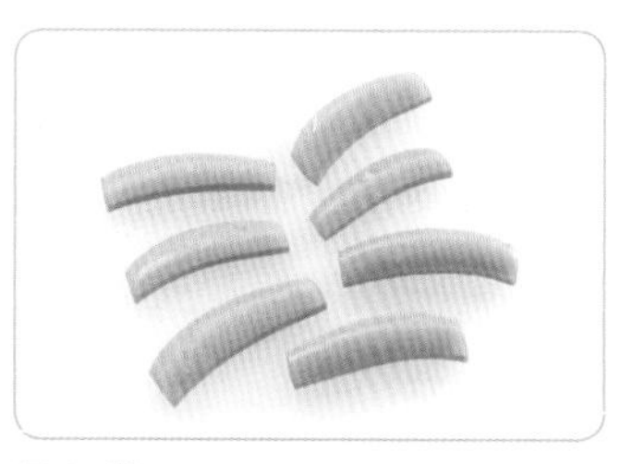

變化❸將甜豆莢去筋絲後，以雕刻刀左右橫切齊。

荷蘭豆切雕法

使用工具：雕刻刀

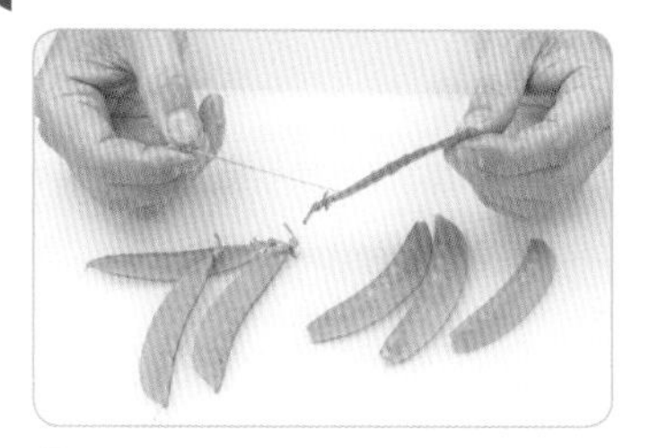

❶ 取豆莢完整飽滿、大小均勻的荷蘭豆，以手撕除上下絲狀筋脈。

❷ 將荷蘭豆莢兩端，左右各斜45度切成V形開叉。

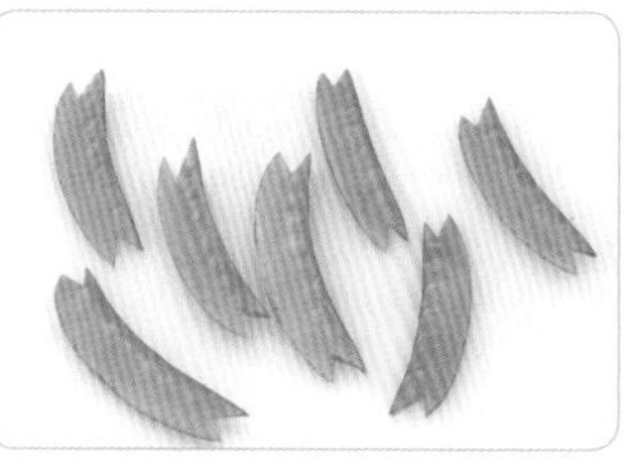

❸ 切好的荷蘭豆莢，燙熟即可排盤。

變化❶荷蘭豆也可將兩端斜切一刀，雕成斜尖形。

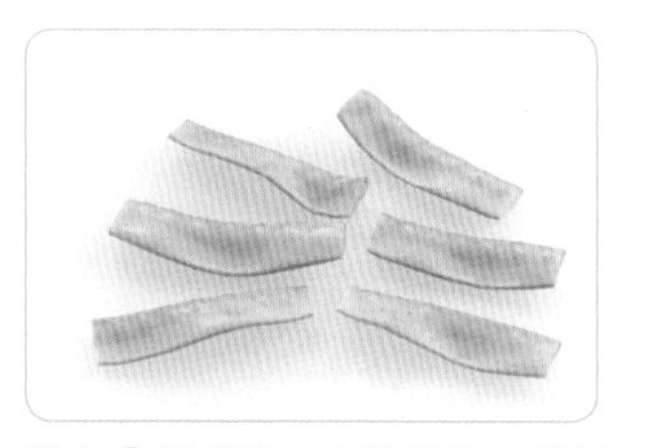

變化❷將荷蘭豆去筋絲後以雕刻刀左右橫切齊。

- 一定要把豆莢的筋絲撕除，口感較佳。切割的豆莢，力求大小一致性。
- 選購大小一致、表皮翠綠且無刮痕者，避免選購豆莢太大或太老者。

小黃瓜雕松柏法

使用工具：片刀

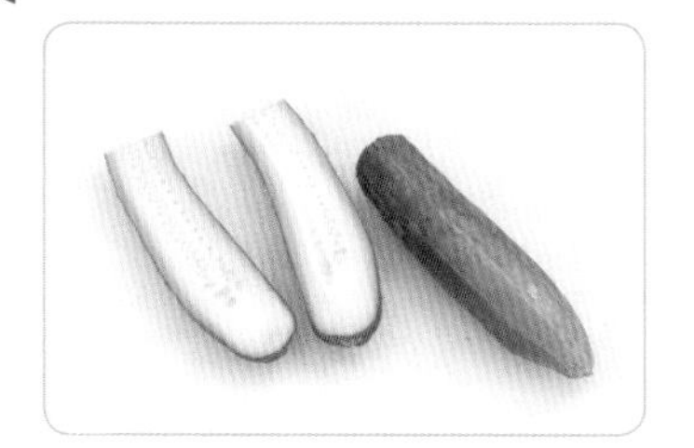

❶ 分別準備小黃瓜直長條1條，橫切為2段，取其一段再以片刀直切為半圓長條。

❷ 小黃瓜半圓長段以片刀直切為長條薄片，底部0.3cm不切斷，每片厚度0.1～0.2cm。

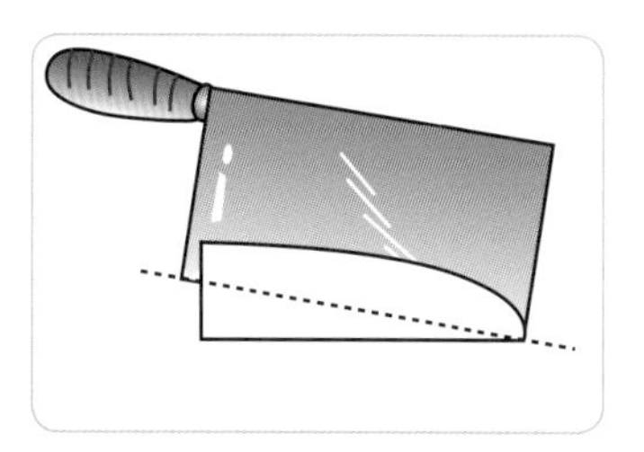

❸ 在以片刀切割長條薄片時，可將片刀尾端翹起，以刀尖切至砧板，較不容易切斷食材。

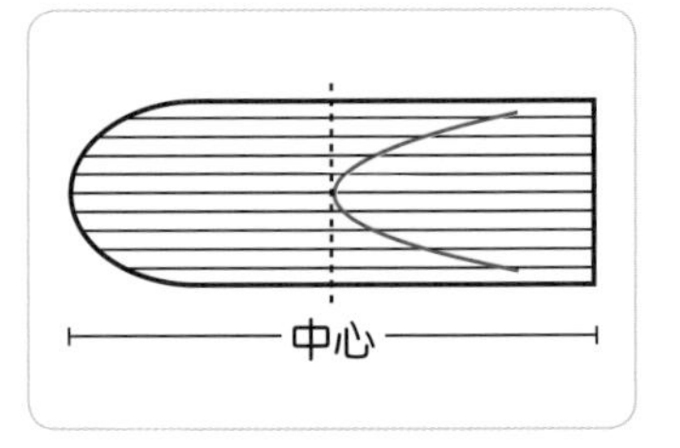

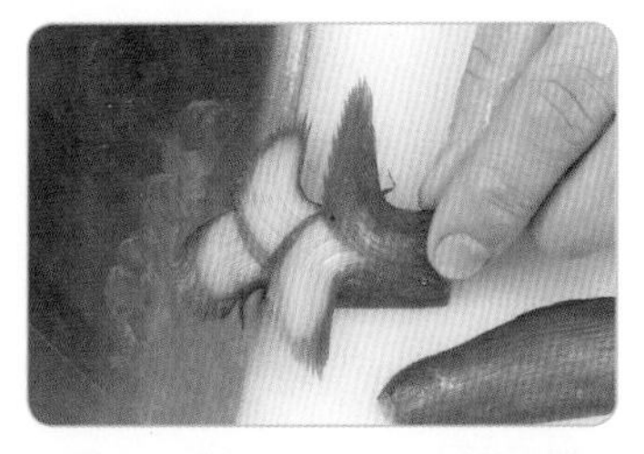

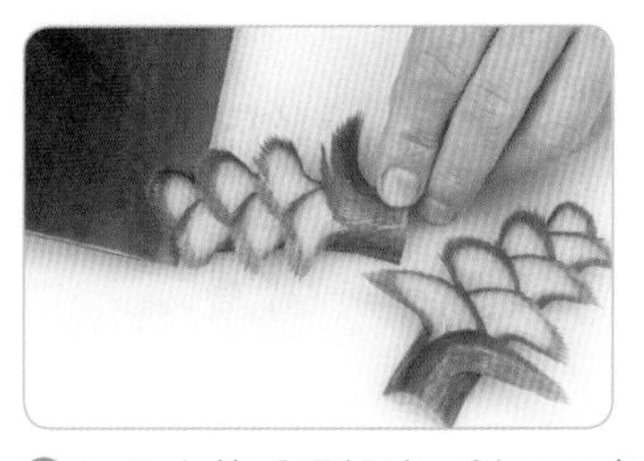

❹ 以片刀斜10度角，從中心點開始以一推、一拉的方式，片切小黃瓜（厚度0.3cm），成一左一右葉片狀。

❺ 切至小黃瓜頭部時，斜刀40度切除黃瓜頭部，即可排盤。

- 以刀尖為定點切割直線條，避免切斷，直線切好後，片切左右葉片，刀子勿太斜而無法彎曲。

大黃瓜表皮小草切雕法

使用工具：片刀、雕刻刀

❶ 取一色澤翠綠、飽滿大黃瓜，去頭切成5～6cm長圓段。

❷ 以片刀切成2半圓形塊，分別由右而左，順著圓弧面片取表皮，厚度0.5cm。

❸ 以牙籤於表皮上劃出放射狀小草數片。

❹ 以雕刻刀順著線條切割出小草即可。

❺ 完成品可用三秒膠黏貼於岩石或底座上。

- 以片刀，片切圓弧表皮需特別小心，因瓜肉有黏液，會滑手。
- 片切表皮厚度以0.5cm為佳，避免太厚而摺斷。

波浪刀各式切法

使用工具：波浪刀、片刀、刮皮刀

白蘿蔔

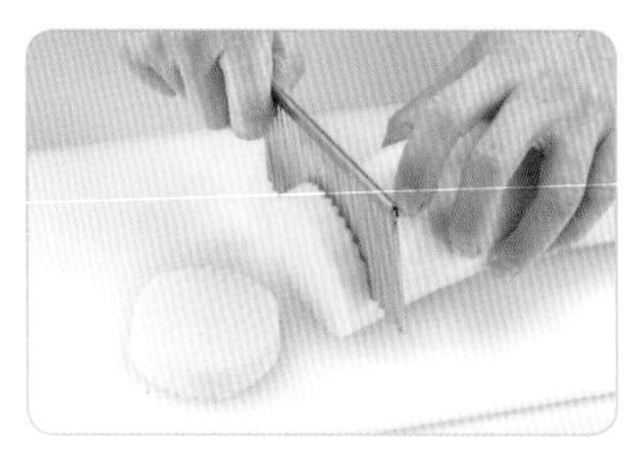

❶ 取潔白厚重的日本種長白蘿蔔1條，以片刀切除頭、尾，刮除表皮，再以波浪刀直切圓厚片，厚度1.5cm。

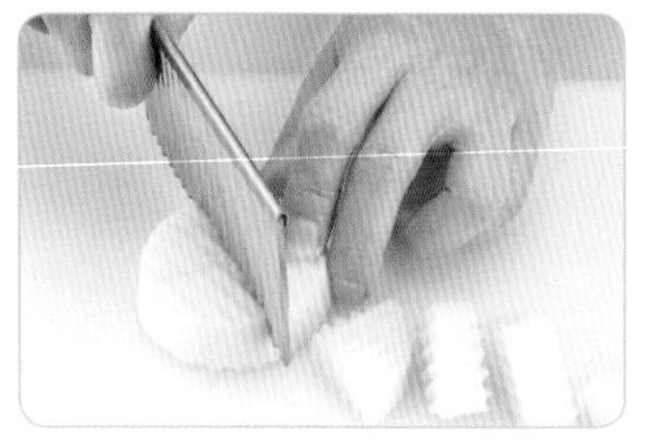

❷ 每片再以波浪刀切割成四等分，即可烹煮菜餚。

小黃瓜

取新鮮色澤翠綠的直長條形小黃瓜，以波浪刀斜45度，切成0.4cm厚片，即可烹煮菜餚做配色。

紅蘿蔔 1

❶ 取色澤鮮豔紅蘿蔔1條，以片刀切除頭蒂，刮除外皮，切除四周外圓弧，使呈正四方形長條。取波浪刀，以直刀切成0.5cm正方形厚片。

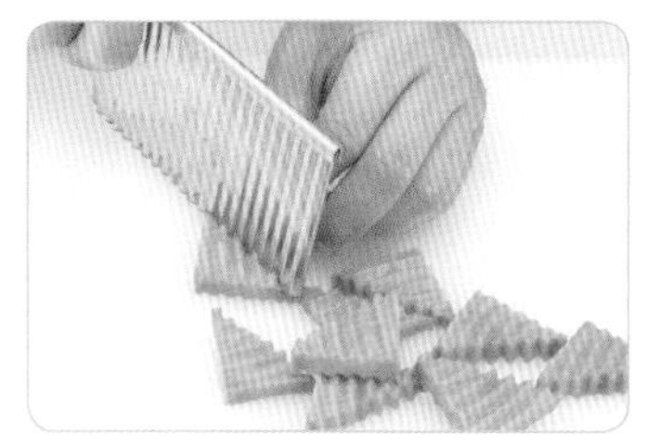

❷ 將正方形厚片以波浪刀對角直切，成三角形。

小黃瓜

取新鮮色澤翠綠的小黃瓜，以波浪刀斜45度，每切一刀，旋轉45度再斜切，呈滾刀塊狀。

紅蘿蔔 2

❶ 取色澤鮮豔紅蘿蔔1條，以片刀切除頭蒂，刮除表皮，切除兩側外圓弧。以直刀縱向切成0.5cm薄厚片。

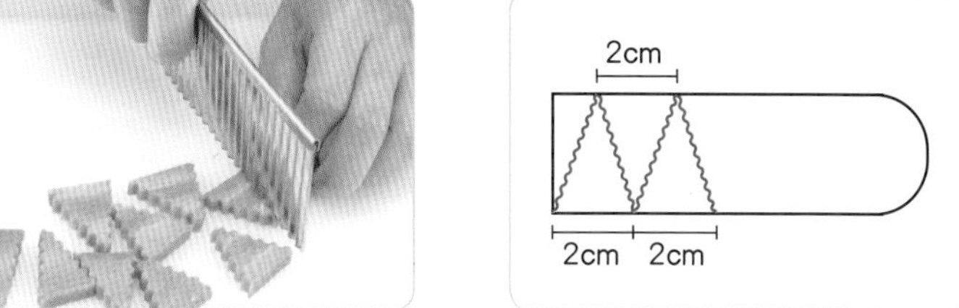

❷ 將薄片以波浪刀切出長三角片，三角形底邊2cm，如圖所示。

- 拿握波浪刀，因比較小把，要拿穩切割。
- 切割時，一定要由上而下直切。

尖形槽刀各式切雕法

使用工具：尖形槽刀、片刀

大黃瓜葉子

❶ 大黃瓜表皮以雕刻刀切雕出葉子及葉脈。

❷ 以尖型槽刀切雕兩邊葉緣成鋸齒狀。

❸ 雕好的葉子適合排放在雕好的花朵旁。

大黃瓜花片

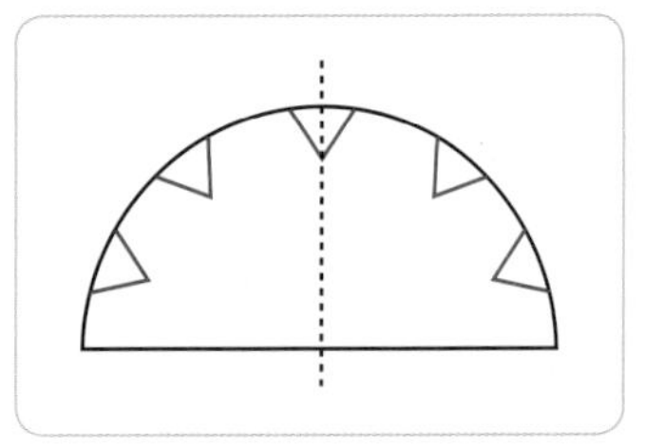

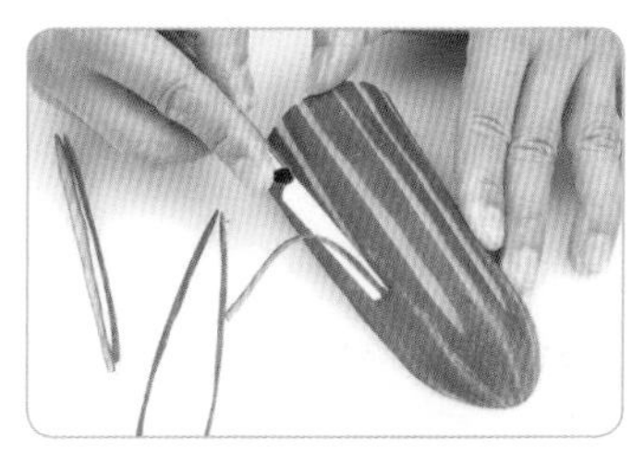

❶ 以片刀截取1/4的大黃瓜半圓形長段。取長度的中心線位置，以尖槽刀挖出深0.5cm V形凹槽，使成2等分，再分別於每1等分平均挖出2條凹槽。

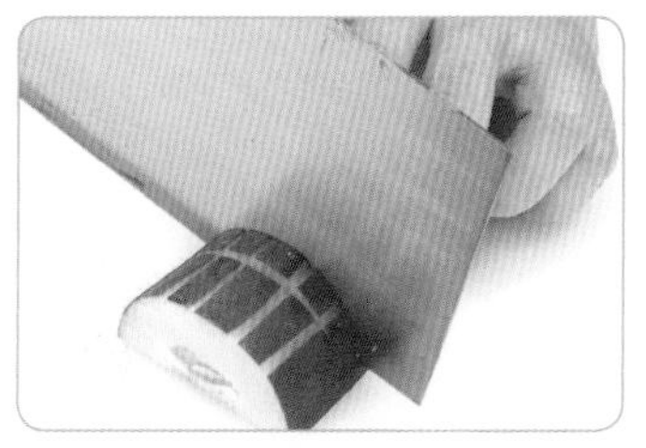

❷ 以片刀於黃瓜塊上切割半圓薄片，深三分之二不切斷，每片間隔0.1～0.2cm。

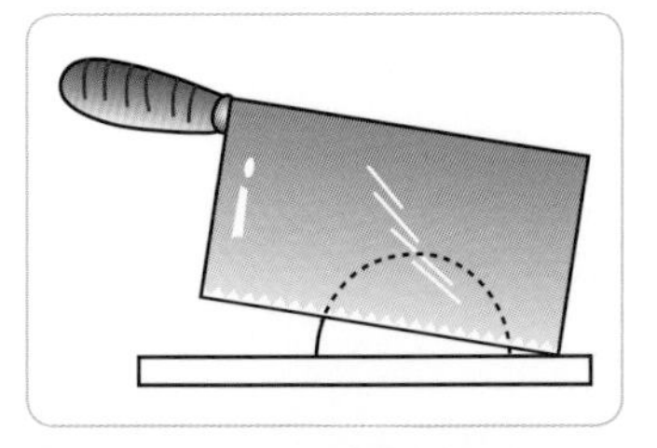

❸ 在以片刀切割長條薄片時，可將片刀尾端翹起，以刀尖切至砧板，較不容易切斷食材。

❹ 以片刀橫刀切取薄片，即可排盤。

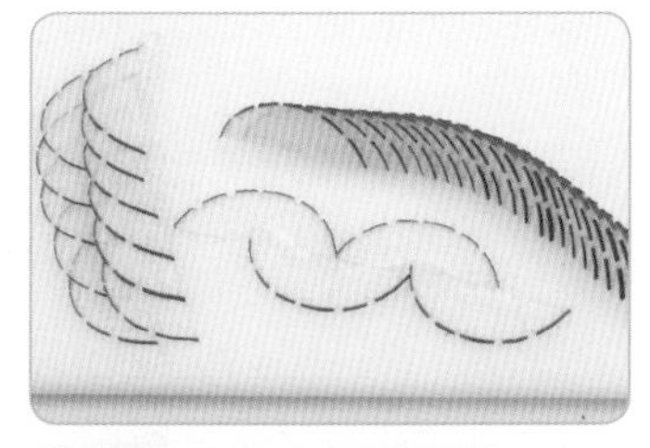

❺ 花片可產生多種排盤裝飾，請自由發揮創意變化。

- 以尖槽刀挖切表皮線條，力道需平均，避免歪斜或深淺不平均。
- 握穩片刀，以刀尖為定點，切片，慢慢切，勿切太快。
- 排盤時，若太厚，不要排入盤內，美感較佳。

小黃瓜花片

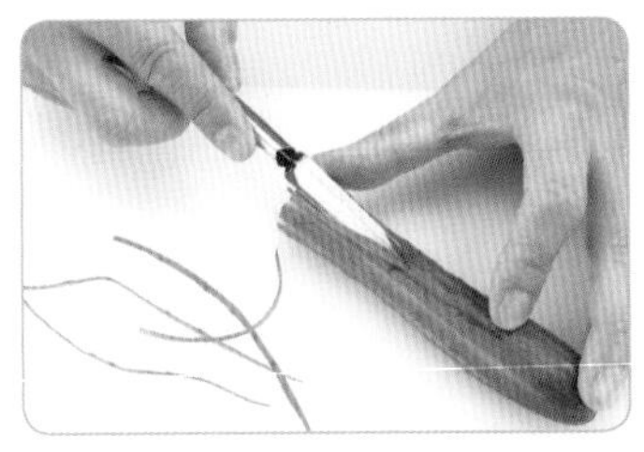

取色澤新鮮翠綠長直條小黃瓜，切除頭部。取尖槽刀，順著圓周挖出縱向V形凹糟，每條線間隔0.5cm。

變化❶先直切剖成一半後，45度切成斜片。

變化❷直刀切圓片，每片厚度0.4cm。

變化❸斜切成橢圓片，每片厚度0.4cm。

變化❹以片刀直切為二後再橫切，每片厚0.5cm。

- 以尖槽刀推切直線條，力道需一致，避免歪斜、及深淺不均。
- 以尖槽刀推切直線條需小心，避免黃瓜滾動而發生危險。
- 需選購較直、脆綠的黃瓜來切割。

尖槽刀的線條運用

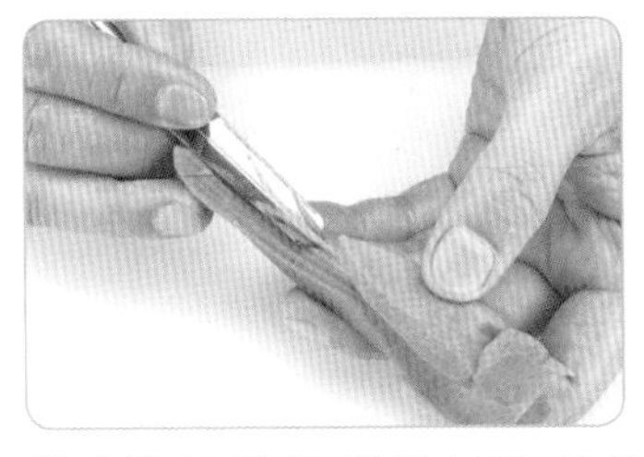

❶尖槽刀可用來雕出小鳥尾巴的直形線條。

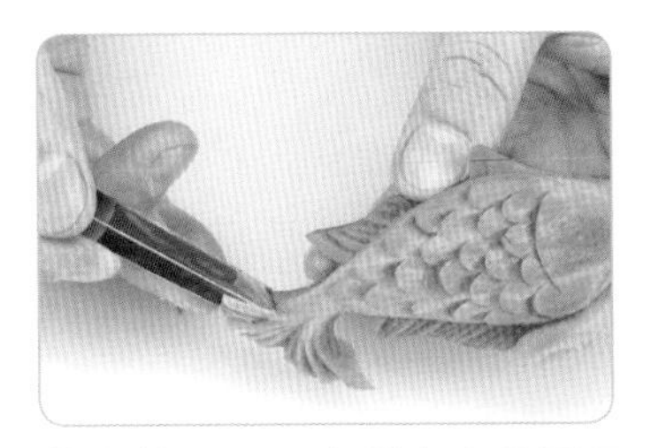

❷尖槽刀可用來雕出小魚尾巴的圓弧線條。

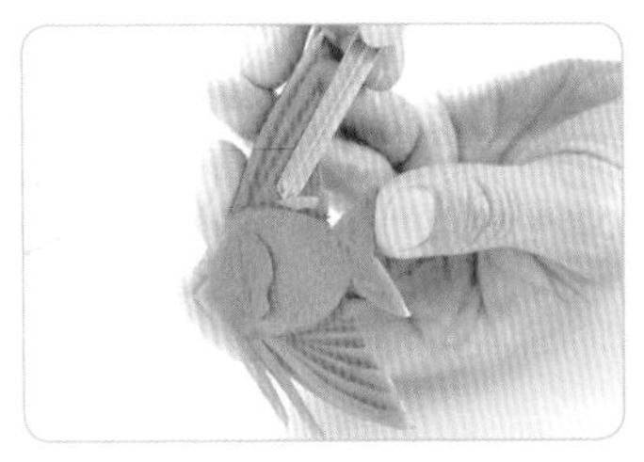

❸尖槽刀可用來雕出魚背鰭的圓弧線條。

- 以槽刀推切線條，無名指、小指要靠在食材上，避免推切線條歪斜及深淺不平均。
- 需確定作品線條的粗細，再選用大的或小的槽刀。

半圓形槽刀各式切雕法

使用工具：圓槽刀、雕刻刀、牙籤

天 鵝

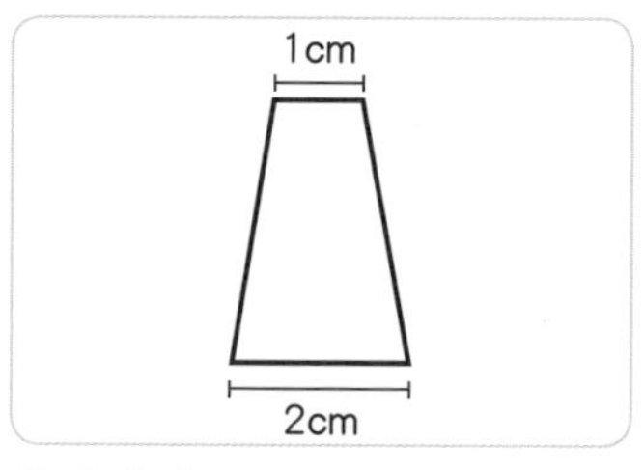

❶白蘿蔔切厚片由上1cm到底2cm。

❷以圓槽刀於厚片平面左上角挖切圓孔，再切除底部1.5cm。

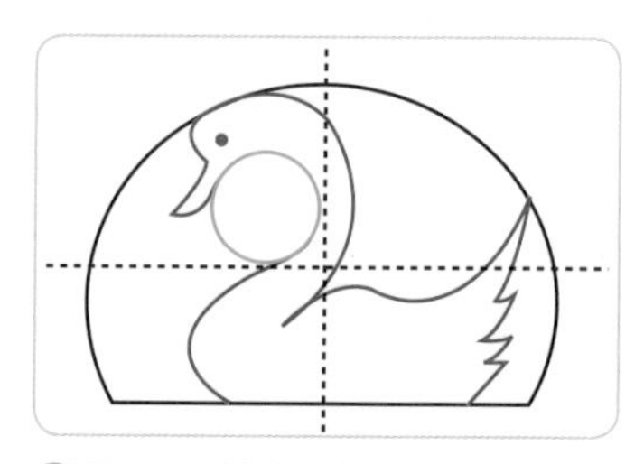

❸再以牙籤輕劃出天鵝輪廓，如圖：順著圓孔畫出脖子，再畫嘴巴和身體。

❹以雕刻刀順著線條雕出天鵝外形。

> 切雕白蘿蔔、紅蘿蔔這類質地硬脆的食材時，雕刻刀難以用旋轉的方式切出圓弧，運用圓槽刀則能輕鬆切出漂亮的弧度。

半圓形槽刀變化運用

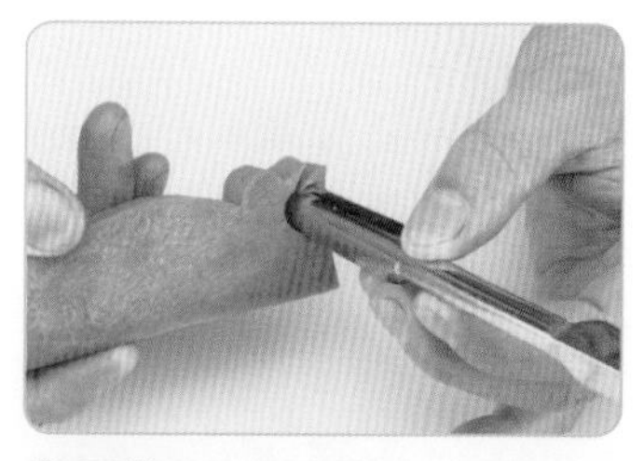

❶圓槽刀可用來雕出小鳥下巴的圓弧狀。

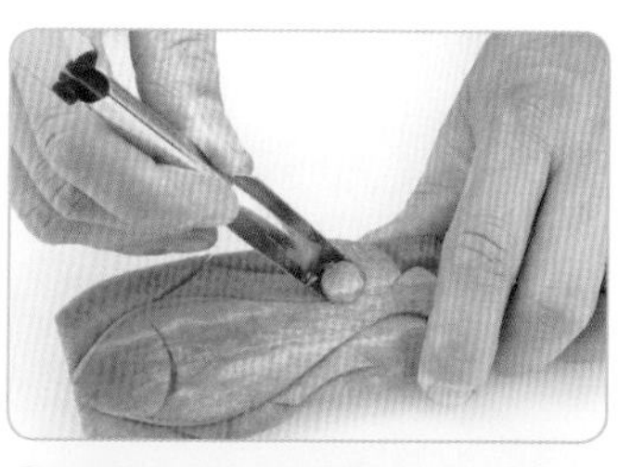

❷圓槽刀可用來雕出魚尾上揚的弧形。

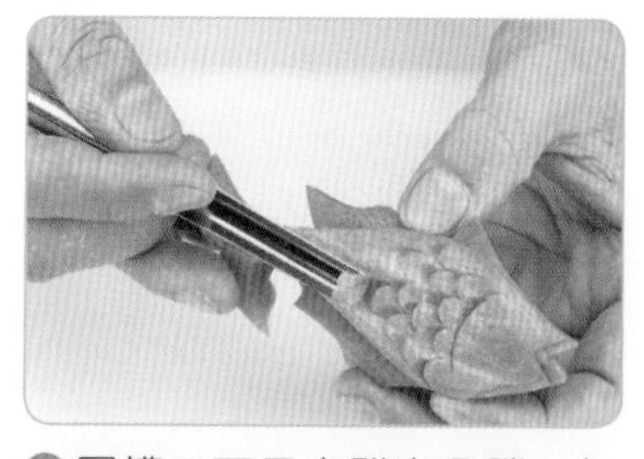

❸圓槽刀可用來雕出魚鱗，每片深0.3～0.5cm。

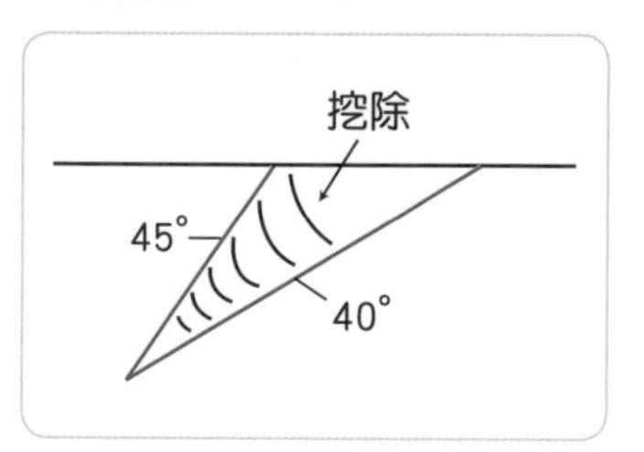

❹每片魚鱗的雕法是：先以45度斜切一刀（呈半圓形），刀略後移，再以40度斜切第二刀（如圖），挖除鱗片下方果肉，即可做出立體感。

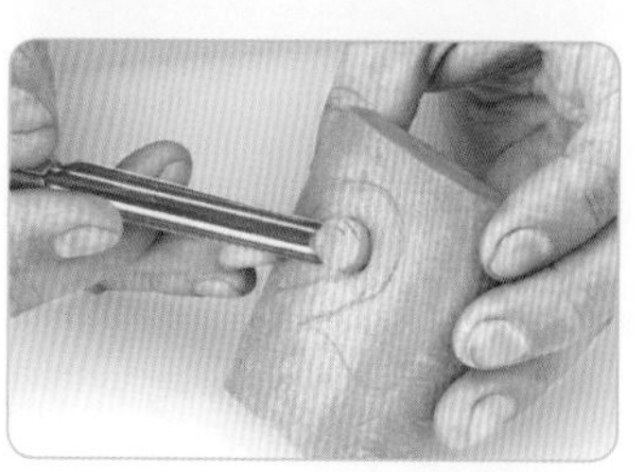

❺以中型圓槽刀，挖切鵝脖子處的圓形。

> 以槽刀圓弧挖切時要力道平均左右對稱。
> 挖切魚鱗，需注意第一刀與第二刀的斜度才能去除魚鱗。

自我評量

是非題

(　) 1. 菱形、葉子形甜椒切雕好後，無需川燙熟，即可排盤裝飾。

(　) 2. 切雕茄子鋸齒花時，於中段以牙籤輕劃鋸齒線條後，再以雕刻刀於線條上切割，需切至茄肉中心。

(　) 3. 欲將馬鈴薯削成橄欖形時，可用片刀分切出長4cm、寬1.7cm的正四方長條，拿穩馬鈴薯，再以片刀將四邊角雕成圓弧形。

(　) 4. 以牙籤插於洋菇帽為中心，以雕刻刀，順著菇帽圓周，以一直刀一斜刀的方式切雕出V形鋸齒，即可入鍋烹煮。

(　) 5. 切雕大黃瓜表皮葉片，需選購尾端微胖、表皮呈黃白色、無蟲蛀及瓜身鬆軟者來雕刻最好。

(　) 6. 切雕大黃瓜表皮小草時，不必先用牙籤在表皮上劃出小草外形，可直接以片刀隨心所欲自由切割。

(　) 7. 以荷蘭豆莢做切雕材料，須保持豆莢外形完整，不用以手撕除上、下絲狀筋脈及蒂頭，切雕好後，即可排盤。

(　) 8. 切雕小黃瓜松柏時，以片刀直切為長條薄片，底部0.3cm不切斷，每片厚度0.1～0.2cm。再以片刀斜10度，以一推一拉方式切割小黃瓜。

(　) 9. 波浪刀是用來將蔬果切成波浪狀的刀具。

(　) 10. 大黃瓜皮切雕成葉子形狀後，可以用V形槽刀雕出葉脈及葉緣鋸齒紋路。

選擇題

(　) 1. 切雕天鵝形狀時，脖子圓弧需以 (1)圓槽刀 (2)尖形槽刀 (3)雕刻刀 (4)圓形湯匙 來挖切圓孔。

(　) 2. 尖形槽刀可用來雕出 (1)小鳥眼睛 (2)魚類頭部 (3)天鵝脖子 (4)小鳥及魚類尾巴的直形線條。

(　) 3. 圓形槽刀可用來切雕 (1)小鳥下巴的圓弧 (2)魚尾上揚的弧形 (3)魚類的魚鱗 (4)以上皆是。

(　) 4. 波浪刀的拿握切割是以 (1)拿筆的方式 (2)拿片刀的方式 (3)拿毛筆方式 (4)隨各人習慣都可以。

(　) 5. 各色的染色劑（粉狀）可在 (1)7-11超商 (2)家樂福 (3)文具店 (4)食品雜貨店 購買到。

(　) 6. 波浪刀切割食材是以 (1)推拉切 (2)拉刀切 (3)斜刀切 (4)上下壓切。

(　) 7. 購買甜豆、荷蘭豆需以豆莢 (1)大而胖 (2)翠綠、飽滿均勻 (3)便宜即可 (4)隨自己喜歡。

(　) 8. 茄子切雕後，籽會氧化變黑，可用 (1)白醋水 (2)鹽水 (3)檸檬水 (4)以上皆可 防止變黑。

(　) 9. 切割紅甜椒菱形片，拿握片刀需斜度 (1)45度 (2)35度 (3)25度 (4)15度 切出菱形片。

(　) 10. 切雕大黃瓜水草，片切表皮後，需以 (1)原子筆 (2)鉛筆 (3)牙籤 (4)奇異筆 劃出放射狀水草，再切雕。

線條切雕美感與排盤訓練

利用常見的蔬果食材，切成簡單的幾何形狀，如直線、曲線、圓形、半圓、方形等，再進行排列、組合、配色，即可完成簡單又富創意的盤飾。

青江菜切法

切雕

❶ 青江菜數顆，以手撥取外層較大葉梗，使剩下葉片大小均勻（約一顆剩4片葉梗）。

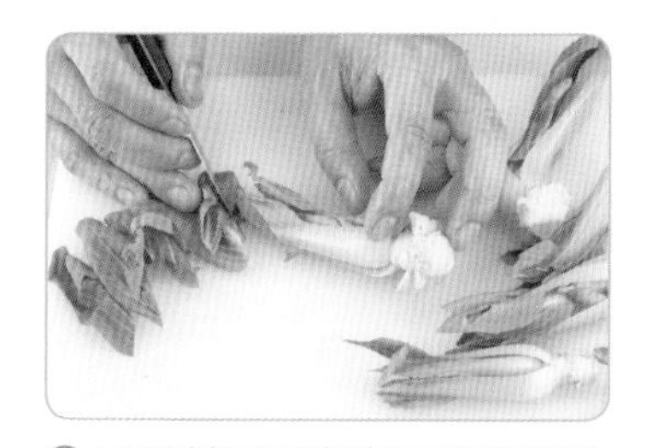

❷ 以雕刻刀切齊青江菜頂端的葉子。

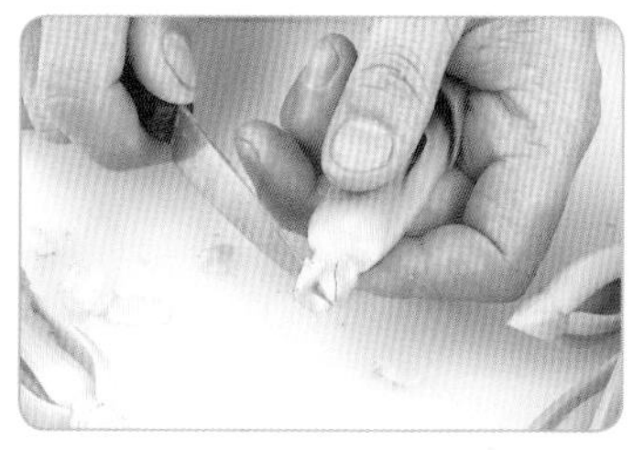

❸ 以雕刻刀將青江菜根部略修成尖形。洗淨後燙熟，即可排盤。

排盤

❶ 取數顆青江菜，根部朝外、葉端朝內，依序排放於距離盤緣內3cm處。

❷ 取青江菜每4棵為一組，根部朝外，間隔3cm排成2個或3個扇形。

❸ 取青江菜數顆，根部朝外，每顆間隔3cm排成放射狀。

綠花椰菜切法

切雕

❶ 將花椰菜以雕刻刀將每朵切割下來（若大朵則一切為二）。

❷ 以雕刻刀將每朵綠花椰菜的梗端修成尖形。

❸ 再修切成大小一致，洗淨後燙熟，即可排盤。

排盤

❶ 取數朵花椰菜，梗部朝內、間隔2cm排於盤邊。

❷ 取綠花椰菜8朵，每4朵為一組、梗部朝內、間隔3cm排於盤邊。

❸ 取數朵花椰菜，梗部切平，間隔1.5cm、站立排列於盤邊。

大黃瓜圓片切法

切雕

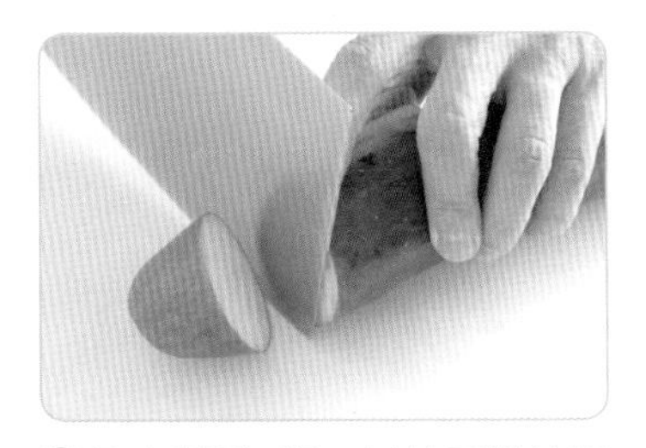

❶ 取大黃瓜1條，以片刀推拉切除頭部2cm。

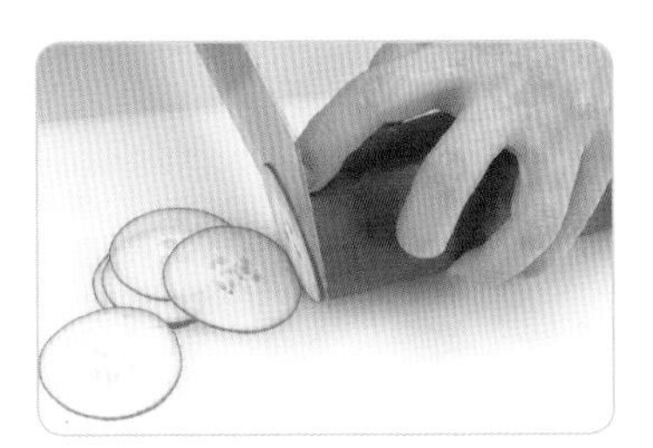

❷ 再切取厚度0.2cm圓形薄片，需小心握住黃瓜。

大黃瓜容易滾動，切片時可以用左手的無名指及小指抵在砧板與大黃瓜之間的空隙，就能避免滾動，輕鬆切出漂亮的薄片。

排盤

❶ 取大黃瓜圓片與小黃瓜圓片，交錯排於盤邊，取紅辣椒圓片，置於大黃瓜片上配色。

❷ 取大黃瓜圓片，間隔3cm排於盤邊，取小黃瓜及紅辣椒圓片疊於大黃瓜上。

❸ 取大黃瓜圓片2片為一組，排於盤邊，間隔3cm。另取小黃瓜、紅辣椒圓片疊於黃瓜片上，再配上紅辣椒橢圓長條點綴。

大黃瓜半圓片切法

切雕

❶ 取大黃瓜，以片刀直切剖半呈半圓長段去頭部。

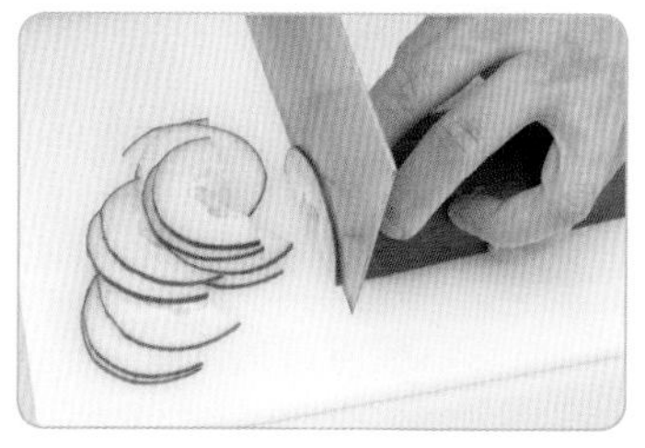

❷ 再以推拉的方式直刀切割0.2cm薄片。

- 以推拉切的方式切割厚薄均勻的0.2cm薄片。
- 需微燙熟過冷再排入盤內。

排盤

❶ 取大黃瓜半圓片2片為一組，排於盤邊，取小黃瓜半圓片疊於黃瓜上，搭配去籽紅辣椒橢圓長條。

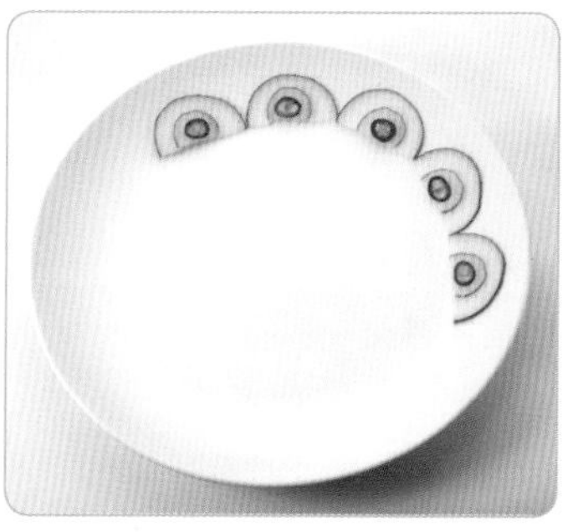

❷ 取大黃瓜半圓薄片並排於盤邊，另取小黃瓜半圓片及紅辣椒片疊於大黃瓜上。

❸ 取數片大黃瓜半圓薄片排一列於盤邊（並排法），再縮小半徑疊上第二層（交疊法），搭配紅辣椒圓片即可。

大黃瓜 1/2 半圓片切法

切雕

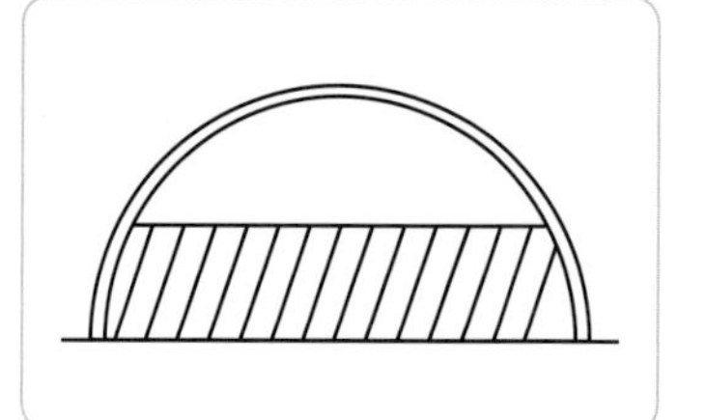

❶ 取一段大黃瓜，以片刀直切剖半，取一半劃分二等分再橫切上層1/2，去除下層1/2有籽部分。

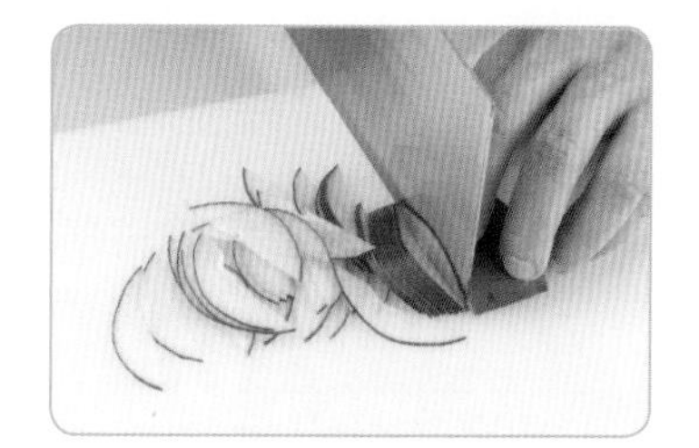

❷ 取上層無籽圓弧片，以推拉的方式直切0.2cm薄片。

排盤

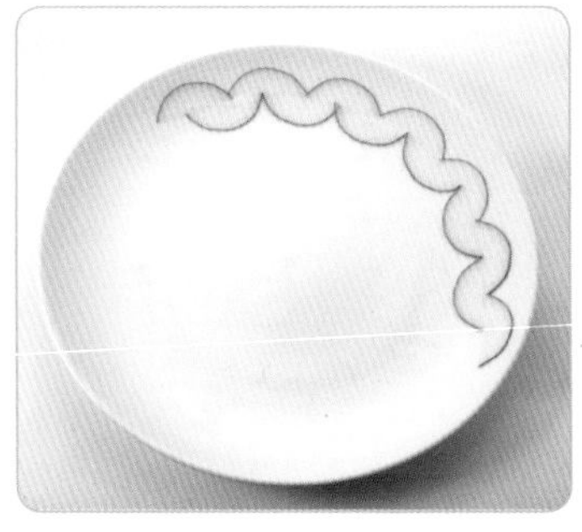

❶ 取大黃瓜片，圓弧朝外並排於盤邊，再以圓弧朝內排入第二排，兩排圓弧位置交錯呈波浪狀。

❷ 大黃瓜片4片為一組排成花樣（先以2片合成橄欖形，再排左右2片），每個間隔2cm，中心以紅辣椒橢圓片點綴。

❸ 大黃瓜片6片為一組排成蓮花狀（先以2片合成橄欖形，再排左右共4片花瓣），花心以紅辣椒圓片點綴。

紅黃甜椒菱形片切法

切雕

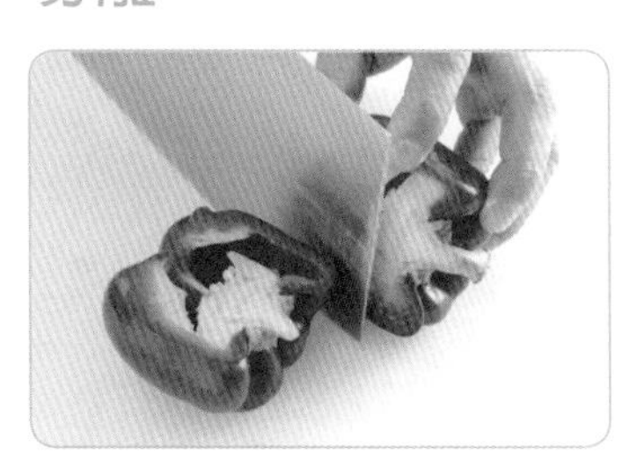

❶ 取紅黃甜椒各1粒，洗淨，以片刀取中心直切為二。

❷ 取紅黃甜椒半片，將每片再切割為4長塊狀如圖。

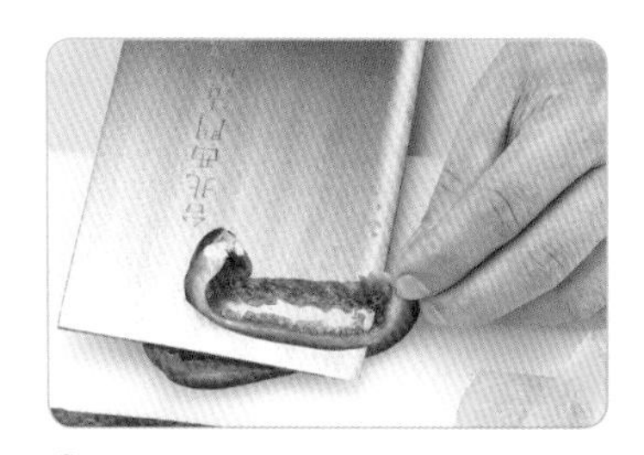

❸ 以平刀法小心切除甜椒海綿內膜。

❹ 光澤表皮朝上，以片刀將每片寬度修整為1.5cm。

❺ 片刀斜45度，間隔1.5cm，將紅黃甜椒切成菱形。

❻ 頭尾需切除不要，燙熟過冷後，即可排盤。

排盤

❶以紅黃相間，依序排於盤邊。

❷2紅2黃為一組，排成大菱形，排列於盤邊，間隔1.5 cm。

❸2紅1黃為一組，排成山字形，排列於盤邊，間隔2.5 cm。

西洋芹月形片切法

切雕

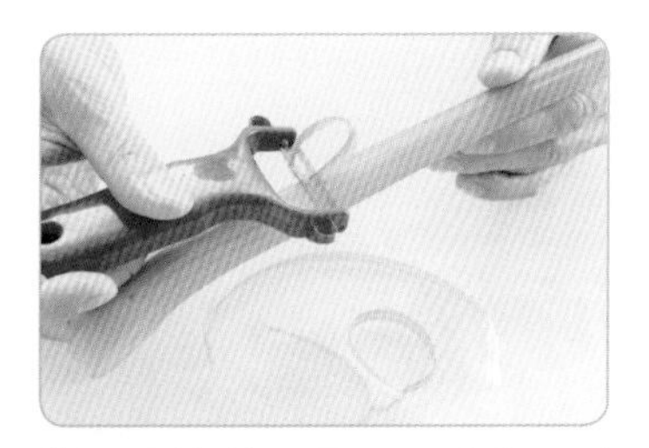

❶取西洋芹一段，以刮皮刀刮除表皮。

❷切取西洋芹菜中段大小均等處。

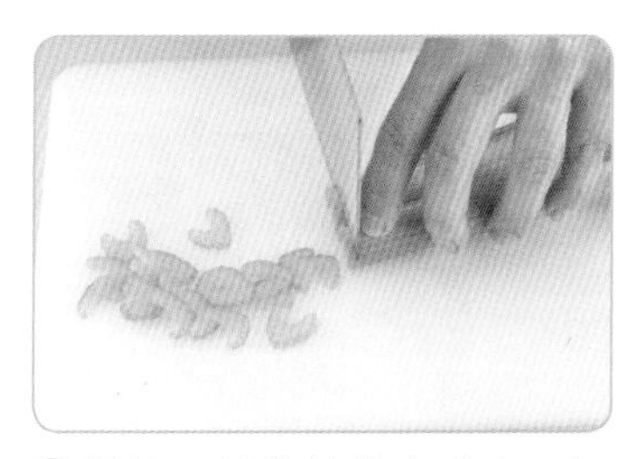

❸用片刀以推拉的方式直刀切取0.2cm片狀，燙熟排盤。

排盤

❶西洋芹月形片2片為一組排於盤邊（凹槽向盤內），每組間隔3cm，以1片紅辣椒圓片疊放中間。

❷西洋芹月形片2片為一組排於盤邊（凹槽左右相反），每組間隔2cm，以2片紅辣椒圓片排於左右凹槽。

❸西洋芹月形片2片為一組排於盤邊（凹槽相對），每組間隔3.5cm，以1片紅辣椒圓片置於中間。

柳橙 1/3 半圓片切法

切雕

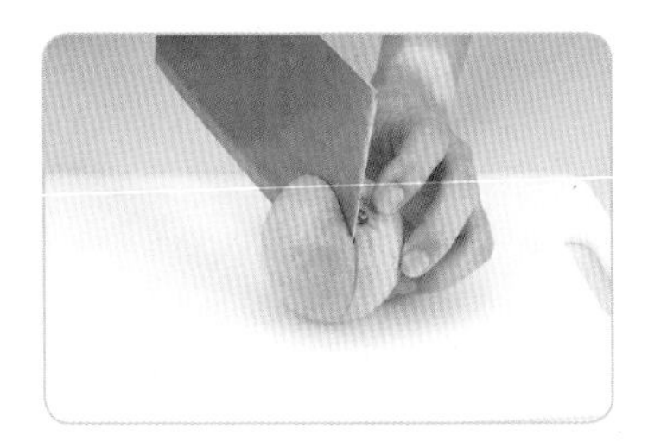

❶ 柳橙1粒，蒂頭朝上，以片刀於蒂頭旁0.7cm直刀推拉切開。

❷ 將柳橙轉面，於蒂頭旁續切開。

❸ 取一邊，切除頭部圓弧1cm（橫紋方向），直刀推拉切取0.2cm薄片。

排盤

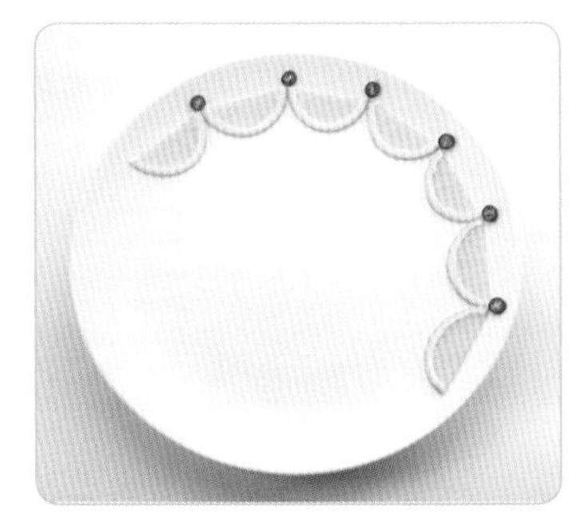

❶ 柳橙薄片圓弧朝內排於盤邊，間隔處排入紅辣椒圓片。

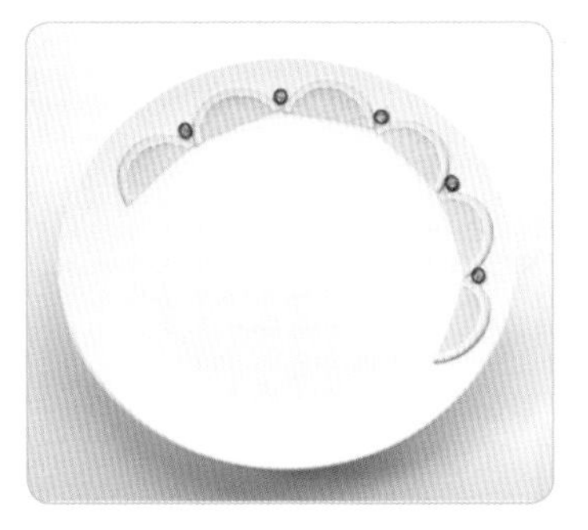

❷ 柳橙薄片圓弧朝外排於盤邊，間隔處排入紅辣椒圓片。

❸ 柳橙薄片以3片為一組，先放1片，再疊入左右兩片於盤內，每組間隔1.5cm。

柳橙切片後，取大小相近（靠近中段的部分）的柳橙片來排盤，靠近頭尾端較小片的不使用。

小黃瓜斜片切法

切雕

❶ 小黃瓜一條，以片刀斜切45度，切除頭部。

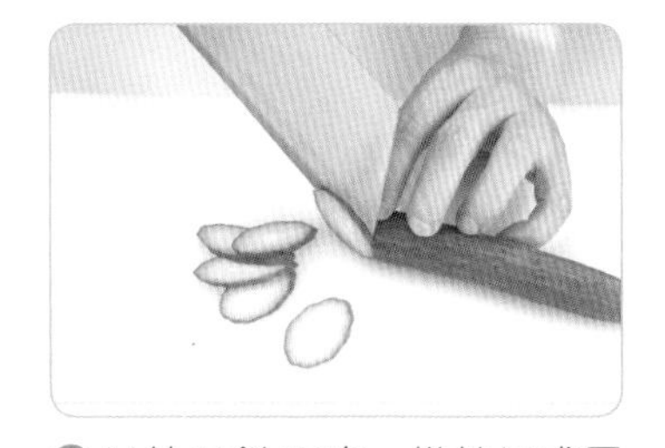

❷ 以片刀斜45度，推拉切成厚度0.2～0.3cm斜片。

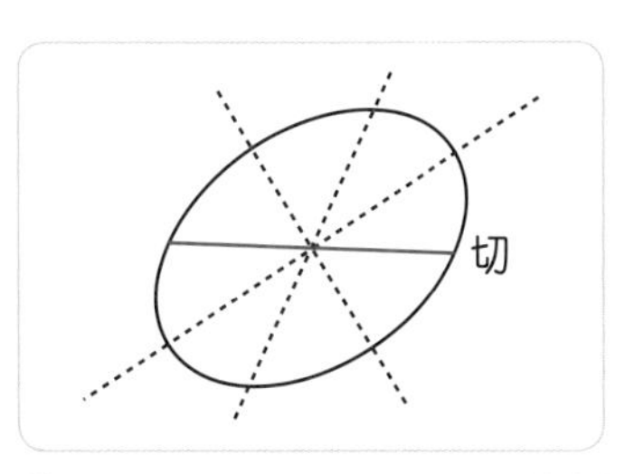

❸ 取小黃瓜斜片，先以牙籤劃十字形，再輕畫成8等分，於斜對角線直切一刀切斷。

❹ 將每片斜切一刀如圖。

❺ 斜切後，取其中一片翻面，即可拼成心型。

- 以片刀斜切小黃瓜片斜度約4cm。
- 需以牙籤劃線避免切歪。

排盤

❶ 小黃瓜斜片與半圓片間隔排於盤內，紅辣椒圓片疊於斜片上。

❷ 小黃瓜斜片3片為一組，排於盤內，每組間隔2cm，紅辣椒圓片疊於中間。

❸ 小黃瓜心型片排於盤內，間隔3cm，以紅辣椒圓片點綴。

小黃瓜半圓斜片切法

切雕

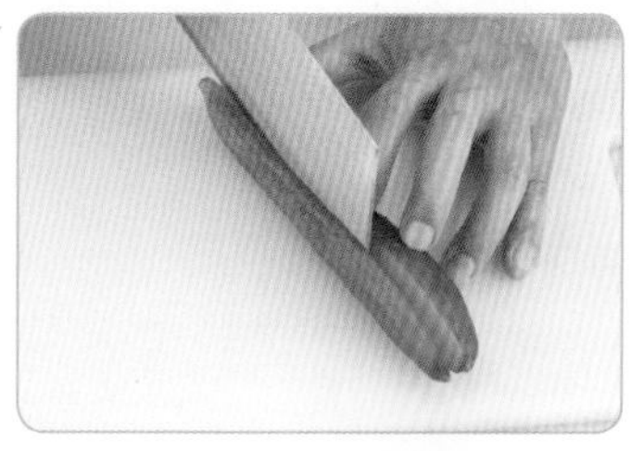
❶ 取青脆長直條小黃瓜1條，以片刀切取1/3等分直條形。

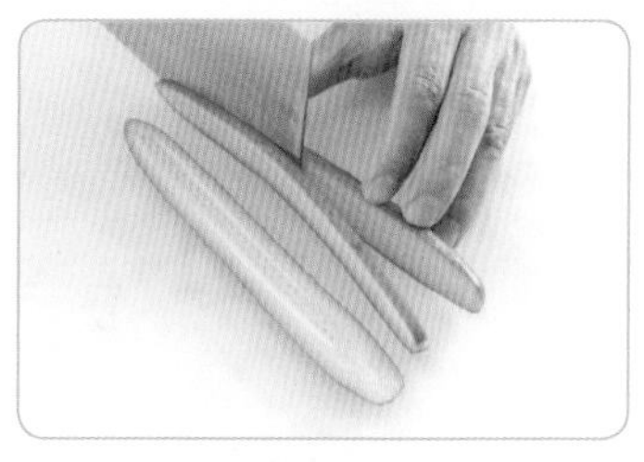
❷ 將小黃瓜轉面以片刀切除內籽。如圖。

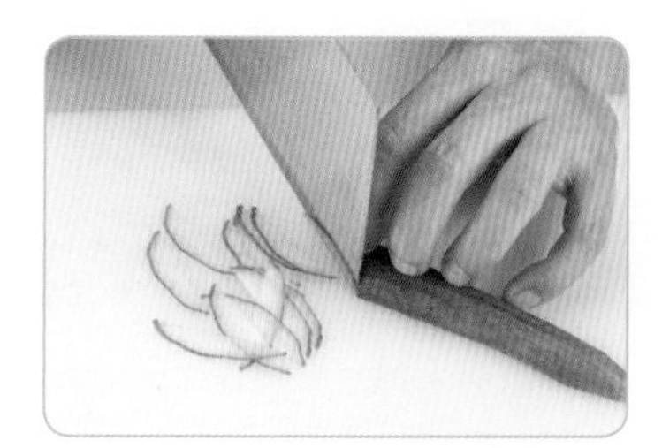
❸ 以片刀斜45度切除頭部，再斜切薄片，每片厚0.2cm。

- 直刀片切1/3等分時要小心避免滾動而危險。
- 斜切薄片，需注意長度與薄度。

排盤

❶取小黃瓜斜片每6片為1組，兩兩拼成一橄欖形，排成花樣排列盤內，搭配紅辣椒圓薄片於花心部位。

❷小黃瓜斜片每6片為1組，2片相對拼成橄欖形排在中間，另4片兩兩相背，排於左右成花朵狀，中間放上紅辣椒斜片即成。

❸小黃瓜斜片2片為1組，兩兩相背成V字形，排於盤邊，每組間隔3cm，中間放上紅辣椒斜片即成。

小黃瓜套環切法

切雕

❶取色澤翠綠的直條小黃瓜1條，切除頭部。小黃瓜以片刀切成1cm高圓柱狀。

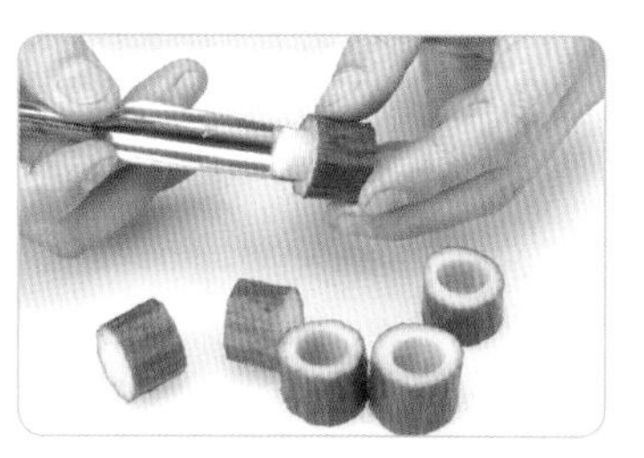

❷以中型圓槽刀挖除小黃瓜圓柱內籽，成中空狀。

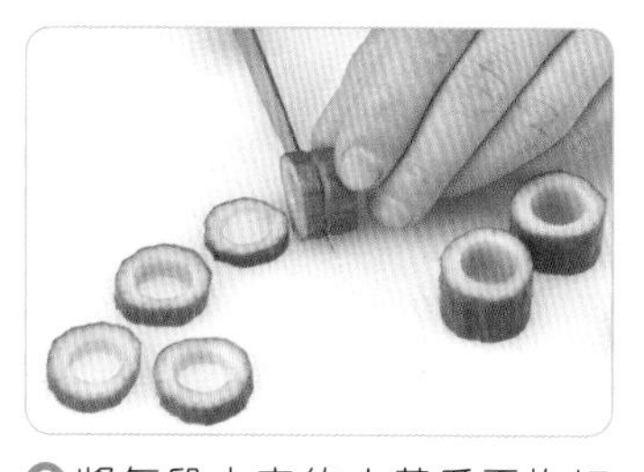

❸將每段中空的小黃瓜平均切成3個小圓圈。

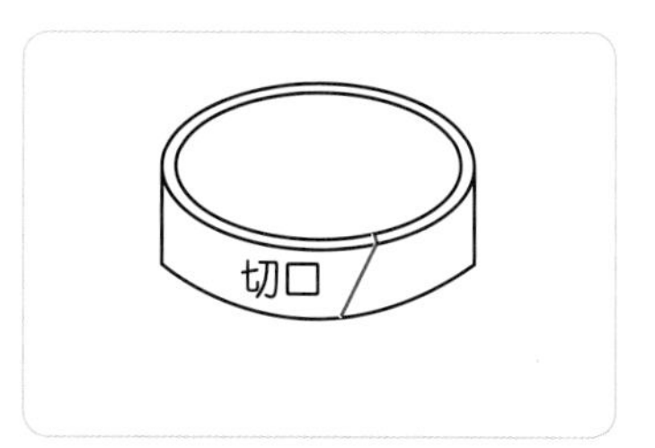

❹取其中一個圓圈切一斜刀，如圖所示，將另外兩圓圈由此切口套入，即成套環。

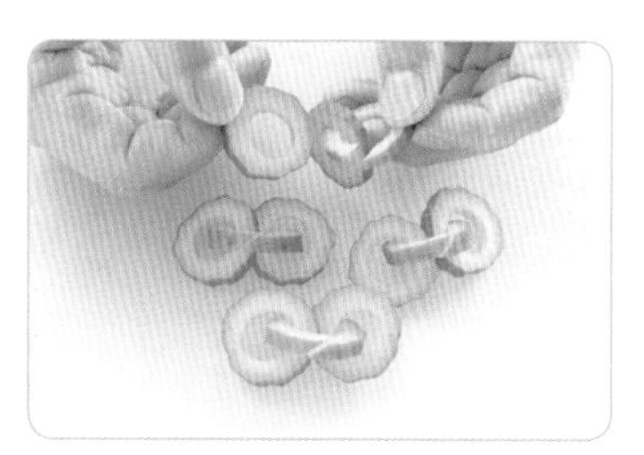

❺小心的將兩個圓圈套入切口，呈三圈狀。

排盤

做5組小黃瓜套環，分別排入盤內五邊，間隔處擺放小黃瓜圓片及紅辣椒圓片即成。

小黃瓜半圓片切法

切雕

取長直條小黃瓜1條，以片刀切取2/3直長條形。直刀切除頭部1cm，再以推拉方式直刀切成半圓形薄片，每片厚度0.2cm。

排盤

❶ 取小黃瓜片數片，沿盤邊同方向排成1排，每片中間再排入紅辣椒圓薄片。

❷ 取小黃瓜片數片，沿盤邊同方向排成第一排，再往內側，方向相反，位置交錯，排成第二排狀，即呈波浪狀。

蘋果 1/4 半圓片切法

切雕

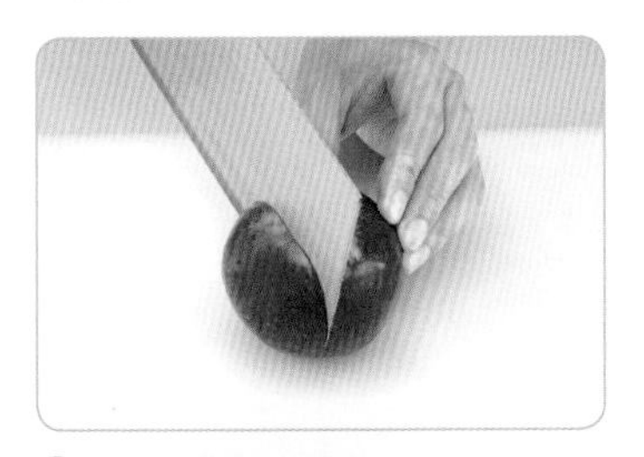

❶ 取新鮮圓形蘋果1粒，蒂頭朝上，以片刀於蒂頭旁1cm處直刀推拉切成兩半。

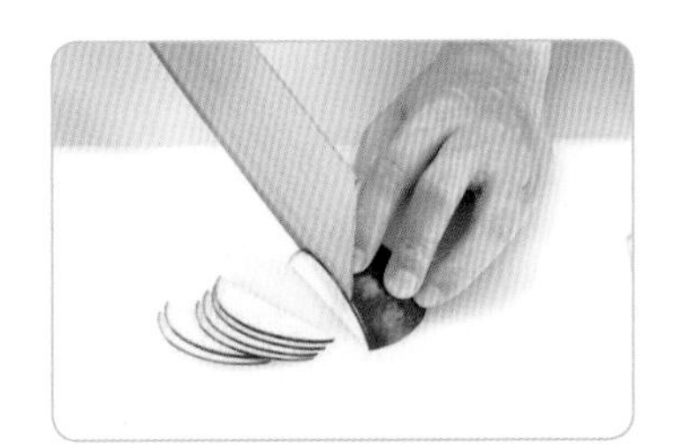

❷ 取較小的一半蘋果，橫紋切除頭部圓弧1cm，再切取0.2cm薄片數片。

切片好的蘋果片需用鹽水浸泡幾秒鐘再撈出，可避免氧化變黑。

排盤

❶ 蘋果圓薄片，先排半圈於盤邊外圍，每兩片中間再疊上第二層大黃瓜片即成。

❷ 先排入1片大黃瓜片，中心點左右再疊上2片蘋果，再搭配紅辣椒圓片即成。

❸ 蘋果片以圓弧一內一外，排波浪狀，搭配小黃瓜半圓薄片即成。

大黃瓜半圓斜片切法

切雕

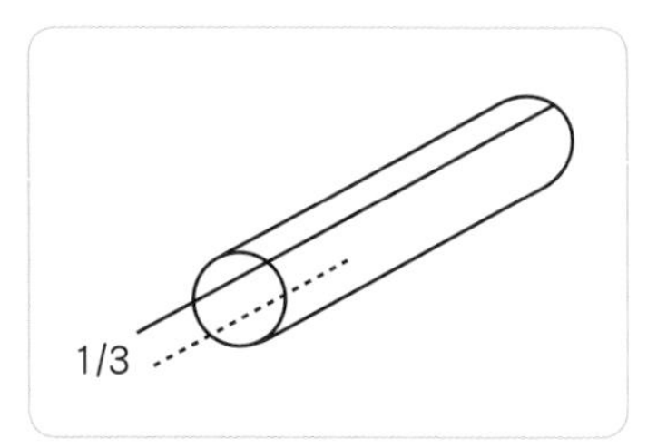

❶取大黃瓜1條，切除頭蒂1.5 cm，再直刀切取1/3長條狀。

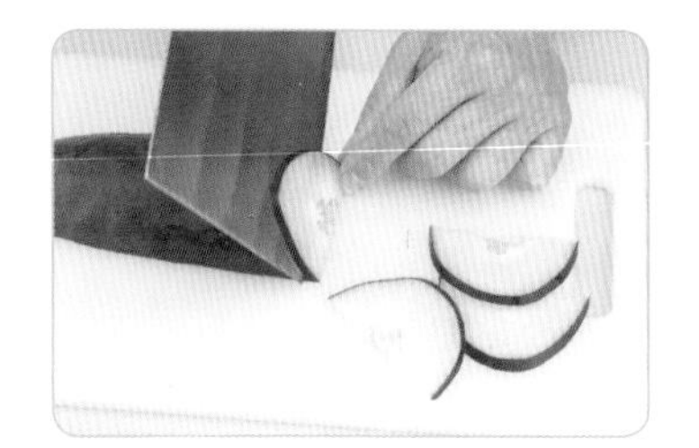

❷大黃瓜1/3長條平放於砧板，以片刀斜20度切除頭部3cm，再以推拉方式切成斜薄片，每片厚度0.3cm，切成數片。

- 需選購翠綠，筆直的黃瓜來切割，才會好看。
- 片刀拿穩，斜切片狀厚薄度需一致。
- 避免選購較肥胖的，籽較多而不好切。

排盤

❶將切好的大黃瓜斜片並排於盤邊，再以交疊方式排入柳丁薄片。

❷將切好的大黃瓜斜片並排於盤邊，每片再放上小黃瓜半圓斜片。

❸將大黃瓜斜片並排，再將柳橙片排於大黃瓜片內，大黃瓜斜片之間再排入小黃瓜及紅辣椒斜片即成。

小黃瓜圓片切法

切雕

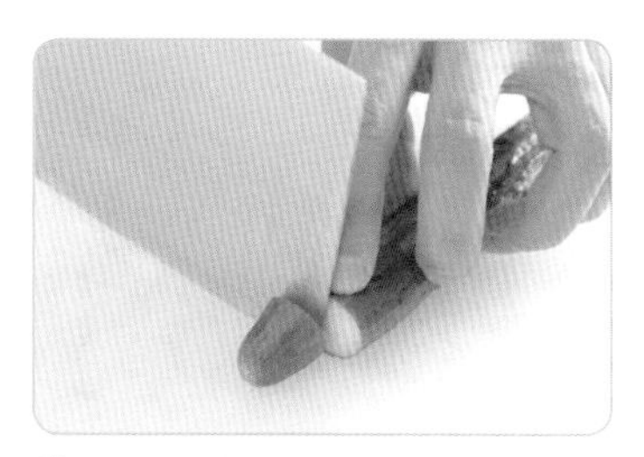

❶取直長條小黃瓜，以片刀切除頭蒂1cm。

❷再以推拉方式切取厚度0.2cm圓片數片。

- 切小黃瓜時，可以用左手的無名指及小指抵在砧板與小黃瓜之間的空隙，就能避免滾動，輕鬆切出漂亮的薄片。

排盤

❶小黃瓜圓片3片為一組，排入盤邊成三角形，中間搭配圓片紅辣椒成小花狀。

❷小黃瓜圓片2片為一組並排，每組間隔2cm，每片再放上紅辣椒圓片，呈眼睛狀。另將小黃瓜圓片切成兩半，排入每雙眼睛的上下側。

❸小黃瓜圓片4片為一組並排，每組間隔2.5cm，每片再放上紅辣椒圓片。

紅黃綠甜椒條切法

切雕

❶取紅、黃、綠甜椒各半顆切除頭尾，取中段4cm。

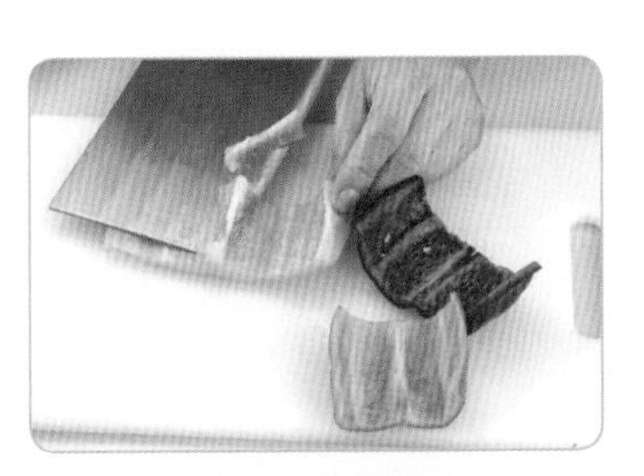

❷以片刀切除每片甜椒的內面海綿狀組織及較厚的甜椒肉。

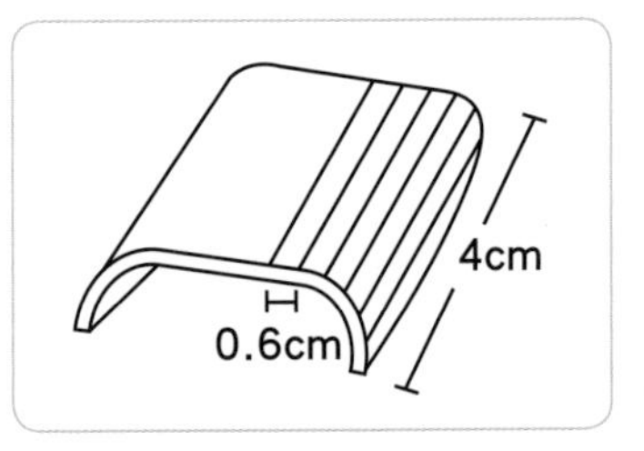

❸以片刀直切成長4cm、寬0.6cm長條。

排盤

❶一紅、一黃甜椒為一組排成直線形，每組間隔3cm，再將綠甜椒排於紅黃甜椒的中心上下方。

❷取紅、黃、綠甜椒3條為一組，排列於盤邊呈梯形，每組間隔3cm。

❸紅、黃、綠甜椒3條為一組縱向並排，每組間隔3cm，排成放射狀。

紅蘿蔔半圓片切法

切雕

❶紅蘿蔔以片刀切除頭部1cm，再以推拉方式切取3cm長圓塊，不刮除表皮。

❷以片刀將紅蘿蔔圓塊從中心直切成2個半圓形，取其一，以片刀切除外圈的表皮呈圓弧形。

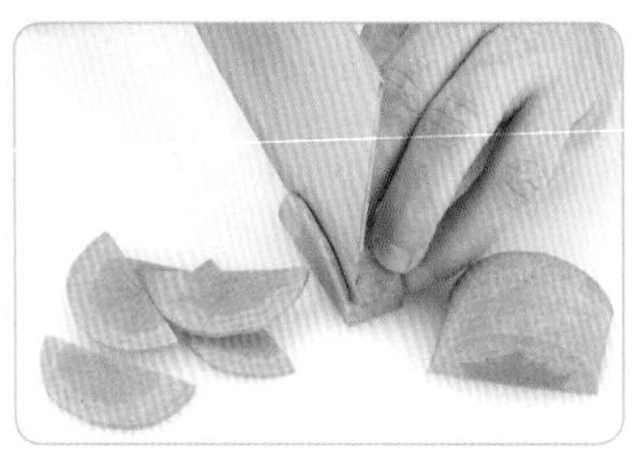

❸以片刀用推拉方式切薄片，每片厚度0.2cm。切好薄片以熱水燙30秒，過冷水，可避免彎曲。

排盤

❶紅蘿蔔2片一組並排，每組間隔1.5cm，再以小黃瓜半圓片排列於內側，紅辣椒剖成兩半，去籽，以雕刻刀切割菱形，排於2片紅蘿蔔中間。

❷取數片紅蘿蔔半圓片，沿著盤邊並排，於紅蘿蔔內側排入小黃瓜半圓片。

❸取數片紅蘿蔔半圓片，每片間隔1cm排於盤邊，每片再疊上小黃瓜半圓片及紅辣椒圓片。

紅蘿蔔菱形片切法

切雕

❶取紅蘿蔔1條，斜45度切除尾端1塊，再斜切成2cm厚片。

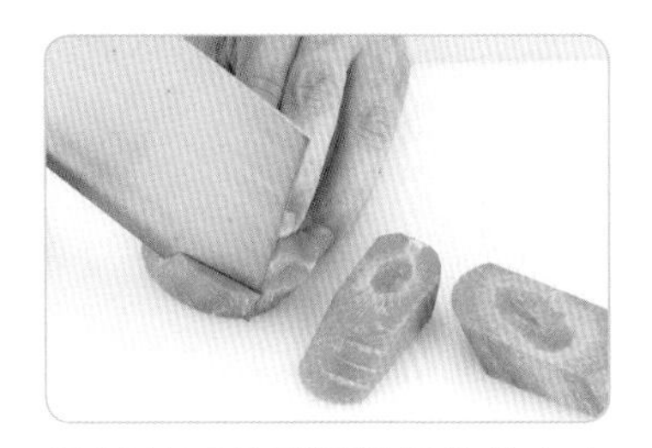

❷以片刀分別切除每塊的左右圓弧邊，各0.5cm。

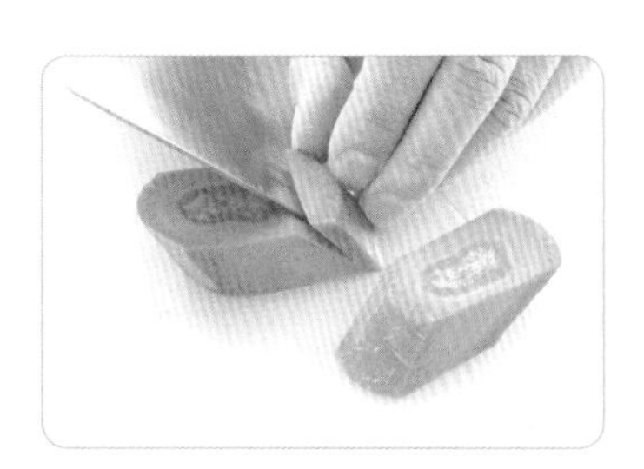

❸以片刀斜45度，切除前端處。

④每塊蘿蔔頭尾處以片刀斜45度切割，切成菱形塊。

⑤刀面與菱形面保持平行，直刀切成厚度0.3cm菱形片，浸泡熱水一分鐘，過冷水，即可排盤。

- 因蘿蔔材質較硬，切割要小心。
- 切片厚薄需一致，排列才會有美感。

排盤

①取紅蘿蔔菱形片2片為一組，排於盤內，每組間隔2cm。另取紅蘿蔔菱形片1片，分切成4小片菱形，2片一組排放。

②紅蘿蔔菱形片4片為一組，排成放射狀，每組間隔2cm，再以小黃瓜、紅辣椒圓片疊於中心。

③取紅蘿蔔菱形片並排於盤邊，以紅辣椒圓片上下點綴。

鳳梨片 1/4 切法

切雕

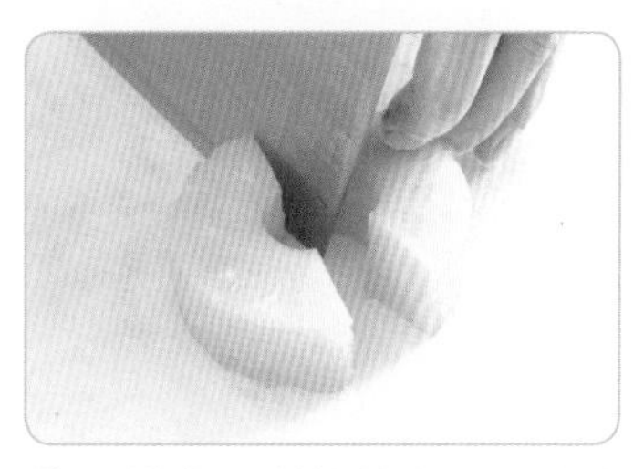

①取罐裝鳳梨片數片，平放砧板，以片刀一切為二。

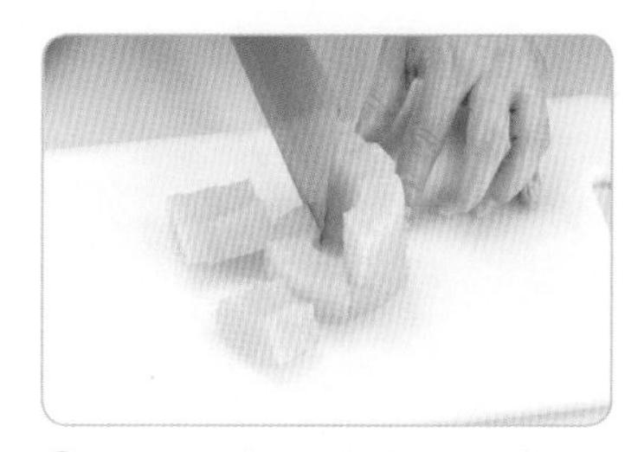

②將一切為二的鳳梨片轉90度，再切割呈十字形4等分。

- 切鳳梨片時勿疊太高，以免滑散切歪，兩片兩片相疊較合宜。
- 購買鳳梨罐頭時須看清楚標示，才不會買到切成小片或切丁的產品。

排盤

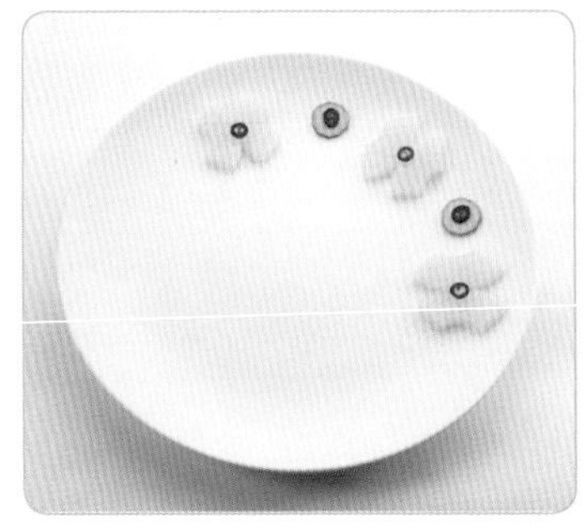

❶ 鳳梨片2片為一組，圓弧開口相背，每組間隔4cm，再以紅辣椒圓片排於鳳梨片中心，另切小黃瓜、紅辣椒圓片，重疊排列於間隔處。

❷ 鳳梨片2片為一組，圓弧開口相對，每組間隔3cm，再以紅辣椒菱形片排於兩片鳳梨中間。

❸ 鳳梨片沿盤邊排成一排，圓弧開口向內，再以圓片紅辣椒排於間隙處。

鳳梨半圓片切法

切雕

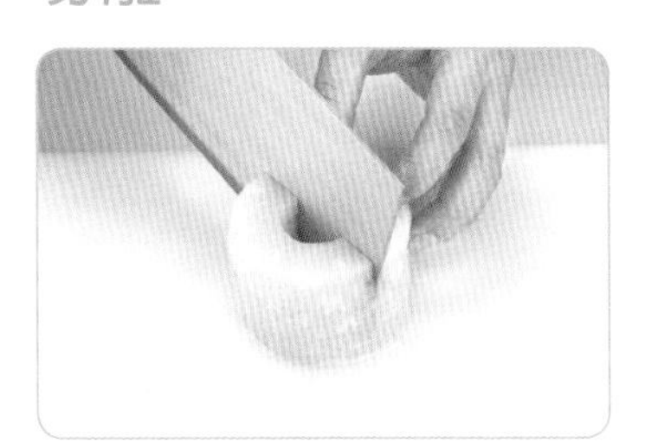

❶ 取罐裝鳳梨片數片，平放於砧板，以片刀對半直切。

❷ 將鳳梨片切開後小心移開，即可排盤。

- 鳳梨片排盤裝飾前需戴上手套拿取排盤。
- 亦可以礦泉水略洗，避免過甜。

排盤

❶ 取鳳梨片數片，圓弧內側朝盤內排成一排，小黃瓜斜片及紅辣椒圓片重疊，排於兩片鳳梨中間。

❷ 鳳梨片2片一組，圓弧內側朝內排列盤邊，每組間隔1.5cm，搭配小黃瓜菱形片及紅辣椒橢圓形片裝飾即成。

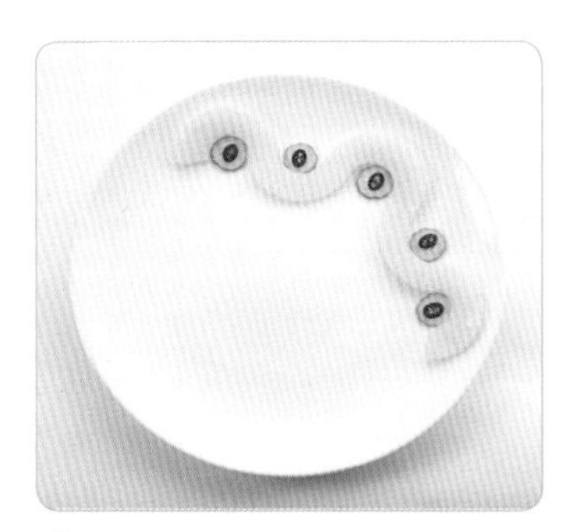

❸ 取鳳梨數片，圓弧內側一內一外排成一排，另將小黃瓜、紅辣椒圓片重疊，排於鳳梨片圓弧內。

茄子斜片切法

切雕

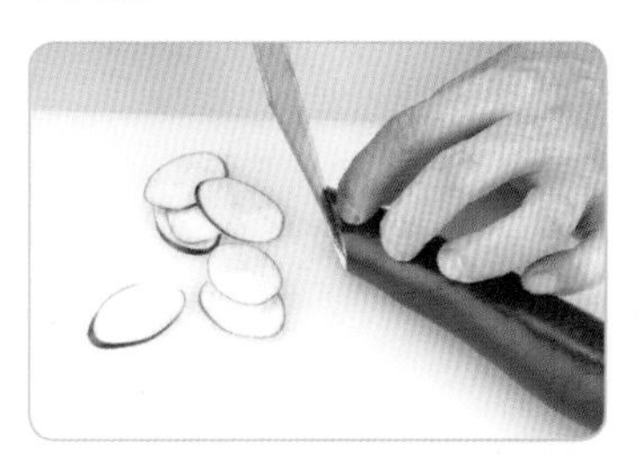

取新鮮茄子1條，以片刀斜45度，切除頭部，再以推拉方式斜切成薄片，每片厚度0.2cm。

排盤

❶ 茄子斜片4片為一組交疊，每組間隔4cm排於盤邊，小黃瓜、紅辣椒圓片相疊，排列於最上層茄片中央。

❷ 茄子斜片2片為一組並排，再以較小的小黃瓜斜片排於茄子片上，紅辣椒去籽，切成尖形，排於2片茄子中間。

- 茄子切好後需泡鹽水30秒，可避免種籽氧化變黑。

紅辣椒斜片切法

切雕

取新鮮豔紅辣椒1條，以片刀斜切45度，切除頭部，再以推拉切方式斜切薄片，每片0.5cm。

排盤

❶ 取紅辣椒薄片，3片一組，排列盤邊，每組間隔4cm。

❷ 取每片紅辣椒，以片刀斜切一刀，取半片翻面合併成心形排盤，每組間隔4cm。

- 以片刀切割辣椒時，需以推拉切方式切割，避免用壓切方式。
- 切割辣椒避免碰觸臉部、眼睛。

創意加分

盤排技巧

想排出好看的盤飾並不困難哦！除了依照本單元中，老師示範的方法勤加練習、多方嘗試以外，在此有幾點基本原則提供給你參考。

1. **反覆原則**：以一個形狀為基本單位，用同一方向、相等距離排列。例如圖1中，以圓形為基本單位，順著盤緣的方向排列；圖2中，以1棵青江菜為基本單位，每棵順著盤緣，以相等間距排列。

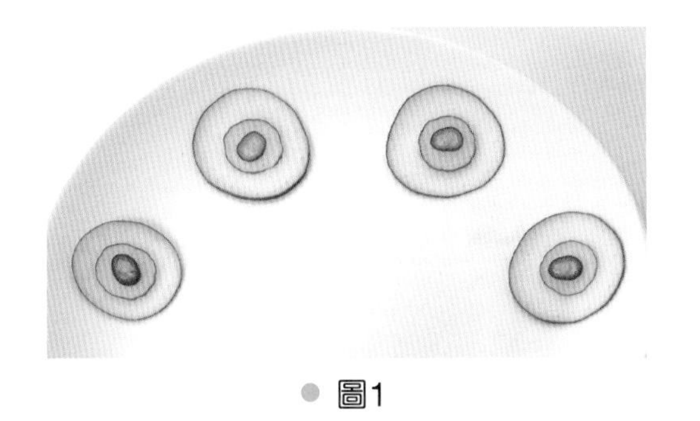

圖1

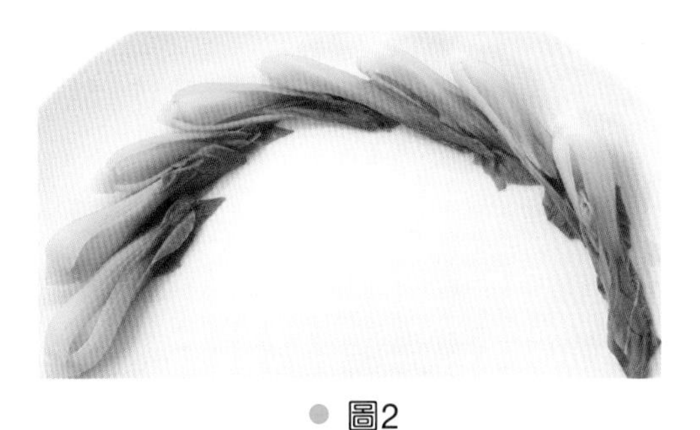

圖2

2. **對稱原則**：以一中心軸為基準，做上下、左右或放射性的對稱組合。如圖3中，以圓形為單位，做左右對稱；圖4是利用同一顏色為單位，做上下、左右對稱，同時也做菱形的上下、左右對稱排列。

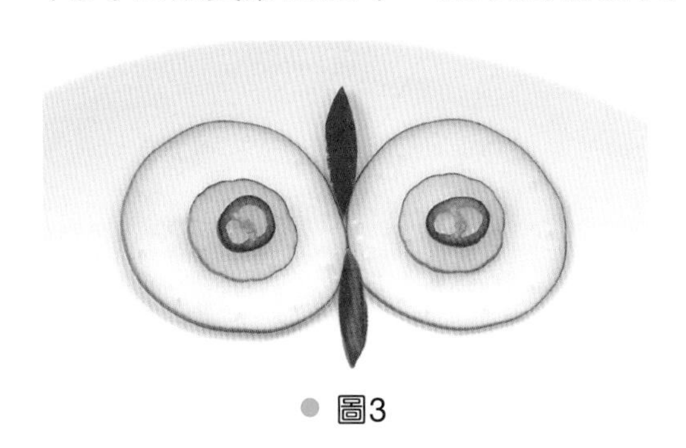

圖3

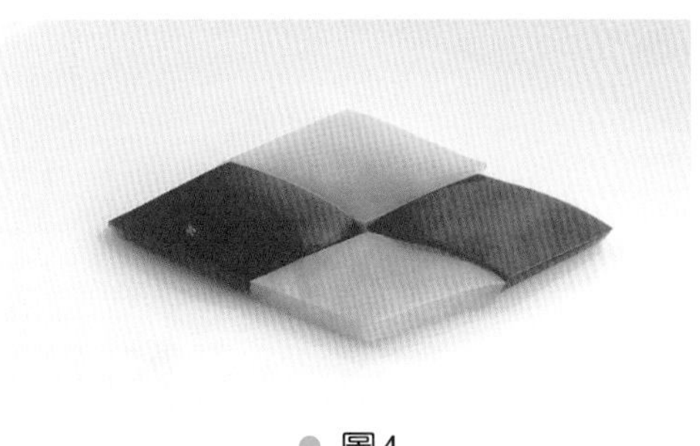

圖4

3. **漸變原則**：以一種形狀或一個距離為基準，依序變大或變小。圖5是圓形的大小漸變；圖6是距離（位置）的漸變。

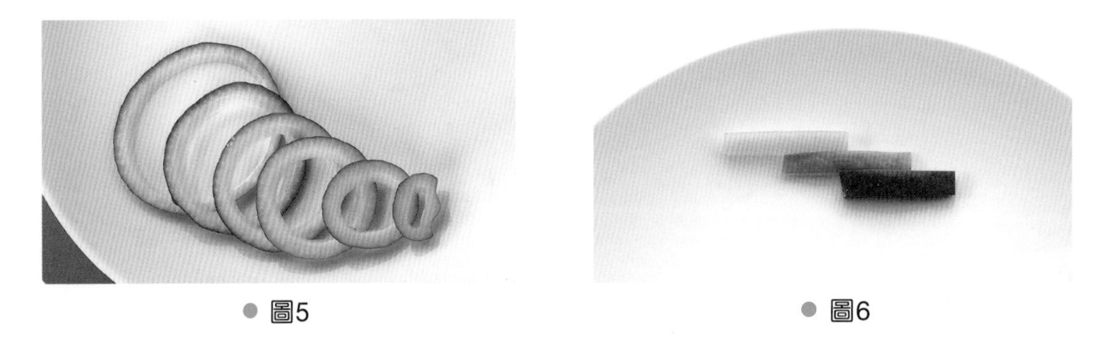

● 圖5　● 圖6

4. **律動原則**：將同一組型式單位，做反覆或漸變的組合，可使畫面產生律動性的美感。以圖7為例，是以「1大圓＋1小圓」為一組型式單位，反覆排列而成；圖8是以2片鳳梨片排成的S形為1個單位，反覆排出S形，即出現波浪狀的律動感。

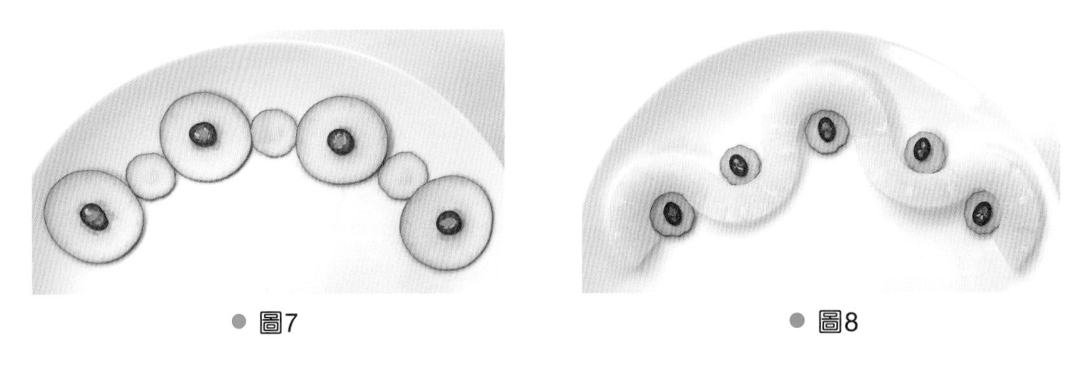

● 圖7　● 圖8

5. **重疊原則**：將同一組型式薄片狀，重疊排列組合，圖9是以交叉方式；圖10是由外圍大、內圍小，可使畫面產生山形的波浪美感。

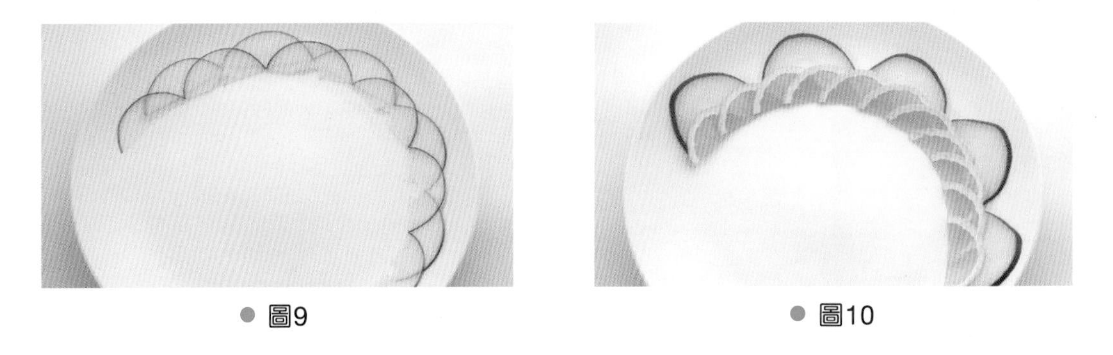

● 圖9　● 圖10

6. **交叉原則**：將不同顏色的食材切割成大小一致，再燙熟、過冷保持翡綠，續以交叉間隔的方式排列，如圖11、圖12，反覆交叉排盤，亦可排一邊，不一定排整個圓圈，勿太密集而影響美感。

● 圖11

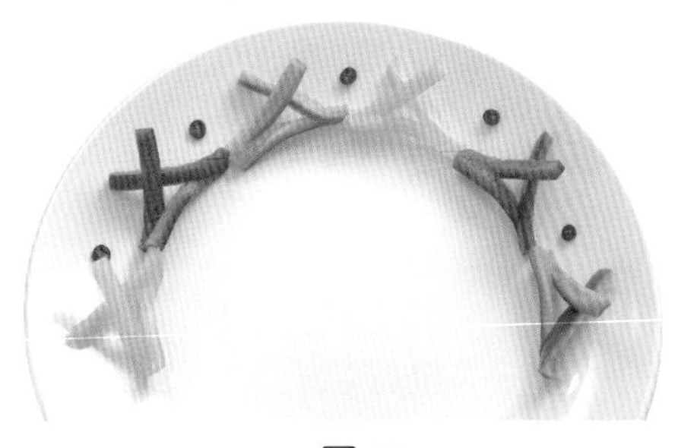

● 圖12

7. **放射原則**：以扇形為基礎形狀，從定點延伸出放射狀圖形，如圖13、圖14，排列的食材需大小、厚薄一致，注意排列間隔美感，順著盤子內側排列出放射狀，考量盤子的大小、菜餚多寡，排列出大放射或小放射盤飾。

● 圖13

● 圖14

8. **波浪原則**：以柔軟如波浪的起將高低為形狀，來做排盤，如圖15、如圖16，以各種不同食材切片，在盤內內側，上下排列出波浪的律動美感，讓整盤菜餚，有盤飾的陪襯，增加視覺享受。

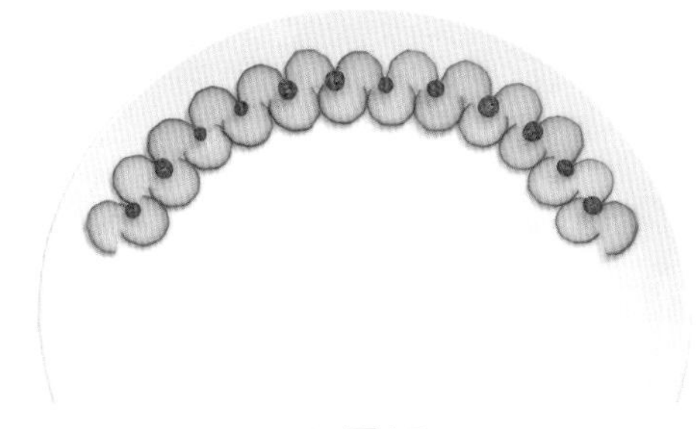

● 圖15

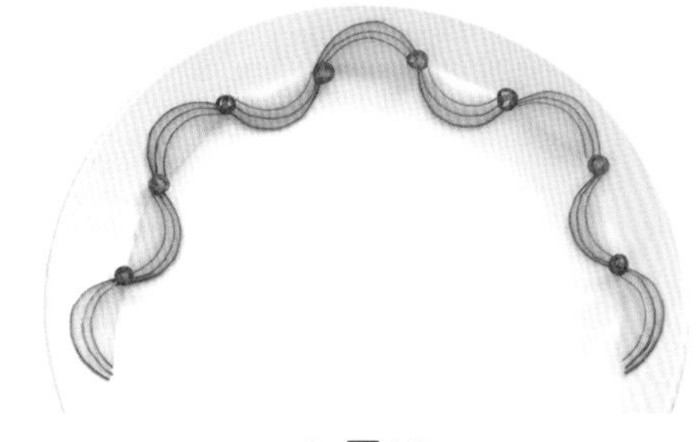

● 圖16

以上這些原則，都由某種「秩序」所構成，秩序能在視覺上產生安定的愉悅感，產生「秩序之美」。以這些原則為基礎，然後加以變化，就能產生「變化的美感」了，快動手試試看吧，相信你也可以成為排盤高手。

自我評量

是非題

(　)1. 適當的排盤裝飾，有如畫龍點睛，可增加菜餚的價值感。

(　)2. 做為雕刻的蔬菜瓜果，其成熟度越熟越好雕刻。

(　)3. 蔬果切雕可以突顯菜餚的美感，並促進食慾。

(　)4. 大部分的瓜果都有圓弧度，所以切割時需特別小心。

(　)5. 一般蔬果切雕，排盤裝飾可分為平面及立體兩種。

(　)6. 盤飾的意義，是增進用餐氣氛及提升食品的價值感。

(　)7. 學習蔬果雕刻需具備耐心、專心及小心。

(　)8. 蔬果裝飾排入盤內，應占二分之一的空間最適宜。

(　)9. 蔬果雕刻只是裝飾用途，不供食用，所以即使食材已不新鮮，還是可以拿來排盤裝飾。

(　)10. 蔬果雕刻的主要刀具是以雕刻刀為主。

選擇題

(　)1. 蔬果切雕是利用常見的蔬果食材切雕後進行　(1)排列、組合、配色　(2)烹調、調味、裝盤　(3)切雕、燙水、配色　(4)以上皆是。

(　)2. 排盤裝飾需注意到　(1)衛生與安全　(2)簡捷、配色、美觀　(3)不可多於主菜、菜餚　(4)以上皆是。

(　)3. 紅蘿蔔的菱形片是以　(1)雕刻刀斜45度　(2)波浪刀斜45度　(3)片刀斜45度　(4)水果刀斜45度　切割出來的。

(　)4. 鳳梨片4分之1切法是　(1)以片刀直橫切十字形　(2)以片刀直切兩刀　(3)以雕刻刀切雕四片　(4)以波浪刀切割兩刀。

(　)5. 茄子、小黃瓜斜片的切法，持片刀的斜度是　(1)80度　(2)60度　(3)45度　(4)沒有一定的斜度。

中式排盤裝飾

中式排盤裝飾性濃厚，常見華麗風格。帶有吉祥意味的圖騰，像是鴛鴦、魚、如意、菊花等，因具有團圓、富貴的意義，因此成為中式排盤中不可或缺的元素。

茄子花染色切雕法

使用工具：片刀、雕刻刀、牙籤
切雕類型：等分劃分、間隔排列

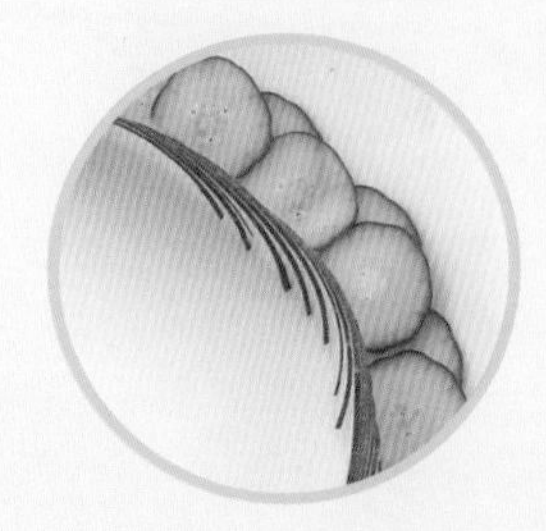

❶ 準備大黃瓜1/4條，小黃瓜一條，茄子頭部1段，桃紅色染料適量。

❷ 取片刀，將大黃瓜每隔0.1cm直切薄片，下刀深度為瓜肉的2/3。

❸ 以橫刀切取瓜肉上方2/3處的半圓形薄片，排於盤內呈S形，每片間隔0.5cm。

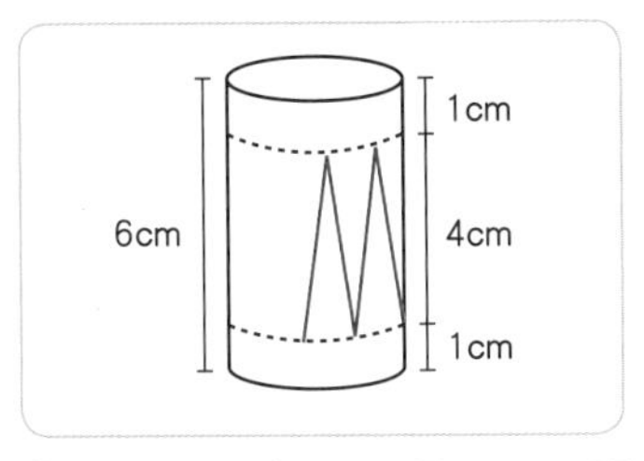

❹ 取茄子頭部一段長6cm，頭尾預留1cm，於中段處以牙籤畫鋸齒狀（勿劃傷表皮），鋸齒間隔1cm。

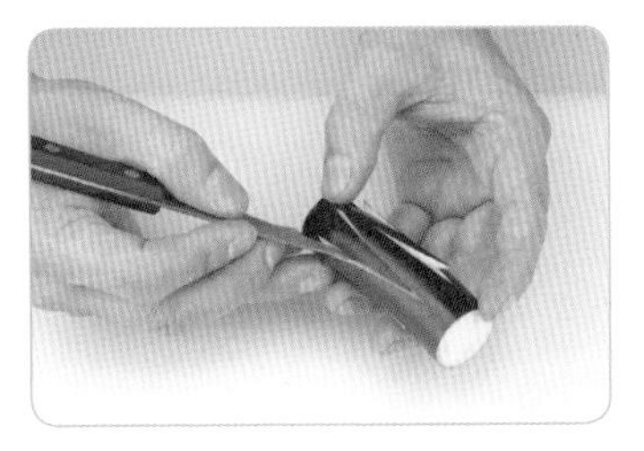

❺ 取雕刻刀，依牙籤畫線處直刀切入茄子中心，完全環繞切割。

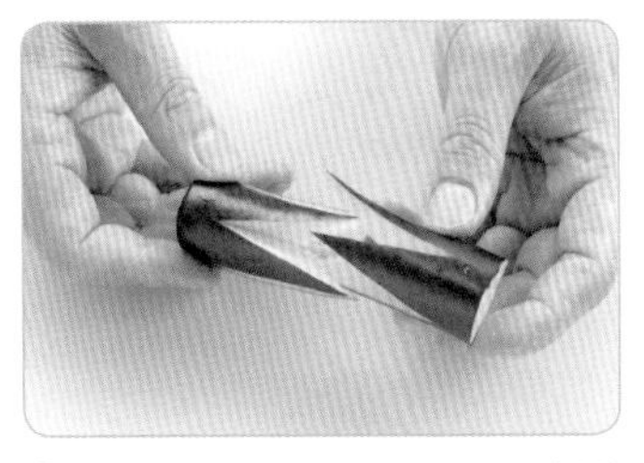

❻ 將茄子以雕刻刀環繞切割後拔開，呈兩個踞齒花狀。

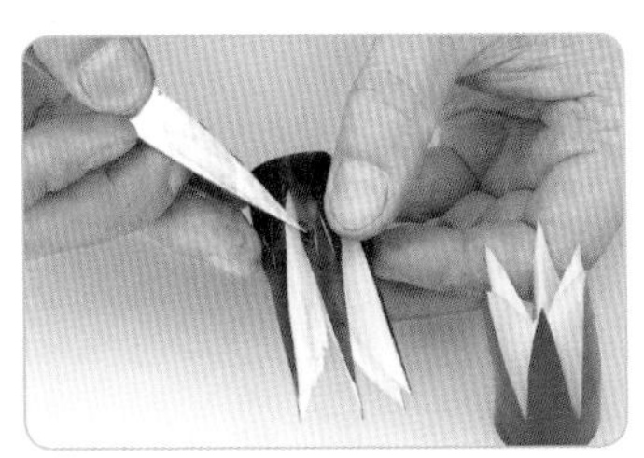

❼ 以雕刻刀在每個鋸齒中心切雕V形線條（深度0.5cm），如上圖所示。

❽ 逐一由鋸齒尖端處片開表皮（厚度0.3cm），將表皮外翻，以V形刀痕處向內支撐定形。

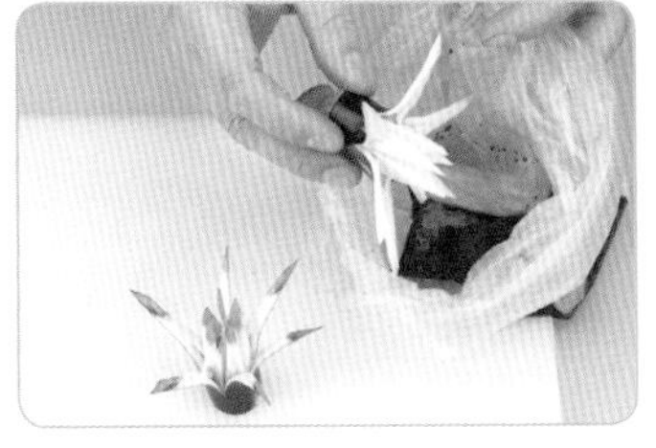

❾ 茄肉沾桃紅染料染色，即可排盤。另取大、小黃瓜切成半圓形薄片排列，重疊排入盤中即可。

- 步驟5環繞切好鋸齒後，若是仍無法拔開，則必須重複在原來的刀痕處切深一點，即可順利拔開。
- 操作步驟8時，片切表皮的厚薄須一致。
- 作品完成後，可將茄子底部斜切一刀，以方便排盤。

南瓜飛魚切雕法

使用工具：片刀、雕刻刀、圓槽刀、牙籤、三秒膠

切雕類型：線條美感、立體黏接

❶ 準備南瓜1/3塊，芋頭厚片1片（取中段，厚1.5cm），紅辣椒1條，大黃瓜半圓塊，柳橙半圓塊。

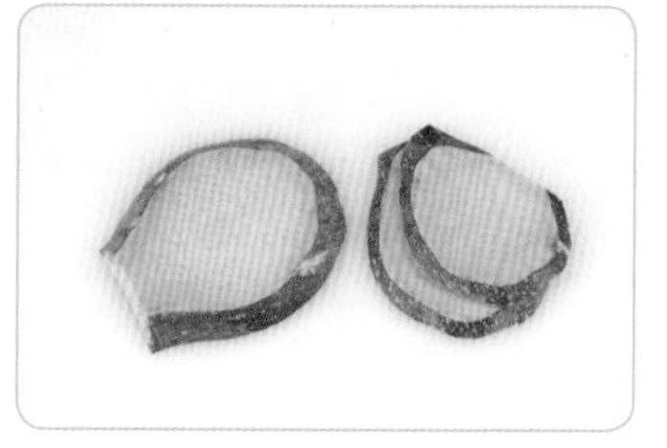

❷ 南瓜以片刀切1厚片(1cm)及2薄片(0.5cm)（不可切到有籽處）。

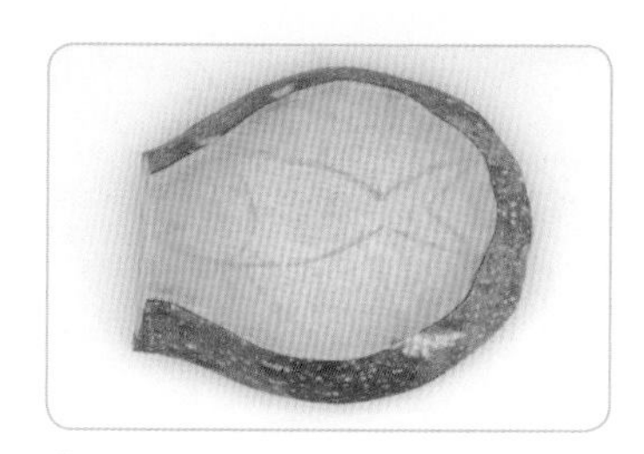

❸ 取南瓜厚片，以牙籤畫出魚形。

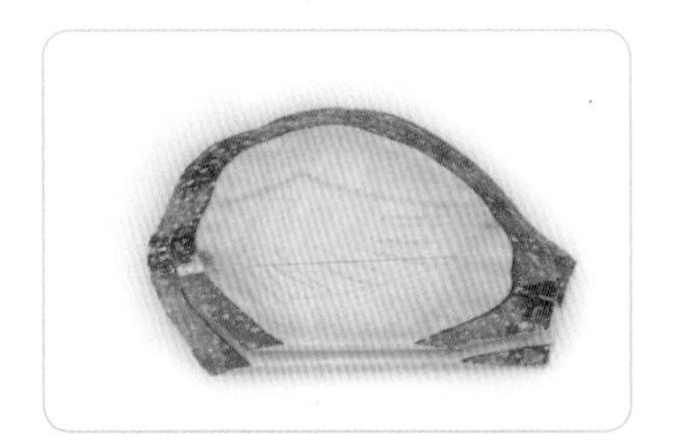

❹取南瓜薄片，以牙籤畫出翅膀形狀。

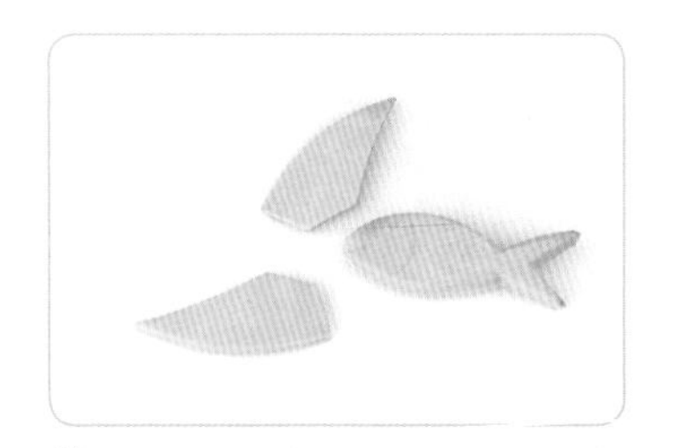

❺分別以雕刻刀切雕出魚及翅膀的外形。

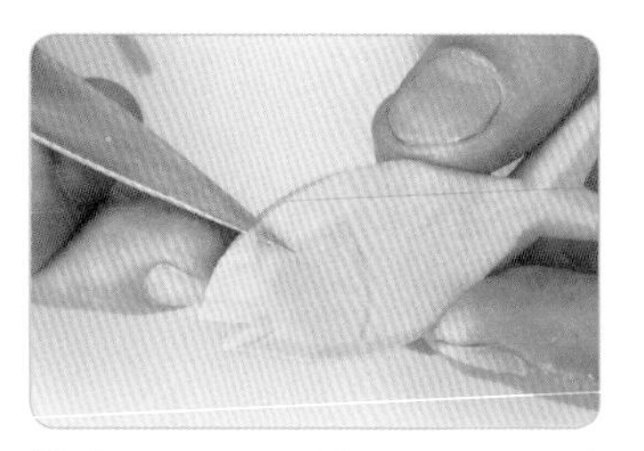

❻南瓜魚以雕刻刀將外緣修成漂亮的圓弧，再雕出魚嘴。

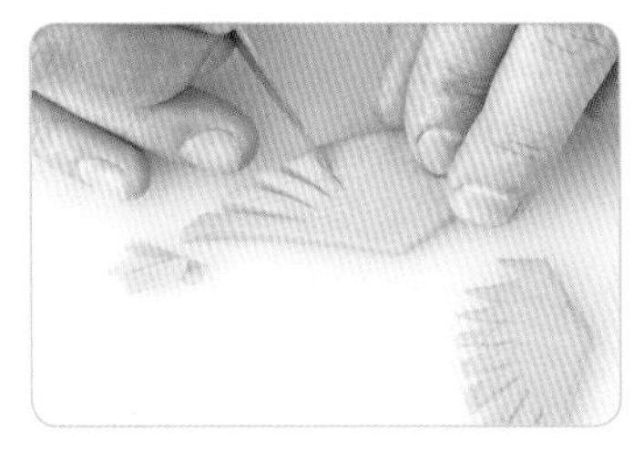

❼南瓜翅膀以雕刻刀向外斜切出羽狀。

❽南瓜皮以小支圓槽刀挖取0.2cm高圓柱，以三秒膠黏在魚眼位置。

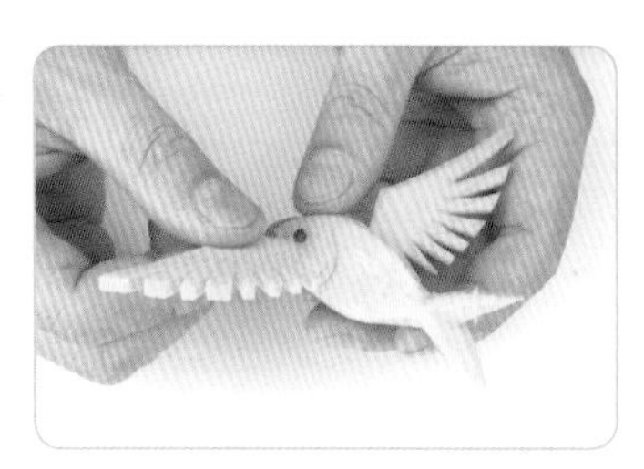

❾將左右兩片翅膀黏於魚身。（需適合魚身大小比例切雕黏接翅膀）

❿芋頭厚片切平一邊當底，以牙籤畫出水浪狀弧形。

⓫以雕刻刀順著紋路切雕出水浪的外形。

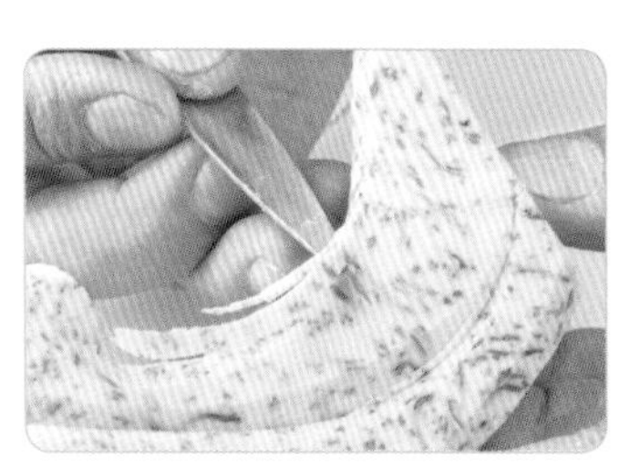

⓬以雕刻刀修整邊緣直角，使邊緣呈優美的圓弧狀。

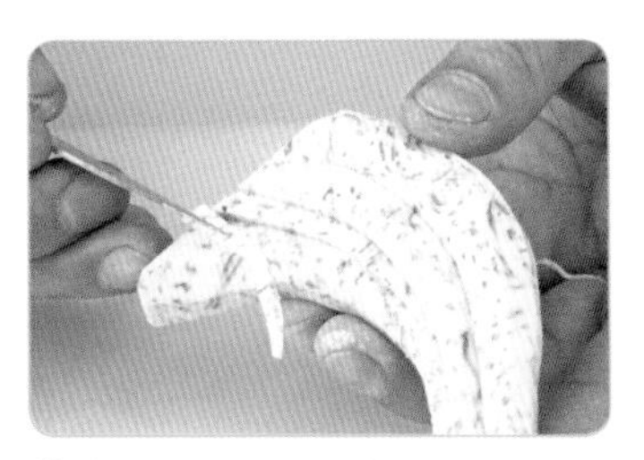

⓭芋頭表面上以直刀、斜刀雕出層次線條，再修整細節，使表面線條圓滑。

⓮水浪雕好後，黏上一塊芋頭做底座，使能站立。將做好的飛魚黏在芋頭上。

⓯以片刀切取大黃瓜表皮(0.5cm)，以牙籤畫出小草，再切雕出小草狀，黏於芋頭底座即可。用大黃瓜片、柳橙片、紅辣椒搭配排盤。

▶ 黏接翅膀前，先確認翅膀與魚身比例之大小對稱，避免太大或太小。

青江菜花切雕法 -1

使用工具：片刀、雕刻刀、圓槽刀、三秒膠
切雕類型：圓弧切雕、等分劃分

❶青江菜3顆（大顆），紅蘿蔔1長四方塊。

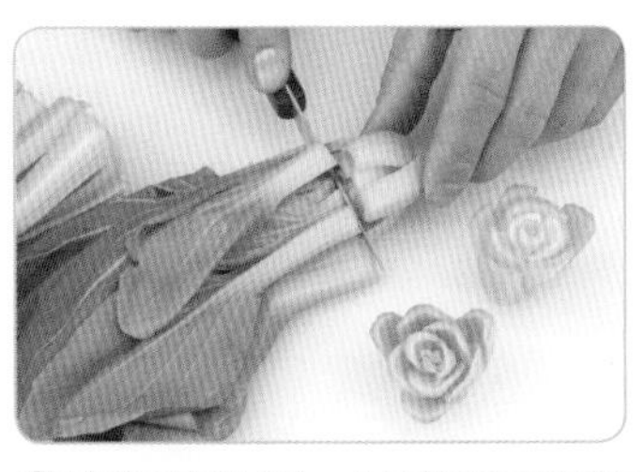

❷青江菜洗淨，以雕刻刀切取頭部3cm處（葉片部分先備用）。

❸將每片葉梗切口一端，左右斜45度削成圓弧形。

❹挖除葉梗中心部分成凹槽。

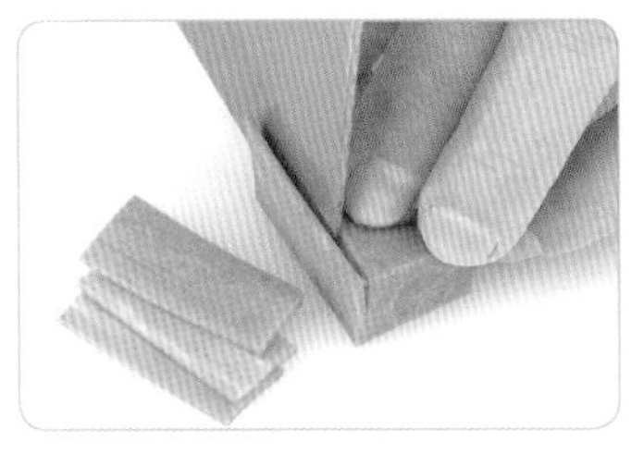

❺取紅蘿蔔，以片刀直切0.1～0.2cm薄片數片。

❻紅蘿蔔薄片以片刀切成梳子狀（1/3處不切斷），切割數片。

❼將紅蘿蔔薄片捲起，以三秒膠黏接於青江菜花凹槽處。

中心線

❽另取先前切割出的葉片，以葉片直條中心為準，切雕出三叉葉子，即可搭配黃瓜、紅辣椒圓片裝飾排盤。

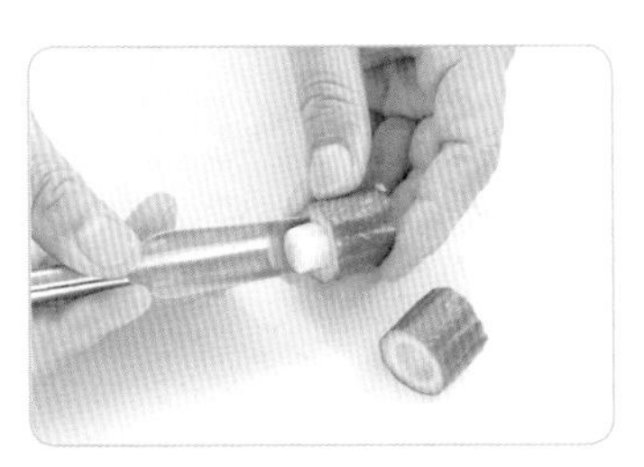

❾取一段小黃瓜，以圓槽刀挖除內籽，切割0.3cm圓片，紅辣椒切圓片，燙熟，套入小黃瓜圈排盤。

- 青江菜宜選購較大棵者（約10～12片葉子），切雕後的作品層次感較佳。
- 紅蘿蔔切得越薄，越方便捲黏做花蕊，黏好後花蕊若太長可以用剪刀剪短。

青江菜花切雕法 -2

使用工具：片刀、雕刻刀
切雕類型：圓弧切雕、整體搭配

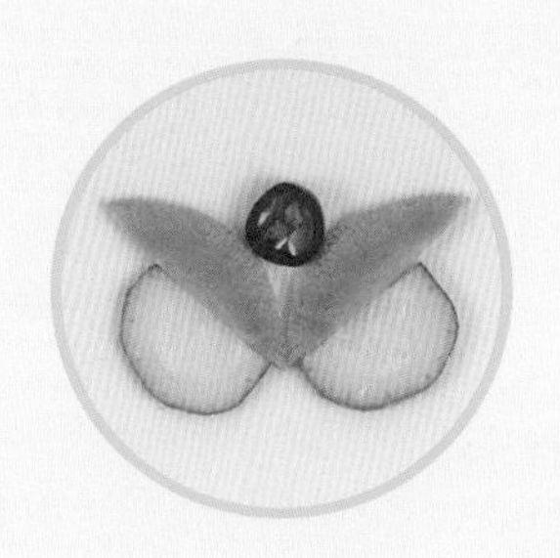
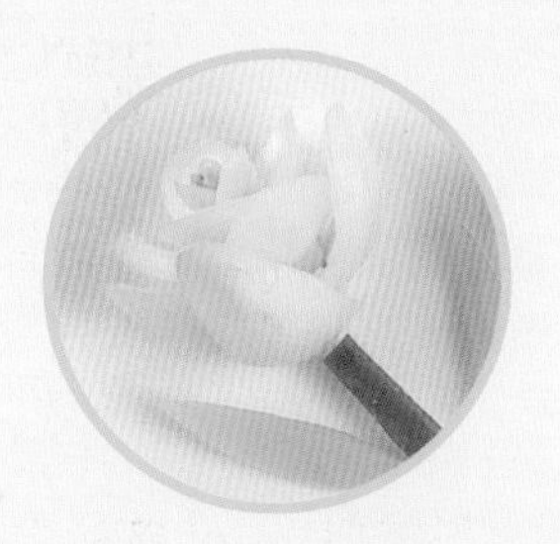

❶ 大顆的青江菜2顆，小黃瓜半條，紅蘿蔔1塊，紅辣椒1段。

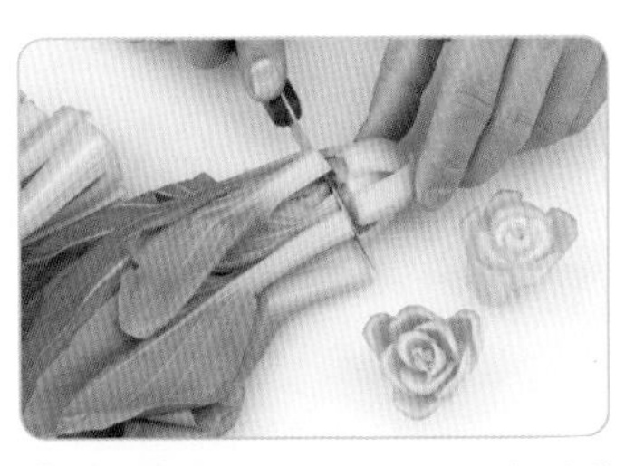

❷ 以雕刻刀切取頭部3cm處（葉片備用）。

❸ 分別以雕刻刀將每朵青江葉葉梗圓弧切雕。

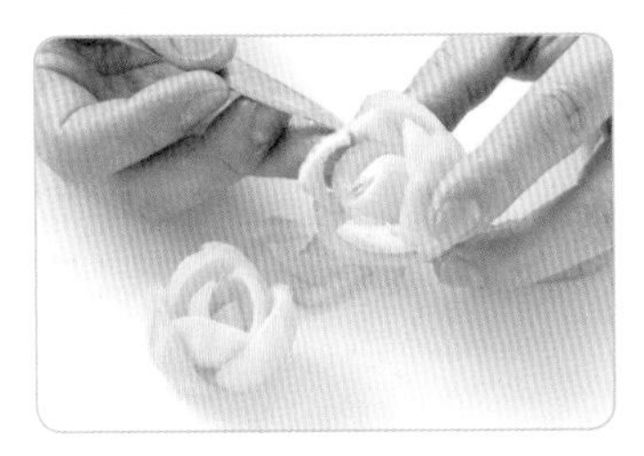

❹ 小心以雕刻刀圓弧的將每片葉梗切雕圓弧。

❺ 青江菜頭取其中一棵對半直切為二。

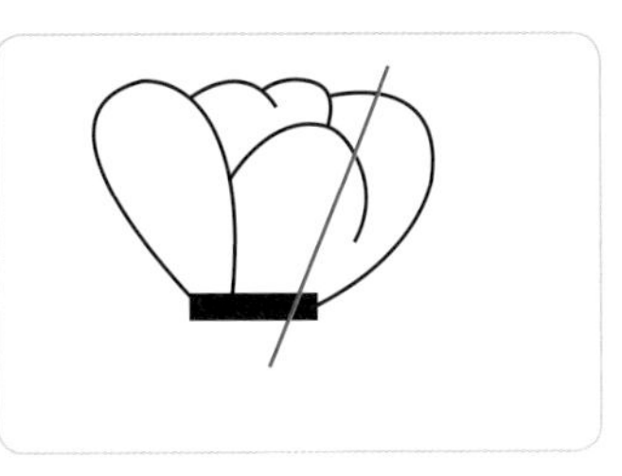

❻ 另取一棵青江菜頭於1/3處斜切備用。

❼ 將雕好的青江菜花，以雕刻刀由上往下斜切1/3處。

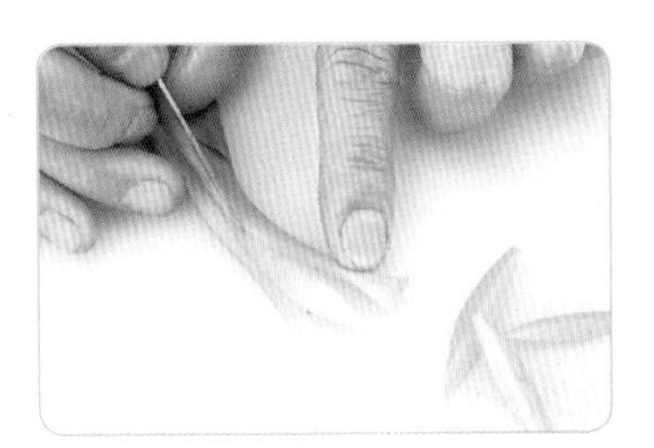

❽ 另取先前切出的葉片，將葉梗切雕成尖形葉片；切割黃瓜表皮做為花梗。雕好的梗、葉、花，組合排列於盤內。

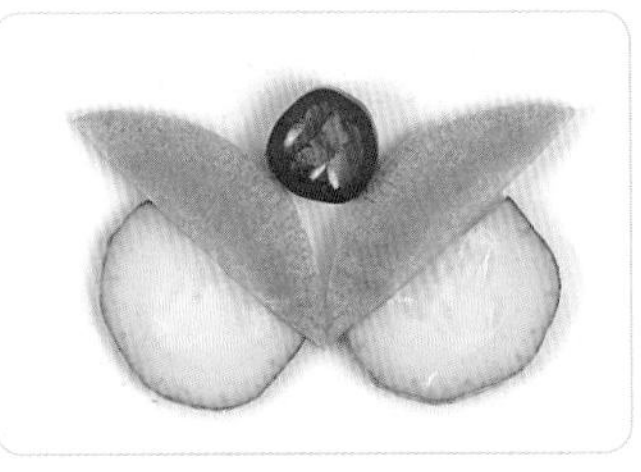

❾ 以紅蘿蔔長半圓片2片、小黃瓜半圓片2片、紅辣椒圓片組合，裝飾於盤內三邊如圖。

- 操作步驟3時，刀尖需向內、刀柄向上，將每片葉梗切成圓弧狀。
- 操作步驟7時，「葉片的大小」與「花梗的長度」都必須與花朵的大小適配。
- 切雕好的頭部花朵，若花蕊內面有砂子，需沖洗乾淨。

紅蘿蔔平面切雕法

使用工具：**片刀、牙籤**
切雕類型：**直斜刀變化、平衡切割**

範例 1

❶ 取色澤鮮豔紅蘿蔔一條，以片刀切割取中段2cm。以片刀切除外圍圓弧，成正方形。

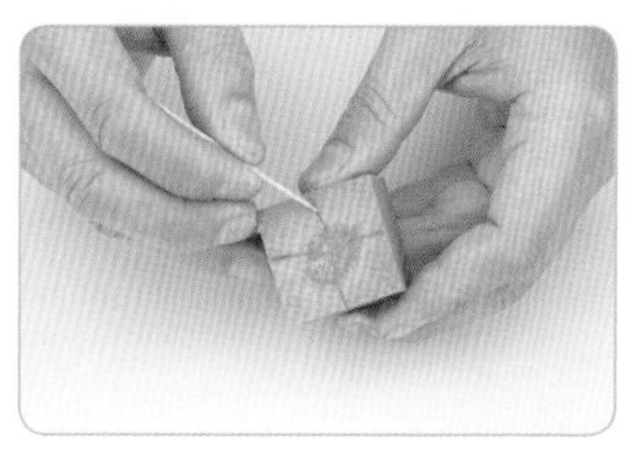

❷ 以牙籤劃取正方形中心十字基準線。

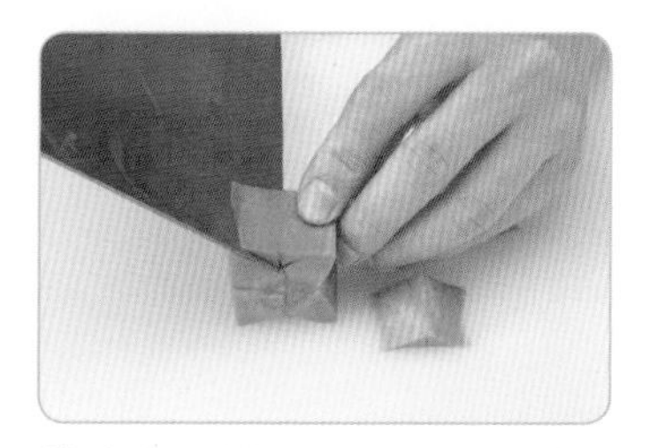

❸ 畫好基準線後，由右側邊角下刀，以圓弧面切至中心線深0.5cm處，將蘿蔔旋轉180度，以同方法再切一次，依序切好四個面。

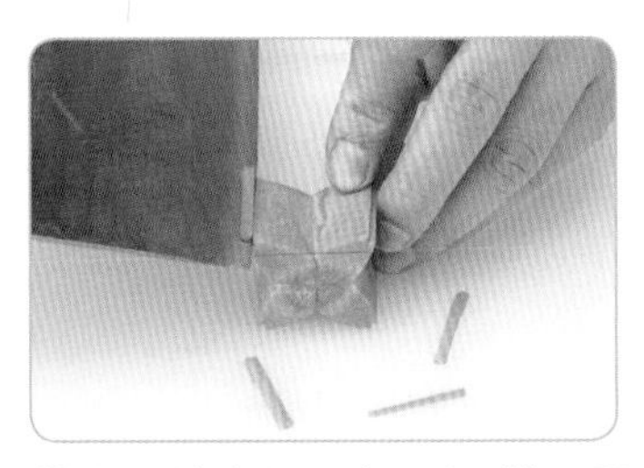

❹ 將四邊尖角切出V形凹糟，即完成基本外形。

❺ 外形完成後，以片刀直切紅蘿蔔片，每片厚度0.3cm即可。

❻ 切片的紅蘿蔔，可燙熟做為盤內裝飾，亦可作為烹煮菜餚時配色用。

範例 2

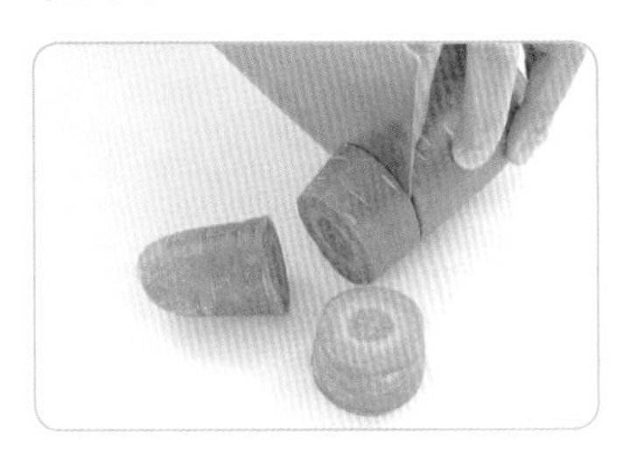

❶ 取色澤鮮豔紅蘿蔔一條，以片刀切取中段2cm。

❷ 以片刀切除外圍圓弧成正方形。

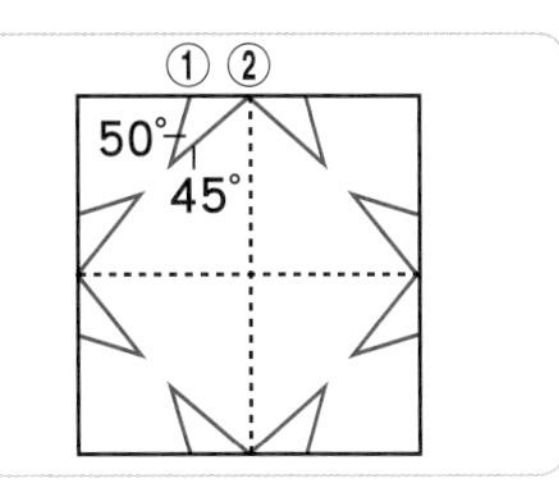

❸ 延續範例1的步驟2，完成基準線，在距離中心左側0.5cm處，向左斜切第①刀（75度，深0.5cm），再於中心點向左斜切第②刀（45度），除去三角形部分。

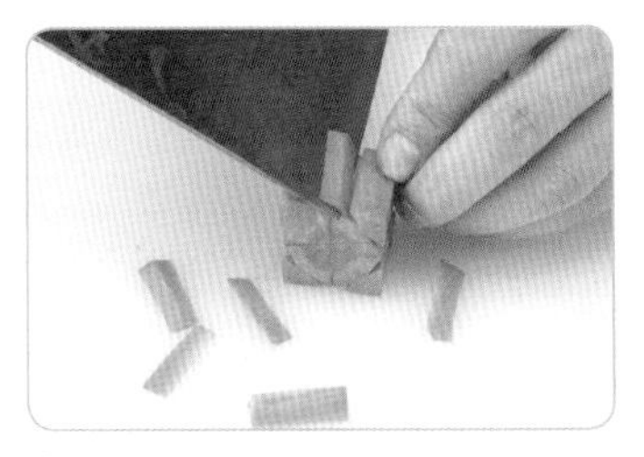

❹ 旋轉180度，依同方法切除另一邊的三角形，再依序完成四個面，即完成基本外形。

❺ 外形完成後，以片刀直切紅蘿蔔片，每片厚度0.3cm即可。

❻ 切片的紅蘿蔔，可燙熟做為排盤裝飾，亦可作為烹煮菜餚時配色用。

- 紅蘿蔔平面切雕，可依上述原則延伸出不同的樣式變化，請盡情發揮想像力，做出幾種不同的創意變化。
- 紅蘿蔔應選擇厚重、無空心者，切割出的作品才會好看。
- 下刀的深淺與斜度須小心掌控，前後、左右的刀痕都須對稱，才能做出完美的作品。

小番茄兔子切雕法

使用工具：片刀、雕刻刀、牙籤
切雕類型：等分劃分、片皮、排列

❶ 大黃瓜半圓段1段，紅蘿蔔圓形厚片1片，紅辣椒1條，橢圓小番茄5粒。

❷ 小番茄分別以雕刻刀切除底部0.2cm，使可站立。

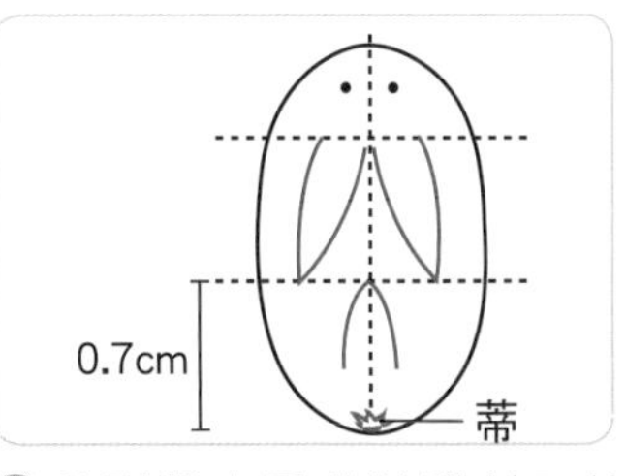

❸ 分別將小番茄以雕刻刀於蒂頭前0.7cm，以直刀（深0.3cm）雕出尖形兔尾。

❹ 再依同方法反方向切雕左右兩尖形，做為耳朵。

❺ 以雕刻刀將尾巴和耳朵由尖端，向內側片開表皮。

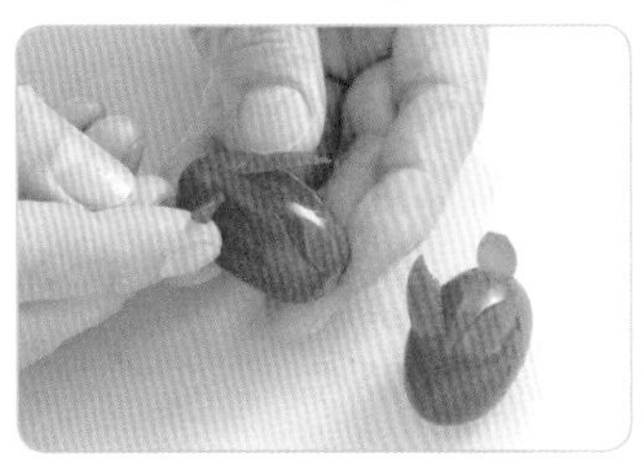

❻ 以手將每隻兔子的耳朵及尾巴翻開。

❼ 將每隻以手輕輕翻出耳朵和尾巴。

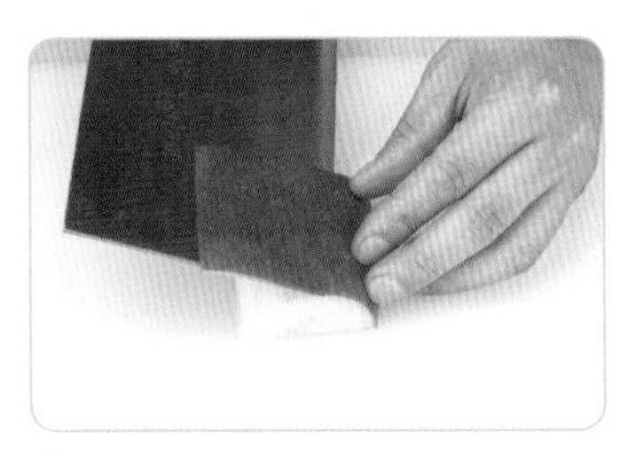

❽ 取大黃瓜，以片刀由左端開始，順著圓弧片取0.3cm厚表皮。

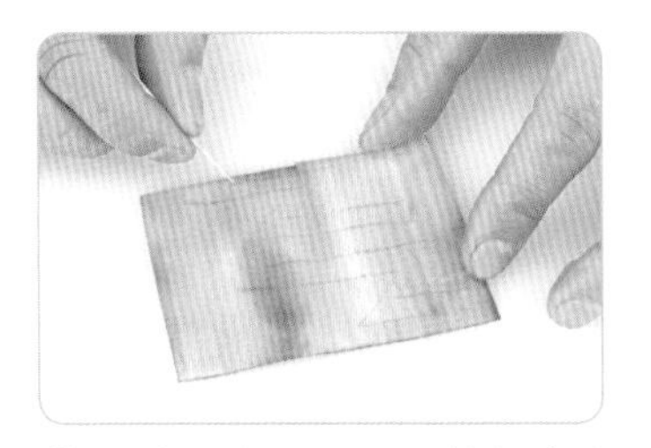

❾ 大黃瓜皮內面以牙籤輕畫成雷電形狀。

❿ 順著所畫線條以雕刻刀切雕出雷電狀，外皮向上，即搭配番茄兔、紅蘿蔔、紅辣椒排盤。

⓫ 取紅蘿蔔一正四方型分別取中心點將四面左右圓弧切到中心去除餘肉。

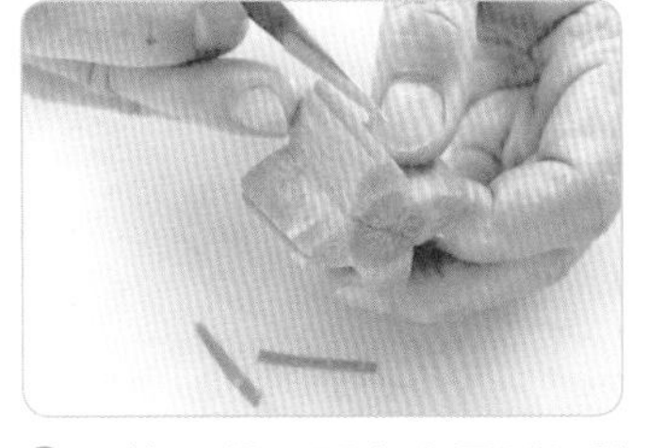

⓬ 以片刀將四面左右圓弧切除後，四邊尖型切割鋸齒，再切片燙熟即成。

- 宜選購橢圓形的小番茄，圓形較不適合。
- 兔子的耳朵片開後，可塞入小番茄塊，讓耳朵豎起。

紅蘿蔔雙天鵝心型切雕法

使用工具：片刀、雕刻刀、圓槽刀、牙籤、三秒膠
切雕類型：線條切雕、均等切片

❶ 大黃瓜1/4半圓8cm長條，紅蘿蔔頭部半條，紅辣椒一條，小黃瓜半條，南瓜一片。

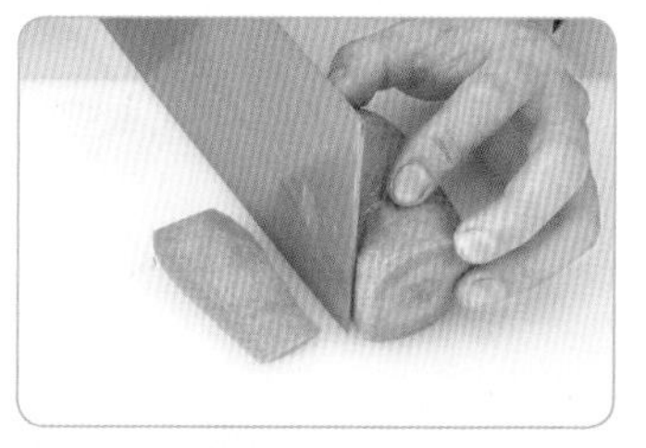

❷ 取紅蘿蔔頭部，以片刀切除1cm寬圓弧，做為底座可站立。

❸ 底部切好後切面朝下，先以片刀切除1cm寬圓弧，再切1.2cm厚片。

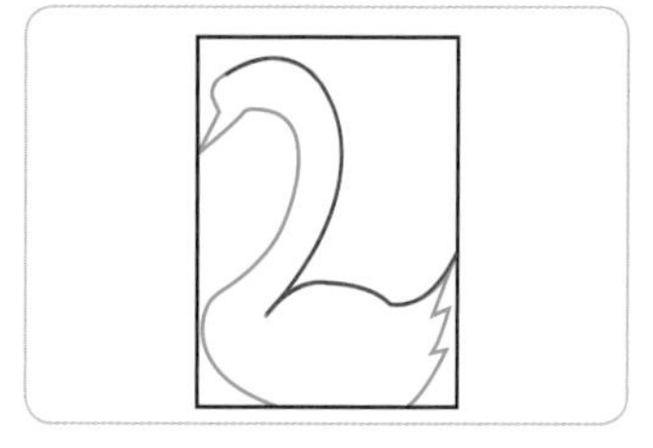

❹ 取蘿蔔厚片以牙籤畫出「2」字形，再畫出天鵝的脖子、嘴巴和身體。

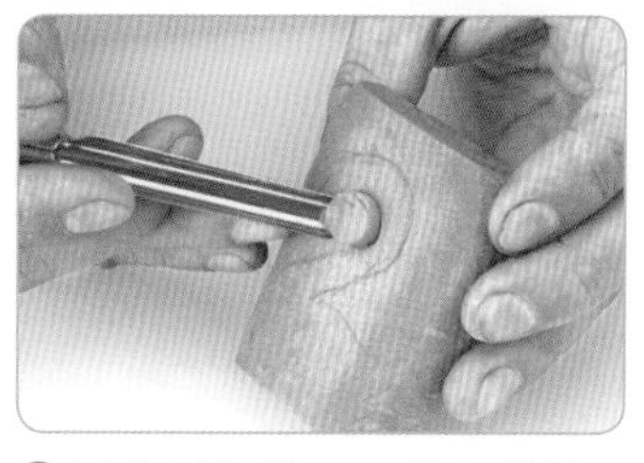

❺ 以中型圓槽刀，挖切鵝脖子處的圓形。

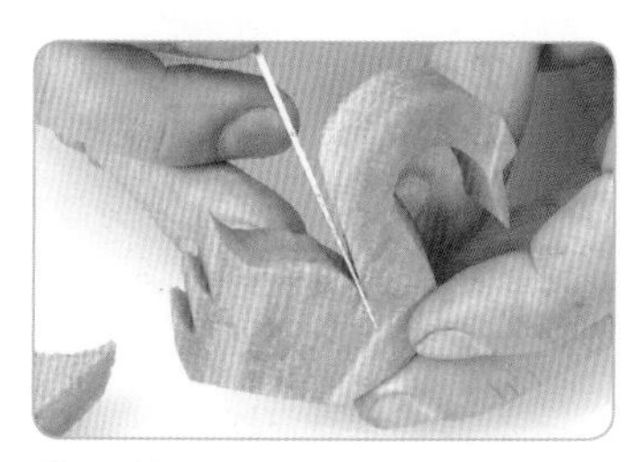

❻ 用均勻的力道，以雕刻刀切雕出天鵝的形狀。

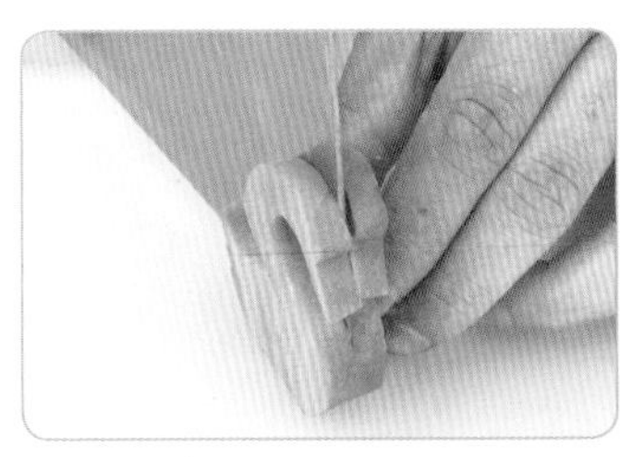

⑦ 雕好的天鵝以片刀直切為2片備用。

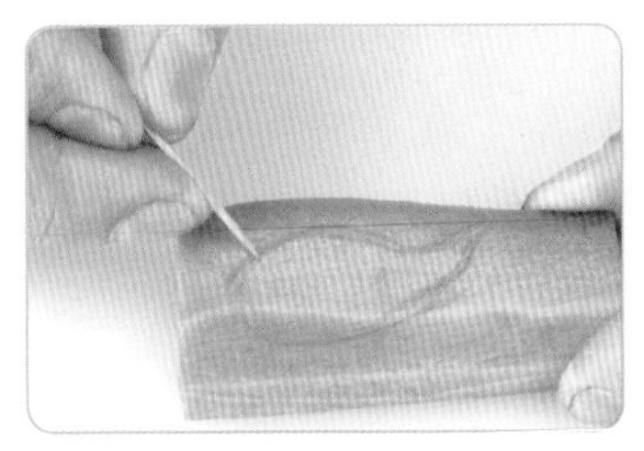

⑧ 取1.5cm紅蘿蔔厚片，以牙籤畫出水滴狀的鵝翅膀輪廓，以雕刻刀切出基本外形。

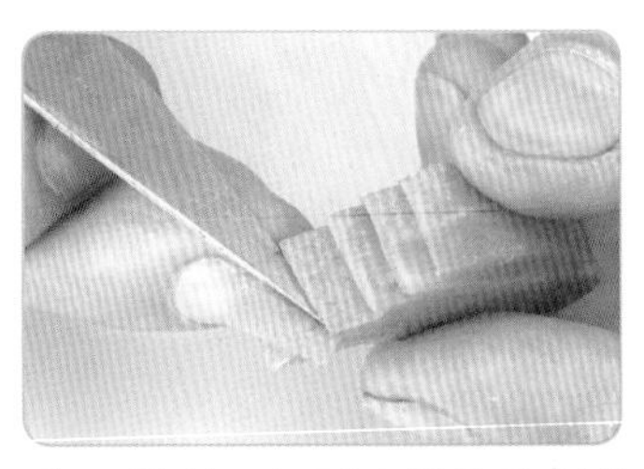

⑨ 以雕刻刀切雕出翅膀外側的鋸齒。

⑩ 以片刀將翅膀直切為四片。將翅膀以三秒膠黏於先前雕好的鵝身，左右對齊，翅膀鋸齒需朝上。

⑪ 取8cm大黃瓜長條，以片刀由右而左，順圓弧片取0.3cm厚表皮。

⑫ 以牙籤於表皮內面輕畫出雲朵的形狀，再以雕刻刀雕出，備用。

⑬ 鵝眼睛的位置以牙籤穿孔，用奇異筆塗黑當眼睛。兩鵝相對黏緊，再黏於大黃瓜片上。

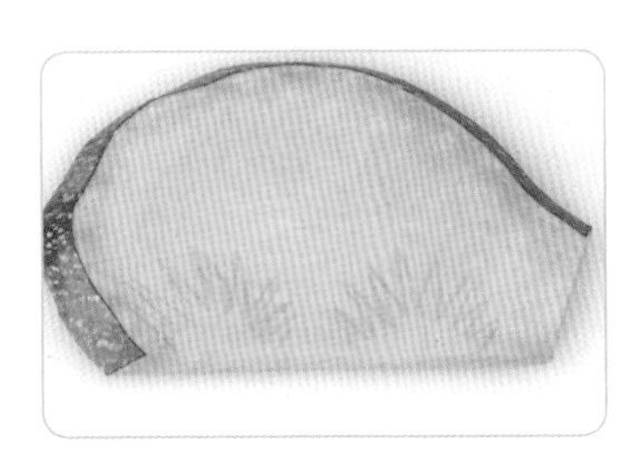

⑭ 取南瓜0.5公分片切除底邊表皮，以牙籤畫出尖長鋸齒狀小草，以雕刻刀切雕出。

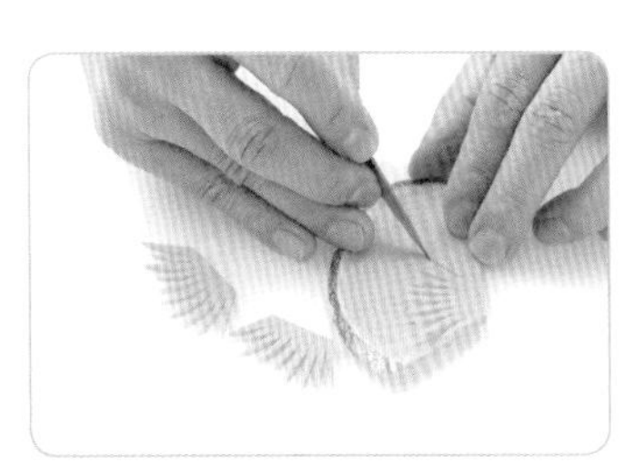

⑮ 將畫好的小草，以雕刻刀切出後，即可黏於黃瓜表皮前後方，排入盤內，搭配小黃瓜、紅辣椒做為盤邊裝飾。

- 切雕天鵝脖子內圓弧，需以圓槽刀挖切出圓弧形，注意脖子勿切斷。
- 切雕天鵝時須兼顧頭頸部與身體大小比例適當。
- 兩隻天鵝嘴與胸部黏接後，先將底部切平，再站立黏接於底座。
- 切雕南瓜水草，需先以牙籤略劃再切雕，比較漂亮。

大黃瓜、紅蘿蔔花切雕法

使用工具：片刀、雕刻刀、尖槽刀、牙籤

切雕類型：線條切雕、黏接成形

❶大黃瓜1/4圓半條，茄子半條，紅蘿蔔尾端半條，紅辣椒尾2條。

❷蘿蔔尾端以片刀切取長四方條（長 7cm、寬1cm、高1cm）共2條。

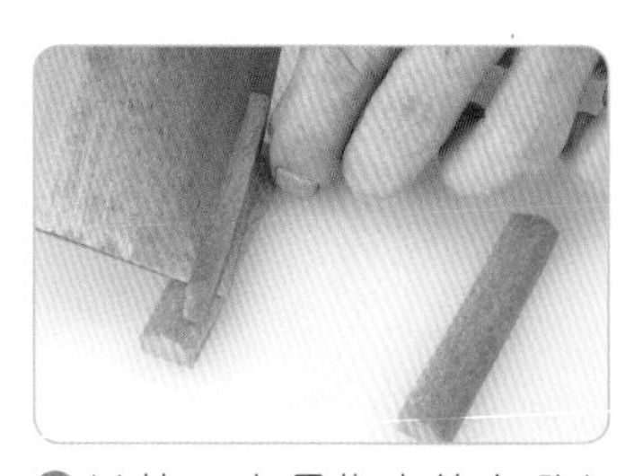

❸以片刀由長條中線向外切削，將蘿蔔條的表面削成半圓弧形。

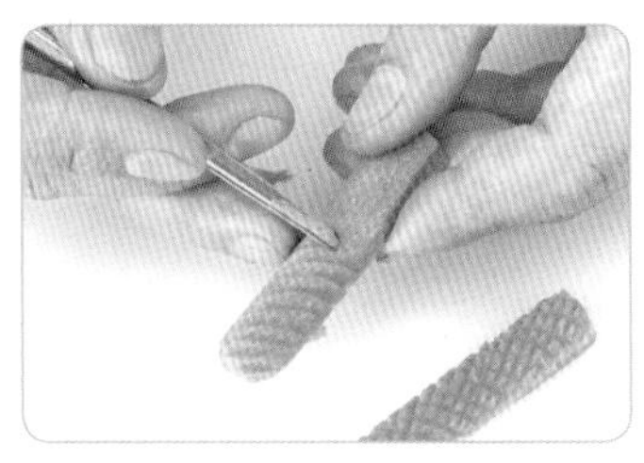

❹以小支尖形槽刀，交叉挖出網狀條紋，每條間隔0.3cm。

❺切取紅辣椒尾端1cm尖形，以三秒膠黏接於紅蘿蔔一端。

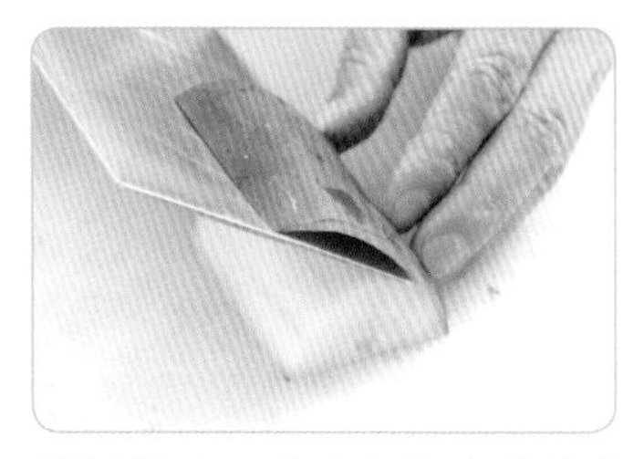

❻以片刀，小心的將大黃瓜表皮切圓弧片，厚度約0.5cm。

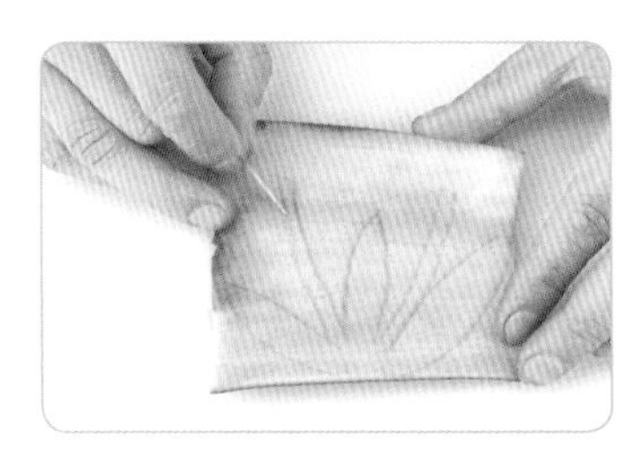

❼取大黃瓜以片刀片切表皮0.4 cm，表皮內面以牙籤畫出葉片與一長一短花梗後，再以雕刻刀順著線條切割出。

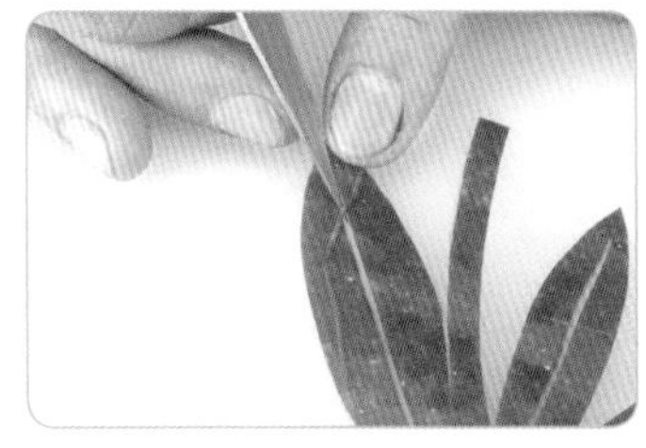

❽以雕刻刀順著線條切雕出後，翻面再以雕刻刀於葉片中心以直刀、斜刀雕出葉脈，以三秒膠黏接花朵。

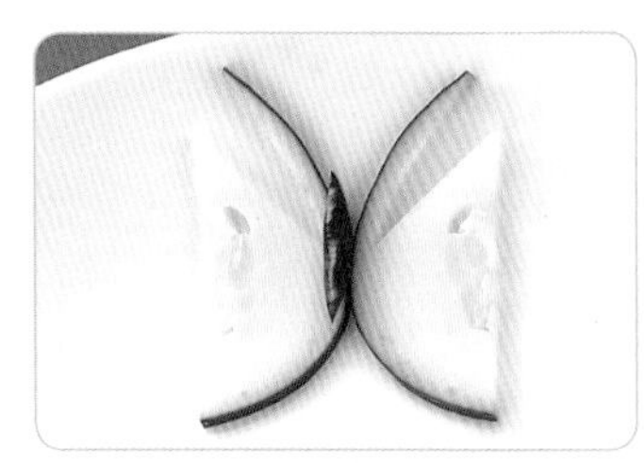

❾將黏接好的花朵排入盤內，底部以茄子皮切雕雷電狀，搭配大黃瓜片、紅辣椒橢圓片裝飾即成。

- 使用尖形槽刀，在挖切交叉網狀條紋時，要小心避免挖切到手。
- 片切大黃瓜表皮需特別小心，避免滑手而危險。
- 花、梗、葉的比例大小要適當。
- 切割大黃瓜蝴蝶片的觸鬚需小心，避免切斷。

大黃瓜椰子樹切雕法

使用工具：片刀、雕刻刀、三秒膠
切雕類型：平衡切片、整體裝飾

❶ 大黃瓜切除頭部半條，茄子半條，南瓜頭部圓形厚片1片，紅蘿蔔半圓塊一塊。

❷ 大黃瓜以片刀斜切出0.5cm厚薄片（約5～6片），如圖所示。

❸ 以雕刻刀切雕出大小不等的月彎形。

❹ 月彎形凹處朝外，以片刀將月彎形圓弧的一邊切成梳子狀。

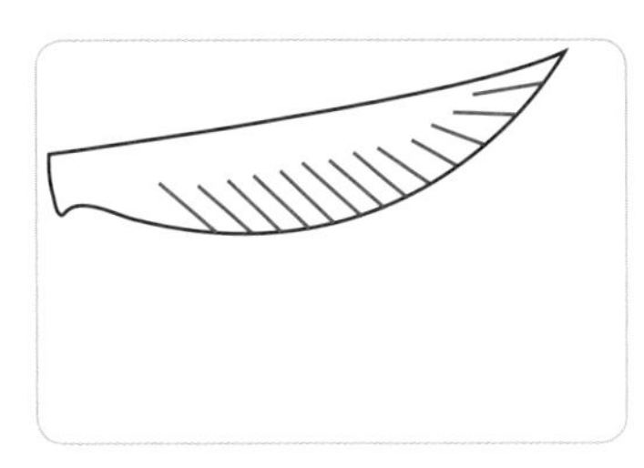

❺ 每刀間隔0.2cm，不要完全切斷，排列方向如圖所示。

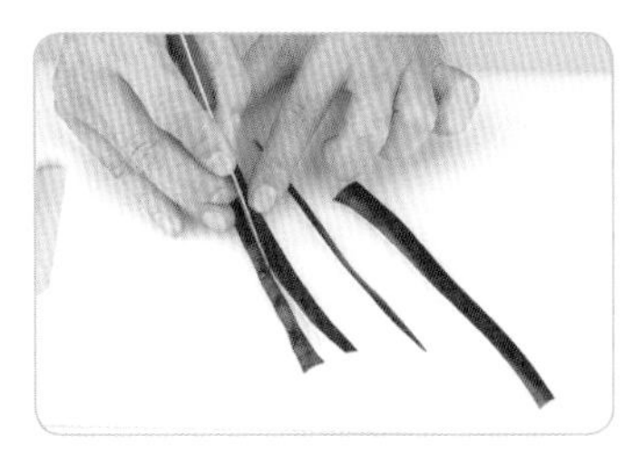

❻ 茄子以片刀剖成2半圓長條，取其一再對切為2條，切除內籽海綿體部分，翻面以雕刻刀修成上細(1cm)下粗(1.5cm)的椰子樹幹形狀。

❼ 樹幹的一邊以雕刻刀左右斜切，雕出深0.2cm、間隔0.5 cm的條紋。

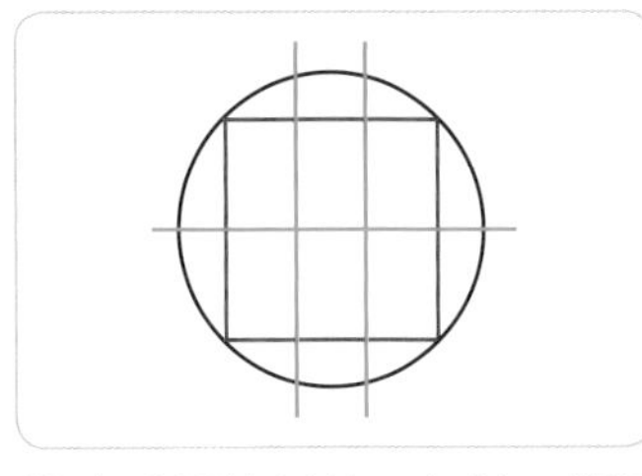

❽ 南瓜圓片以片刀切除四邊圓弧，使呈正四方形，再分切為6等分。

❾ 取每個長四方形，以雕刻刀切雕成橢圓形，當作椰子。

❿ 將茄子樹幹排入盤內，再排黃瓜葉片（切口朝下），以三秒膠黏住椰子，再黏於葉片下，以半圓紅蘿蔔、大黃瓜薄片及大黃瓜皮切雕的小草裝飾即成。

- 操作步驟4之前，黃瓜片若是太厚，必須先將多餘的瓜肉片除。
- 椰子樹葉切好後，用手指順著刀痕推出層次感，再排盤。

大黃瓜熱帶魚切雕法

使用工具：片刀、雕刻刀、圓槽刀

切雕類型：平衡切片、整體美感

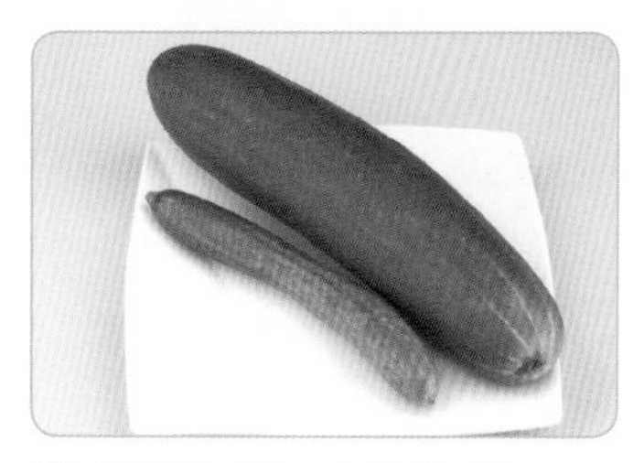

❶ 大黃瓜1條，小黃瓜1條。

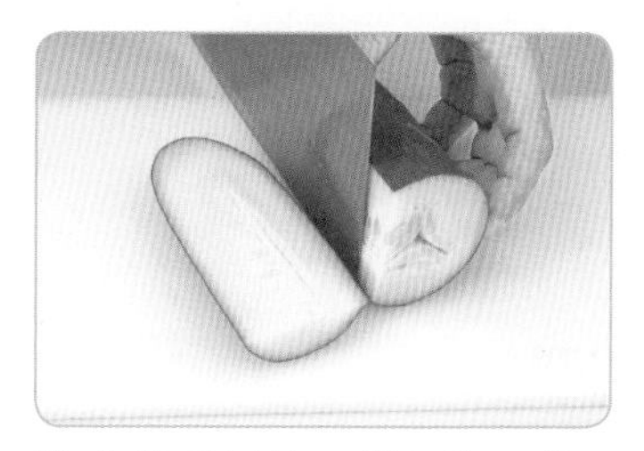

❷ 大黃瓜以片刀橫切為二截，取頭部一端，切取外皮處1.5cm（或直徑1/4）厚片。

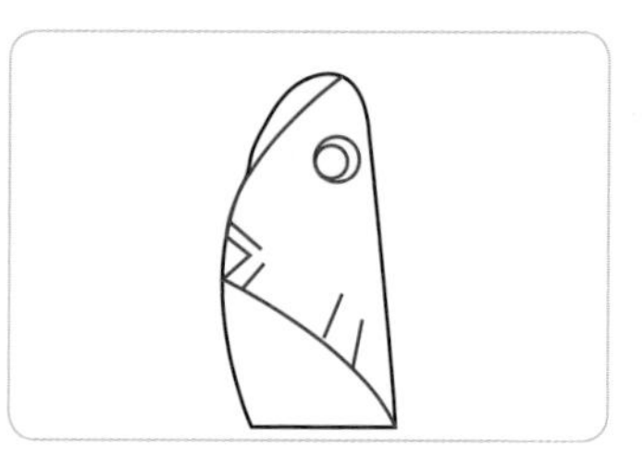

❸ 切下之厚片以牙籤畫出魚頭線條。

❹以雕刻刀切雕出外形，以大小圓槽刀挖切眼睛，深0.3cm，再於側邊切取出眼珠旁多餘處。細修嘴巴及鰓部線條。

❺以片刀直刀切取大黃瓜長形厚片數片（厚度1cm，不可切到黃瓜有籽處）。

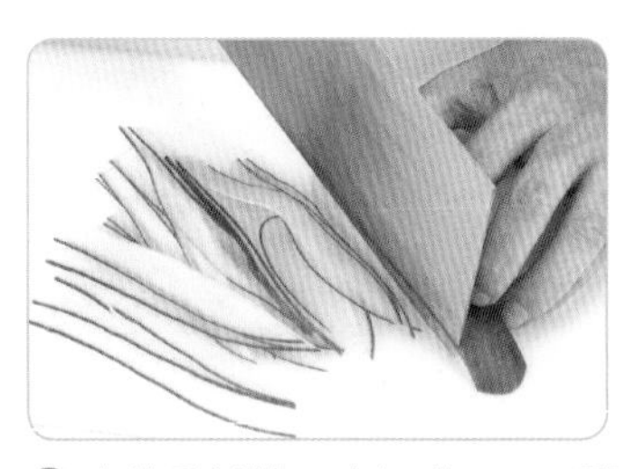

❻大黃瓜以片刀直切成0.1cm薄片。

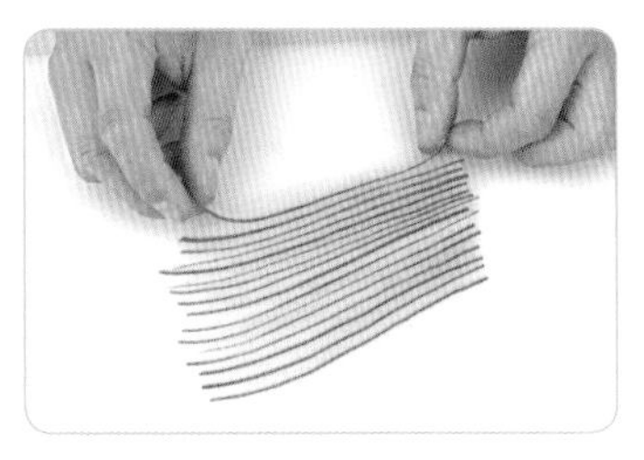

❼將大黃瓜薄片以手將每片排列整齊，每片間隔0.5cm。

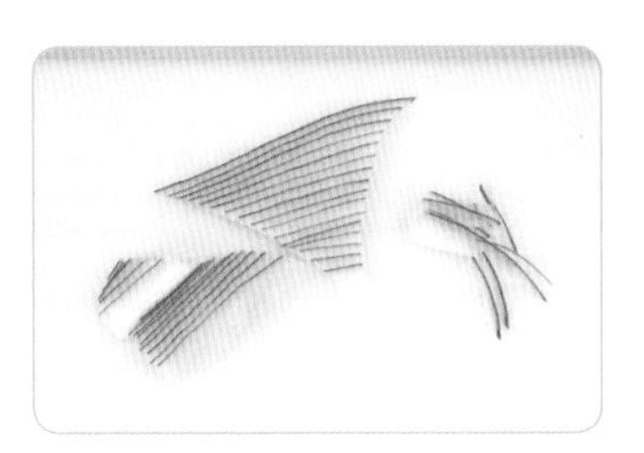

❽將排列好的大黃瓜片以雕刻刀切出背鰭的形狀，以同方法雕出腹鰭及分叉的尾鰭。

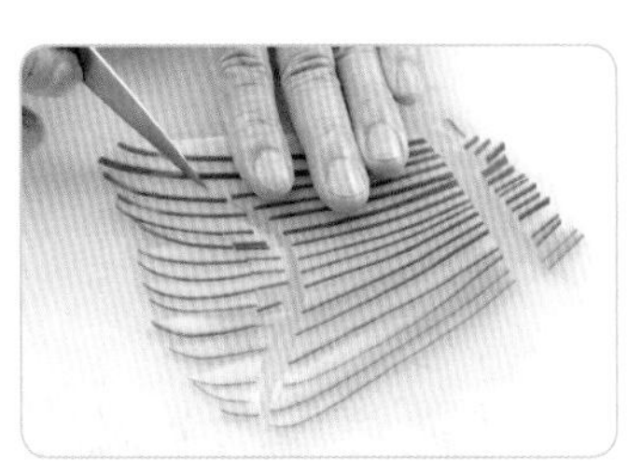

❾將排列好的大黃瓜片，以手壓著，以雕刻刀切齊一邊，再圓弧切雕尾鰭。

❿取小黃瓜5cm長段，以圓槽刀挖除中心籽，使呈中空管狀（先從一邊挖到中心，再翻面挖另一邊）。

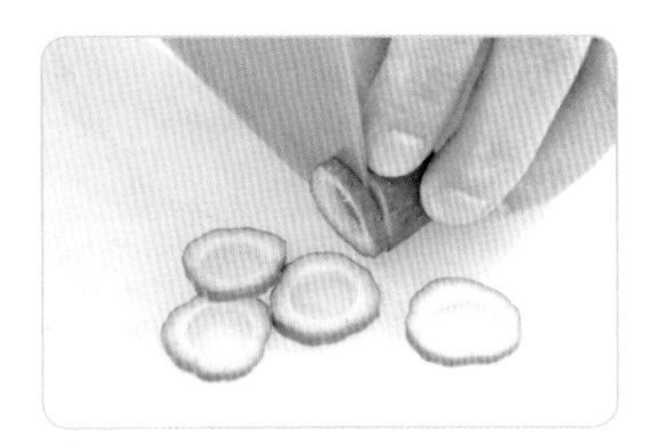

⓫將小黃瓜挖除籽後，以片刀推切割0.3cm的圓片排盤。

⓬取盤子放入魚頭，以大黃瓜半圓薄片排出魚身，排上已做好切片的魚鰭、魚尾，以小黃瓜半圓薄片繞排魚身外緣，小黃瓜圓圈排於嘴上方當泡泡即成。

- 切割大黃瓜薄片時，應力求厚薄度均勻一致。
- 熱帶魚排盤時須視盤子的大小及形狀，調整排列魚的大小。
- 排列魚鰭及魚尾，大黃瓜片表皮朝外，間隔排列好後，再切除不要部分排盤。

大黃瓜皮雙飛燕切雕法

使用工具：片刀、雕刻刀、尖槽刀、牙籤、三秒膠
切雕類型：平衡控刀、線條切雕

❶ 大黃瓜8cm長圓段，白蘿蔔6cm半圓段，小番茄2粒。

❷ 大黃瓜以片刀直切為2半，由右至左順圓弧片取0.5cm表皮，共2片。

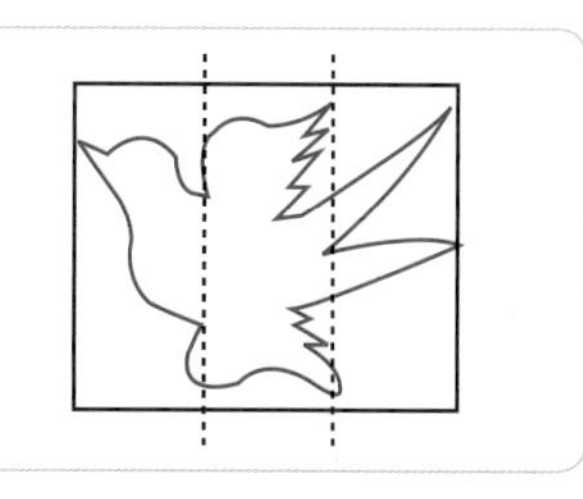

❸ 黃瓜表皮內面以牙籤畫出飛燕形：分三等分，一等分為頭，一為身體與翅膀，一為燕尾。

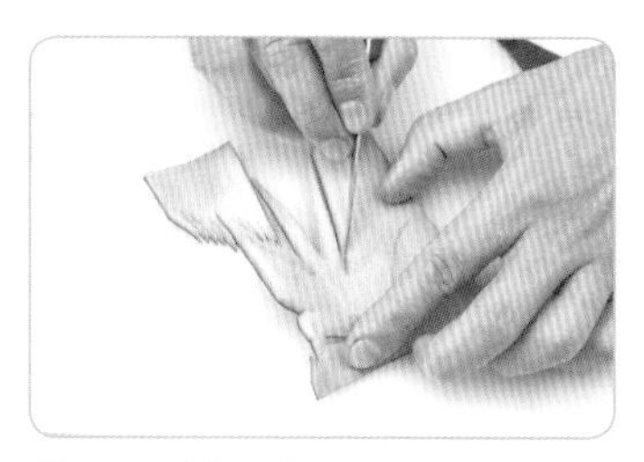

❹ 以雕刻刀於內面切雕出燕子外形。

❺ 翻面，於燕子頸部輕刻出柳葉線條，深0.3cm，於側邊切入，取出柳葉狀表皮。

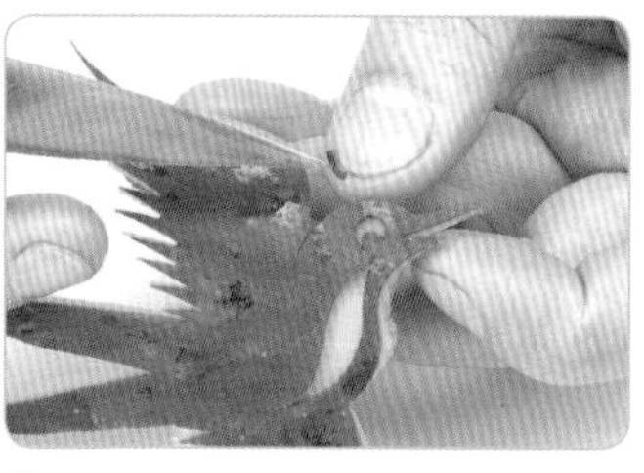

❻ 以大小圓槽刀挖切眼睛，深0.3cm，再於側邊切取出眼珠旁多餘處。共切雕不同方向2隻。

❼ 白蘿蔔切除上方圓弧後，再斜切前後左右，成上窄下寬之梯形。

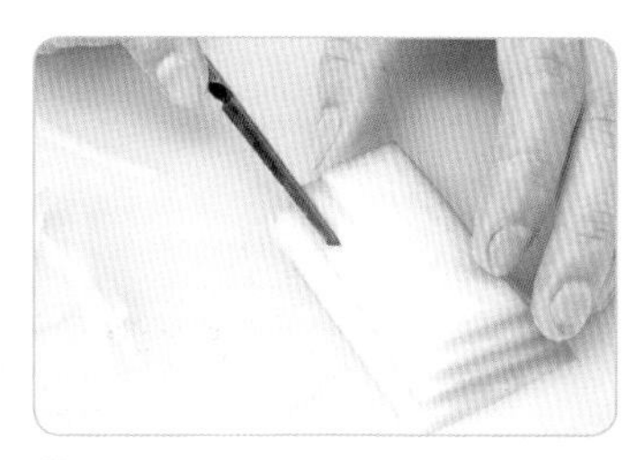

❽ 白蘿蔔以尖形槽刀於四側邊，分成三等分，切雕出階梯狀。

❾ 以大黃瓜表皮0.5cm切雕小草，以三秒膠黏貼於白蘿蔔底座，排入盤內，以牙籤插上先前雕刻好的雙燕成高低錯落，再搭配去皮的大黃瓜半圓片及番茄片即成。

- 片切大黃瓜皮應力求厚度均勻一致。
- 在大黃瓜皮內面畫燕子形時，須注意兩隻燕子方向相反。
- 切雕出的燕子黃瓜片，可略泡清水使其硬挺好看，再排盤。

南瓜菊花切雕法

使用工具：片刀、雕刻刀、圓槽刀、三秒膠
切雕類型：圓弧切雕、黏接排盤

❶ 南瓜頭部2cm厚片，蒜苗中段8cm共3支，大黃瓜半圓1塊，紅蘿蔔尾部1段。

❷ 紅蘿蔔尾端以片刀直切成圓形0.6cm厚片，共3片。

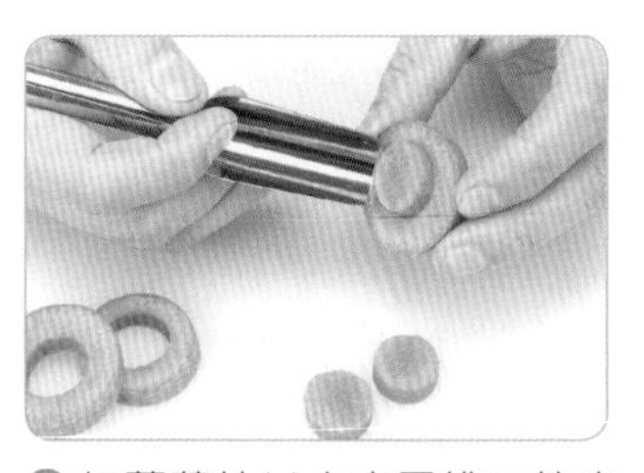

❸ 紅蘿蔔片以大支圓槽刀挖出中心部位作為花蕊。

❹ 將紅蘿蔔圓片表面細修成圓弧面。

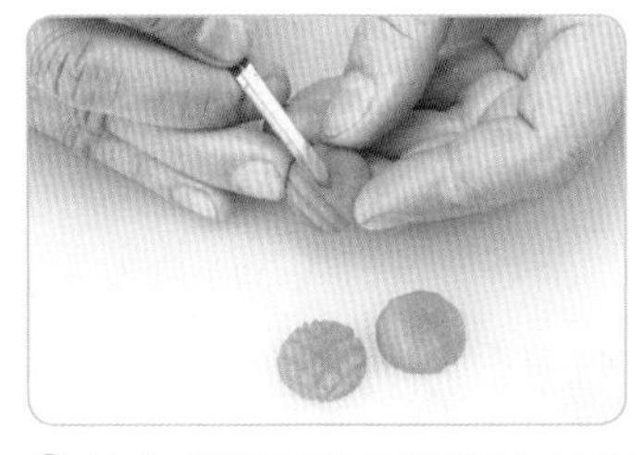

❺ 以尖型槽刀於圓弧面上挖出網狀交叉線條。

❻ 南瓜厚片以片刀切除圓弧邊，再分別切出1.2cm及0.8cm厚片。

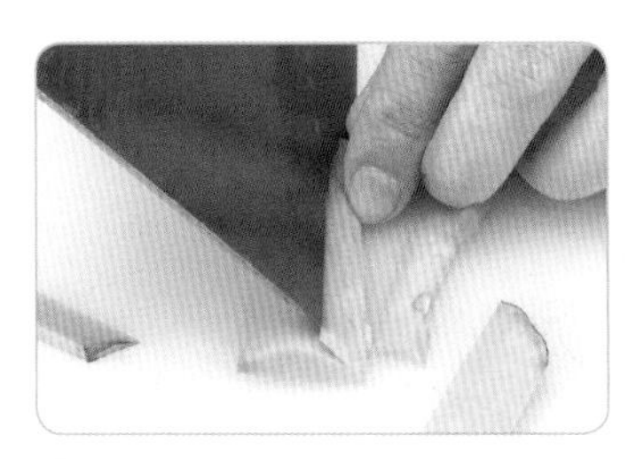

❼ 兩南瓜厚片，分別以片刀由中線向左削，翻轉後以同樣方法，將表面修成圓弧面；翻面後，以同樣方法處理背面。

❽ 大小南瓜片分別以片刀切成0.1cm薄片，即成花瓣。（一端可切平，較好黏接。）

❾ 花蕊底部插上牙籤（方便拿取），以三秒膠黏接大片花瓣於外圍，再黏一圈小花瓣。

❿ 分別以三秒膠黏接其他朵花瓣，其中1朵花蕊斜切1/3，黏接半邊。

⓫ 蒜苗以雕刻刀切雕出花梗及葉子尖形，以熱水微燙至軟化，外翻葉子後排入盤中，放上黏好的花朵。

⓬ 底部以大黃瓜皮雕的小草做為裝飾即成。

紅蘿蔔鯉魚水景切雕法

使用工具：片刀、雕刻刀、圓槽刀、尖槽刀、牙籤、三秒膠

切雕類型：切雕柔軟線條、層次黏接

❶大黃瓜半條，紅蘿蔔1條，小黃瓜半條，南瓜中段圓片1片，紅辣椒半條。

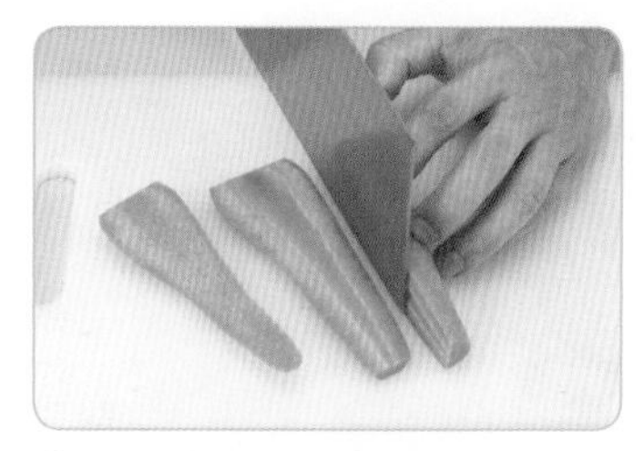

❷紅蘿蔔以片刀切除頭蒂，切除一邊的圓弧（厚1cm），再切取1cm長形厚片1片及0.3cm薄片1片。

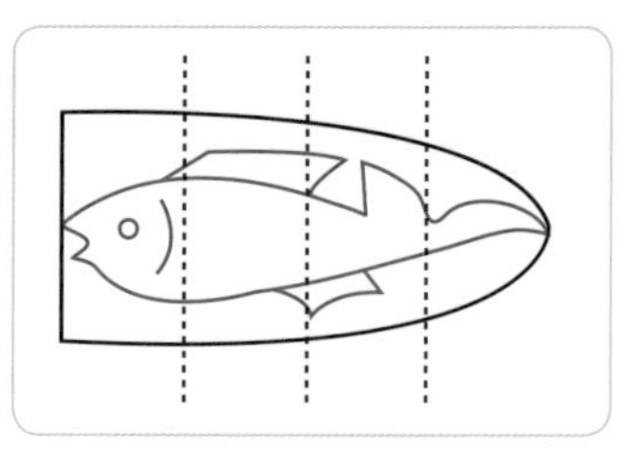

❸紅蘿蔔1cm厚片分成四等分，以牙籤畫出魚形。

④以雕刻刀小心切雕出魚形，上下鰭不可切掉。

⑤以雕刻刀在魚身與魚鰭交界處下切0.5cm，再橫向切除魚鰭表面，做出高低層次感。

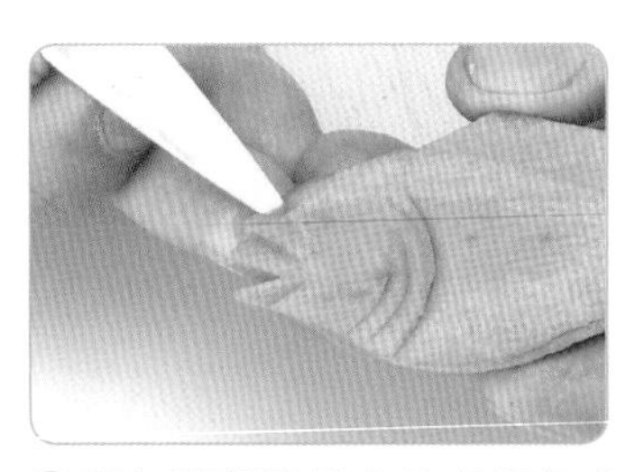

⑥將紅蘿蔔邊緣直角處細修成圓弧，再雕出魚鰓、魚嘴線條。

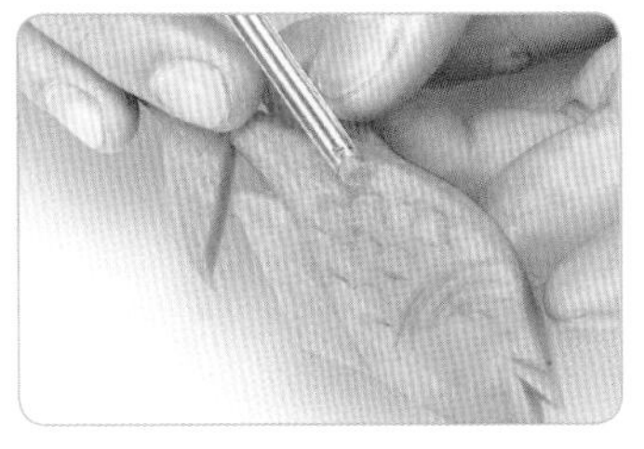

⑦以圓槽刀於魚身切雕出半圓魚鱗片，第一刀斜度45度，第二刀斜度40度切出立體感。

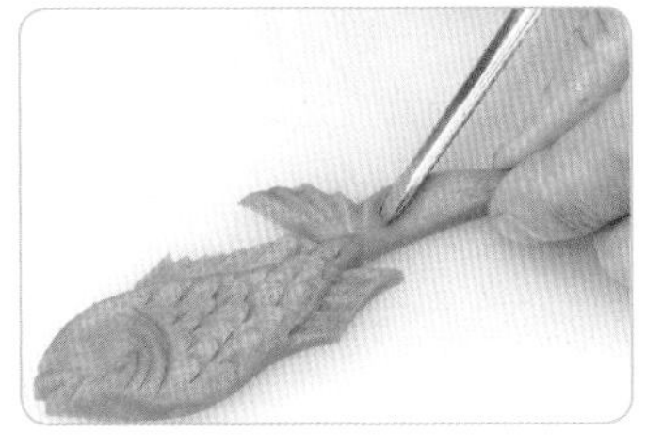

⑧以尖型槽刀於魚尾、魚鰭部位，由外往內挖出線條。

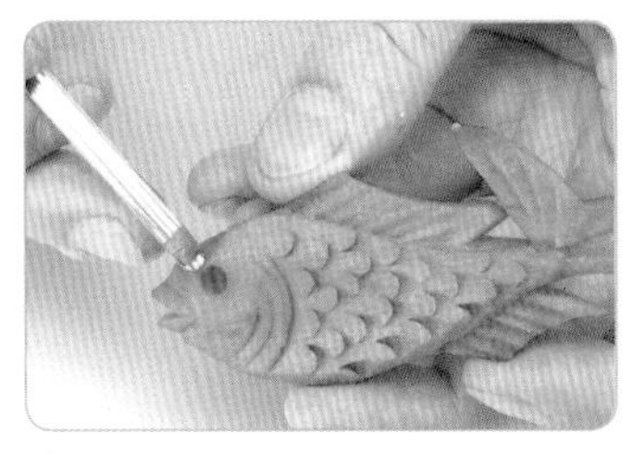

⑨以小圓槽刀將魚眼處挖出小孔（不可挖穿）。

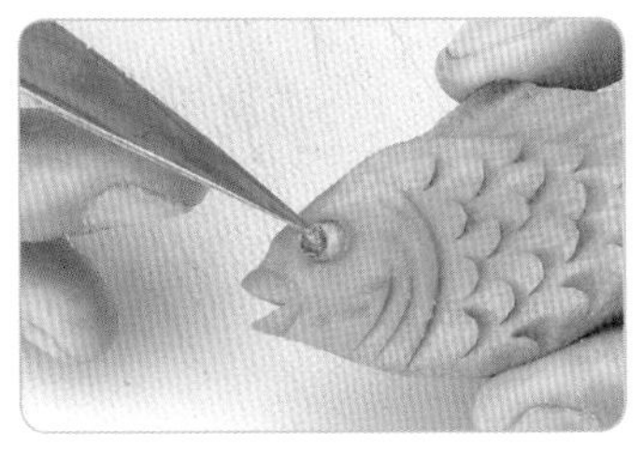

⑩挖取南瓜表皮做為魚眼珠，以三秒膠黏入魚眼孔內。

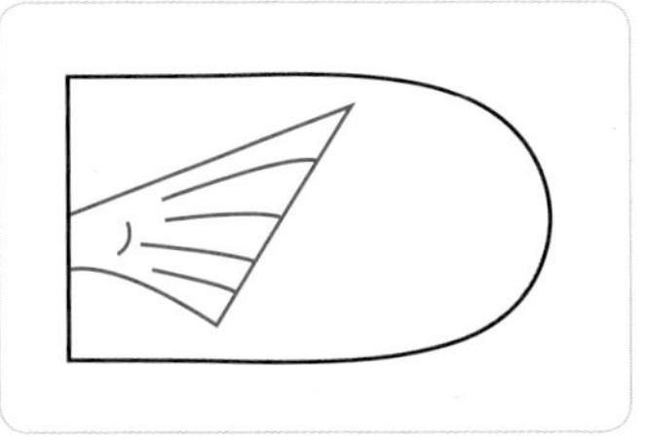

⑪取紅蘿蔔薄片0.3cm切雕出魚鰭，大小須與魚身適配，以尖槽刀挖出裝飾線，完成後黏於魚鰓旁。

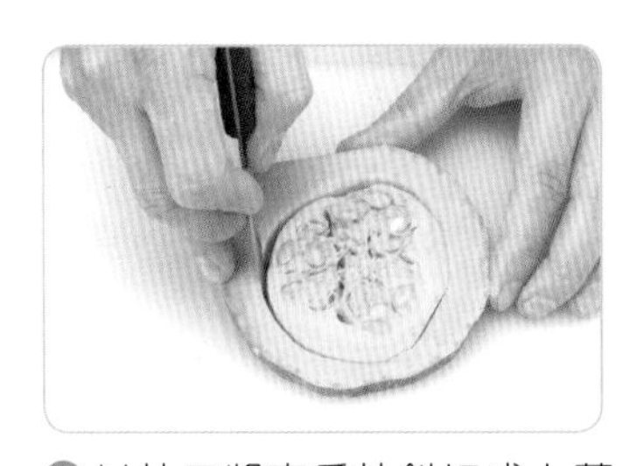

⑫以片刀將南瓜片斜切成上薄(1cm)下厚(2cm)，再以雕刻刀切除瓜內籽，並將瓜肉內側修整為圓圈形。

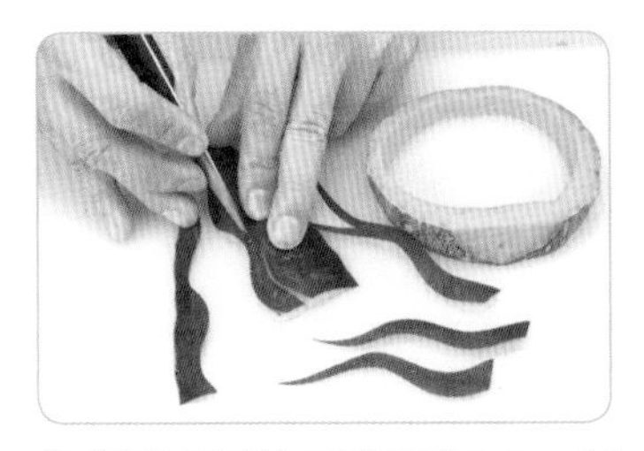

⑬將南瓜圓片底部切除0.5cm圓弧邊，使能站立。大黃瓜以片刀切取1cm表皮，雕出波浪狀水草。

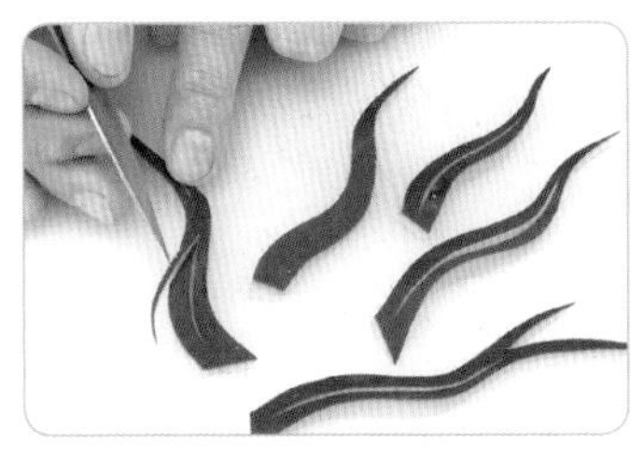

⑭取雕刻刀，以直刀和斜刀切雕出水草的中心線條。

⑮分別將大黃瓜水草底部斜切，以三秒膠黏接於南瓜圓圈內，使呈不規則狀，即可排入盤內，以牙籤插上魚形，搭配小黃瓜、紅辣椒圓片及紅蘿蔔橢圓片盤飾即成。

紅蘿蔔雙鳥映月切雕法

使用工具：片刀、雕刻刀、牙籤、三秒膠
切雕類型：深淺控制、黏接裝飾

❶ 南瓜中心橢圓片1片、紅蘿蔔1條、小黃瓜半條、大黃瓜圓形厚片1塊、紅辣椒半條。

❷ 紅蘿蔔以片刀切除蒂頭0.5cm，以直刀切取5cm圓段。

❸ 紅蘿蔔圓段以片刀切成厚度0.3cm薄片4片，及長5cm寬3cm厚1cm共2片。

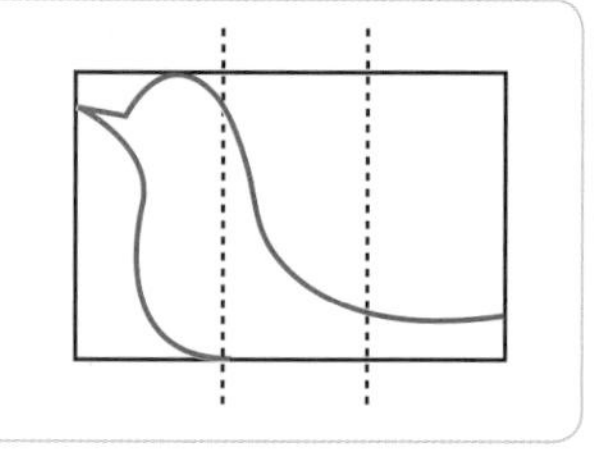

❹ 取2塊厚片紅蘿蔔，以牙籤畫小鳥形狀，一等分為頭，一等分為身體，一等分為尾巴。

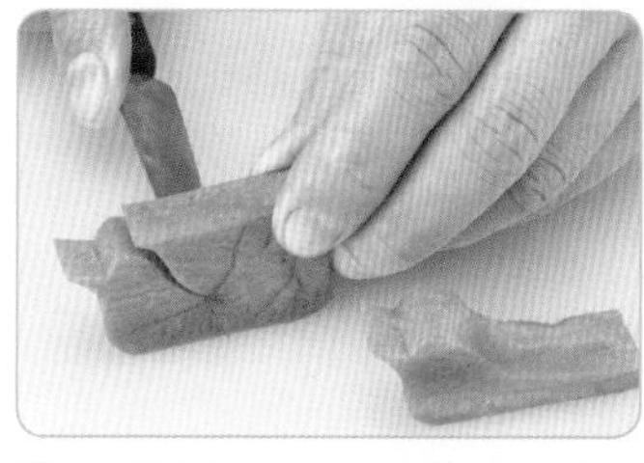

❺ 以雕刻刀小心切雕出小鳥形狀，切雕出2支。（刀需拿平穩）

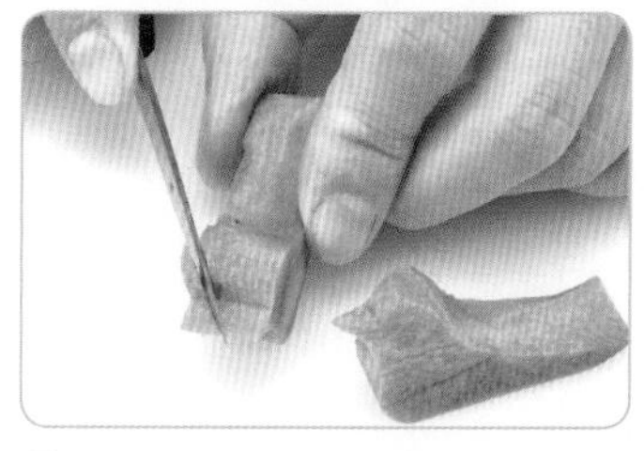

❻ 以雕刻刀切除頭部、嘴巴左右兩邊，削尖嘴部。

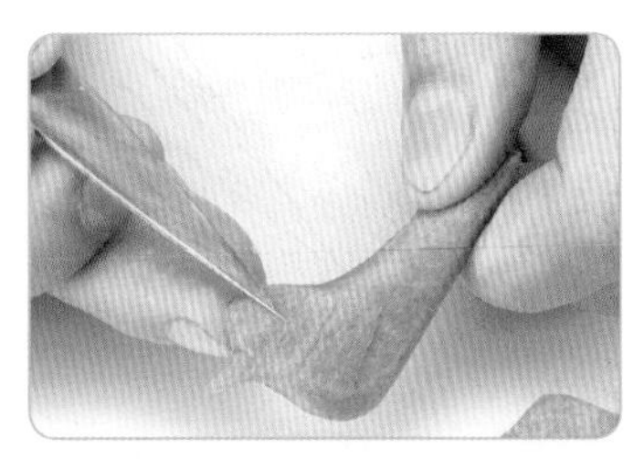

❼ 修除鳥身四邊直角，使表面呈圓弧狀。

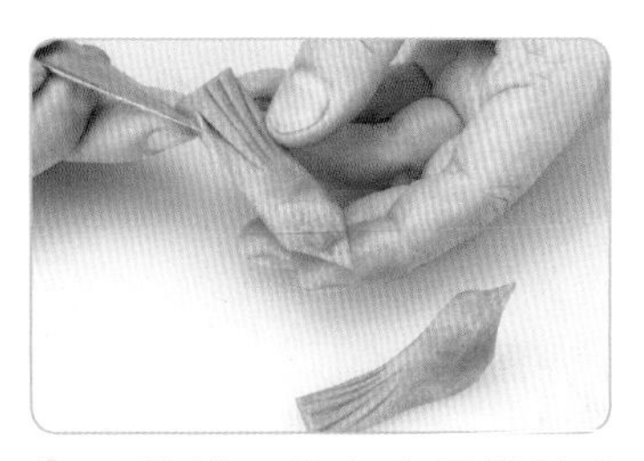

❽ 用雕刻刀於小鳥尾端以直刀、斜刀切雕線條，先雕中心線，再於每等分切出兩條線。

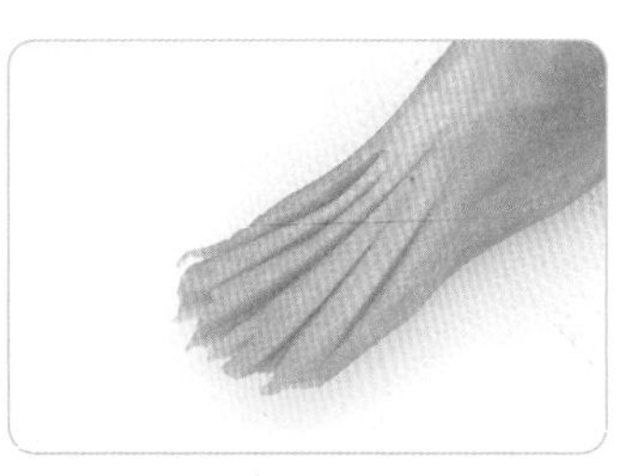

❾ 以雕刻刀於每條線尾端切出鋸齒狀。

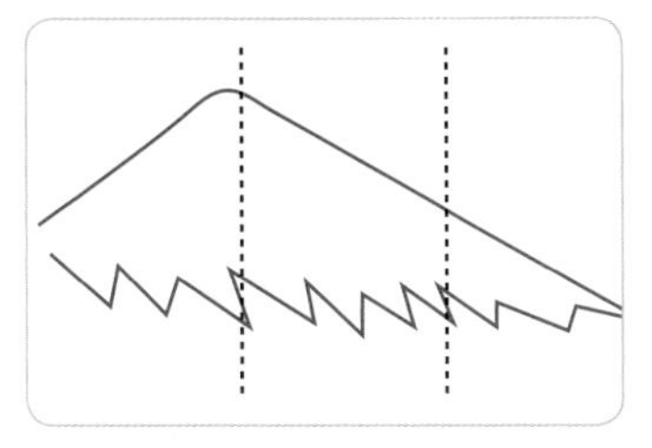

❿ 取先前切割的紅蘿蔔薄片兩兩相疊，以牙籤畫出翅膀（如圖所示）。

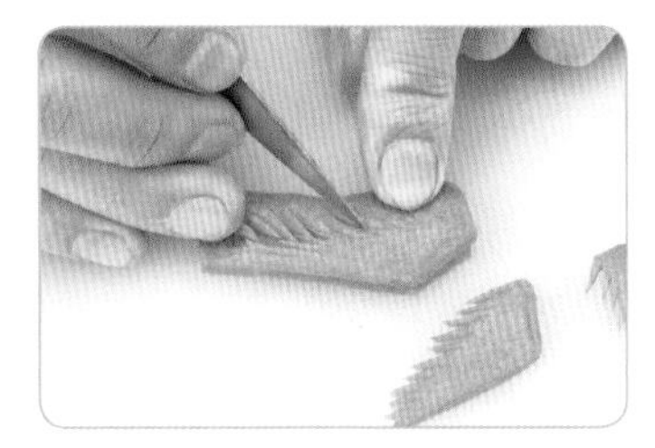

⓫ 以雕刻刀小心切雕出翅膀，共4片（大小需與身體相配）。

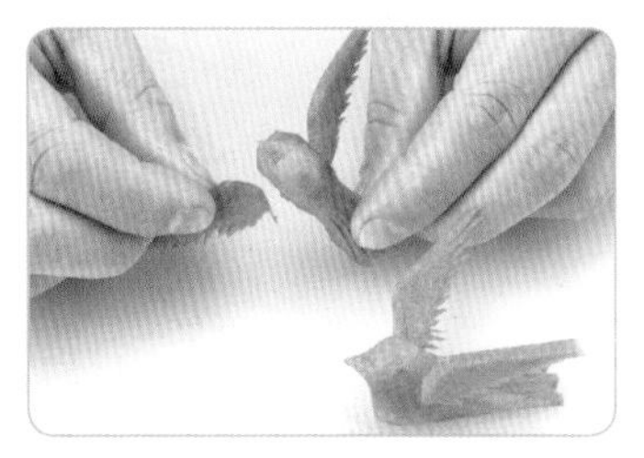

⓬ 將切雕出的翅膀以三秒膠分別黏於小鳥左右身體處，一向上，一向下。

⓭ 以剪刀剪下牙籤的兩頭尖端，以黑色簽字筆塗黑，插入做眼睛。

⓮ 南瓜片切除頭部做底，以片刀斜切成上薄(1.5cm)下厚(2.5cm)，再以牙籤畫出月亮形，以雕刻刀雕出。另外切好3條南瓜長方條備用。

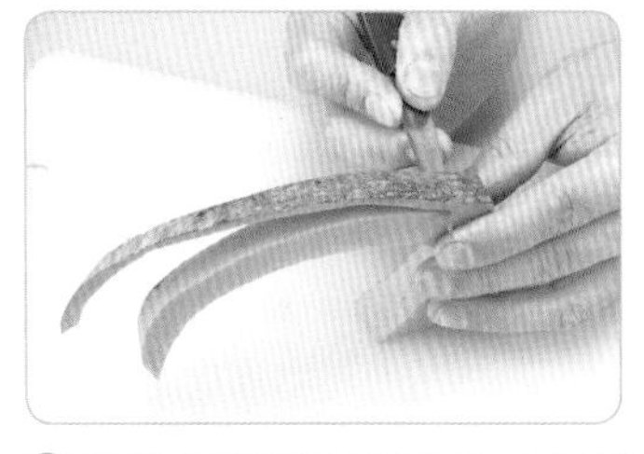

⓯ 切除月亮形南瓜表皮（材質較硬需小心片切）。

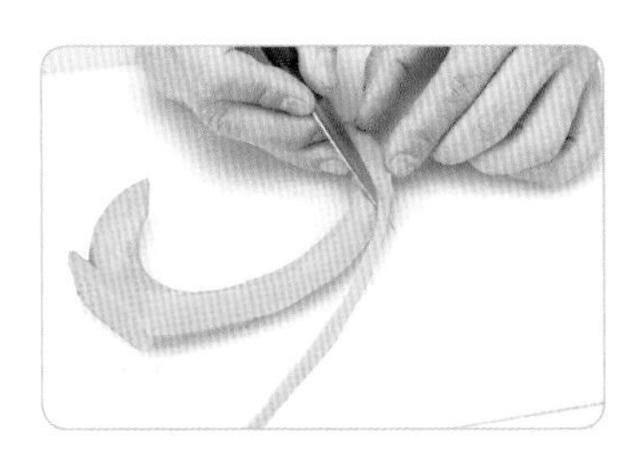

⓰ 以雕刻刀將邊緣直角略加修整。將3條南瓜長條黏成底座，月形黏於底座上。雙鳥黏於月形兩端，再黏上小草。

⓱ 取紅蘿蔔，以片刀直切0.3cm薄片4片。

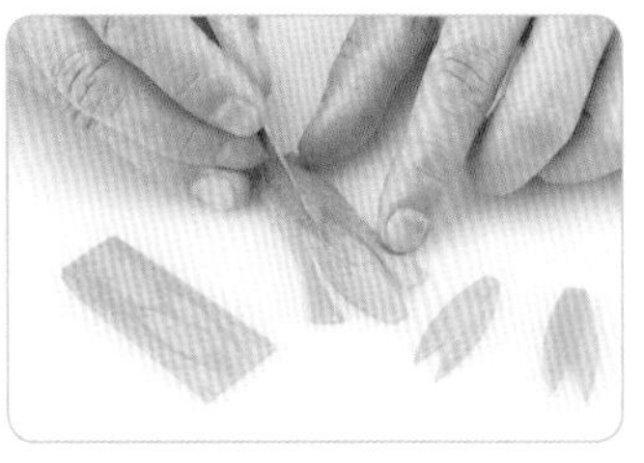

⓲ 以雕刻刀切雕橢圓狀，於一邊切出叉口，搭配小黃瓜、紅辣椒圓片即可排盤。

芋頭字體切雕法

使用工具：片刀、雕刻刀、膠水、透明膠帶
切雕類型：線條切割、黏接排列

❶剪取報紙、手寫、電腦列印等，各種喜慶吉祥字句，字體不限。

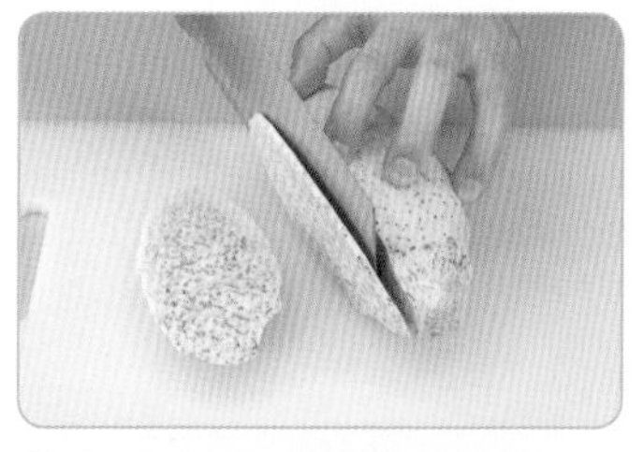

❷芋頭1粒以刮皮刀刮除表皮，片刀切除一側圓弧0.5cm，平放，再切0.5cm薄片數片。

❸將剪下的字體紙張以膠水黏貼於芋頭上。

❹用透明膠帶將整塊芋頭片黏貼固定在砧板或保麗龍上。

❺以雕刻刀順著字體的輪廓仔細切割。

❻將紙張撕下，拔除多餘的芋肉。也可用不同顏色的食材，以三秒膠平行相黏來切雕。

方形球中球切雕法

使用工具：片刀、雕刻刀、牙籤
切雕類型：深淺一致，鏤空美感

❶ 以片刀切取紅蘿蔔頭部一段，厚約4cm，再切除四邊圓弧邊，呈正四方塊。

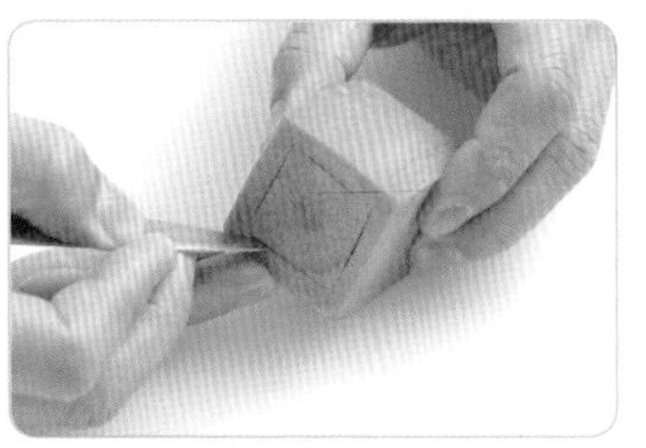

❷ 以牙籤在四方塊上六面劃出內側0.5cm的框邊線條，再以刀雕刀切雕四邊，深約1cm。

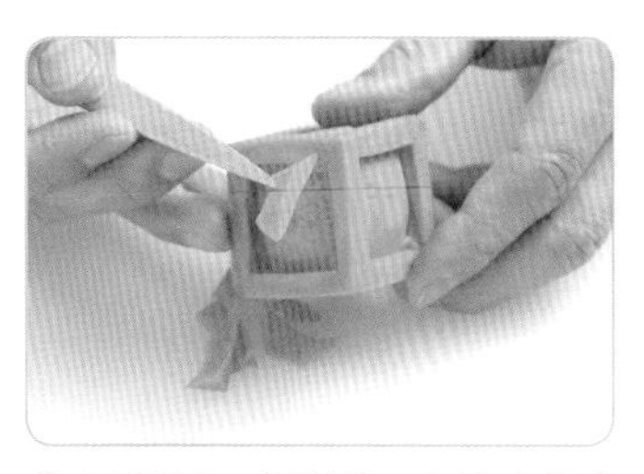

❸ 以雕刻刀分別將四方塊六面內側切割0.5cm、深1cm後，再由內往外斜切，去除餘肉。

❹ 以雕刻刀，由內往外切除餘肉，呈四方塊框內有球形。

❺ 以雕刻刀小心的修雕四方框內的球形成圓球狀。

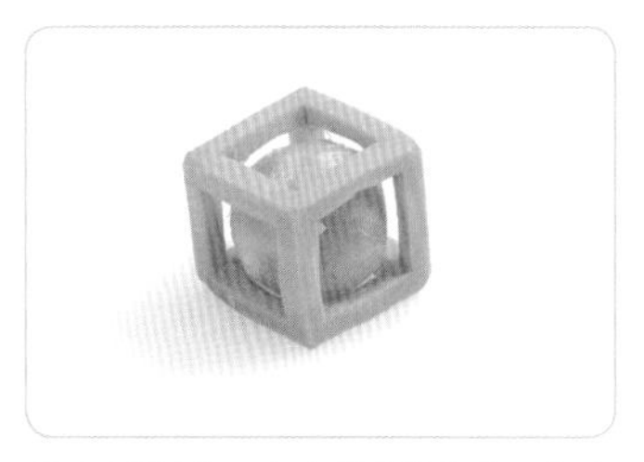

❻ 以雕刻刀小心修雕圓球，勿切到四方塊框架。可用不同顏色來切雕球中球。

自我評量

是非題

(　　) 1. 雕刻刀是以拿毛筆的方式拿握，切雕蔬菜瓜果。

(　　) 2. 國民生活水準日漸提高，吃的藝術越被重視。

(　　) 3. 白蘿蔔在台灣的盛產季節為夏季。

(　　) 4. 就切雕的物理阻力原理，切雕的面積越大，阻力就越大。

(　　) 5. 運用當季盛產的蔬果來做排盤裝飾，既新鮮美觀又便宜。

(　　) 6. 妥善運用排盤裝飾，能提升飲食的情趣和吃的格調藝術。

(　　) 7. 果雕裝飾在菜餚內，應以拼盤、熱炒類為最佳。

(　　) 8. 生的芋頭是最佳的圍邊素材之一。

(　　) 9. 不可生食的蔬果切雕，不宜與菜餚直接接觸。

(　　) 10. 商業藝術必須兼顧到成本意識的考量。

選擇題

(　　) 1. 蔬果切雕主要功用是襯托菜餚的　(1)美觀及價值　(2)衛生與賣價　(3)可口、好吃　(4)以上皆是。

(　　) 2. 排入菜餚旁的裝飾物需注意　(1)衛生安全　(2)顏色搭配　(3)盡量排入　(4)隨自己喜歡。

(　　) 3. 蔬果盤飾之原則為不分盤子大小，以四分之一為裝飾盤飾的空間，且需避免　(1)畫龍點睛　(2)喧賓奪主　(3)盡量排入　(4)可裝飾，可不裝飾。

(　　) 4. 選購蔬菜應選　(1)顏色翠綠、新鮮　(2)泛黃、乾枯　(3)刮痕及皺痕　(4)價錢便宜即可。

(　　) 5. 哪一類的菜餚經排盤裝飾後，可增加價值感？　(1)湯類　(2)燴煮類　(3)拼盤、熱炒類　(4)以上皆可。

PART

05

西式排盤裝飾

西式排盤風格簡約、崇尚自然，盤飾食材大部分可直接食用。醬汁是西式料理中不可或缺的元素，醬汁彩繪因此成為西式排盤的特色之一。

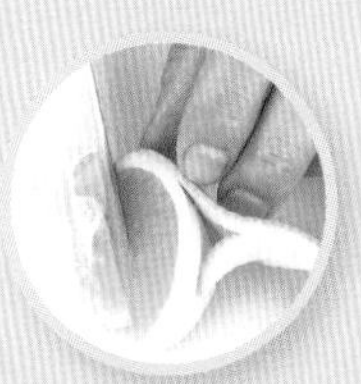

大黃瓜葉片切雕法

使用工具：片刀、雕刻刀

切雕類型：等分劃分、雕刻成形

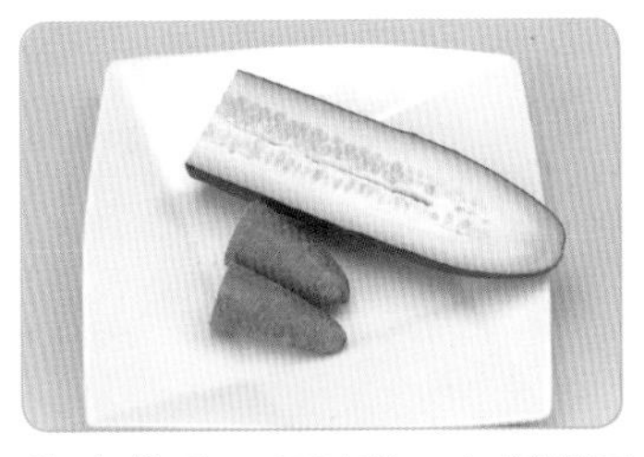

❶ 大黃瓜1/2圓半條，紅蘿蔔尾端2段。

❷ 大黃瓜1/2圓條以片刀直切為2長條，翻面籽朝上，橫刀片除大黃瓜籽。

❸ 以片刀將黃瓜兩側以直刀切成平行。

❹ 以片刀斜刀45度切菱形塊狀，共切6塊。

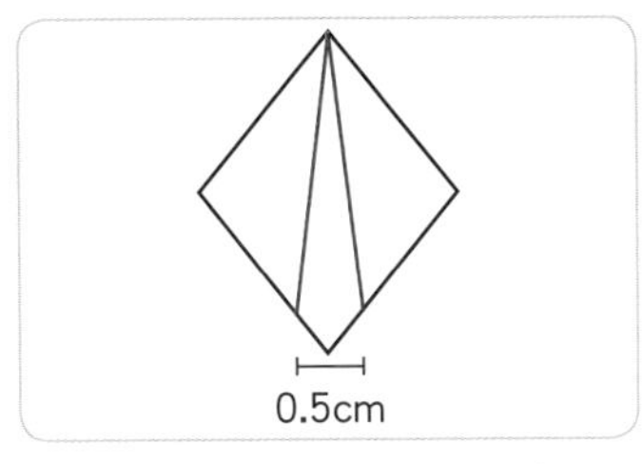

❺ 以雕刻刀在菱形塊上輕切2刀，如圖所示，深0.5cm。

❻ 切除線條左右兩邊的表皮，只留下中心部分表皮。

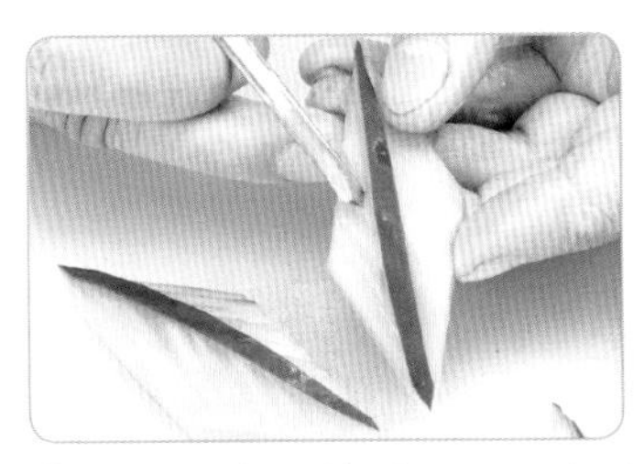

❼ 左右兩邊的黃瓜肉，以尖型槽刀由外往內斜挖條紋（外深內淺），使呈葉脈形。

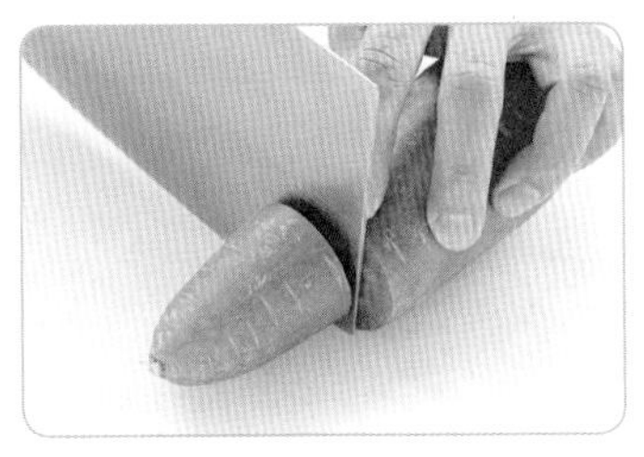

❽ 以片刀，切取紅蘿蔔尾端5cm一段。

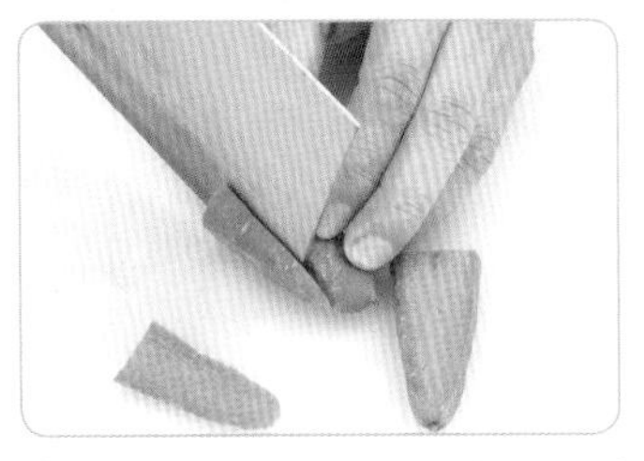

❾ 取紅蘿蔔尾端，以片刀切除左右圓弧邊。

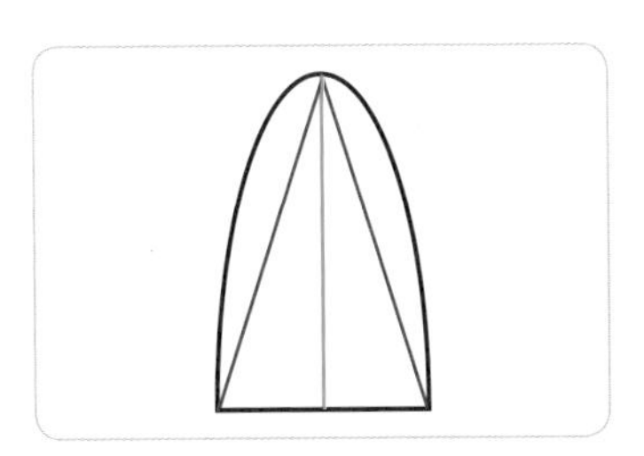

❿ 以片刀切成長三角形，再取中心線切開呈尖三角形。

⓫ 切平底部使大小均等，燙熟，兩兩交叉排盤。將大黃瓜菱形葉片，以三片為一組排列於盤內。

- 切雕大黃瓜葉時，小心中心表皮勿切斷，切割左右線條，以一刀直刀、一刀斜刀切割。
- 切割紅蘿蔔尖三角形，大小長短需一致。

蘋果鳥切雕法

使用工具：片刀、雕刻刀、牙籤
切雕類型：等分劃分、串插、排盤

❶ 取色澤新鮮、漂亮的蘋果、柳橙各1粒。

❷ 蘋果蒂頭朝上，以片刀直切0.7cm圓弧片1片（底座），續切割0.5cm薄片2片（鳥翅）、1cm厚片1片（鳥身體）。

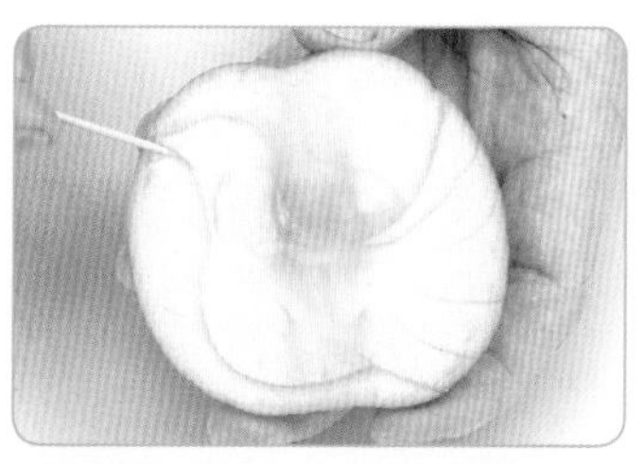

❸ 取1cm厚片，以牙籤在表面畫出小鳥身體線條。

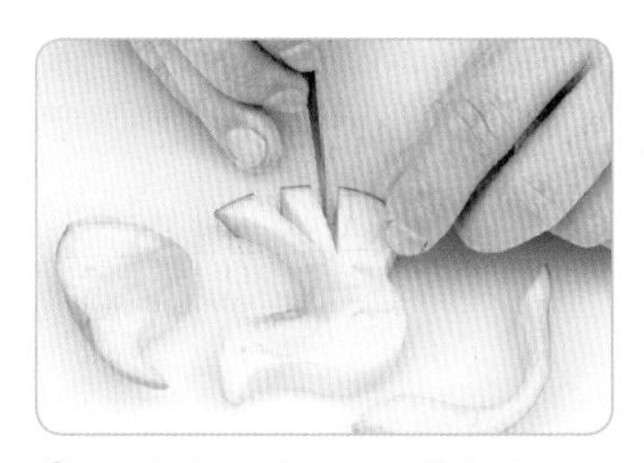

❹ 以雕刻刀直刀切雕出小鳥外形。

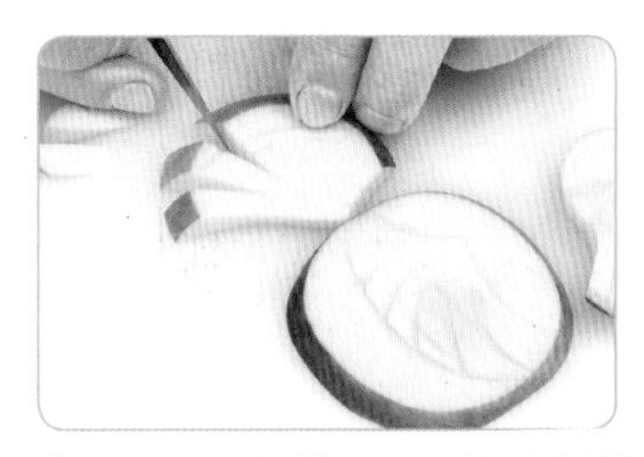

❺ 取0.5cm薄片，以牙籤畫出翅膀形狀，兩片相疊，以雕刻刀直刀切雕出翅膀。

❻ 細修翅膀表皮，尾端蘋果皮部位不需切除。

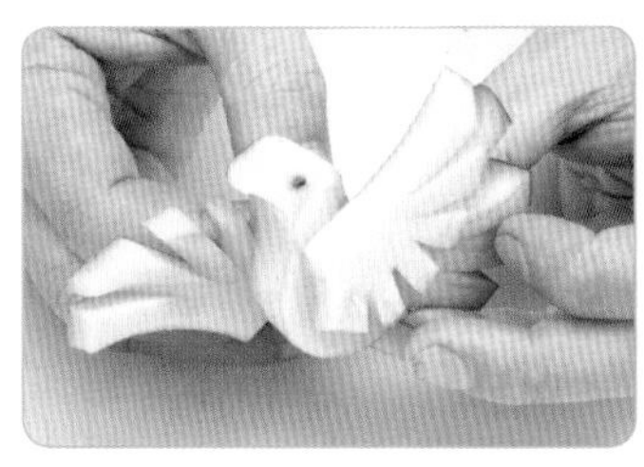

❼ 雕刻好的翅膀以牙籤串插於小鳥身體，再以牙籤於眼睛處插洞，再插入蘋果梗當做眼睛。

❽ 以牙籤將蘋果鳥插於0.7cm圓弧片的蘋果表皮上。

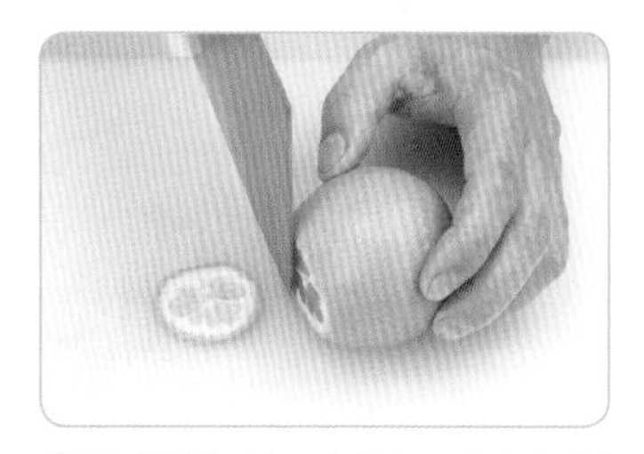

❾ 取柳橙1粒，以片刀直切切除蒂頭0.5cm。

❿ 切面朝下，直刀一切為2半，取其中一半，再分切成4小片。

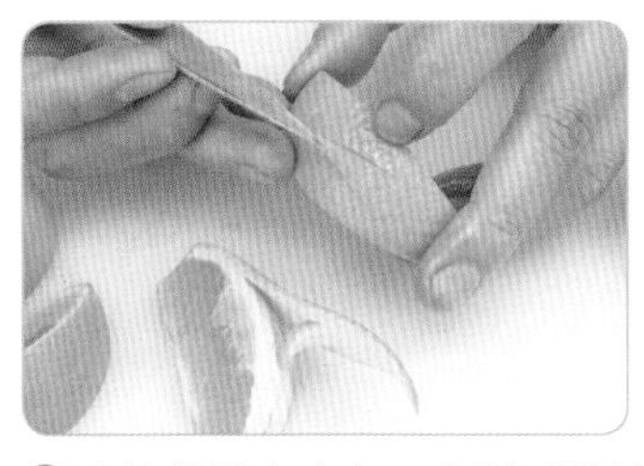

⓫ 小片柳橙表皮上，分別以雕刻刀切V字形，深0.5cm，如圖所示。

⓬ 分別將每個柳橙片以片刀由尖處片開表皮0.3cm，留1cm不切斷。

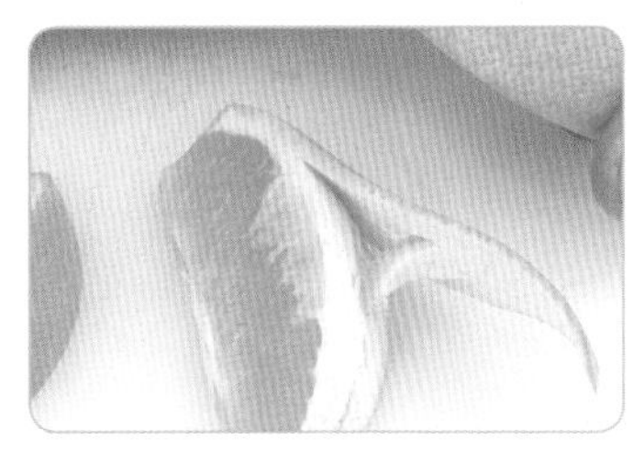

⓭ 翻開柳橙皮，以V形切開處頂住固定形狀，即可和蘋果鳥一起排入盤內。取柳橙中段切1cm厚片，再切成半圓，排入小鳥右左側即成。

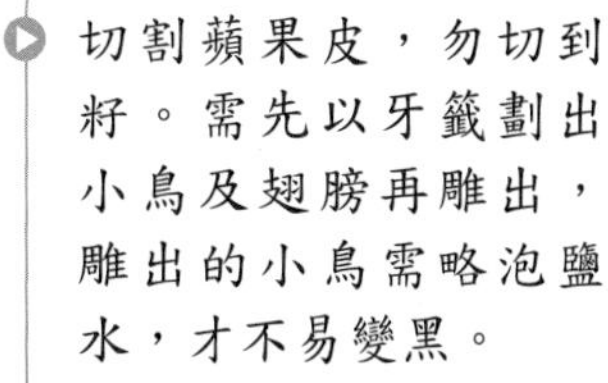

- 切割蘋果皮，勿切到籽。需先以牙籤劃出小鳥及翅膀再雕出，雕出的小鳥需略泡鹽水，才不易變黑。
- 片切柳橙表皮，勿太厚，以0.3cm為主。

荷蘭豆藤切雕法

使用工具：片刀、雕刻刀、尖槽刀、牙籤

切雕類型：線條切雕、整體排盤

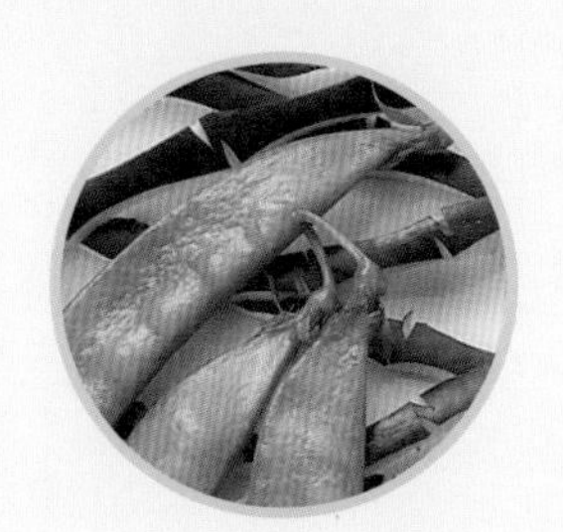

❶ 直長形茄子半條，大黃瓜半圓塊一段，荷蘭豆3筴。

❷ 茄子以片刀切取條狀表皮，寬1.5cm、厚0.3cm數長條。

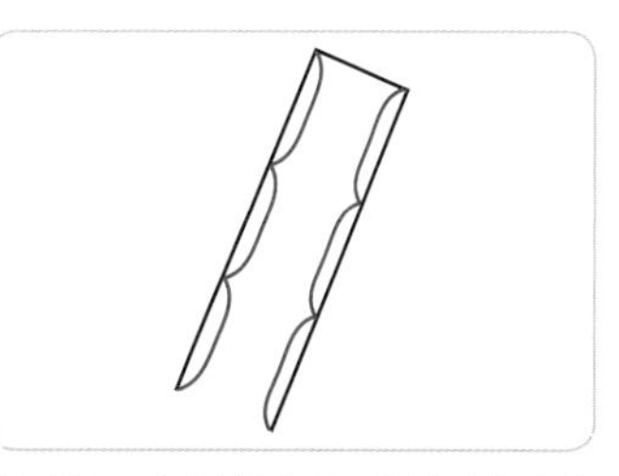

❸ 茄子皮長條以牙籤輕畫出每個竹節外形的圓弧線條。

❹ 以雕刻刀切雕出竹節外形，左右須對稱。

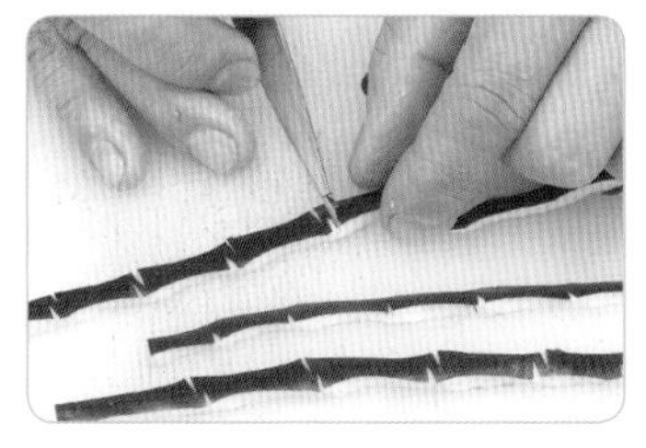

❺ 以雕刻刀切出每段竹節左右的分界線，只切表皮，不切斷。

❻ 取大黃瓜一段，以片刀由右至左片取表皮，厚度0.3cm。

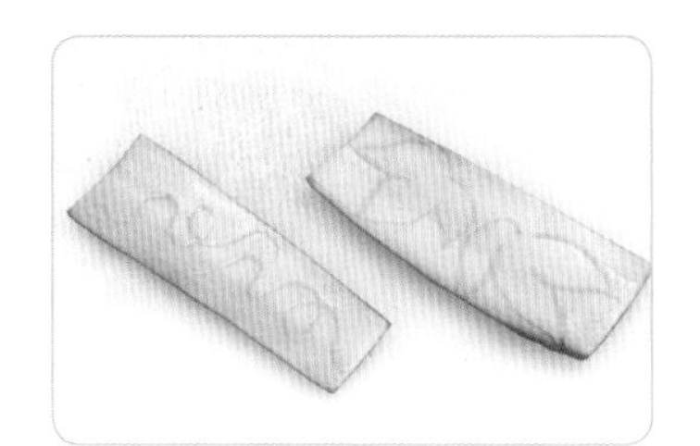

❼ 將黃瓜表皮直切為2長條。以牙籤於內面，一片畫出2片三叉形葉片，另一片畫出捲曲的爬藤數條。

❽ 以雕刻刀切雕出葉片。

❾ 以雕刻刀於葉片上，以直刀、斜刀切雕出葉脈線條。以尖槽刀雕出邊緣鋸齒。

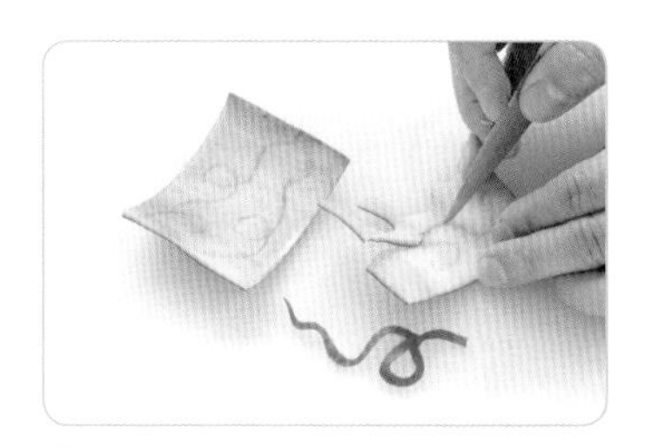

❿ 以雕刻刀小心的雕出爬藤。

⓫ 將荷蘭豆燙熟，過冷水。分別將雕好的茄子皮排入盤內呈交叉狀，再放入葉片、爬藤及荷蘭豆。

- 片取茄子表皮時，須力求厚度均勻一致。
- 片切大黃瓜圓弧表皮需小心，避免切到一半切斷表皮。
- 步驟9中，以尖槽角刀雕葉緣鋸齒時，鋸齒尖端須朝向葉尖。

檸檬、柳橙碟切雕法

使用工具：片刀、雕刻刀、圓槽刀、挖球器、牙籤
切雕類型：槽刀變化、碟形切雕

❶ 分別取大黃瓜半圓條，番茄1粒，柳橙1粒，檸檬1粒，小黃瓜半條。

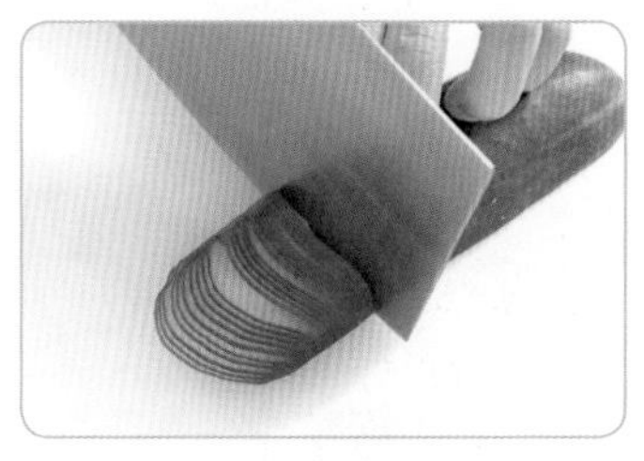

❷ 以片刀，刀尖為基點，刀根翹起，切割大黃瓜薄片。

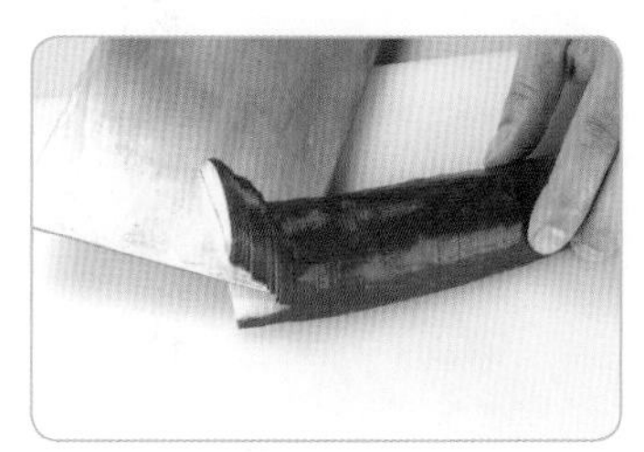

❸ 取大黃瓜半圓條，以片刀直切0.1cm薄片，到底部不切斷。再以片刀橫向切取大黃瓜片。

❹ 分別以片刀切割番茄片、小黃瓜片，間隔0.2cm備用。

❺ 將大黃瓜片，間隔1cm排入盤內兩側，搭配番茄、小黃瓜片裝飾。

❻ 取檸檬1粒，以片刀切除頭尾0.5cm，以牙籤於檸檬皮上畫出橫向中心線。

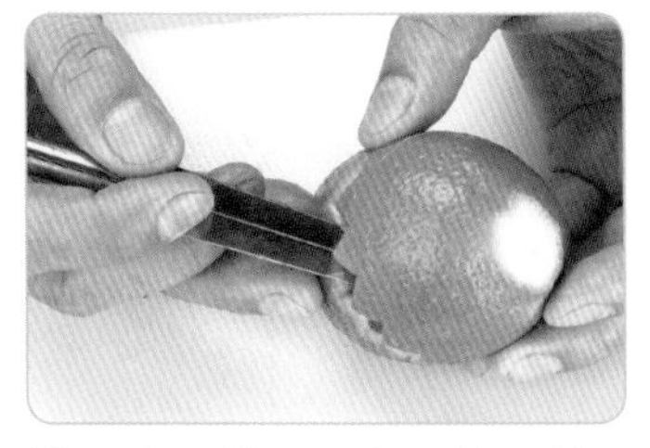

❼ 以尖形槽刀沿中心線環繞，切出鋸齒形，每刀需深至檸檬中心。

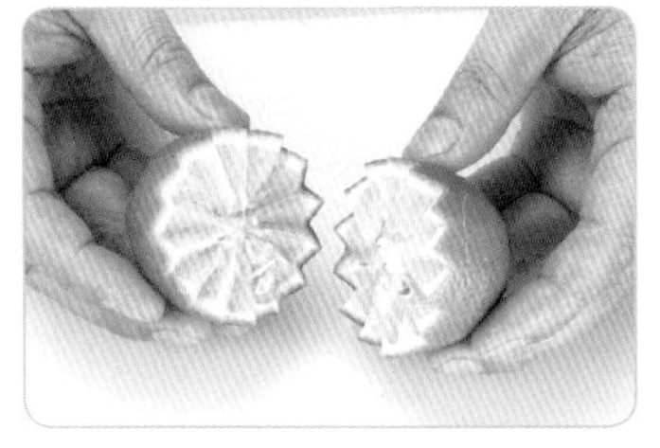

❽ 以雙手輕輕撥開。若撥不開，依原刀痕再切割一次。

❾ 取其一，以雕刻刀於果肉與果皮之間，順著外皮弧形，以50度斜切，深2cm。

❿ 以雕刻刀由內往外切除果肉，再反邊由外往內完全切除。

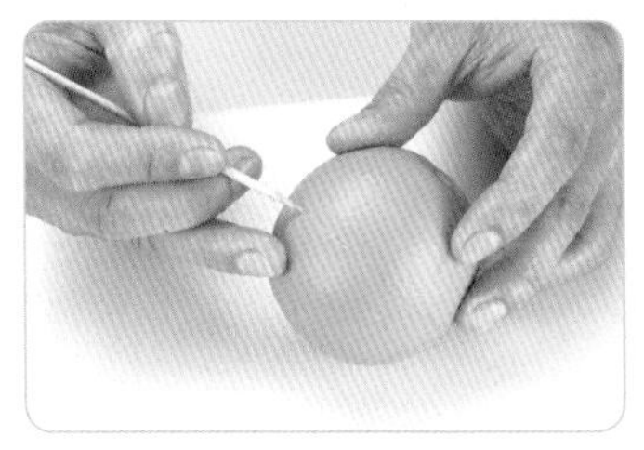

⓫ 另取柳橙一粒，以牙籤於柳橙表皮畫出橫向中心線。

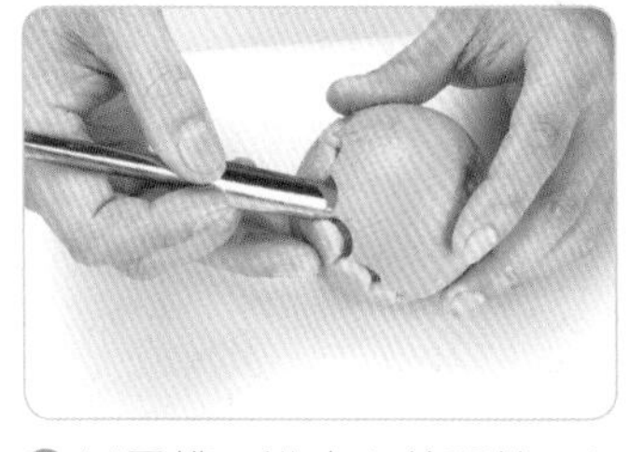

⓬ 以圓槽刀沿中心線環繞，切出波浪形，每刀需深至柳橙中心，即可撥開。

⓭ 以雕刻刀由果肉內面，圓弧環繞切割，再斜切除內面果肉。

⓮ 分別取檸檬及柳橙碟，以挖球器挖出果肉與果皮間的纖維，即可排入大黃瓜片旁，左右搭配番茄、小黃瓜半圓片裝飾。

- 檸檬、柳橙碟放入鋁箔紙圓片後，可放入各式醬汁沾食。
- 切除內面果肉時，需小心勿切穿透表皮，而傷到手。
- 挖切果肉時，果肉的心較不易切斷，需特別小心切割。

紅洋蔥圈切雕法

使用工具：**片刀**

切雕類型：**厚薄均等、間隔排盤**

❶ 取外形完整圓球形紅洋蔥1粒，綠花椰菜一小朵。

❷ 以片刀直切洋蔥尾端（頭部不可切除），撥除表皮，再用片刀以推拉的方式直切圓圈片，厚度0.5cm。

❸ 方法一：取大小相同洋蔥圈排於盤內，三邊搭配小朵燙熟綠花椰菜即成。

方法二：取每片洋蔥片撥開，由大排列到小。

什錦蔬菜條切雕法

使用工具：片刀、雕刻刀
切雕類型：粗細均等、顏色搭配

❶ 西洋芹菜一支，紅蘿蔔尾端1段，白蘿蔔長四方塊1塊，綠花椰菜3朵。

❷ 分別取西芹菜、紅蘿蔔、白蘿蔔，以片刀切割成長5cm、寬0.5cm正四方長條形，各切6條。燙熟後過冷水。

❸ 另取綠花椰菜，以雕刻刀修成大小相同，將梗修成尖形，燙熟，過冷水。將條狀3條一組，以9條顏色交錯排成2個長條形，再以綠花椰菜搭配即成。

- 排盤完成後，即可擺放主菜肉類，淋上醬汁食用。
- 亦可以山藥、芋頭、南瓜、地瓜來做為替換。

南瓜乳酪切雕法

使用工具：片刀、雕刻刀、圓槽刀

切雕類型：平衡切割、整體一致

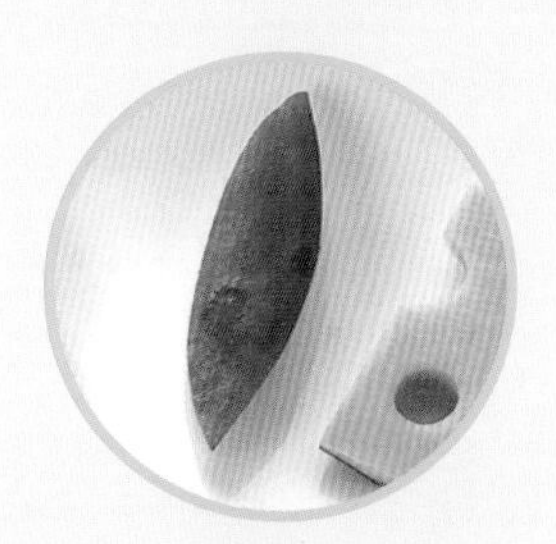

❶ 取綠白相間圓形南瓜橫切下半部，直長小黃瓜半條。

❷ 南瓜以牙籤劃分中心線，每1等分再劃分3等分，共6等分，以雕刻刀切成相同大小的6塊。

❸ 以片刀切除內籽及內膜。

❹ 以片刀將南瓜塊切成長5cm、寬3cm長方四塊。

❺ 南瓜長四方塊以圓槽刀挖取2個斜洞，再於左右邊挖取2個圓洞。

❻ 以片刀分別將南瓜塊切成0.3cm薄片，共8片。

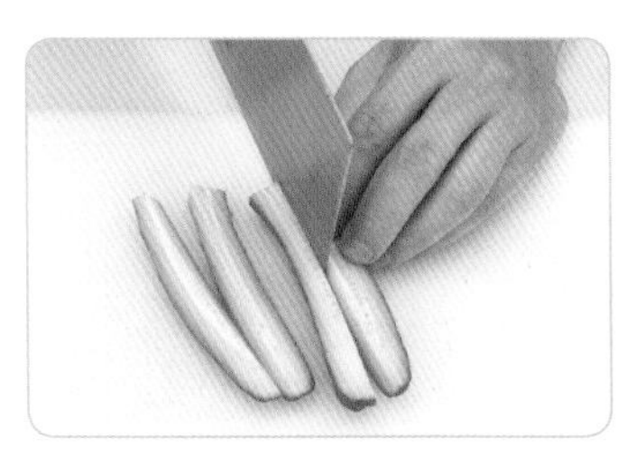

❼ 小黃瓜以片刀直切成2半圓長條，再取每半圓長條一切為二，成4長條。

❽ 將小黃瓜內肉朝上，以片刀橫切除內籽。

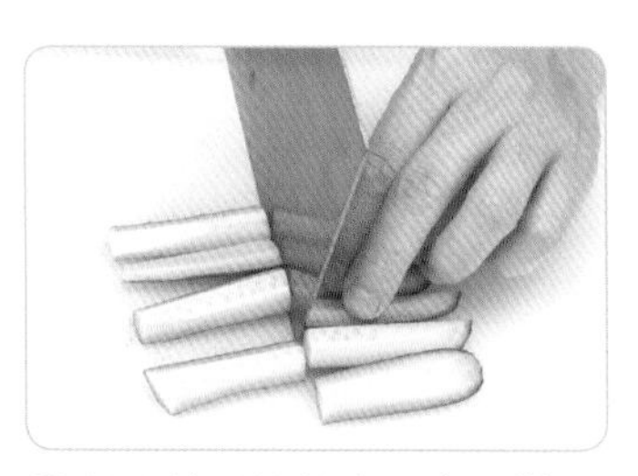

❾ 將小黃瓜排整齊，直刀橫切2段，變為8長條。

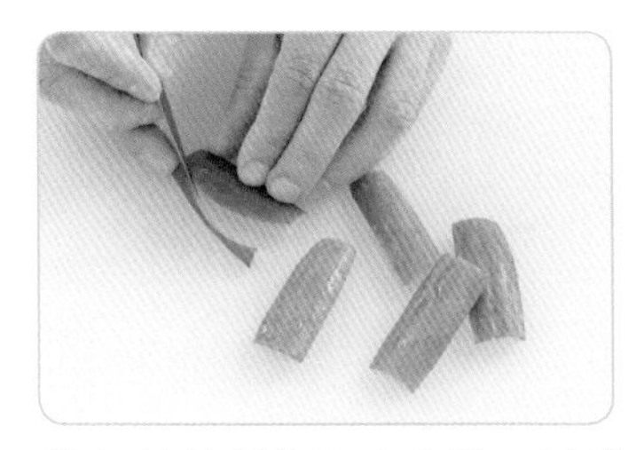

❿ 每片黃瓜條取中心線，以雕刻刀切雕左右圓弧，成大小相同的葉片形。

⓫ 分別將每片小黃瓜雕好，即可與南瓜分別燙熟，以放射狀間隔排列盤中。

- 綠白表皮的南瓜，瓜肉較厚，適合雕刻；黃白表皮的南瓜，瓜肉較薄，不適雕刻。
- 片切小黃瓜籽，力求高低一致，雕刻刀切葉片形，也要注意大小一致。

檸檬圈番茄碟切雕法

使用工具：片刀、雕刻刀、挖球器

切雕類型：等分劃分、顏色搭配

❶ 柳橙1粒，紅番茄1粒，檸檬1粒，馬鈴薯半粒，紅蘿蔔半圓一塊，小黃瓜1/3條，紅辣椒尾1段。

❷ 取檸檬以片刀切除圓弧邊，再切割中心橢圓片2片，每片厚0.5cm。

❸ 以雕刻刀將內層檸檬肉順著表皮圓弧切除。

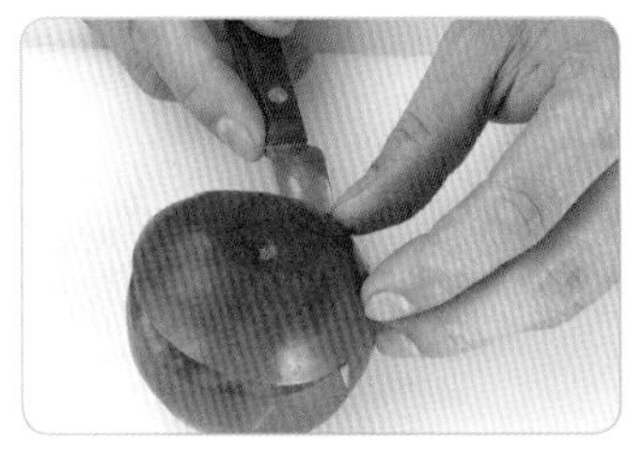

❹ 番茄以雕刻刀切平頭蒂0.5cm，再以雕刻刀劃分三等分，切除尾端一等分。

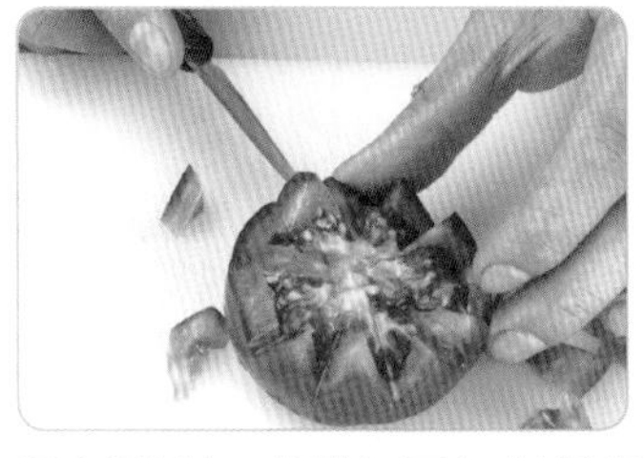

❺ 以雕刻刀於橫切面切割鋸齒狀，上下間隔1cm。

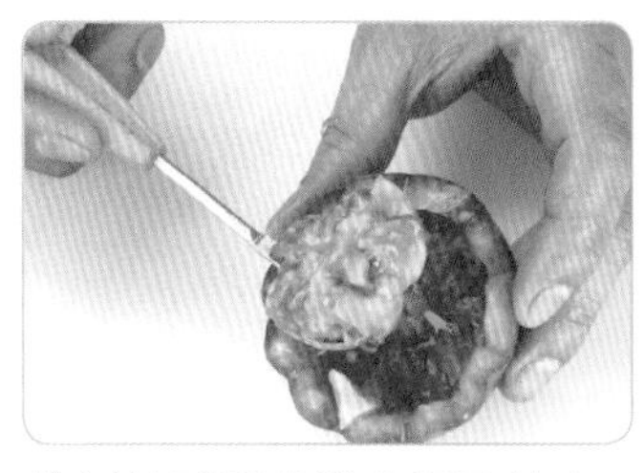

❻ 以挖球器挖除內籽及茄肉。（小心勿挖破底部。）

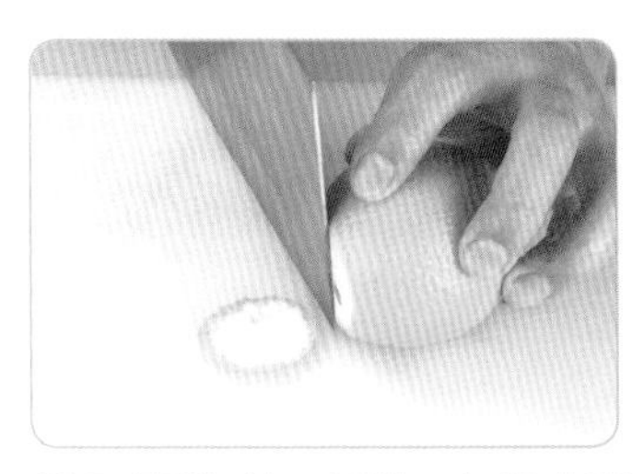

❼ 取柳橙1粒，以片刀切除蒂頭0.5cm，使能平穩站立。

❽ 將柳橙切面朝砧板，以片刀切割為兩半，取其一，再分切成4瓣。

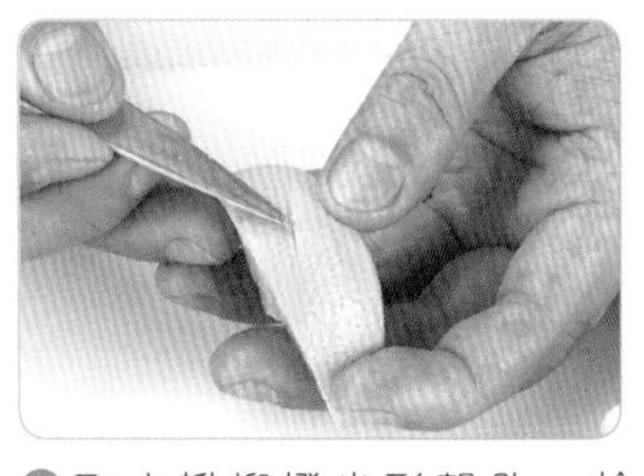

❾ 取小瓣柳橙尖形朝外，於橙皮切割V字形，左右間隔0.5cm，深0.5cm。

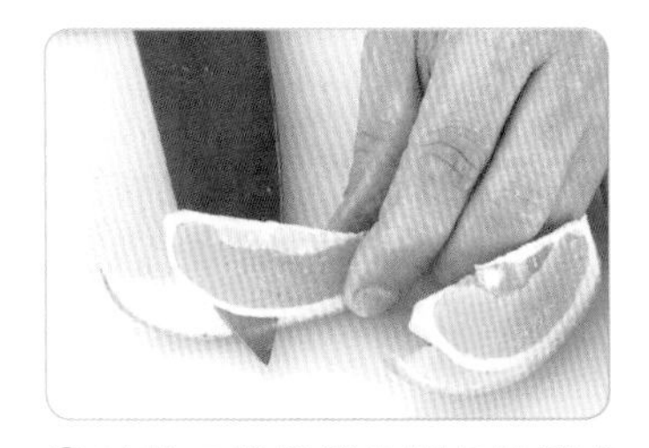

❿ 以片刀於柳橙尖端處片開表皮，厚0.3cm，留1cm不切斷。

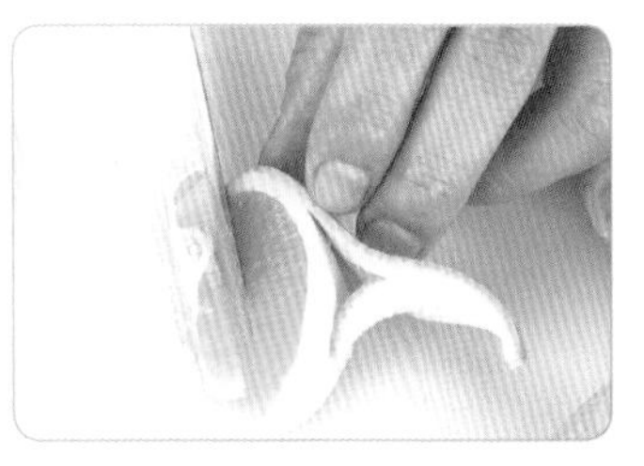

⓫ 翻開柳橙皮，以手將V形部位內摺固定形狀，再以片刀斜切55度除去內籽部位（使能站立）。

⓬ 馬鈴薯去皮，切片蒸熟壓成泥，排於盤內，插上檸檬圓片（蒂頭需朝下），放入番茄碟及柳橙瓣，搭配小黃瓜、紅蘿蔔切成的菱形片及辣椒圓片即成。

番茄皮花切雕法

使用工具：片刀、雕刻刀、尖槽刀
切雕類型：片切表皮、捲摺成形

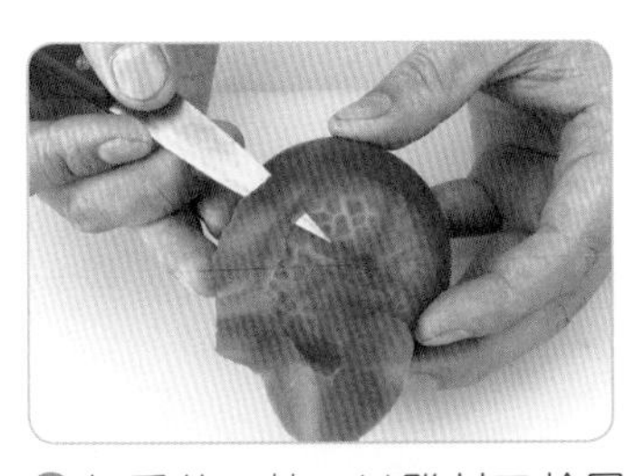

❶紅番茄一粒，以雕刻刀於尾端黑點處起，由外往內，順著圓弧片取寬1.2cm、厚0.2cm的帶狀表皮。

❷小心片取表皮至底部頭蒂處，切時需注意寬度及厚度的穩定。

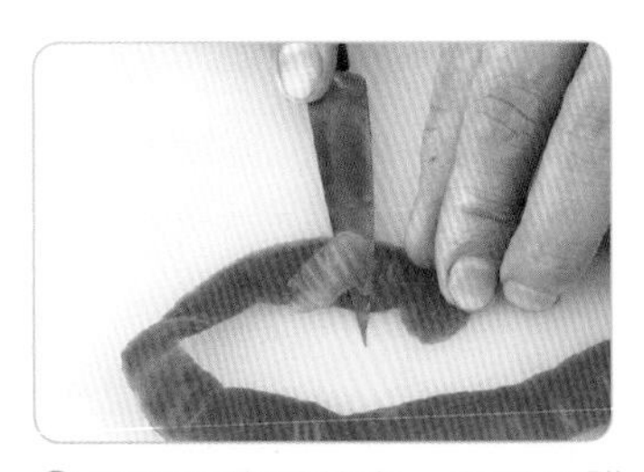

❸將切下的番茄皮，內面以雕刻刀修整較厚的部分（方便捲花）。

❹用雙手將番茄蒂端的表皮摺成S形，做為花蕊。

❺順著摺好的S形，將番茄皮輕捲成圓圈狀，勿捲太緊。

❻由頭捲到尾端，平放即成一朵鮮豔的番茄花。

❼取大黃瓜半圓條，以片刀於表皮切割厚0.5cm、長6cm薄片，共切2片或3片。

❽以牙籤在大黃瓜薄片上畫出葉子形，葉尖需微彎較美觀。再以雕刻刀切雕出葉子。

❾葉片以牙籤畫出葉子中心線，再以雕刻刀直刀斜刀切出兩條中心葉脈，再切出左右葉脈（葉脈線條深0.2cm，只切掉綠色外皮）。

❿以小支尖槽刀切雕葉緣鋸齒，鋸齒需往上切雕才好看。

⓫大黃瓜葉片排入盤內，再放上摺好的番茄花，即可搭配菜餚作裝飾。

- 片切番茄表皮需注意寬度與厚薄度，若切割表皮到一半不小心切斷，不要緊張，繼續切割銜接、捲摺即可。
- 切雕大黃瓜葉脈，線條要明顯。

番茄皮鋸齒花切雕法

使用工具：片刀、雕刻刀

切雕類型：鋸齒片皮、捲摺成形、線條切雕

❶ 大紅番茄1粒，青椒半粒，水梨半粒，生菜葉1片。

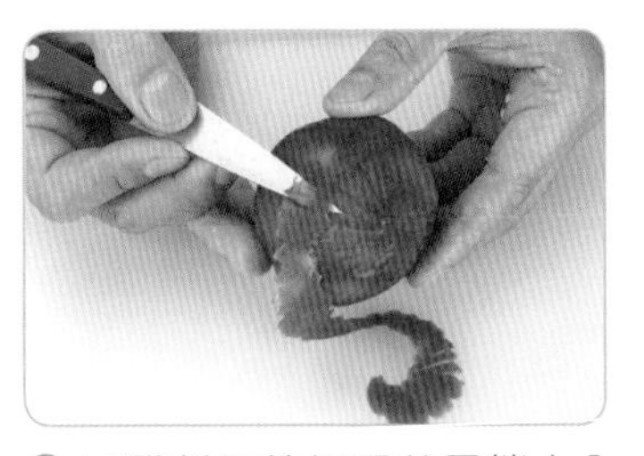

❷ 以雕刻刀於紅番茄尾端由內往外順圓弧片切寬1.2cm、厚0.2cm表皮，雕刻刀須一前一後推拉，以雕出鋸齒狀邊緣。

❸ 從頭蒂表皮處往內摺入1cm，再摺出0.5cm後，順同一方向捲到尾端成花型。

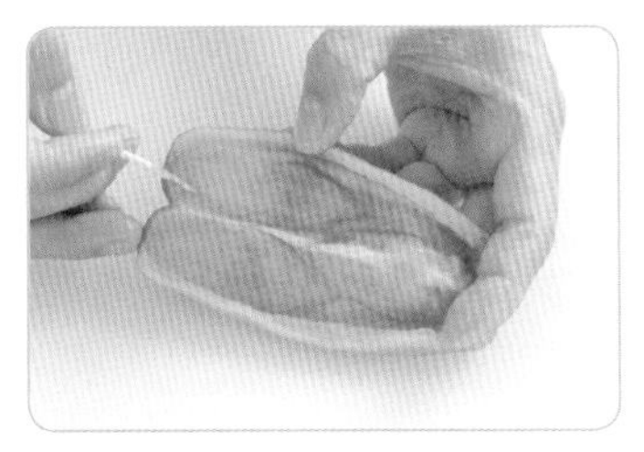

❹ 取青椒，以牙籤輕畫出3片葉子形。

❺ 分別以雕刻刀切雕出來三片葉子。

❻ 取葉子中心線條，再直切斜切成葉脈中心線條，深0.2cm，再切雕左右葉脈及葉邊鋸齒。

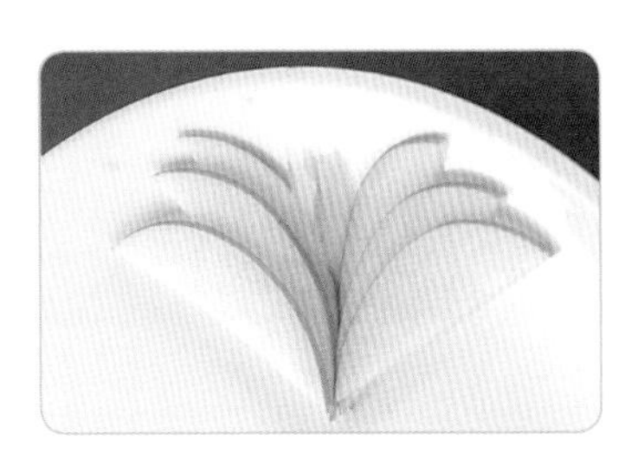

❼ 生菜葉排入盤邊，放番茄片、番茄花、青椒葉排盤。水梨切成半圓薄片排於盤邊裝飾。

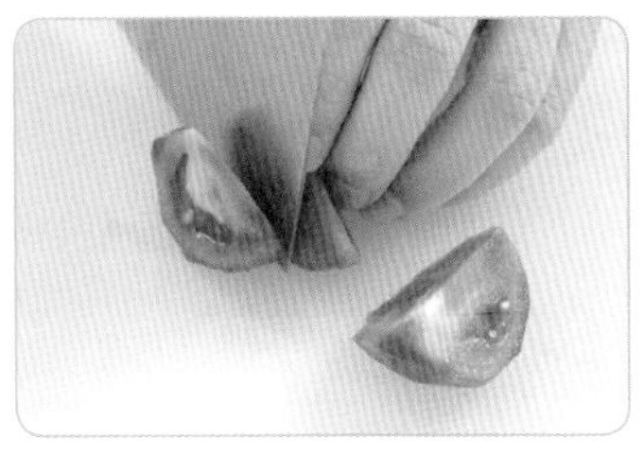

❽ 取番茄肉，以片刀切割呈八等分取兩片排盤。

- 切割番茄皮時，須以雕刻刀一前一後以推拉的方式切出鋸齒狀邊緣。
- 以青椒切葉片，須選購表皮平面面積大、果實無歪斜者。

橄欖形鮮菇蔬菜切雕法

使用工具：片刀、雕刻刀
切雕類型：圓弧切雕、整體排盤

❶馬鈴薯半顆，紅蘿蔔1段，鮮香菇1朵，大黃瓜半圓塊，玉米1圓塊，甜豆莢3筴。

❷鮮香菇以雕刻刀背輕畫井字形，以直刀斜刀雕出深0.5cm條紋。

❸甜豆莢以手撕除頭尾筋脈，再以雕刻刀向內切割頭尾，成雙尖形。

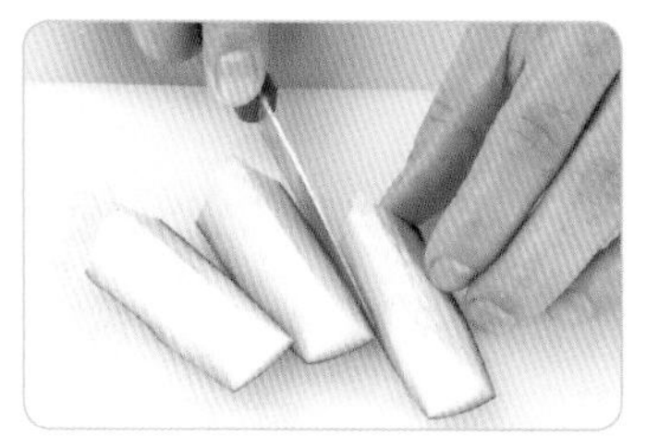

❹取大黃瓜半圓塊，以雕刻刀劃分3等分後，切成三角長形塊。

❺取大黃瓜，以雕刻刀圓弧雕除內面。

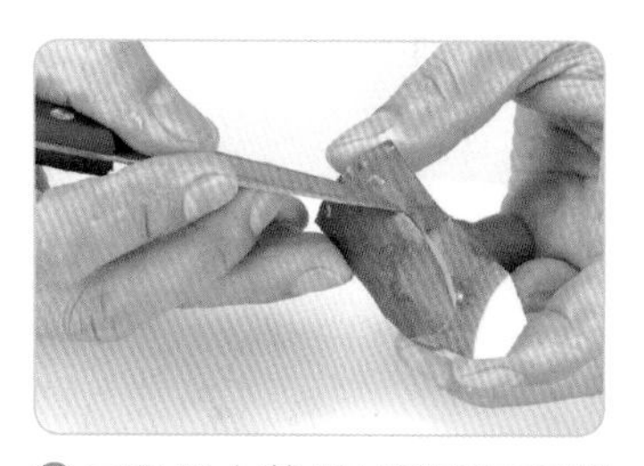

❻三角形大黃瓜以雕刻刀切除0.5cm內肉，再修成橄欖形。

❼將紅蘿蔔一段以片刀一切四長條後，圓弧小心切雕出橄欖形。

❽馬鈴薯、紅蘿蔔以同方法切雕成橄欖形（亦可參照28頁削橄欖刀法），玉米直切為2個半圓形，所有材料燙熟即可排盤。

- 切雕大黃瓜橄欖形時，可預留一側表皮較美觀。
- 根莖類、玉米切好後須以水煮8～10分鐘，再取用排盤。

紅蘿蔔星形切雕法

使用工具：片刀、雕刻刀、牙籤
切雕類型：斜度控制、平衡切割

❶ 紅蘿蔔2條，綠花椰菜數朵。

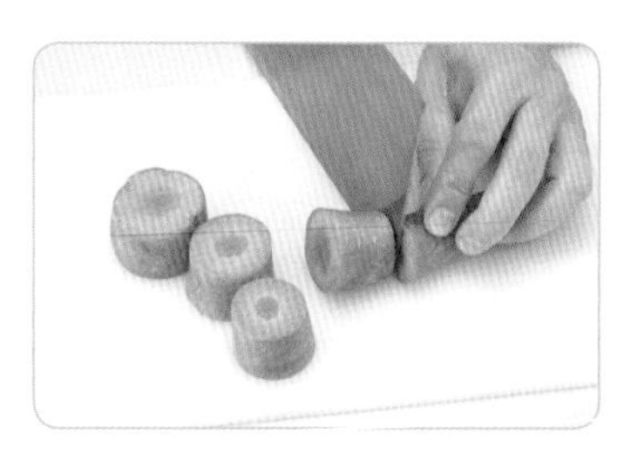

❷ 紅蘿蔔以片刀切除頭部0.5cm，再切成3cm圓段，共切4段，尾端不用。

❸ 將每段紅蘿蔔切割3cm正四方塊。

❹ 以牙籤於四方塊切面上畫出十字形（每個面都需劃，共6面）。

❺ 以雕刻刀在十字形線上，由內往外斜切45度，深0.7cm，每面以同方式切4刀，共24刀。

❻ 切完24刀後，即可將上下各四角的餘肉撥除。

❼ 以同樣方法共切雕出4個星形。

❽ 將綠花椰菜以雕刻刀，將每朵切割下來（若大朵則一切為二）。

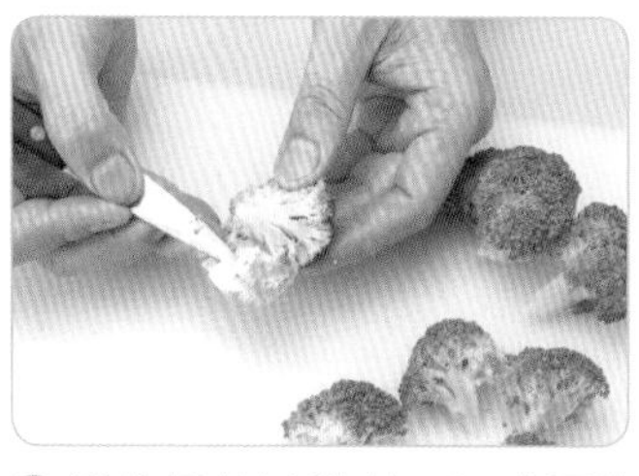

❾ 綠花椰菜以雕刻刀切成平均大小，再將梗部修成尖形。分別將紅蘿蔔、綠花椰菜以熱水燙熟，間隔排入盤內，放入肉類主菜，淋醬汁即成。

- 切割星形時，每一刀的下刀深度、斜度須一致。
- 切割星形時，建議一邊切一邊計數，每一面切4刀，共切24刀，如此可避免漏切。
- 切割綠花椰菜，力求大小朵一致，排盤裝飾才會好看。

芋頭葉片切雕法 -1

使用工具：片刀、雕刻刀
切雕類型：平衡切片、對稱切雕

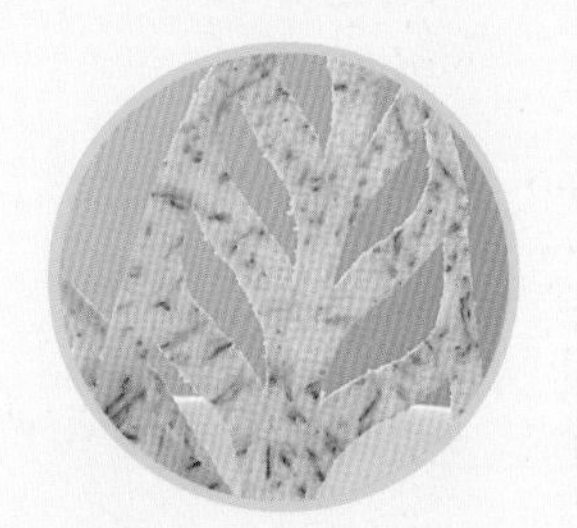

❶ 去皮芋頭1粒，馬鈴薯半粒，柳橙1粒，生菜葉1片，苜蓿芽少許。

❷ 去皮芋頭以片刀切除一邊圓弧0.5cm，使能站立，再切割一邊圓弧1cm後，切取0.3cm薄片兩片。

❸ 取2片芋頭厚片相疊，以牙籤畫出尖形葉子，以雕刻刀切雕出外形。

❹ 取葉片形芋頭片以牙籤劃分中心線後，畫出左右對稱柳葉形，每個間隔0.5cm。

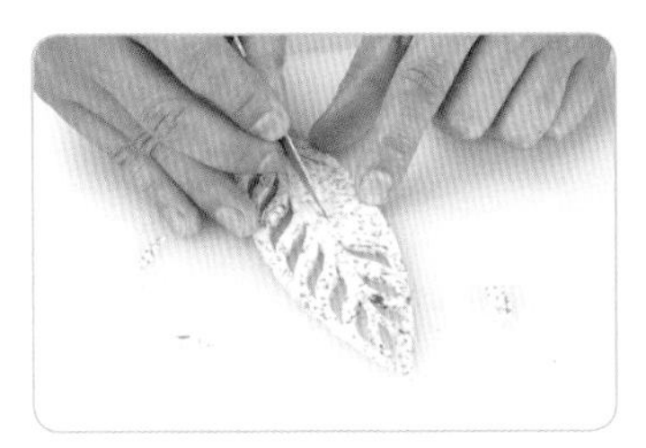

❺ 以雕刻刀順著線條切雕葉子形。底部預留1.5cm不雕，將雕好葉片兩片分開。

❻ 撒上少許麵粉。起油鍋，油溫160度下鍋炸1分鐘左右。

❼ 以油溫140度，將芋頭片炸熟、炸酥，呈金黃色撈出吸油即成。

❽ 馬鈴薯去皮切片，裝在容器內蒸20分鐘，取出裝入塑膠袋以片刀壓成泥狀。

❾ 馬鈴薯泥放入盤內，插上炸好的芋頭葉片，放上生菜葉和苜蓿芽掩飾馬鈴薯泥，搭配柳橙三角片裝飾即成。

- 芋頭片要在出菜前才能插上，以免提早插上受潮軟化。
- 片切芋頭片，勿太厚，以切片0.3cm為最標準。
- 油炸芋頭片，火候勿太大，以小火慢慢炸到芋頭片沒有起泡脆硬即成。

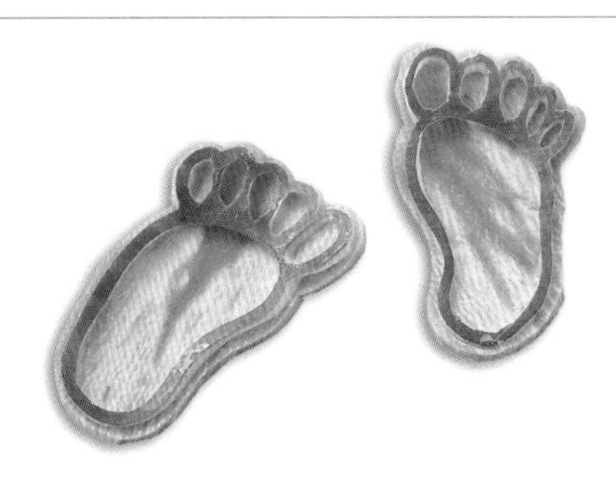

芋頭葉片切雕法 -2

使用工具：片刀、雕刻刀

切雕類型：切片一致、線條美感

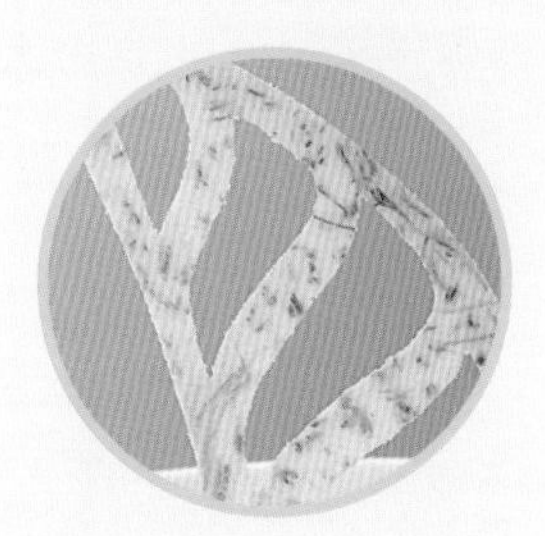

❶去皮芋頭半顆，紅甜椒半片，馬鈴薯半粒，柳橙半粒，苜蓿芽少許。

❷去皮芋頭以片刀切除一邊圓弧0.5cm，使能站立，再切割一邊圓弧1cm後，切取0.3cm薄片數片。

❸取2片芋頭厚片相疊，以牙籤畫出月彎弧形，再以雕刻刀切雕出外形。

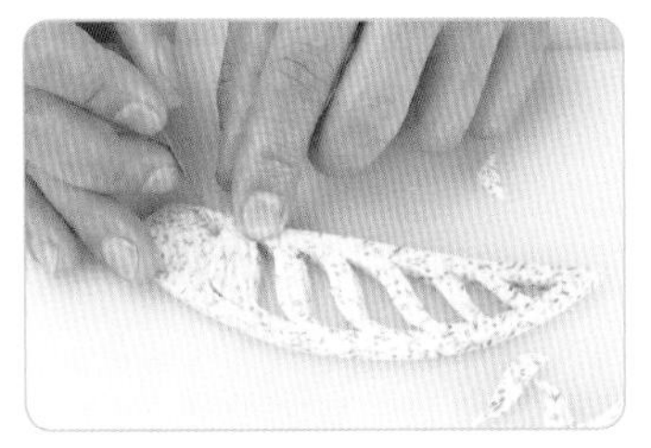

❹取月彎形芋頭片以牙籤於表面畫出柳葉狀，上下左右間隔0.5cm。

❺以牙籤於芋頭片畫出柳葉狀後，再以雕刻刀雕成鏤空花紋。

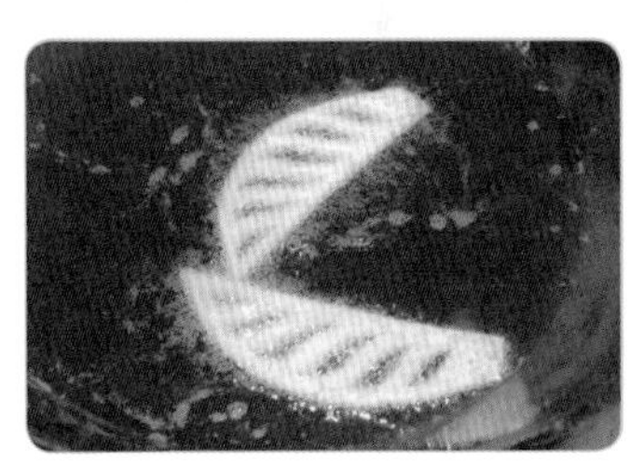

❻將兩片分開，撒上少許麵粉。起油鍋，油溫140度下鍋炸1分半鐘，撈出吸油即成。

❼芋頭片可切雕出各種樣式變化，應用於排盤裝飾。

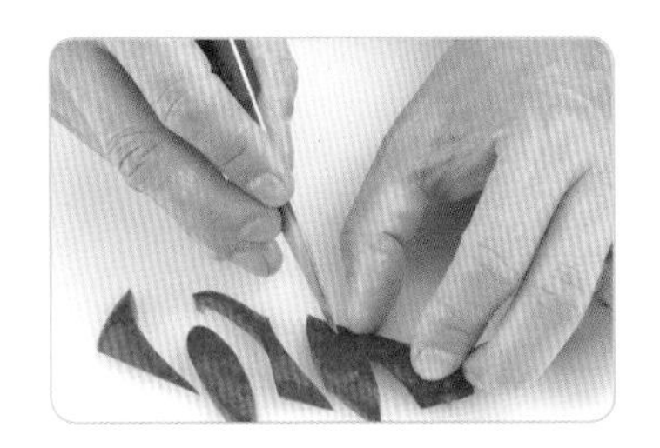

❽紅甜椒切成葉形，柳橙切成半圓形片。

❾馬鈴薯泥（做法詳見p115）放入盤內，插上炸好芋頭葉片及紅甜椒葉子，放上苜蓿芽掩飾馬鈴薯泥，搭配柳橙半圓片裝飾即成。

- 片切芋頭片，厚薄度需一致，以0.3cm薄片為標準。
- 切雕芋頭葉片時，線條弧度須柔軟才好看。
- 油炸時，油溫的控制須特別注意，若油溫過熱時，可加入適量的「冷油」降溫。

洋菇蔬菜切雕法

使用工具：片刀、雕刻刀
切雕類型：等分劃分、整體裝飾

❶青江菜2棵，洋菇4朵，玉米筍2支，小黃瓜半條，紅蘿蔔尾端1段。

❷青江菜以手撥除葉片剩4葉，以雕刻刀切除外層葉子，再削尖葉梗。

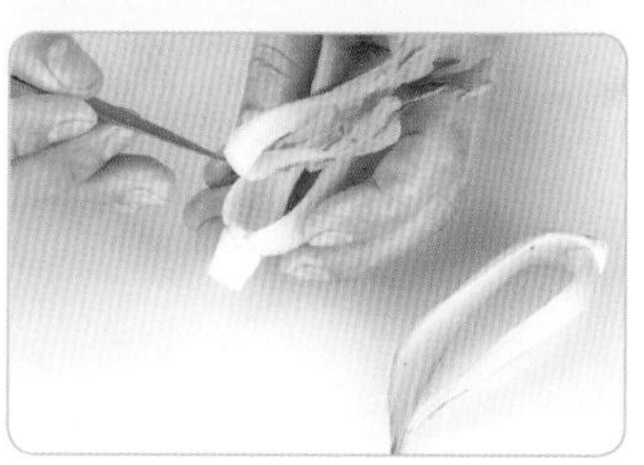

❸切除菜心部位嫩葉，保留外層2片葉梗。切時須小心勿切到外層葉梗。

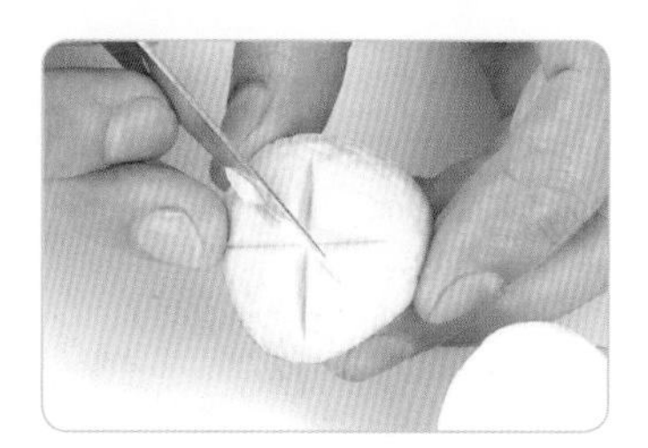

❹取1朵洋菇，菇帽以牙籤畫十字形，再畫成八等分。左右斜切出八等分線條，深0.3cm。

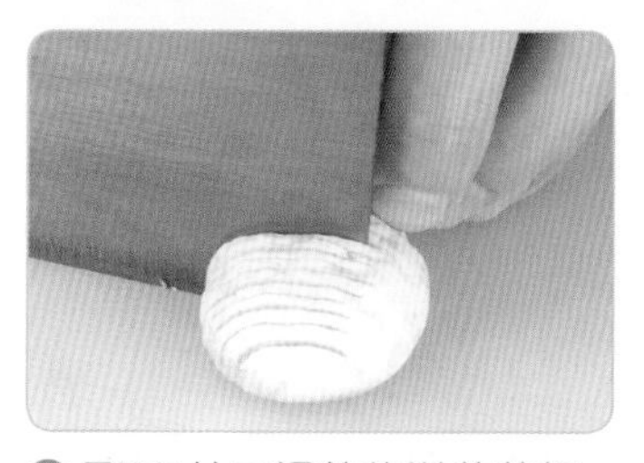

❺另取1片已燙熟的洋菇菇帽，以片刀將菇帽的3/4切成梳子狀，間隔0.1～0.2cm。

❻分別將洋菇、青江菜、玉米筍燙熟，如圖排盤，搭配紅蘿蔔與小黃瓜片裝飾。

紅白蘿蔔球切雕法

使用工具：片刀、挖球器（選擇與葡萄的大小適配者）

切雕類型：圓球挖切、間隔排列

❶ 紅蘿蔔頭部半條，白蘿蔔頭部半條，黑色葡萄數粒。

❷ 白蘿蔔以直刀切為兩半，再以挖球器挖出半圓球形數個。操作時力道須一致，避免挖出大小不均的球形。

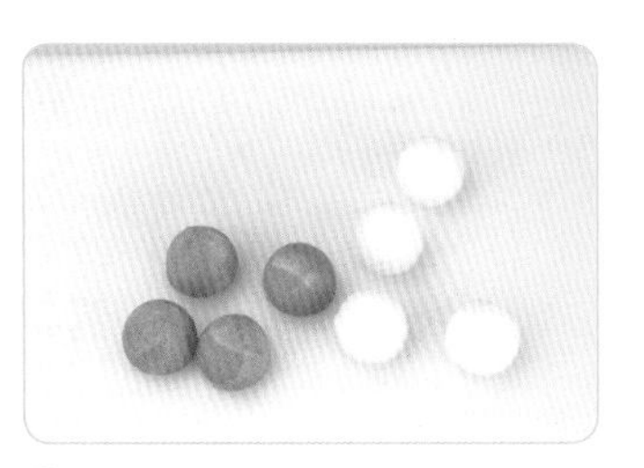

❸ 以同樣方法挖出數個紅蘿蔔半圓球形，和白蘿蔔球一起燙熟。葡萄切除頭部0.5cm，即可和蘿蔔球一起排盤。

馬鈴薯海芋切雕法

使用工具：片刀、雕刻刀、圓槽刀
切雕類型：弧形切雕、整體搭配

❶ 橢圓形馬鈴薯半粒，蒜苗中段1段，紅蘿蔔尾端半塊。

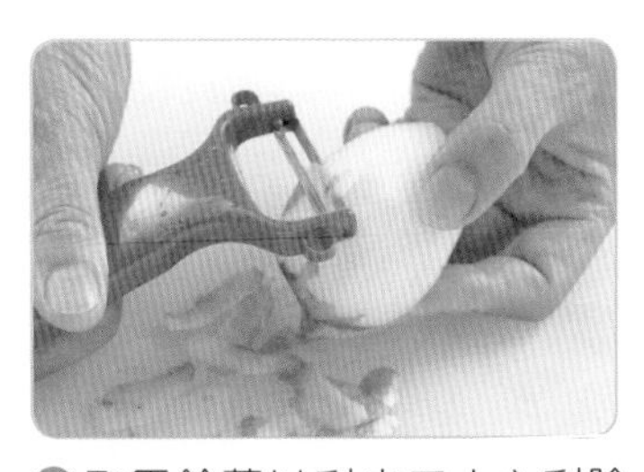

❷ 取馬鈴薯以刮皮刀小心刮除表皮。

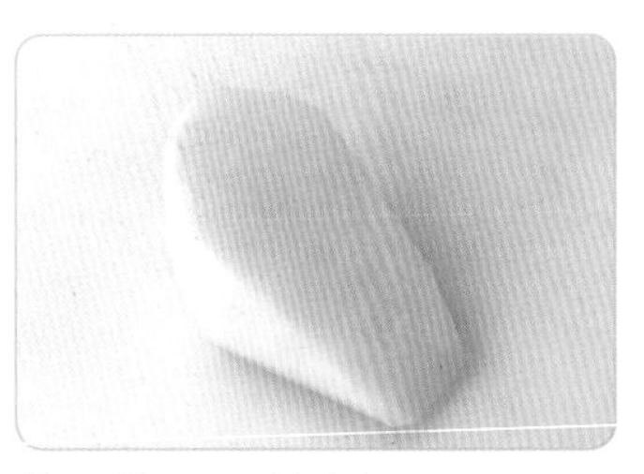

❸ 以片刀切割成斜三角形，以雕刻刀修尖花朵頭部成尖形。

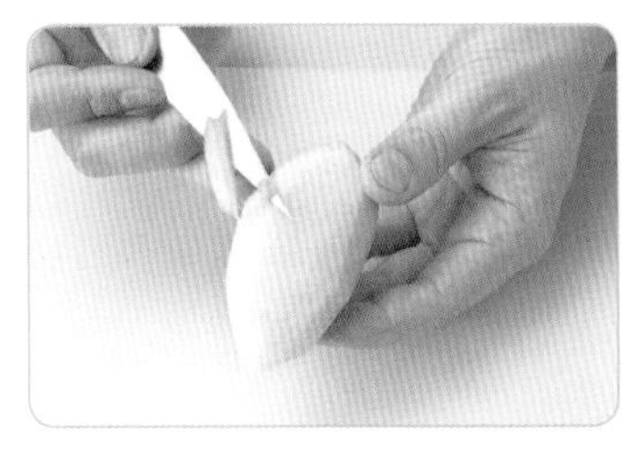

❹ 以雕刻刀削除表面直角，使成圓弧表面。

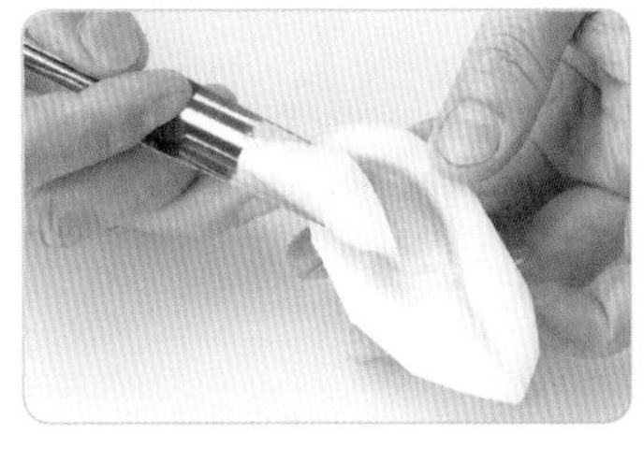

❺ 中型圓槽刀由外往內，挖出花朵內側凹槽。

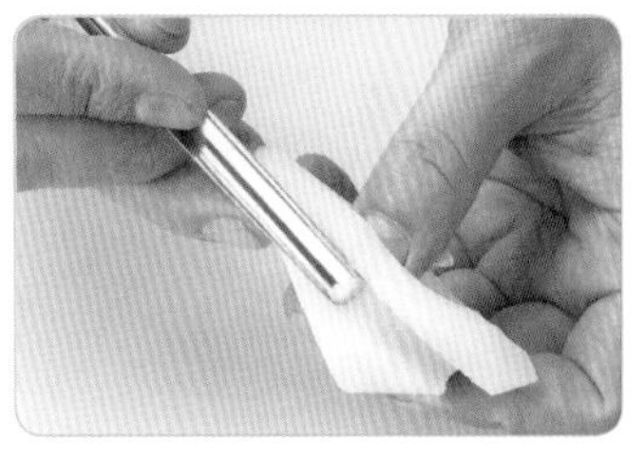

❻ 以小支圓槽刀挖出花瓣外側的邊緣弧線。

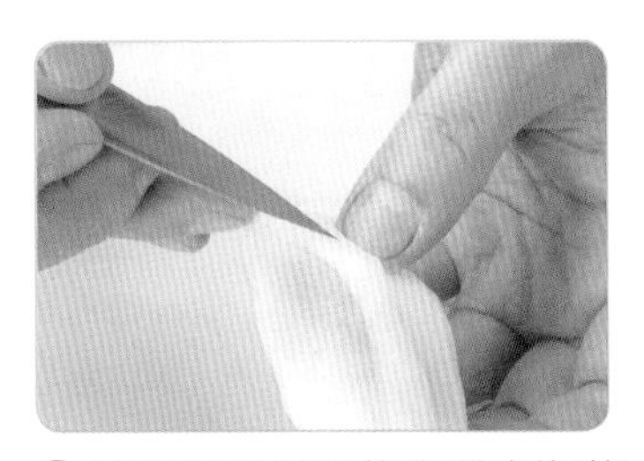

❼ 以雕刻刀仔細整修雕出海芋花形狀。

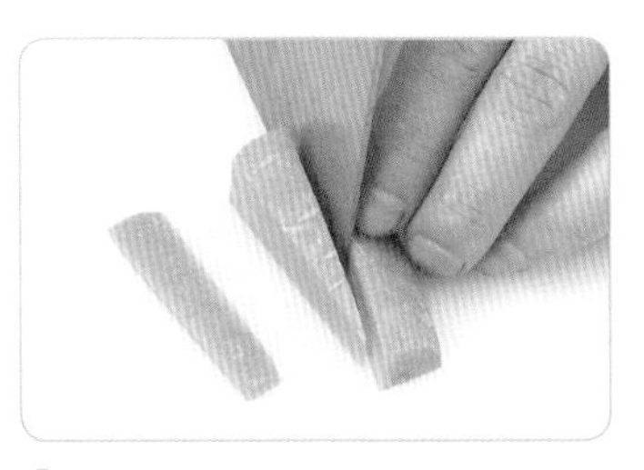

❽ 取紅蘿蔔切割長方形厚片，厚度0.8cm，再切成尖形。

❾ 以雕刻刀將尖形紅蘿蔔表面細修成圓弧狀。

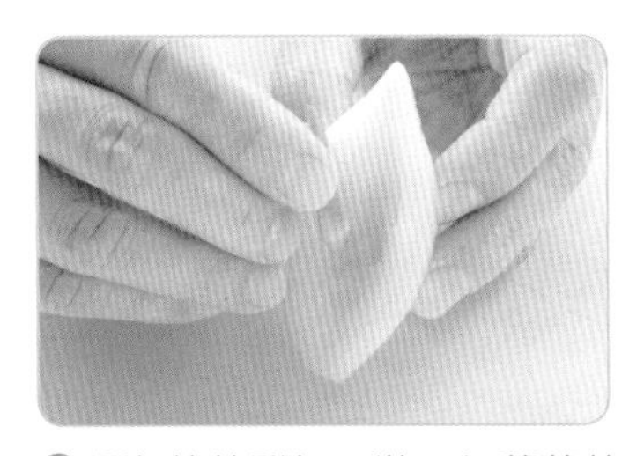

❿ 將海芋花雕好，裝入紅蘿蔔花蕊，以三秒膠黏接。

⓫ 以雕刻刀，將燙熟的蒜苗葉子斜切尖形。

⓬ 蒜苗切雕出葉片尖形，燙熟，即可和花朵一起排盤。

- 馬鈴薯海芋切雕完成後，須以清水洗淨澱粉質，再取用排盤。
- 蒜苗燙熟後過冷水，彎折成適當形狀再排盤。

醬汁杯切雕法

使用工具：片刀、雕刻刀、圓槽刀、牙籤
切雕類型：立體切雕、排盤裝飾

❶頭尾粗細略均勻的紅蘿蔔中段1段，青蘆筍2支。

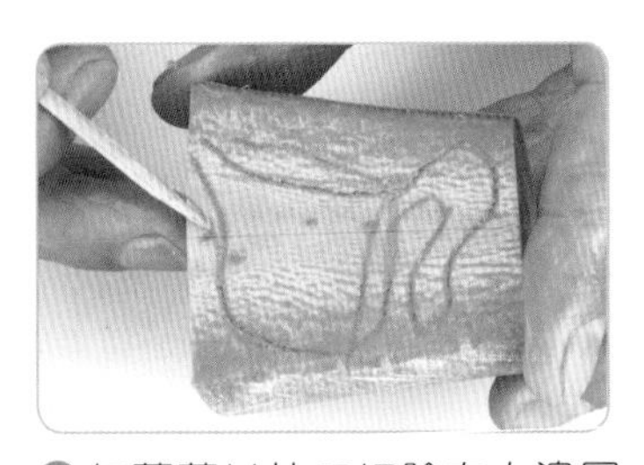

❷紅蘿蔔以片刀切除左右邊圓弧，留中間段厚3.5cm，於橫切面以牙籤畫出醬汁杯形狀。

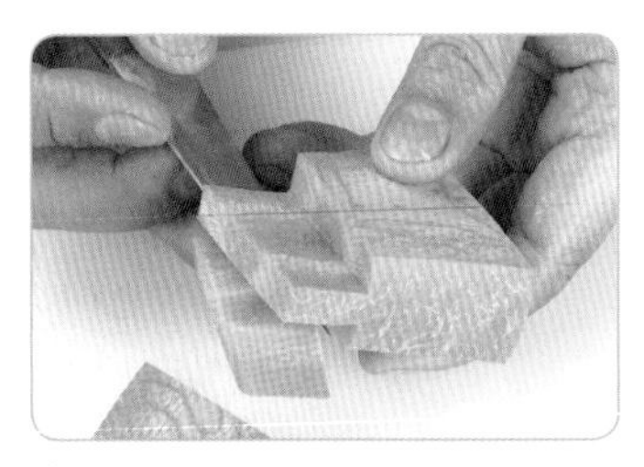

❸取雕刻刀，橫刀將醬汁杯把手部位厚度切成0.5cm（上下層各切除1.5cm厚，留中間部分）。

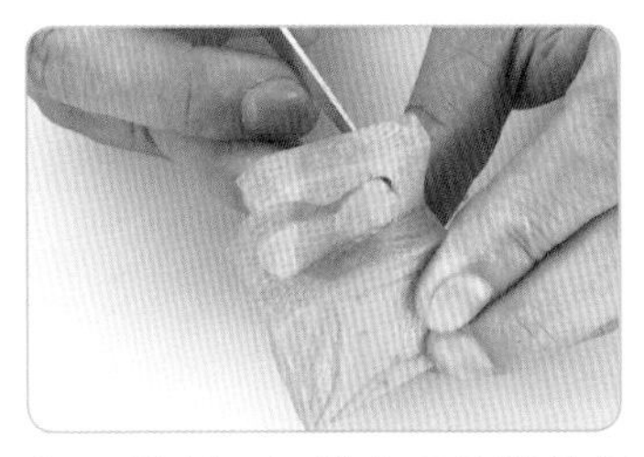

❹以雕刻刀切雕出耳朵狀的把手。

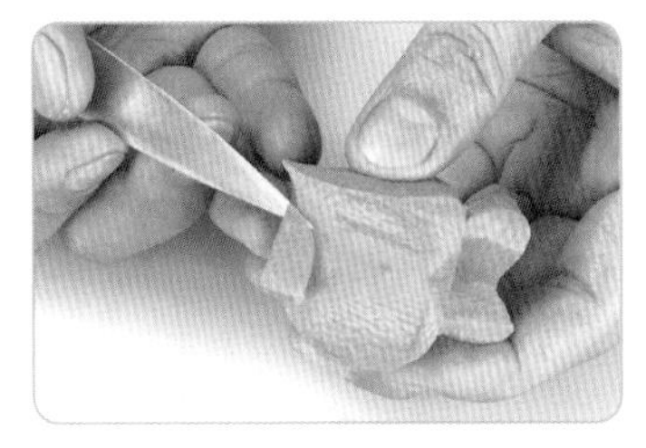

❺以雕刻刀雕刻出圓弧杯形。

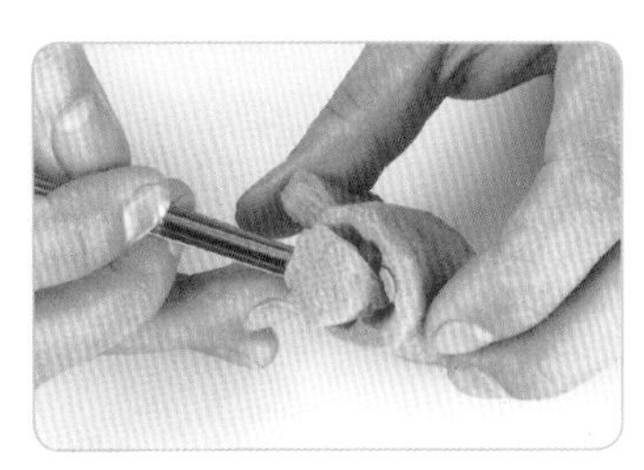

❻以圓槽刀挖出杯子凹槽，杯緣厚度留0.5cm，須小心勿挖穿底部。

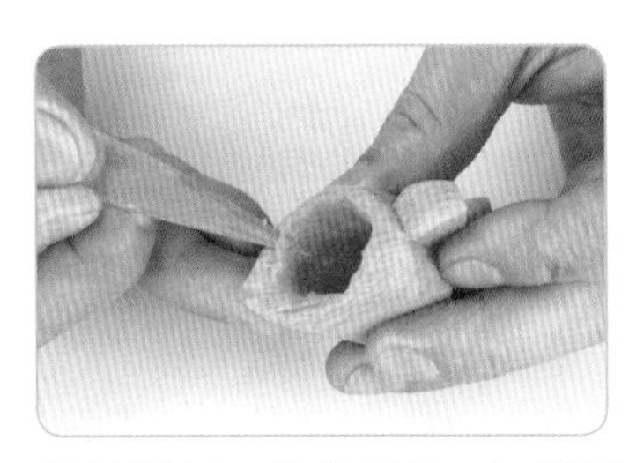

❼以雕刻刀整修杯口，切除不規則處。

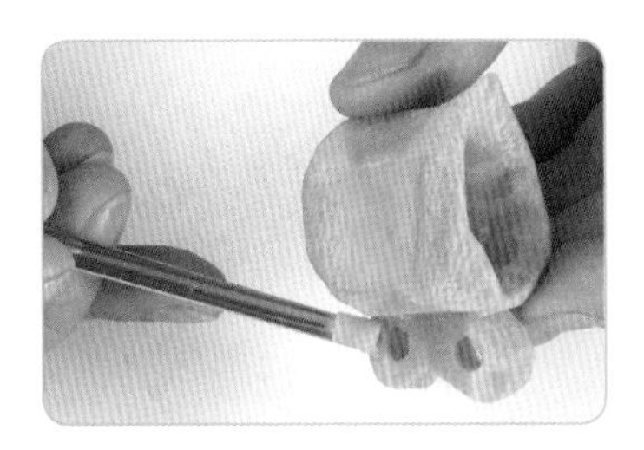

❽以圓槽刀挖取出把手上下圓孔。

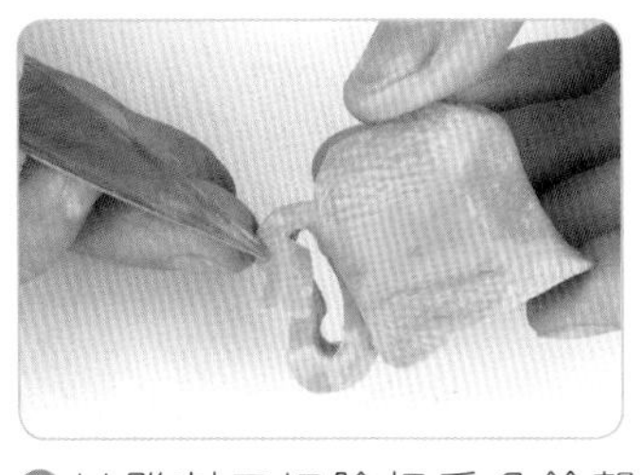

❾以雕刻刀切除把手多餘部分，再細修表面成圓弧狀。杯底略切成斜角，使站立時呈前傾狀。

❿青蘆筍以雕刻刀切取頭部6～7cm長。

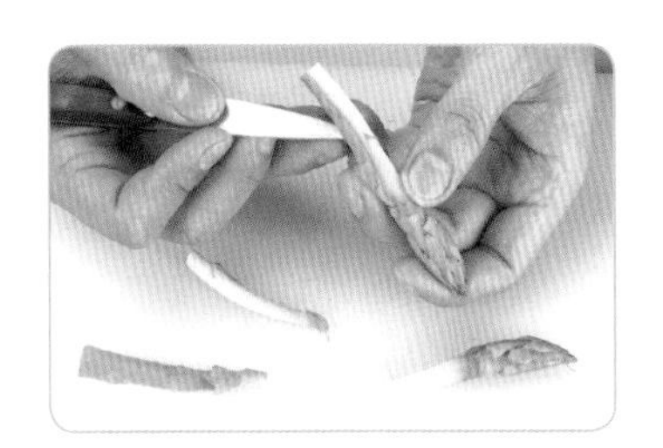

⓫將梗部削成尖形，和紅蘿蔔條一起燙熟，即可和醬汁杯一起排入盤內，淋入醬汁作裝飾。

- 各式彩繪醬汁的畫法，詳見p124頁。
- 雕刻蘿蔔、醬汁杯，需特別注意杯口與把手，勿切斷。

彩繪醬汁

醬汁能令食物活化精緻，在正式的餐宴中，主菜通常是肉或魚，並佐以廚師們精心調製的美味醬汁。不論是主菜、沙拉或是甜點，醬汁能使食物的風味更加圓融可口，所以它雖然是配角，卻是西式料理中不可或缺的元素。

將醬汁繪製成美麗的圖案，成為盤飾的一部分，達到賞心悅目的效果，能大大提升用餐者的食慾，一般常用且容易取得的醬汁，有黑糖蜜、黃芥末醬、番茄醬、柳橙濃縮醬、薄荷醬、素（葷）蠔油、紅麴醬、沙拉醬等。

示範 1

❶ 取沙拉醬汁（或其他濃稠醬汁）裝入塑膠袋內，袋子一角以剪刀剪出1小孔，擠於盤內一邊，由大到小，呈左右交叉的圓弧狀。

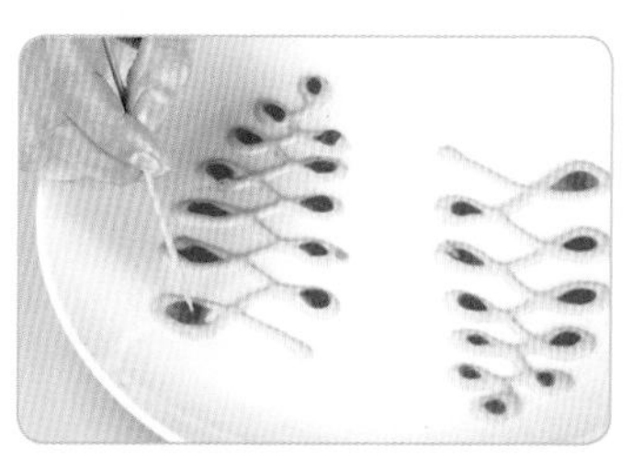

❷ 於每個交叉橢圓內，擠入不同顏色的醬汁，再以牙籤略畫均勻。

❸ 分別將盤子兩邊以醬汁畫出不同方向的圖案，即可放入肉類或蔬菜沙拉等。

示範 2

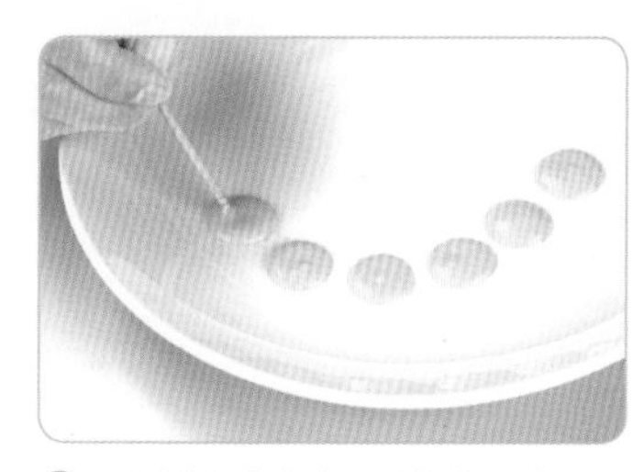

❶ 取沙拉醬在盤內擠出6點。以牙籤於醬汁內圈畫，以調整出大小相同的圓點。

❷ 以塑膠袋裝入不同顏色的醬汁，擠在先前的六個圓點中心，再以牙籤由第一個圓點中心，畫至第六個圓點之外，使呈一連串心形圖案。

❸ 將一邊的醬汁以牙籤畫出心形圖案後，同方法再畫出另一邊，即可放入肉類主食。

作品欣賞

各式彩繪醬汁成品

以各種濃稠醬汁，於盤內畫出不同點、線、面樣式形狀，可自由發揮創意，製作出不同的花樣圖形變化。

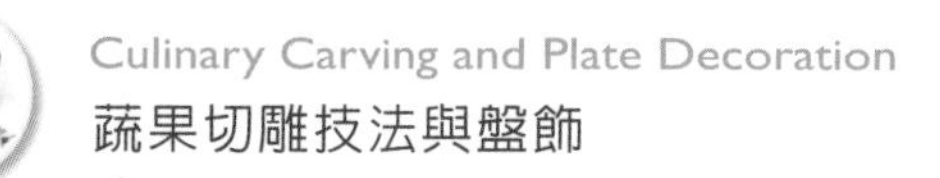

自我評量

是非題

( ) 1. 蔬菜瓜果的產地與產季，不會影響其品質與成本。

( ) 2. 在寵愛味蕾之前，先讓你的眼睛，享受視覺饗宴。

( ) 3. 波浪刀主要的功用是將食材切割成鋸齒狀。

( ) 4. 選用蔬菜瓜果來雕刻，以質地較軟的瓜果及葉菜類最好。

( ) 5. 蝴蝶片切法指的是切片時一刀不斷、一刀斷，呈兩片並黏在一起。

( ) 6. 盡量以蔬果本身的顏色來裝飾，避免使用人工色素及染劑。

( ) 7. 果雕裝飾在餐盤內應越豐盛越好，不必考慮主菜的分量。

( ) 8. 菜餚餐盤裝飾，首要美觀，衛生次之。

( ) 9. 將雕刻好的成品泡冰水冷藏，能抑制細菌的生長。

( ) 10. 一般西式排盤皆以天然蔬果烹煮後來搭配主菜。

選擇題

( ) 1. 就西餐排盤裝飾來講，排入盤內的裝飾物 (1)百分之九十 (2)百分之六十 (3)百分之三十 (4)百分之百 皆可食用。

( ) 2. 馬鈴薯宜選購 (1)表皮粗皺、有裂痕 (2)表皮有黑點、發芽 (3)外表勻稱，色澤鮮美 (4)以上皆可。

( ) 3. 磨利刀具時，刀鋒與磨刀石的斜度應呈平行狀，且注意其 (1)高度 (2)密合度 (3)平行度 (4)隨個人喜好。

( ) 4. 紅蘿蔔宜選購 (1)較輕者、有皺痕 (2)頭部發黑者 (3)外形歪斜者 (4)表皮光滑、堅實厚重者。

( ) 5. 西洋芹菜宜選購 (1)新鮮厚重呈淡綠色 (2)較輕者，表皮呈深綠色 (3)頭部發黑有裂痕 (4)表皮有斑點皺痕者。

PART

06

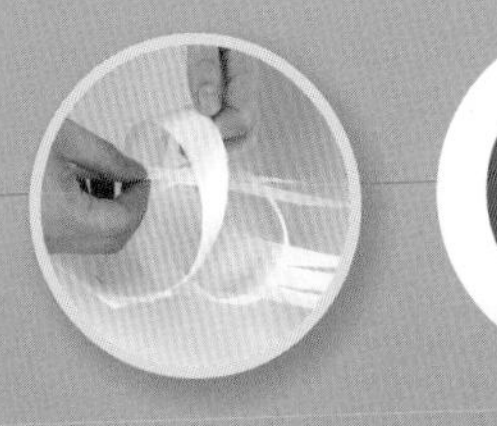

日式排盤裝飾

各種方形餐具在日式料理中廣泛運用，餐具的顏色與材質多元豐富。櫻樹、桃樹、柳樹、竹子、楓葉等植物主題，都能呈現出典雅、詩意的日式風格。

生魚片用木薄片摺切法

使用工具：雕刻刀、釘書機
切雕類型：等分線條、直斜變化

摺切法 1

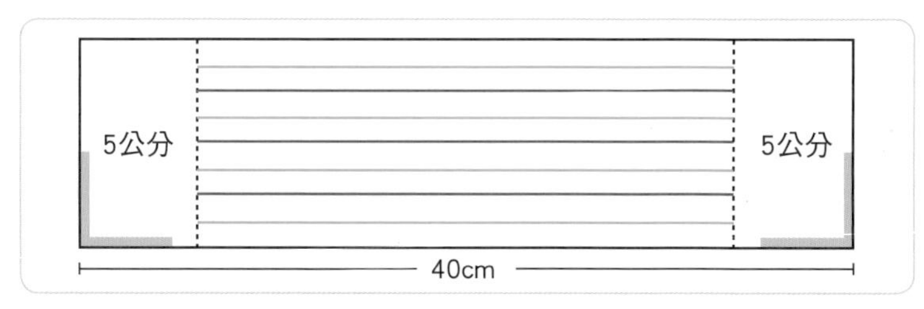

❶ 取40cm長木薄片1片，攤平於砧板，先以長尺及鉛筆於木片前後5cm處做記號，再將寬度畫分4等分。

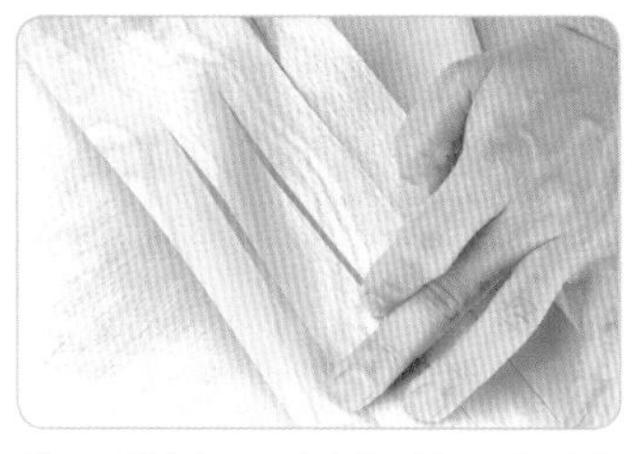

❷ 以雕刻刀切割成4等分後（紅線），再切成8等分（藍線）（前後5cm不切）。

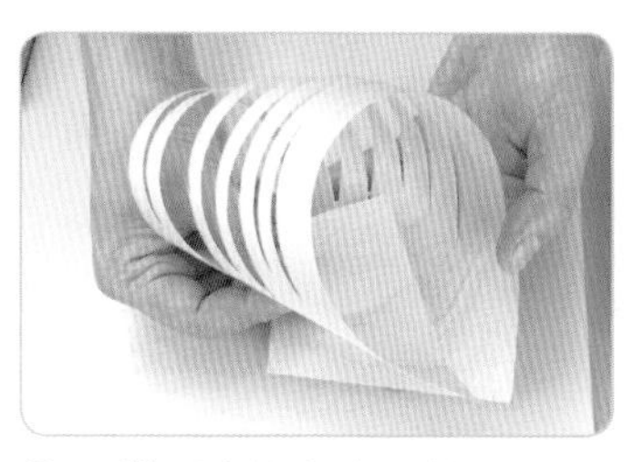

❸ 以雙手拿住左右兩端，步驟1圖中綠色記號處相疊成螺形。

❹ 用釘書針將重疊處固定即可。

摺切法 2

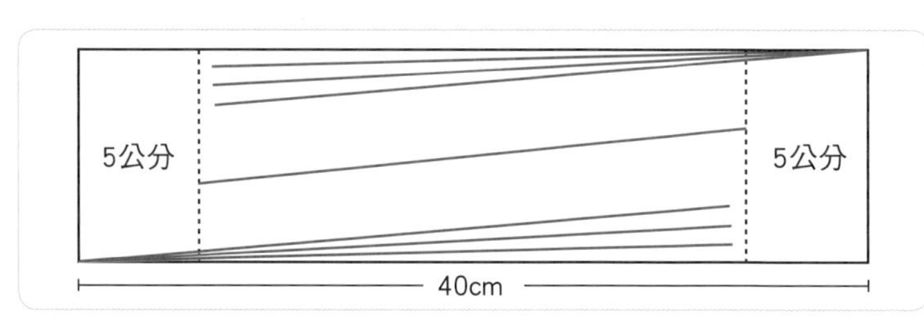

❶ 取40cm長木薄片1片，攤平於砧板，先以長尺及鉛筆於木片前後5cm處做記號，再依圖畫出左右6條斜線。

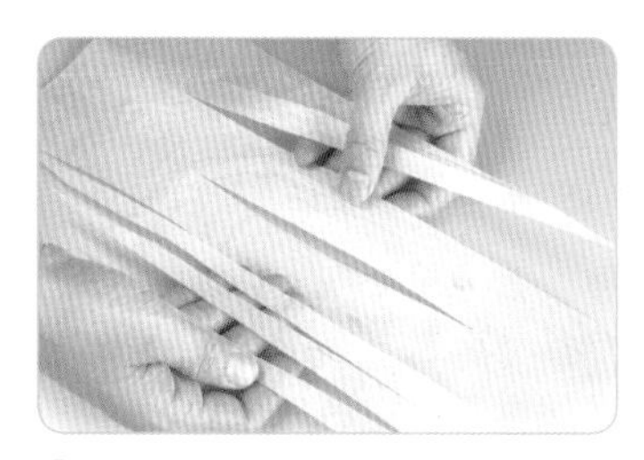

❷ 配合長尺，以雕刻刀切開左右斜線後，中心再一切為二。

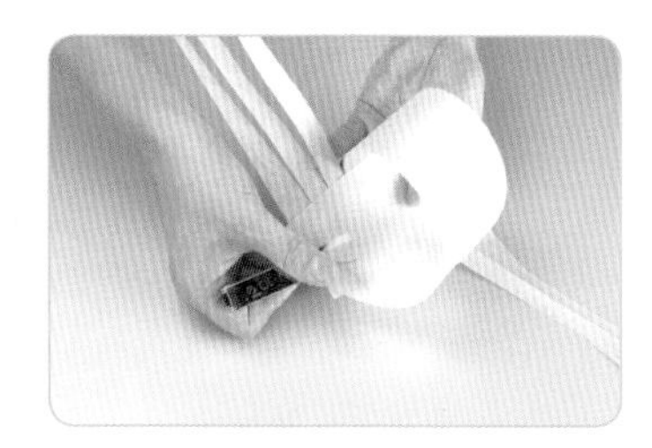

❸ 兩端捲起，預留的5cm處重疊，以釘書針左右固定。

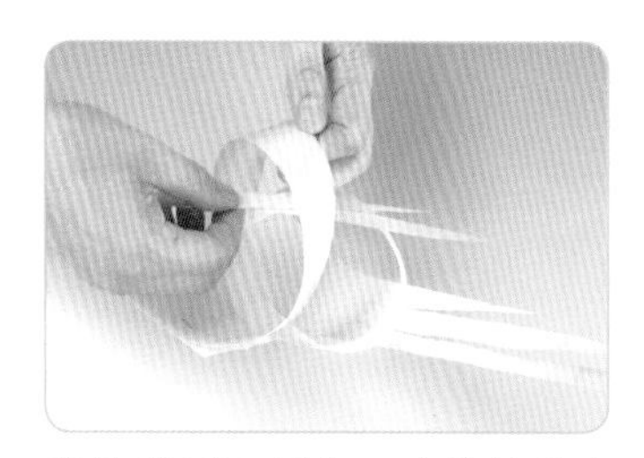

❹ 取外層三長條，由外往內穿入，再由中央切口抽出即成。

- 因五金餐具行所賣木薄片都是賣整包，若沒有用到那麼多建議到市場生魚片攤購買，較經濟實惠。
- 切割木片所用的雕刻刀必須鋒利，以免將木片撕拉破裂。

摺切法 3

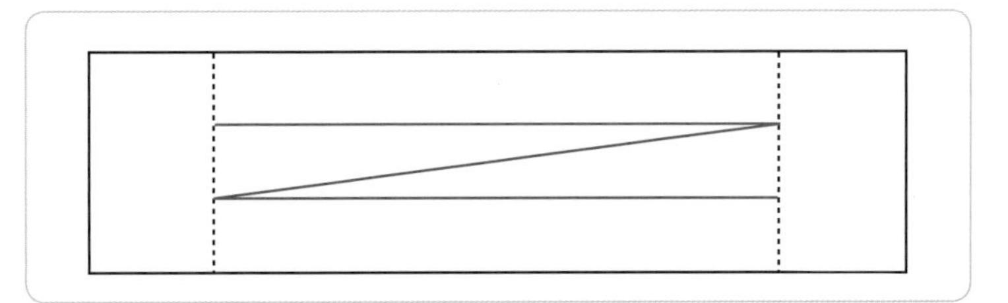

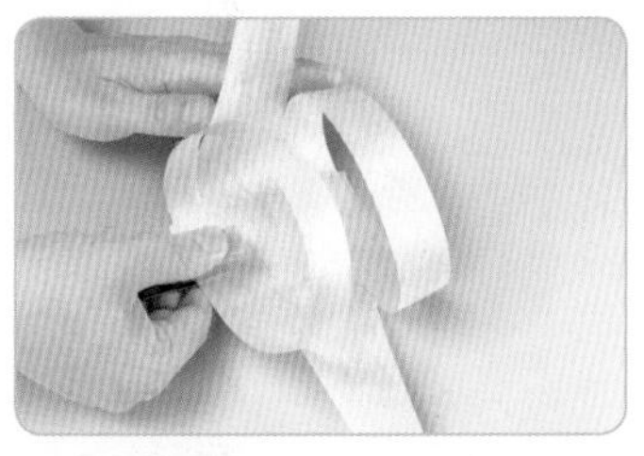

❶ 取40cm長木薄片1片，攤平於砧板，先以長尺及鉛筆於木片前後5cm處做記號，將寬度分3等分，取中間等分畫一條斜線，以雕刻刀切開。

❷ 將兩端捲起，預留5cm處重疊，以釘書針固定。

摺切法 4

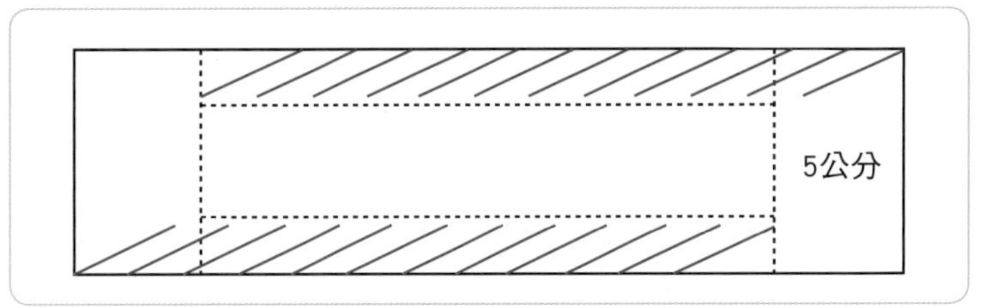

❶ 取40cm長木薄片1片，攤平於砧板，先以長尺及鉛筆於木片前後5cm處做記號，將寬度畫成3等分，上下兩等分斜切線條，每條間隔1.5cm。以雕刻刀切開。

❷ 將兩端捲起，預留5cm處重疊，以釘書針固定。

摺切法 5

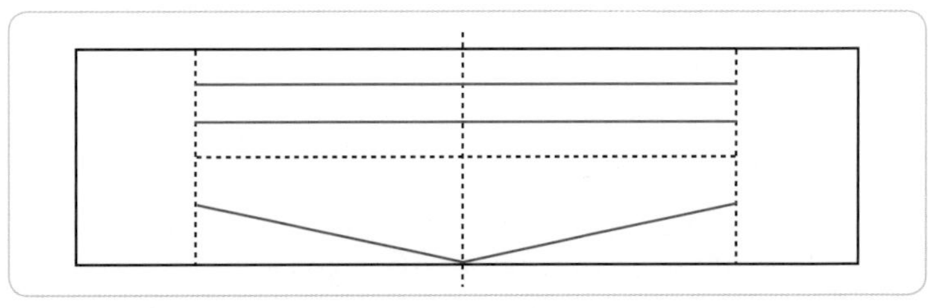

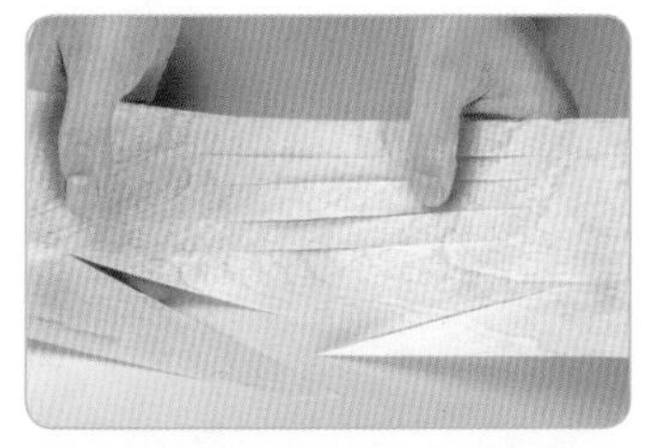

❶ 取40cm長木薄片1片，攤平於砧板，先以長尺及鉛筆於木片前後5cm處做記號，再將寬度畫成2等分。

❷ 於寬度1等分處直切為三等分，再依上圖紅線左右切開斜線。

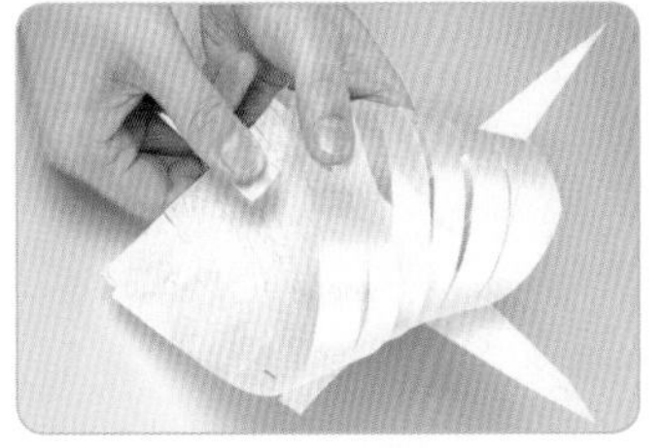

❸ 將兩端捲起，預留5cm處重疊，以釘書針固定。

- 亦可以美工刀來切割，切割時，手需緊壓木片，可先略劃出線條再切，避免失敗。
- 將各式薄木片製作完成後，可依菜餚裝飾，或將烹調炸物放入裡面裝飾。

大黃瓜皮楓葉切雕法

使用工具：片刀、雕刻刀、牙籤
切雕類型：平衡控刀、線條切雕

❶ 大黃瓜半圓塊6～8cm共2塊，小黃瓜半條，紅辣椒半條。

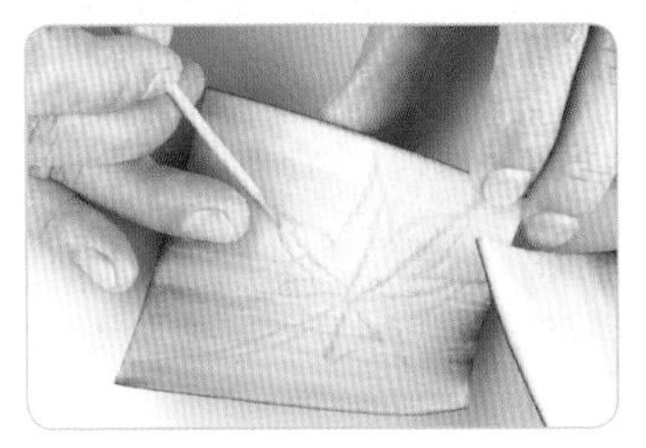

❷ 大黃瓜半圓塊以片刀順著圓弧片取0.3cm表皮，共2片。黃瓜皮內面以牙籤對角畫出中心線，一邊畫出楓葉葉脈及外形，另一邊延伸出葉梗。

❸ 以雕刻刀切雕出楓葉外形。

❹ 翻至表面，以雕刻刀直刀斜刀切雕出葉脈，深0.1～0.2cm。

❺ 另一片於黃瓜內面切雕出葉脈。

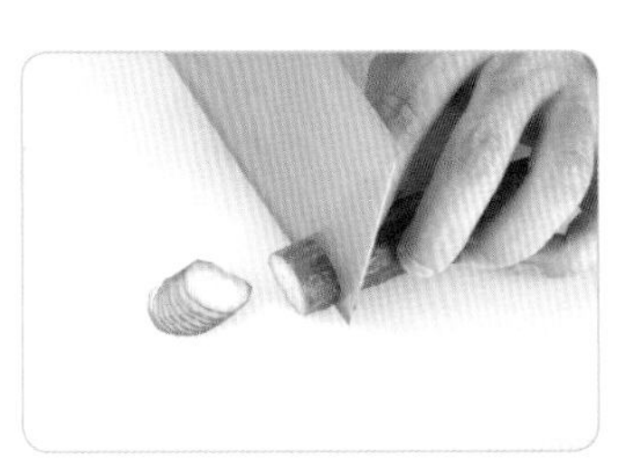

❻ 另取小黃瓜長條，以片刀直切至3/4，預留底部1/4不切斷，以手做扇形推開，按壓定形。

櫻花樹切雕法

使用工具：片刀、雕刻刀、牙籤、三秒膠
切雕類型：線條美感、黏接裝飾

❶大黃瓜圓形中段長10cm一段，紅蘿蔔一條。

❷紅蘿蔔以片刀直切，切除頭蒂及一邊圓弧側邊，平放後切1cm厚片數片。

❸取紅蘿蔔厚片，分別設定大、中、小葉片的長度、寬度，以片刀切除四邊圓弧以達預定大小，再將上下面切成圓弧面，成菱形柱狀，再將一邊切出V形凹槽。

❹以片刀分別切割出大、中、小花瓣，薄0.1～0.2cm。

❺大黃瓜圓塊以片刀順著圓弧片取大黃瓜皮，厚0.3cm。

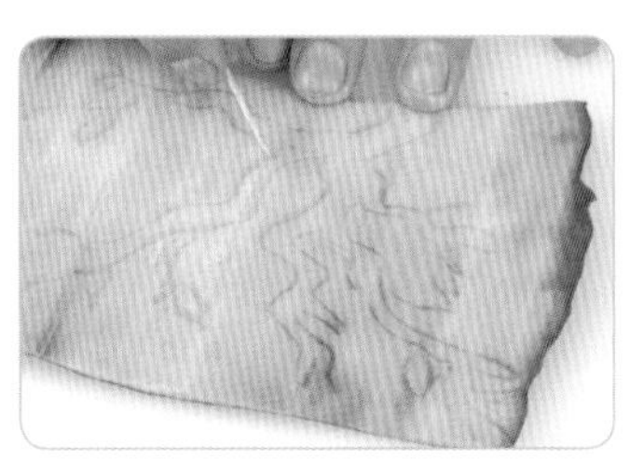

❻黃瓜皮內面以牙籤輕畫出樹枝及樹葉外形。

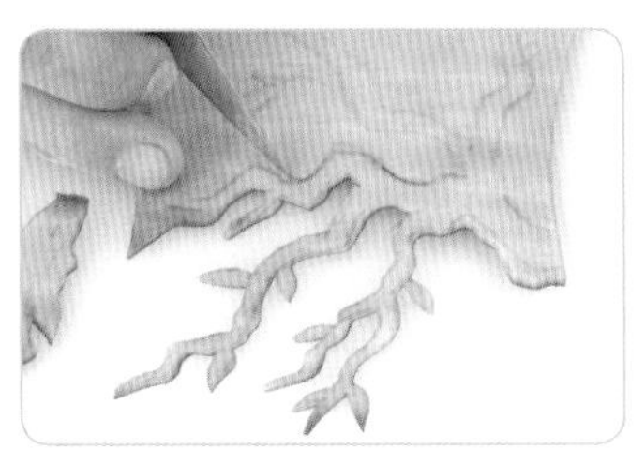

❼以雕刻刀順著線條小心切雕。

❽修整細部，翻至表面，排入盤內一邊。

❾紅蘿蔔花瓣以三秒膠黏貼在黃瓜皮樹枝上，黏貼時以單片，或兩片、三片交錯相疊。

- 片取大黃瓜表皮時，力道需特別注意小心，刀子要用鋸切，顧前面、也要顧後面，避免一邊厚一邊薄。
- 三秒膠黏性強，使用時應盡可能小心。若不小心黏到手指，可將手放入42～45°C的溫水中浸泡數分鐘，即可慢慢將膠質去除。

韭菜花梗、花朵切雕法

使用工具：片刀、雕刻刀、牙籤
切雕類型：等分劃分、整體搭配

❶ 韭菜花1小把，半圓形大黃瓜1段，小番茄4粒。

❷ 以雕刻刀分別於韭菜梗部左右切出叉口，呈葉子狀。燙熟；浸泡冷水，瀝乾備用。

❸ 取小番茄，以片刀直切為二，分別取每瓣再切為4等分。

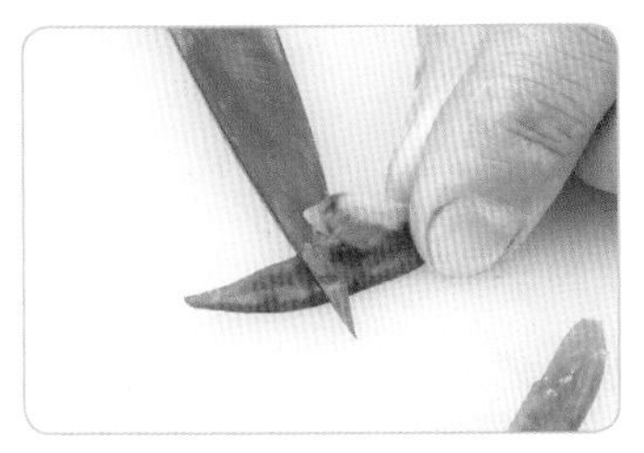

❹ 以雕刻刀切除小番茄內籽部分，留下果皮與果肉。

❺ 以雕刻刀於番茄皮一邊尖端切割出V形凹槽。

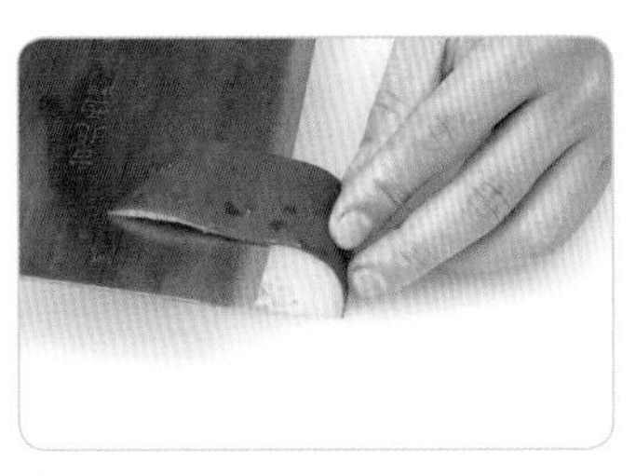

❻ 大黃瓜半圓段，以片刀片取0.2～0.3cm表皮。

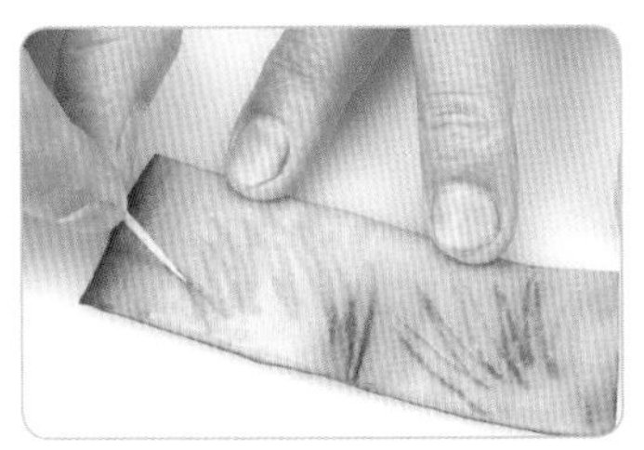

❼ 大黃瓜表皮內面以牙籤畫出小草外形。

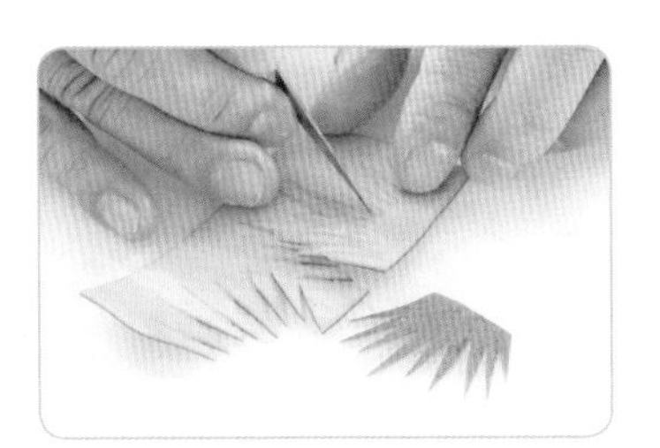

❽ 以雕刻刀，順著線條切雕出小草形。

❾ 小草雕好翻面備用。取先前韭菜花，視盤子大小切出適當長短，排入盤中，番茄皮夾入韭菜花的分叉處，再排上小草裝飾。

- 以雕刻刀切割韭菜梗叉口時（步驟2），勿切太深，避免斷掉。
- 韭菜花切畢，須燙熟、過冷水，以方便排列時彎曲弧度。
- 切小番茄時，須視盤子的尺寸來調整番茄片花的大小。
- 片切大黃瓜表皮，厚、薄需注意，可先用牙籤在內面劃好再切，以避免失敗。

大黃瓜皮竹節切雕法

使用工具：片刀、雕刻刀、牙籤
切雕類型：平衡控刀、線條切雕

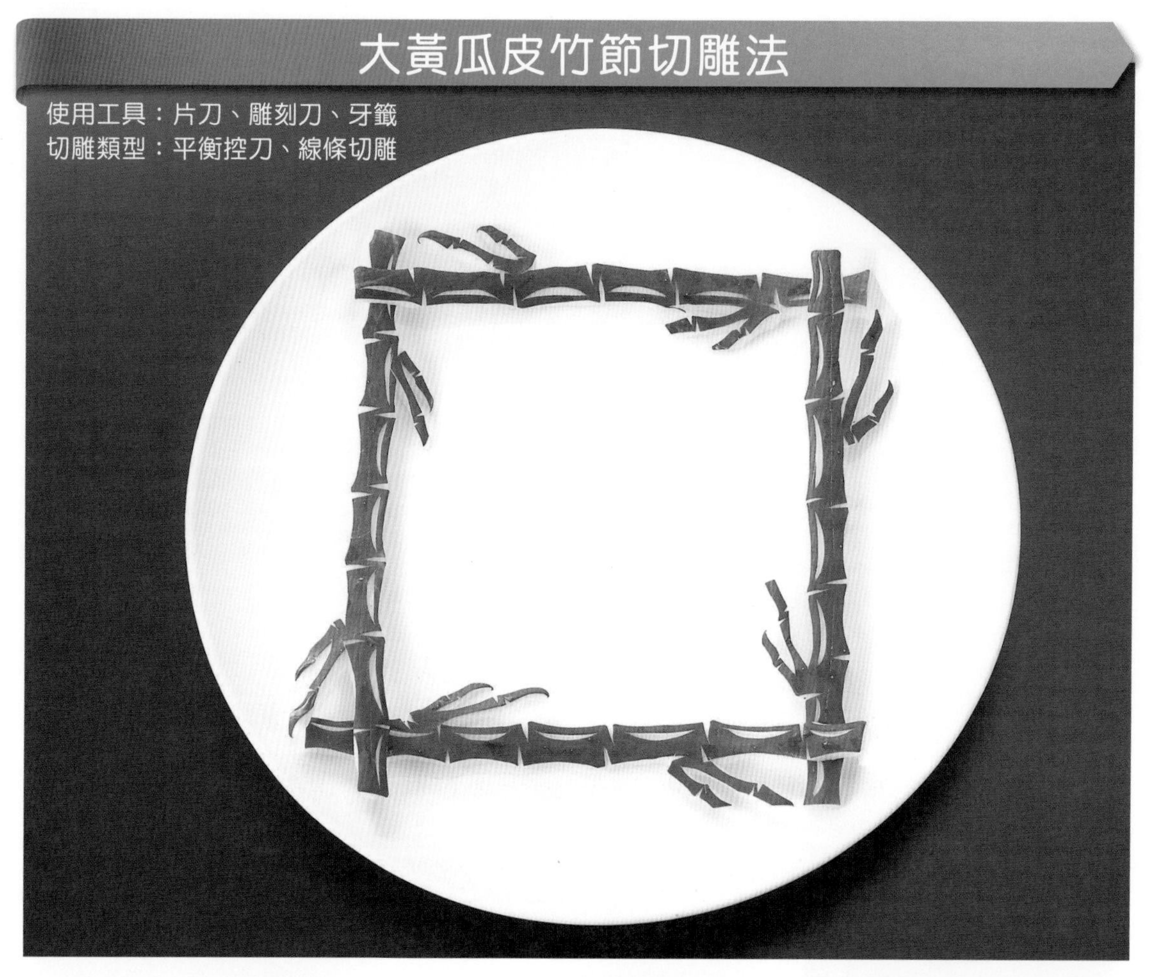

❶ 取色澤翠綠飽滿直長條大黃瓜1條。

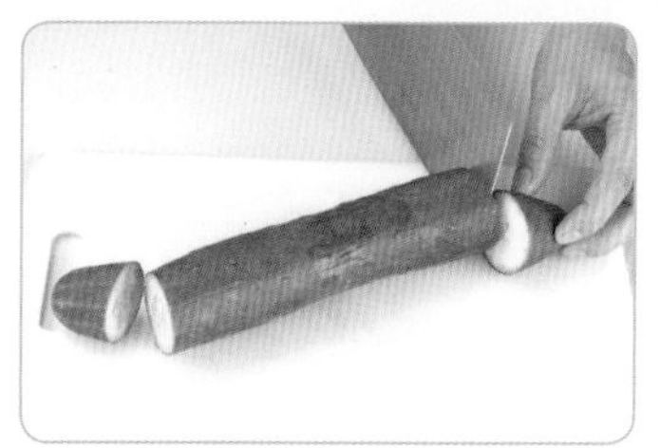

❷ 以片刀切除頭尾各3cm。

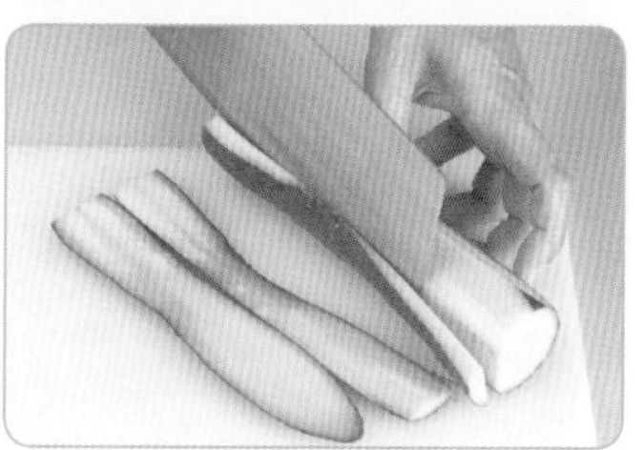

❸ 將表皮略分為4等分長條，再以片刀直切下每等分的表皮，每片厚0.5cm。

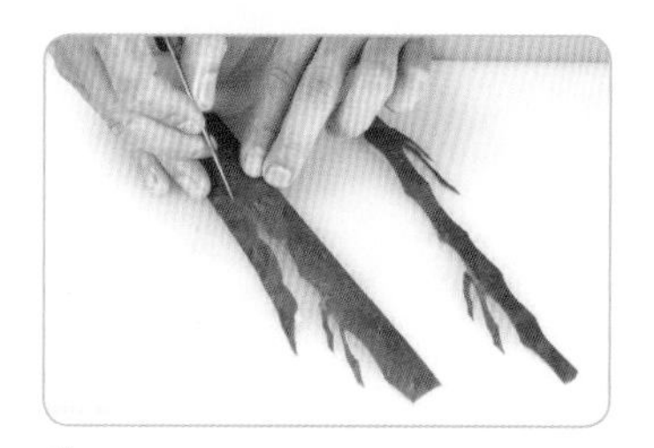

❹ 以牙籤分別於每片表皮上畫出竹子外形，以雕刻刀雕出。

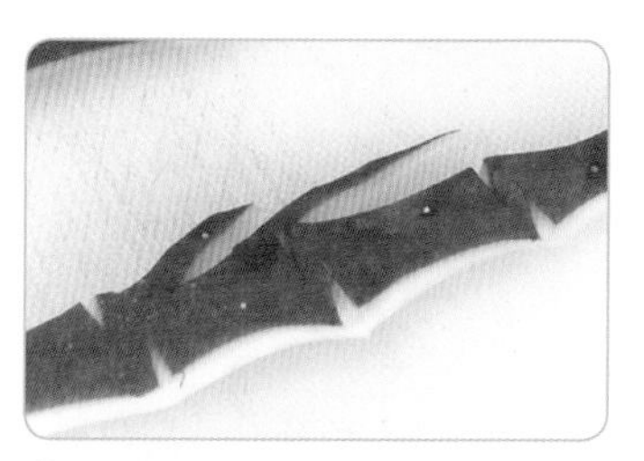

❺ 以雕刻刀雕出竹節左右的分界線。只雕表皮，勿切斷。

❻ 每截竹節切雕裝飾線條即可。順時針方向排成正四方形，可裝入酥炸類菜餚。

大黃瓜皮葉子切雕法

使用工具：片刀、雕刻刀、牙籤
切雕類型：片皮、切雕一致

❶ 大黃瓜圓段2塊，高4cm。

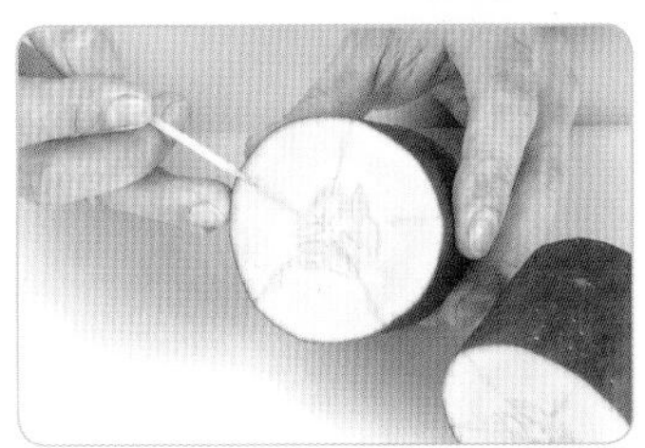

❷ 大黃瓜切面以牙籤輕畫出五等分星形線條。

❸ 以雕刻刀左右各斜55度，由兩條線中心切割至等分線，瓜皮處深3cm。

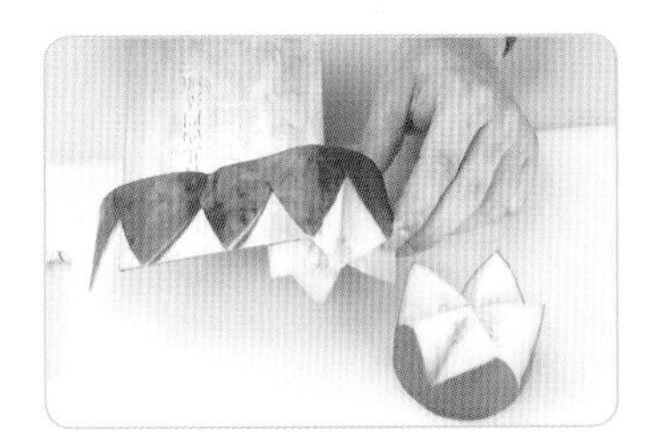

❹ 以片刀順著黃瓜外圍片取0.2cm表皮。

❺ 將整排的鋸齒狀大黃瓜皮，以雕刻刀將每片逐一切斷。

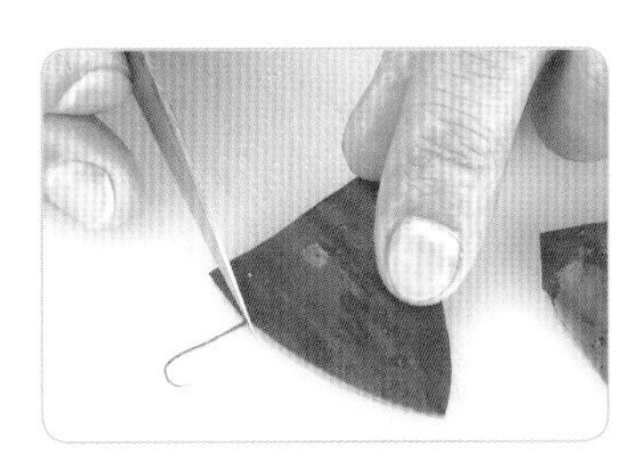

❻ 修整每片黃瓜皮，使呈兩邊大小平均的三角形葉片，即可排成太陽花狀。

大黃瓜皮竹葉切雕法

使用工具：片刀、雕刻刀、花形壓模、牙籤

切雕類型：厚薄一致、線條切雕

❶取大黃瓜一段，以片刀小心的片切表皮0.5cm。

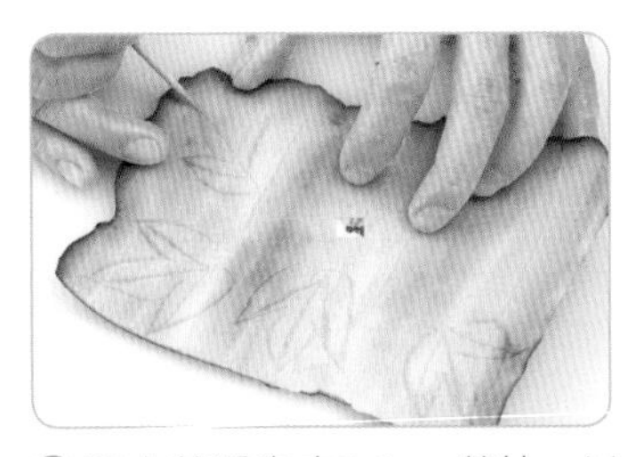

❷取大黃瓜表皮0.5cm薄片，以牙籤畫出3條主要葉脈，再畫出竹葉形狀。

❸切雕出一片竹葉後，以牙籤複印竹葉畫出相同大小的竹葉。

❹以雕刻刀依線條切雕出竹葉形。

❺以雕刻刀直刀斜刀，深度0.2cm，分別雕出每片葉子的葉脈。

❻取紅蘿蔔尾端一截，以片刀直刀切成0.5cm薄片4片。

❼紅蘿蔔片分別以櫻花型壓模壓切出小花片狀。

❽取雕刻刀於每個花瓣中間，以直刀、斜刀切出花瓣的層次感，兩花瓣交界處深0.3cm。

❾分別以雕刻刀同方法，切雕出四個花瓣形。

- 片切大黃瓜表皮需小心，可先切除圓弧一端，避免滾動難切。
- 切雕紅蘿蔔花瓣線條，須取中心點，以直刀、斜刀切割。
- 以片刀圓弧片切表皮時需小心，避免滾動而發生危險。竹葉切雕，需大小一致，美感較佳。

小黃瓜、茄子扇形切雕法

使用工具：片刀、雕刻刀、圓槽刀
切雕類型：均等斜切、站立排盤

❶ 茄子頭部1長段，直條小黃瓜1條，金針菇1把，紅洋蔥半粒，紅蘿蔔1小塊，紅辣椒半條。

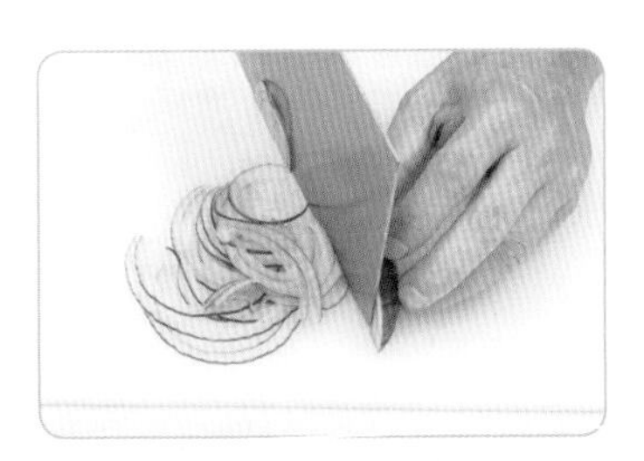

❷ 紅洋蔥以片刀直切為2個半圓形，再橫切厚度0.2cm圓弧細絲備用。紅辣椒切成圓片備用。

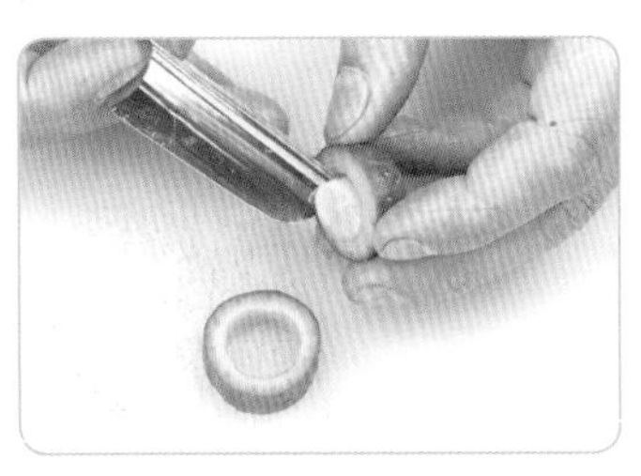

❸ 取小黃瓜一條切除頭部1cm，再切取0.5cm圓形厚片2片，每片以圓槽刀挖除內籽，成圓圈狀。

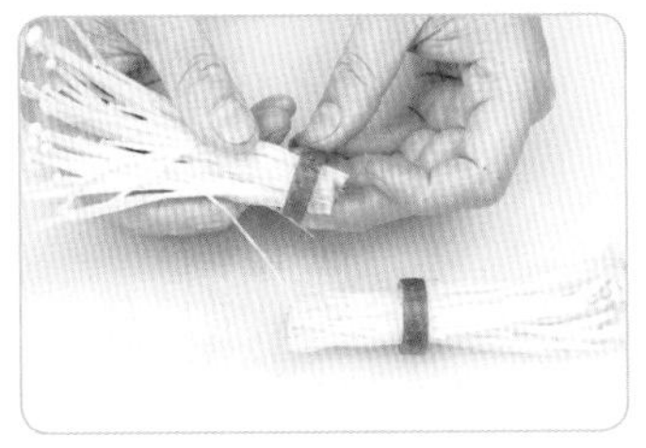

❹ 金針菇切除根部，洗淨，套入小黃瓜圈中，川燙後過冷水備用。

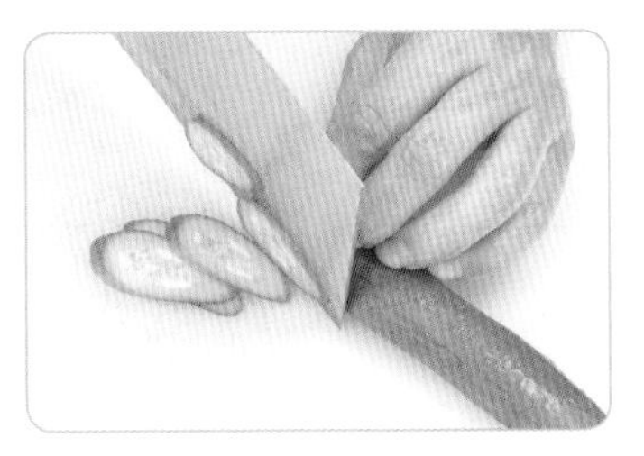

❺ 小黃瓜以片刀45度斜切0.3cm薄片數片。

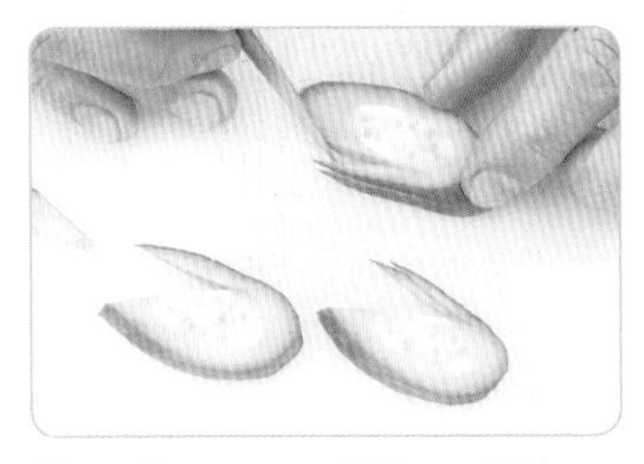

❻ 小黃瓜0.3cm薄片以雕刻刀切出深∠形備用，如圖所示。

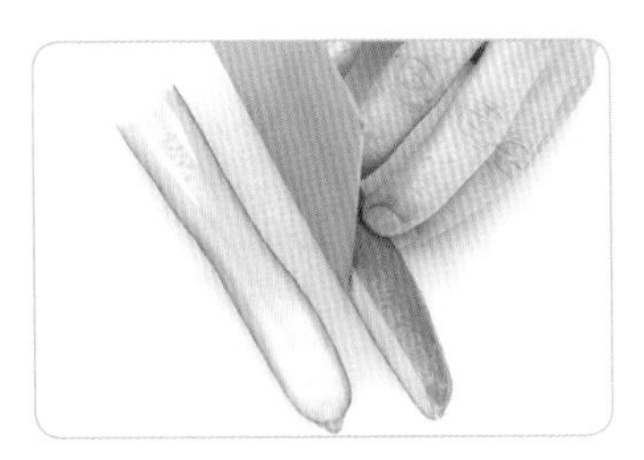

❼ 另取小黃瓜，以片刀直切，切除一側1/4小黃瓜表皮。

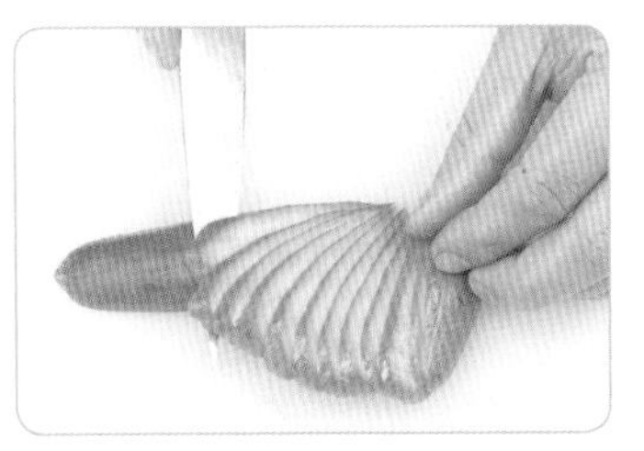

❽ 平放小黃瓜條，以片刀或雕刻刀斜度30度斜切，片取0.2cm薄片（長度約4～5cm）。

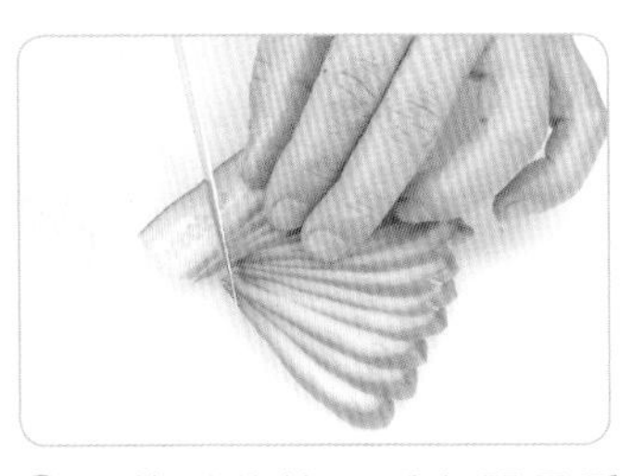

❾ 小黃瓜薄片以手翻開呈扇形，每片間隔0.5cm，再切平底部使能站立。

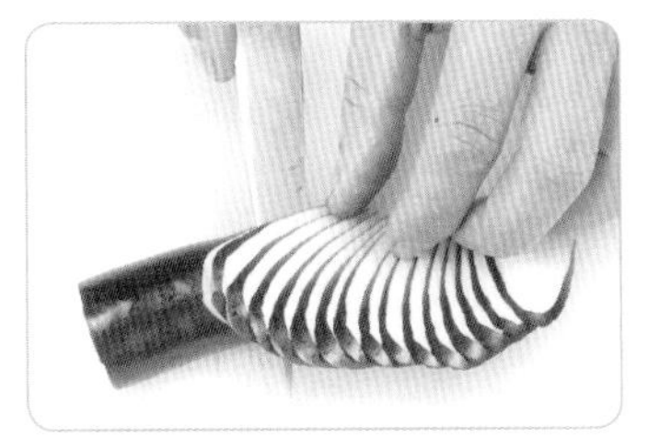

❿ 茄子以片刀切除一側1/4表皮後平放，以雕刻刀或片刀斜切0.2cm薄片（長度約4～5 cm），再以刀子切平底部，使能站立。

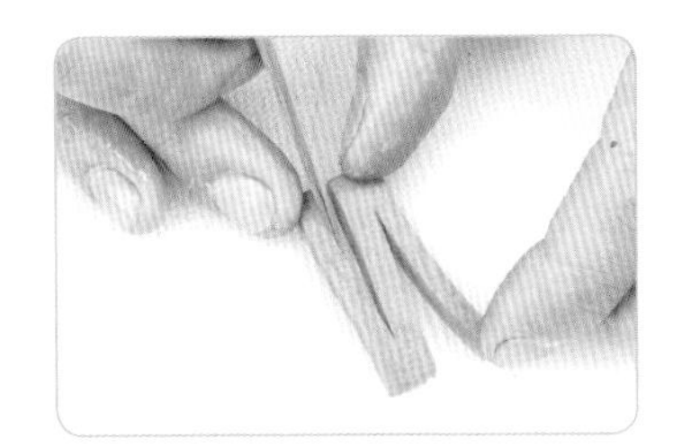

⓫ 紅蘿蔔切成長四方片，左右端各預留0.5cm，以雕刻刀切出N字形，將左右直條反扣。依完成圖排盤即成。

- 切絲的紅洋蔥，可略泡礦泉水去除辣味，比較可口。
- 斜切扇形小黃瓜、茄子前，底部需切平，斜切片時，厚薄，斜度需一致。

魚板疊式葉片切雕法

使用工具：片刀、雕刻刀、牙籤
切雕類型：均等切片、層次相疊

❶ 小黃瓜2條，小金桔4粒，日式魚板1塊。

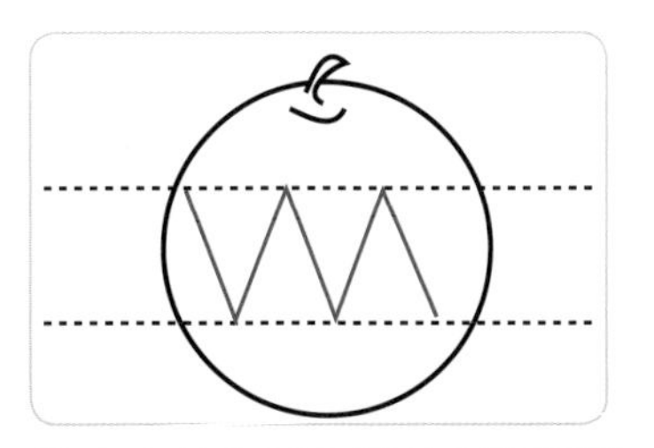

❷ 小金桔先以牙籤於側邊輕劃3等分，以雕刻刀中段斜切55度鋸齒狀，每個鋸齒間隔0.5cm，需深切至中心。

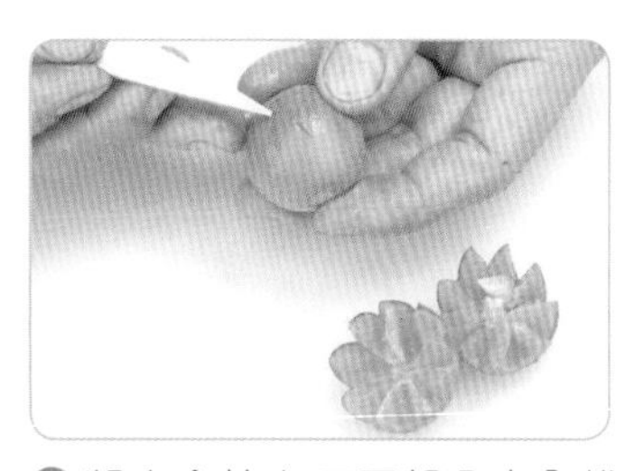

❸ 將小金桔上下兩部分完全拔開。

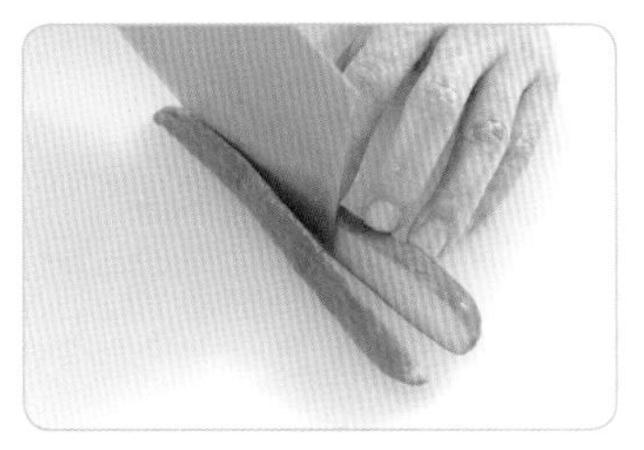

❹ 取小黃瓜直長條，以片刀由頭部直切為2長條。

❺ 取半條以片刀斜45度，切厚度0.1cm長4cm薄片。

❻ 小黃瓜薄片先取2片拼成橄欖形，排於砧板當中心，再以左右交叉、方向相反層層疊起。

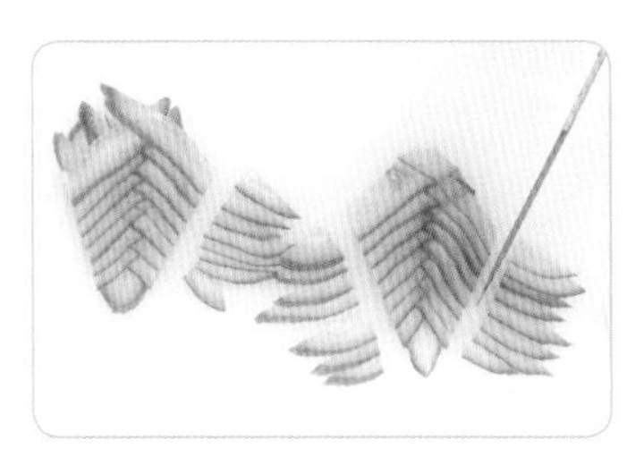

❼ 將疊好的小黃瓜薄片，以片刀修整成尖葉子形備用。

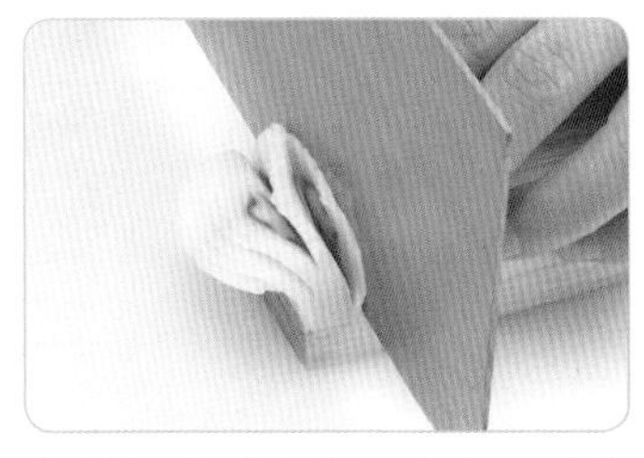

❽ 另取日式魚板，以片刀直切0.2cm薄片。

❾ 切割薄片魚板，以片刀於中心橫切，取下薄片。

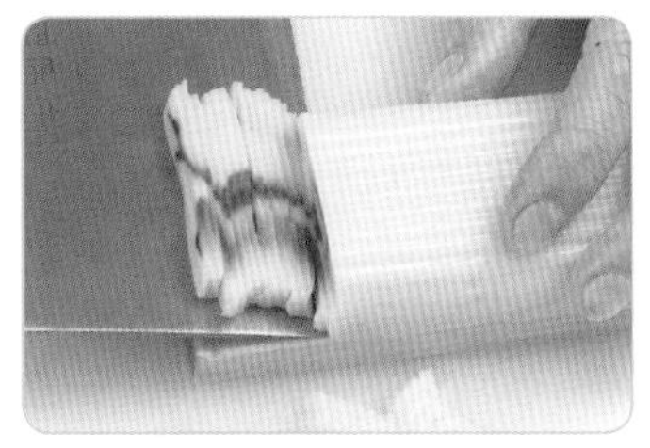

❿ 以片刀將黏於木板上的剩下部分，橫切取下薄片。

⓫ 排入一片魚板當中心，再分別將魚板切面朝上，左右交叉疊起。

⓬ 以手輕按魚板，使黏貼更緊，再以片刀切成尖葉形，以刀鏟起排入盤內對角。

- 操作步驟6時，小黃瓜片有表皮的一邊須朝上，排列出條紋的美感。
- 排列好的小黃瓜片與魚板，需以手指輕輕按壓，使黏貼更緊。

魚板菊花切雕法

使用工具：片刀、雕刻刀、牙籤
切雕類型：厚薄一致、捲摺成形

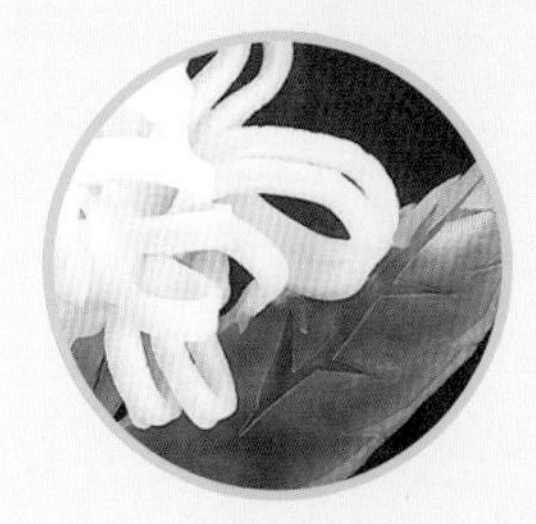

❶日式魚板1塊，青椒半粒，茄子頭部1長段，黃秋葵2條。

❷魚板以片刀切除黏貼的木塊，平放，以片刀順著表面圓弧，切除表面波浪狀部分後，片取0.2～0.3cm薄片共2片。

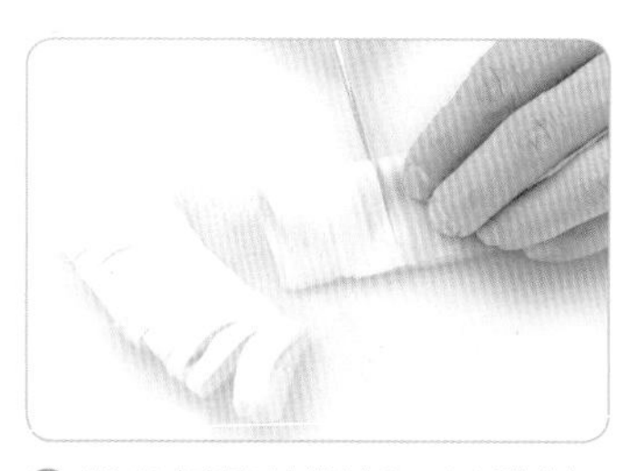

❸將魚板薄片對折，以雕刻刀於折邊切出梳子狀，開口一端留1cm不切。

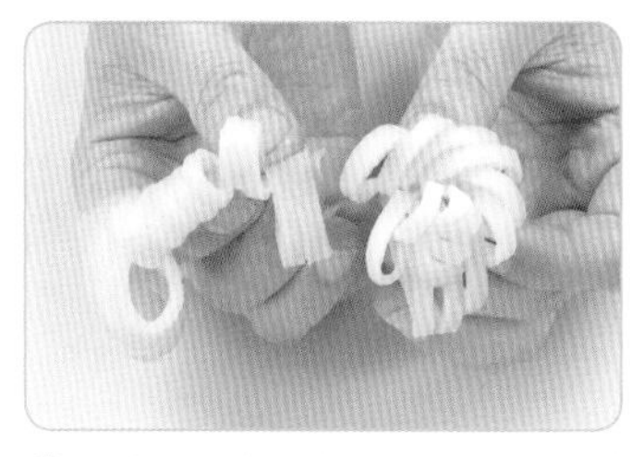

❹將梳子狀魚板未切斷的一邊捲起，捲好一片後，再將第二片捲在外層，呈菊花狀。

❺以牙籤串插於底部固定，再將黏貼的魚板撥開備用。

❻取青椒半粒，去除內膜以牙籤畫出雙葉形。

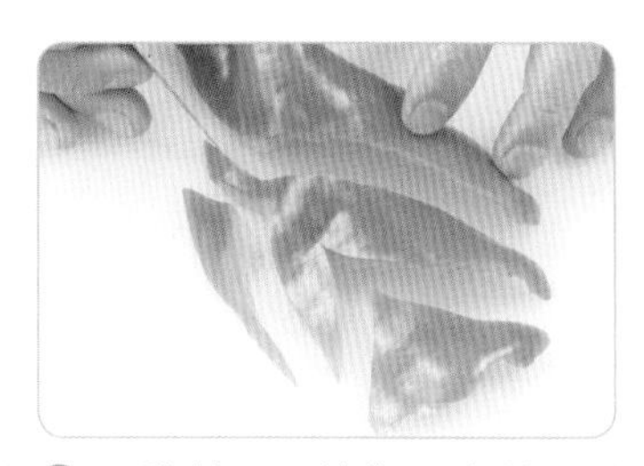

❼以雕刻刀以線條切出葉子外形。

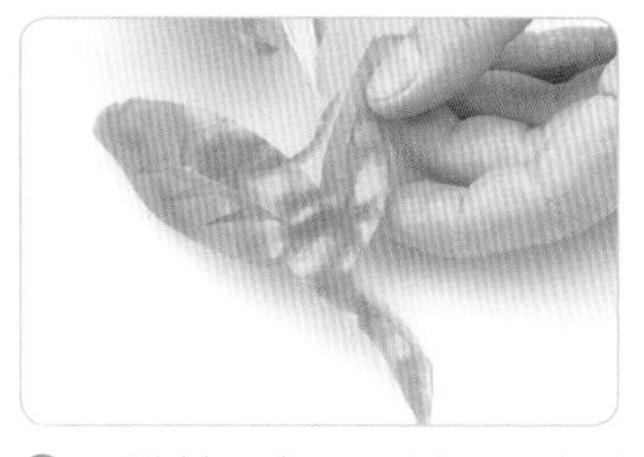

❽以雕刻刀直刀、斜刀切出葉脈。

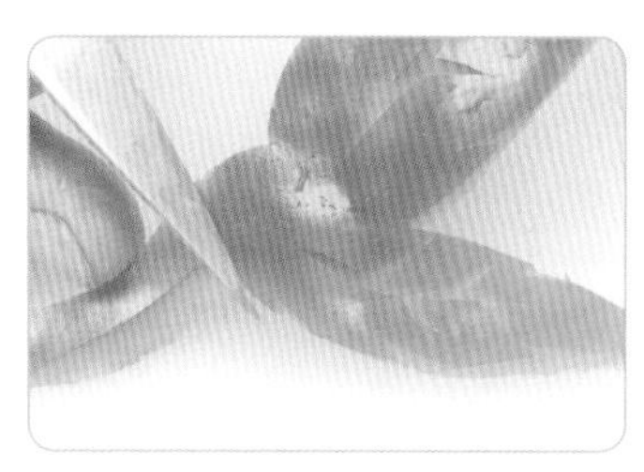

❾葉子外緣切出少許鋸齒，即可和切好的茄子、黃秋葵圓片一起排盤。

- 建議選購日本製造的魚板，彈性較佳，捲摺時較不易斷裂。
- 操作步驟2時，要特別注意厚薄的一致，才能做出完美的作品。
- 選擇青椒雕刻葉子，避免選購太過彎曲形。

紅蘿蔔桃子切雕法

使用工具：片刀、雕刻刀、圓槽刀、牙籤
切雕類型：圓弧切雕、排盤裝飾

❶ 大黃瓜半圓形1段，紅蘿蔔1.5cm圓形厚片1片，開叉的荔枝樹枝1支。

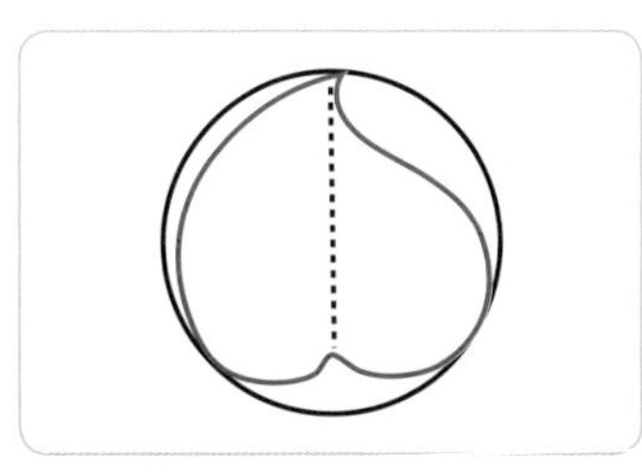

❷ 紅蘿蔔1.5cm厚片以牙籤將切面畫出中心線，再畫出桃子形狀。

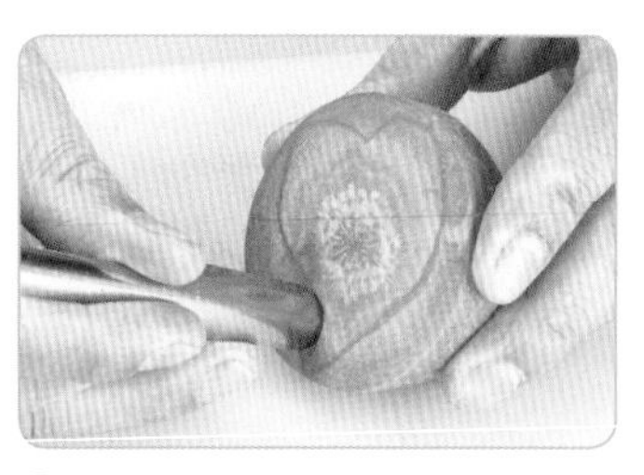

❸ 以圓槽刀挖出桃子尖端外圍的彎曲線條。

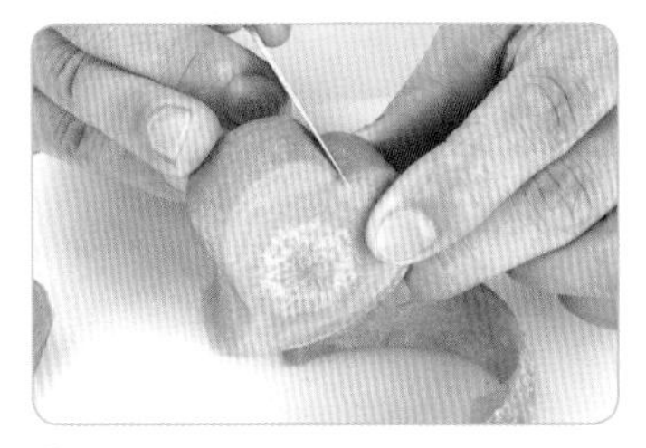

❹ 以雕刻刀順著線條切雕出桃子形狀。

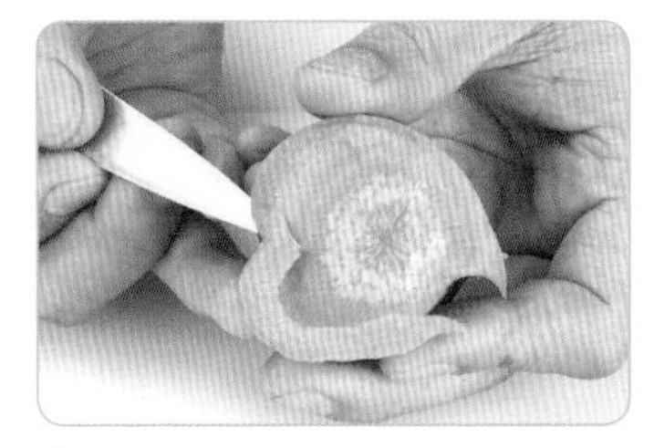

❺ 以雕刻刀修除桃子表面直角，使表面呈圓弧形。

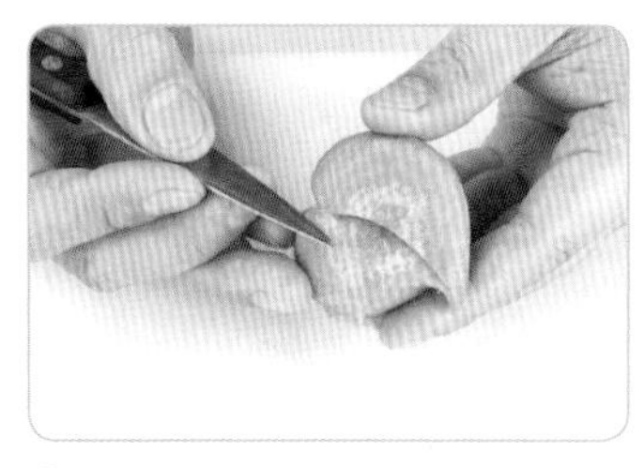

❻ 以雕刻刀由桃子尖端處，直刀切割中心弧線，再斜刀切出凹槽。

❼ 大黃瓜半圓塊以片刀片取0.3cm表皮。

❽ 黃瓜皮翻至反面，將太厚的瓜肉片除。

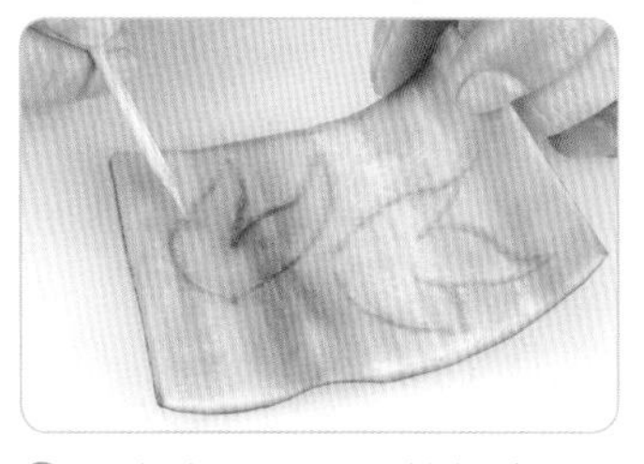

❾ 將表皮反面以牙籤輕畫出葉子形狀。

❿ 以雕刻刀切雕出葉片。

⓫ 以雕刻刀直刀、斜刀雕出葉脈。

⓬ 以雕刻刀切雕，葉緣鋸齒狀，即可和荔枝枝、桃子一起排盤。

- 荔枝樹枝要選擇有分叉者，樹枝長短可視盤子的大小修剪。
- 切雕好的桃子，可用沾濕的砂紙磨除刀痕，使其表面更加光滑。

大黃瓜圓桶座切雕法

使用工具：片刀、雕刻刀、圓槽刀
切雕類型：深淺挖切、整體美觀

❶ 大黃瓜8cm圓段，紅辣椒1條，韭菜花1小把。

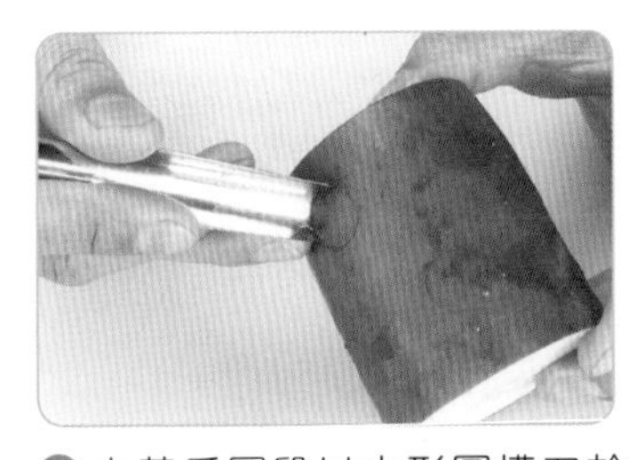

❷ 大黃瓜圓段以中形圓槽刀於表皮挖切圓孔，深0.5cm。

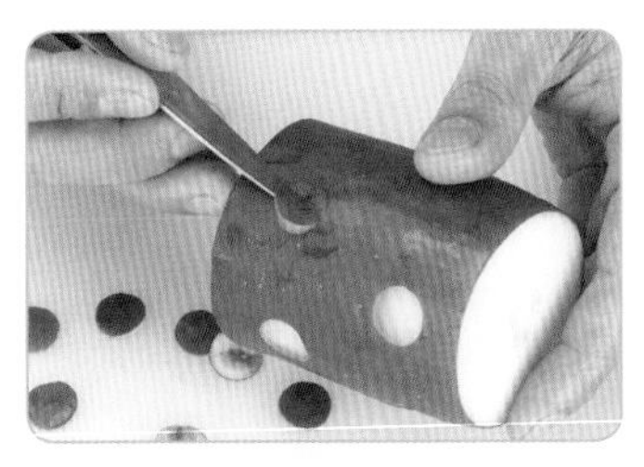

❸ 以雕刻刀將圓孔由內往外順圓弧切雕挖出。

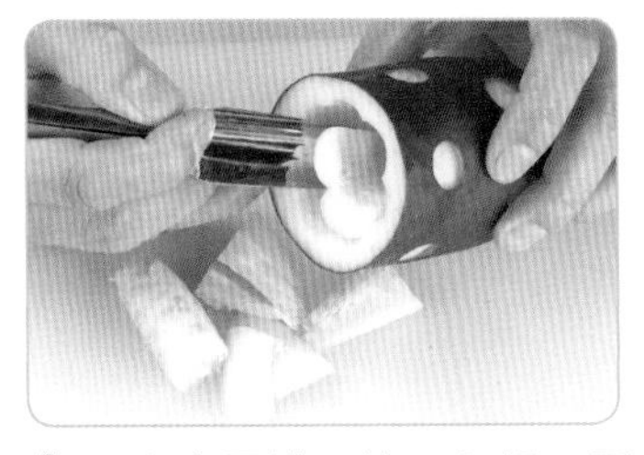

❹ 以大支圓槽刀挖取內籽，至底部留1cm不挖穿。

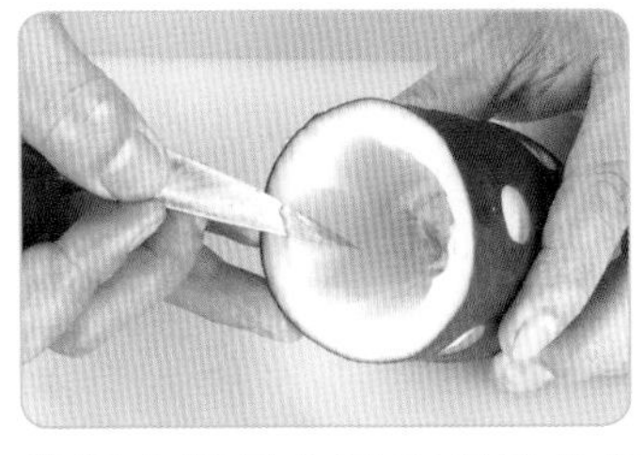

❺ 將大黃瓜內部不規則處修平，呈桶座狀。

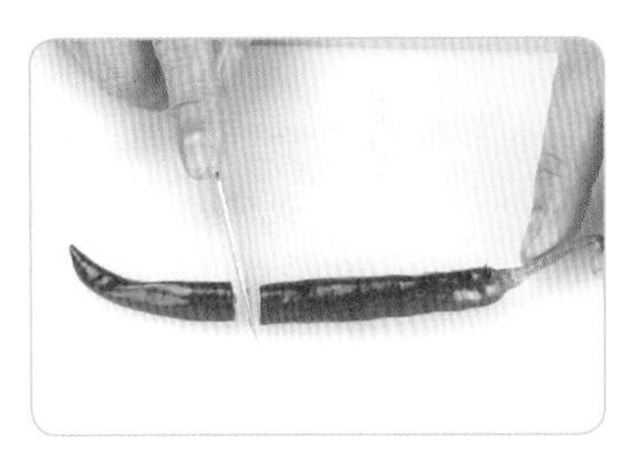

❻ 紅辣椒以雕刻刀直切，取頭部一段長5cm。

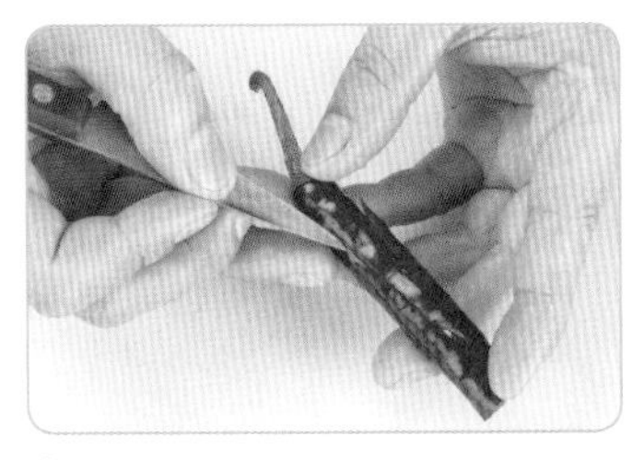

❼ 紅辣椒頭部上下各預留1cm，中段以雕刻刀切雕出長尖形鋸齒，每個鋸齒間隔0.5cm，深切到椒肉。

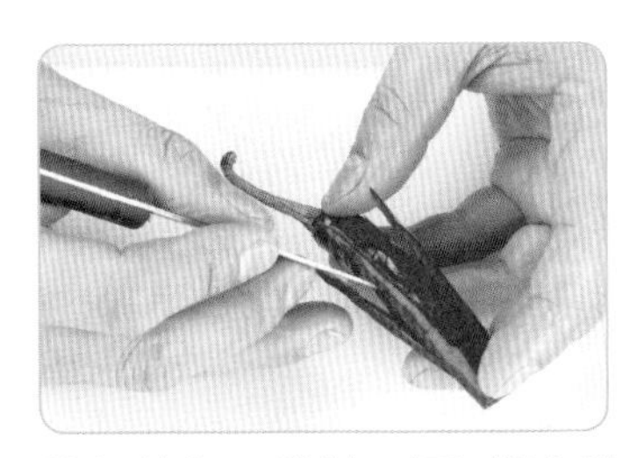

❽ 紅辣椒以雕刻刀輕切斷內膜黏接處。

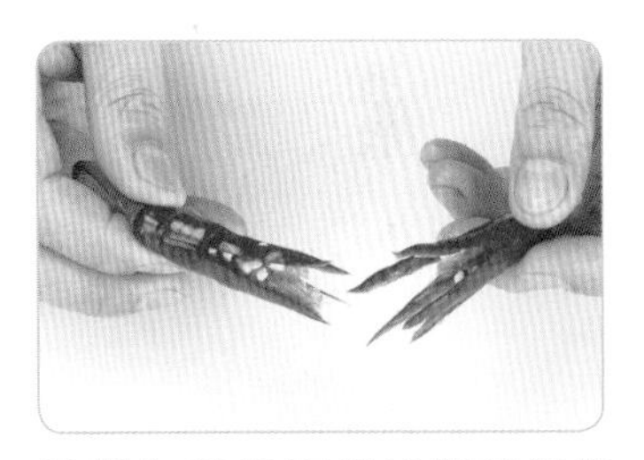

❾ 將紅辣椒兩端拔開呈鋸齒花。

❿ 以雕刻刀切斷紅辣椒內膜黏接處。

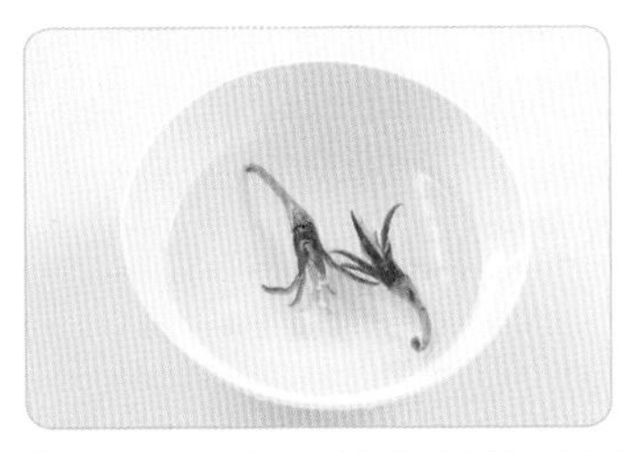

⓫ 泡入清水，使花瓣往外張開。黃瓜排入盤內一邊，插上長短韭菜花，搭配紅辣椒鋸齒花即成。

- 操作步驟4時須特別小心，避免將底部切破。
- 韭菜花勿燙熟，應浸泡冷水使其更加硬挺，再插入桶座中。

紅蘿蔔花切雕法

使用工具：片刀、雕刻刀、挖球器
切雕類型：均等劃分、線條切雕

❶紅蘿蔔尾端1段，小黃瓜半條，大黃瓜半圓塊1塊，開叉荔枝樹枝一支。

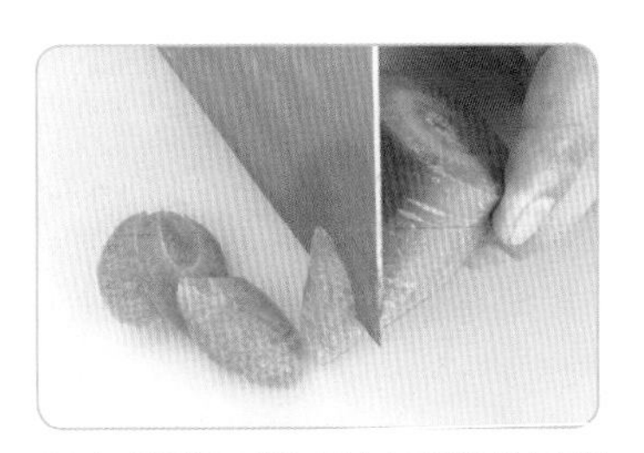

❷紅蘿蔔尾端1段以牙籤於尾端取中心點，劃分3等分，以片刀由表皮往內斜55度，切出三角錐狀。

❸以雕刻刀順著三角錐狀三切面小心的切雕0.1cm薄片，到中心部分0.5cm不切斷。

❹以雕刻刀於中心輕劃一刀，輕輕拔開薄片。

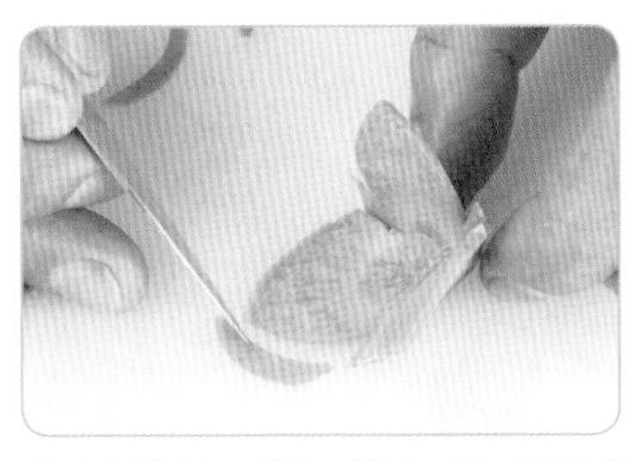

❺以雕刻刀將三邊切雕成圓尖形花瓣狀，最後將花朵底部切平。

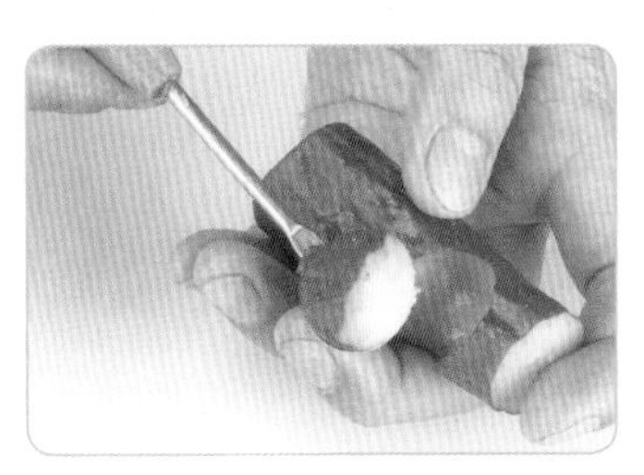

❻小黃瓜以小挖球器挖取半圓球形做為花蕊。

❼小黃瓜球表皮以雕刻刀直刀斜刀雕出網狀交叉直線數條。

❽以片刀取大黃瓜0.3cm表皮，以雕刻刀切雕出大小葉片。

❾以雕刻刀，將每個葉片切雕中心葉脈。將開叉樹枝排入盤內，放入紅蘿蔔花於樹枝開叉處，再搭配大黃瓜皮葉片。

- 步驟3切割花瓣時，須切成外薄內厚，避免切斷其中一片。
- 以控球器，挖取半圓球，需小心避免受傷。

韭菜花網狀排法

使用工具：片刀
切雕類型：整體排盤

❶粗細大小均匀（選購較細者）新鮮翠綠的韭菜花1把，直紅辣椒1條。

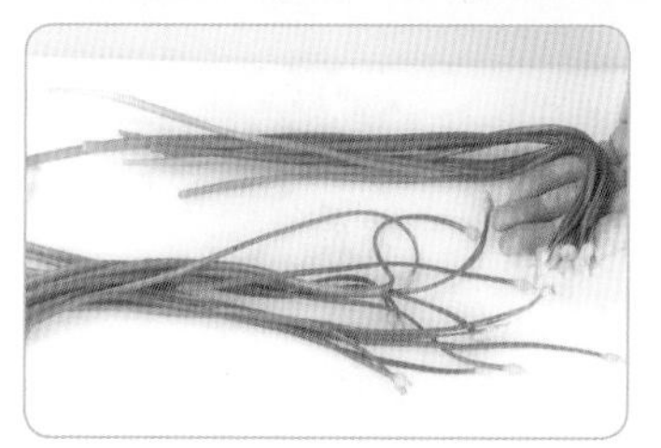

❷鍋中燒開水，將整把韭菜花燙熟，撈出，快速放入冰礦泉水中冷卻，再將頭部整理對齊。

❸依盤子尺寸取適當長度，將韭菜花尾端以片刀直刀切齊。

❹韭菜花以紙巾吸乾水分，排於盤內，每條間隔1.5cm。

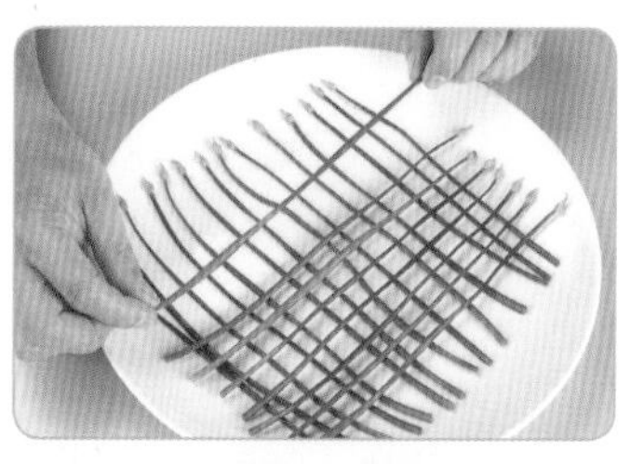

❺以相等間距，垂直方向再排一層，使其成網狀。以紅辣椒圓薄片排在一邊。

- 以燙熟的韭葉花泡冰水，較能保持翠綠色。
- 勿燙過熟而不夠飽滿，影響美感。

甜椒小花盤飾切雕法

使用工具：片刀、圓槽刀
切雕類型：等分劃分、整體排盤

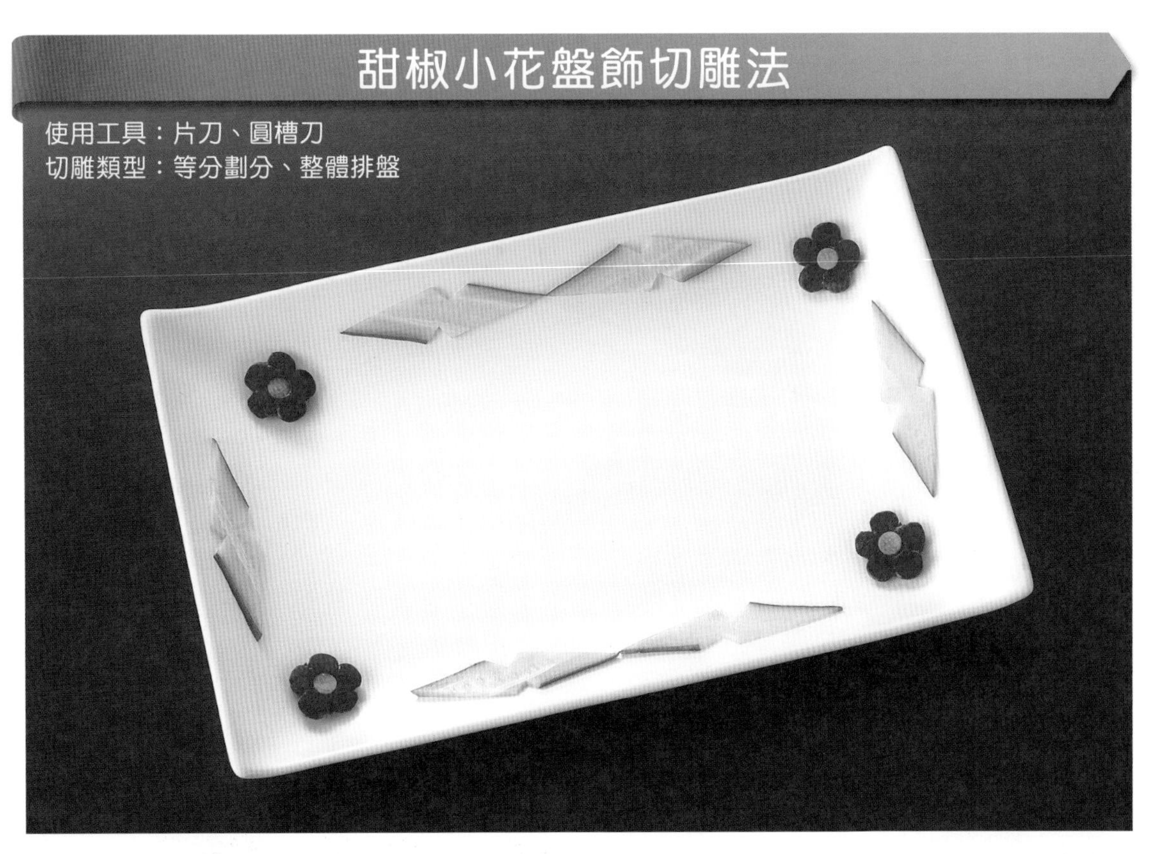

❶ 色澤鮮豔亮麗的紅甜椒1粒，小黃瓜半條，紅蘿蔔圓塊1塊。

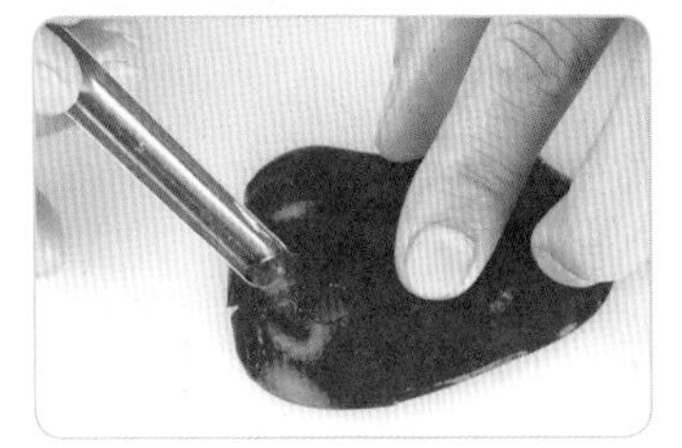

❷ 紅甜椒以片刀直切取1/3，去除內膜。於表面取一基點為花芯，劃分5等分線條，以中型圓槽刀於花芯部位切出圓孔。

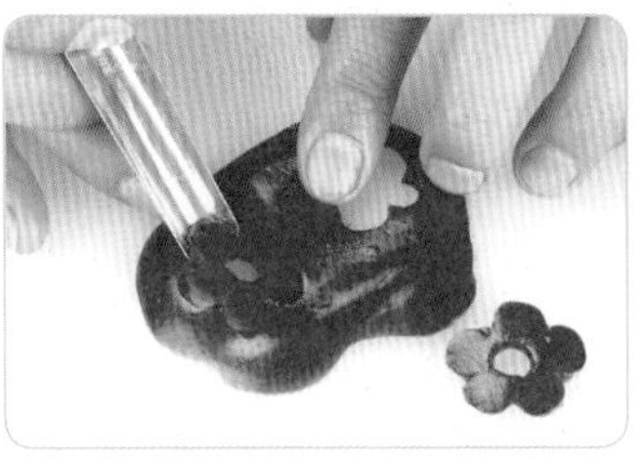

❸ 於圓孔外圍挖切雕出均等大小5片花瓣形，共雕出4朵花形。

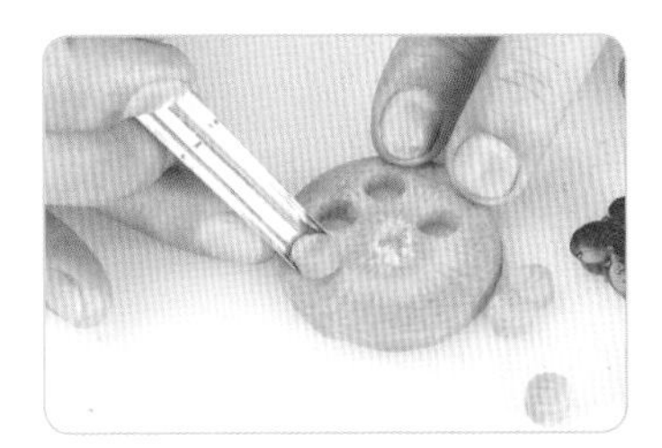

❹ 紅蘿蔔切片，厚度同甜椒，以同樣尺寸的圓槽刀切下圓形片，釀入甜椒花朵中空位置。

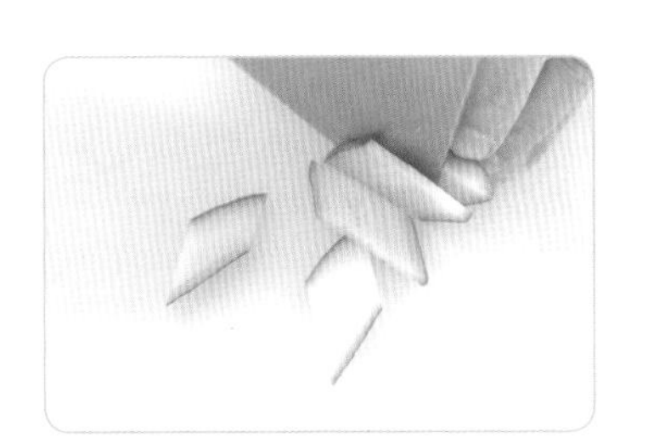

❺ 小黃瓜斜切菱形塊，切面朝砧板，切割0.3cm菱形片再以雕刻刀於上、下切割鋸齒排盤。

紅甜椒須選購表皮平面面積大、果實無歪斜者，切雕出的作品品質較佳。

各式蒟蒻板捲摺法

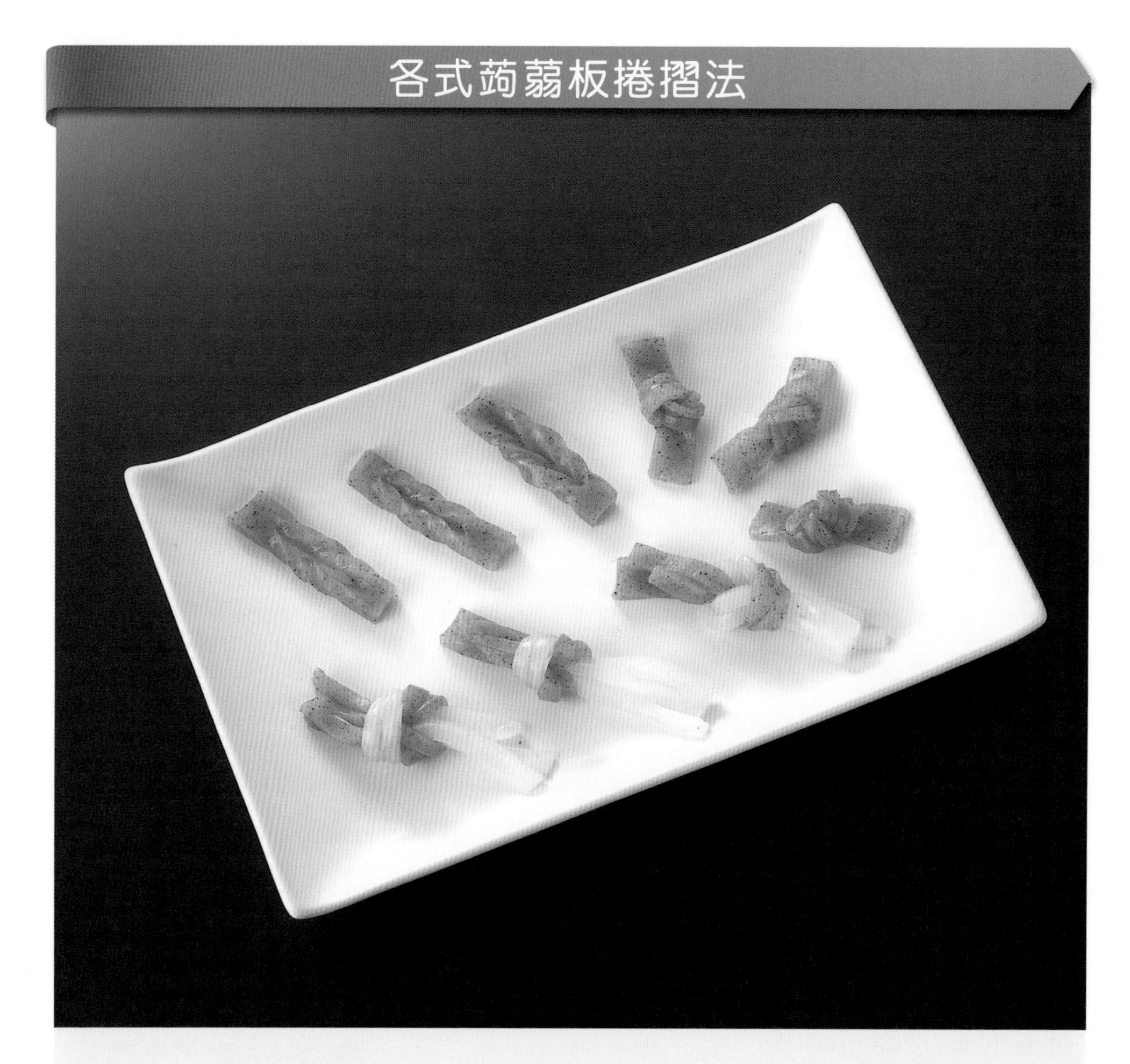

使用工具：片刀、雕刻刀
切雕類型：均等切割、捲摺成形

捲摺法 1

❶於傳統市場或超級市場購買蒟蒻板，墨魚黑色及白色各1塊。

❷取墨魚色蒟蒻板，以片刀橫切厚度0.5cm薄片數片。

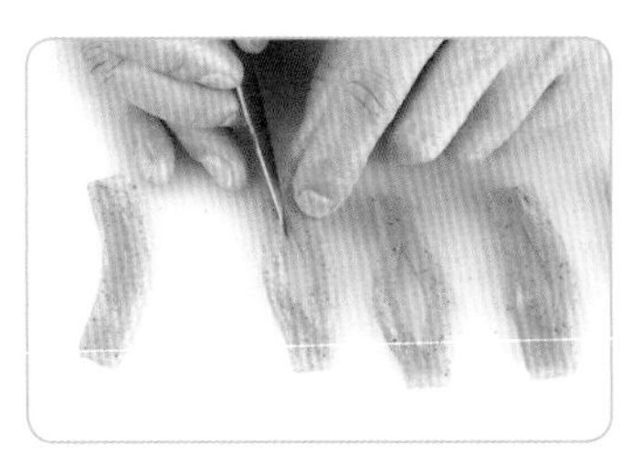

❸每片蒟蒻片兩端各預留0.5cm，以雕刻刀於中段直切一刀。

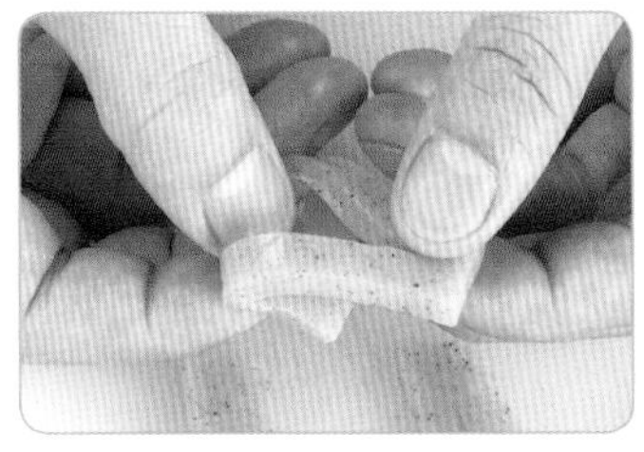

❹分別以手打開切口處，取一端插入切口再外翻，即成麻花狀。

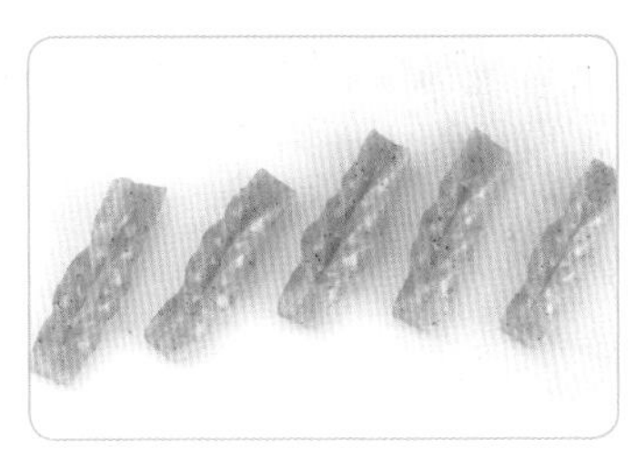

❺完成的麻花狀蒟蒻，可涼拌，或和其他菜餚一起烹煮。

- 以雕刻刀切割中心刀痕時，需預留前後0.5cm。
- 翻折每片時要小心勿拉斷。

捲摺法 2

❶取墨魚黑色蒟蒻板，以片刀直切厚度0.3cm薄片數片。

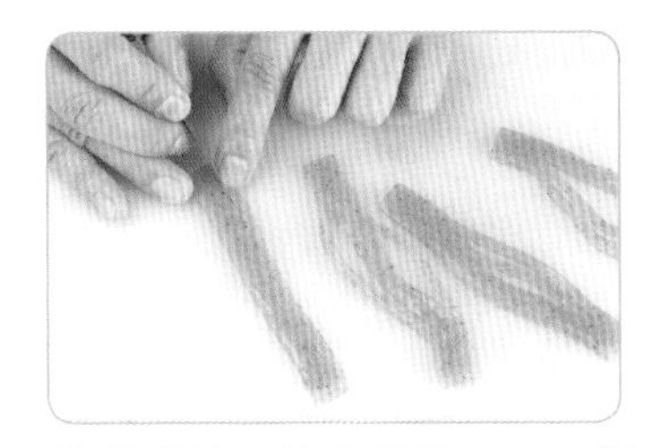

❷蒟蒻片兩端各預留1cm，將中段直切為3等分。

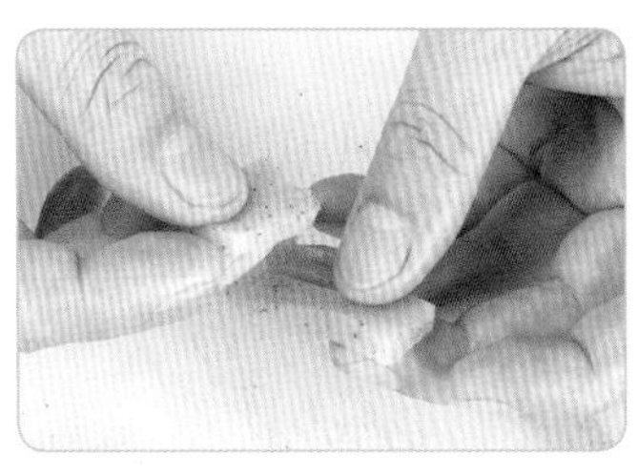

❸以手分別將每片蒟蒻片打成結。

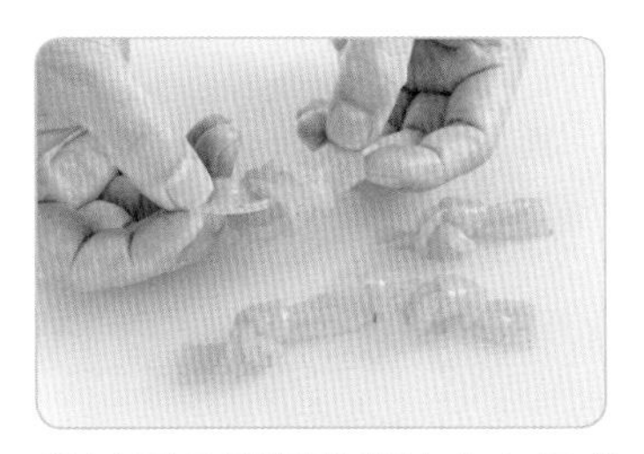

❹以手分別將蒟蒻片小心打成結。

❺打結後的蒟蒻可用來做涼拌沙拉或炒雞丁。

- 因會濕滑，切割片狀厚薄要注意。
- 打結勿太緊，避免斷掉。

捲摺法 3

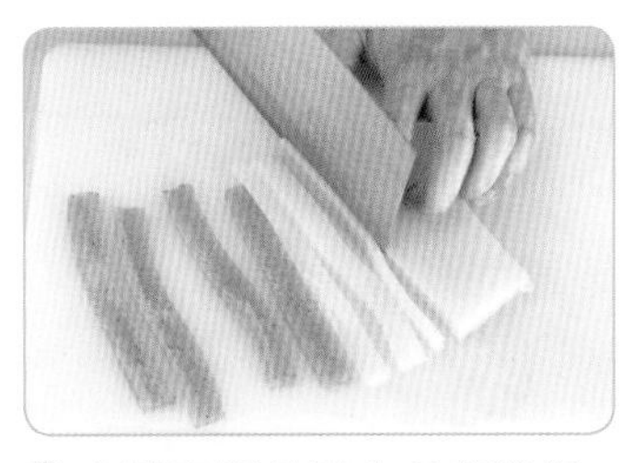

❶ 分別取黑色及白色蒟蒻板，以片刀直切厚度0.2cm薄片。

❷ 蒟蒻片一端預留1cm，以雕刻刀直刀切為2半。

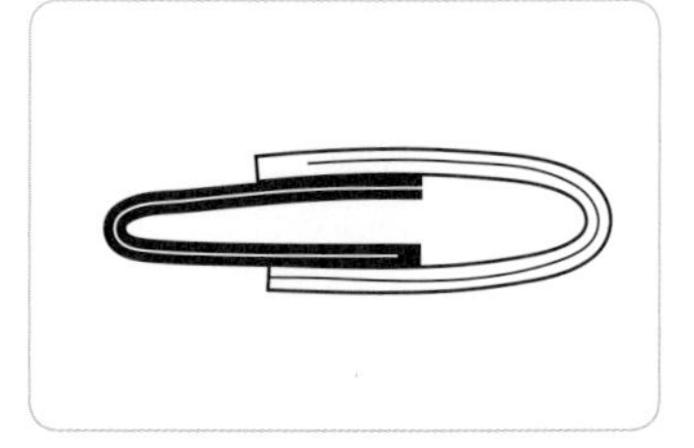

❸ 將切好的蒟蒻條以白黑2色為一組，摺成U形，分叉處相對。

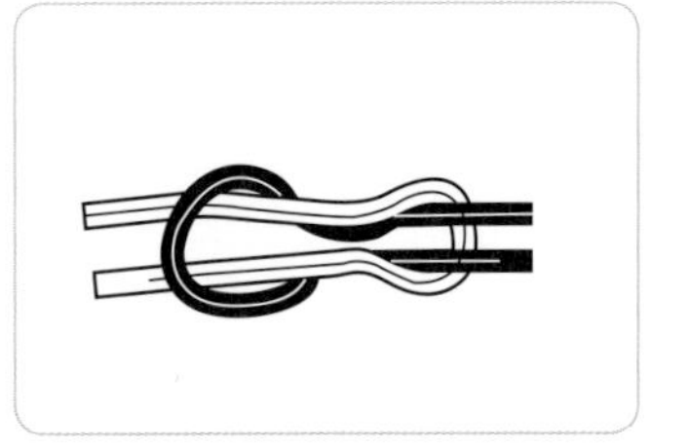

❹ 如圖所示，將兩條銜接上下打結。

❺ 以上三種樣式蒟蒻板結供做參考，可依各種菜餚自行變化。

- 摺法3所使用的蒟蒻片，長度須足夠，才好摺、好看。
- 打結勿太緊，避免斷掉，而影響美感。

捲摺法 4

❶ 分別取黑白色蒟蒻板以片刀直切厚度0.2 cm薄片。

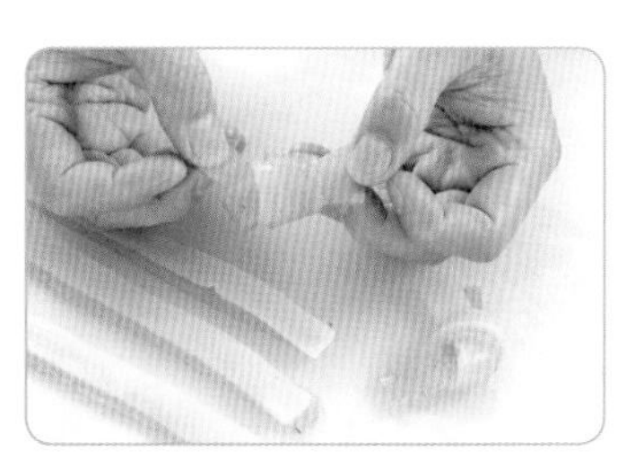

❷ 取黑白兩片，蒟蒻片並黏打成結。

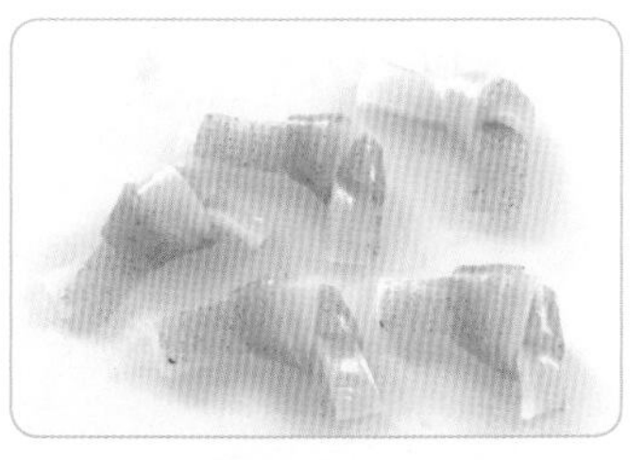

❸ 分別以黑白蒟蒻片兩片為一組，完全打成結。

扇形切法

❶ 取黑白蒟蒻板，以片刀切取寬2cm塊狀如圖。

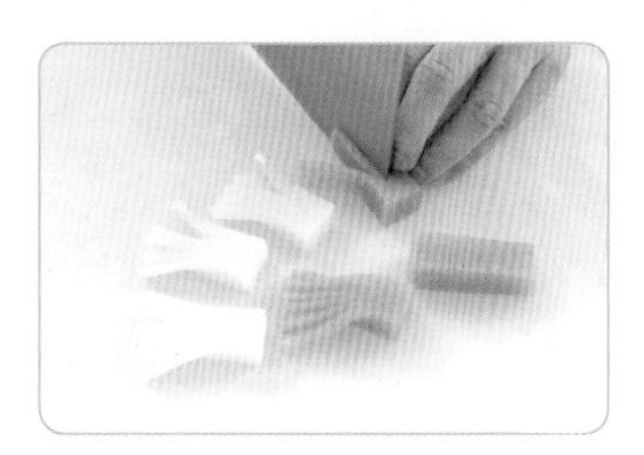

❷ 取每塊，前端預留1cm不切，以片刀刀尖切片，厚度0.2cm。

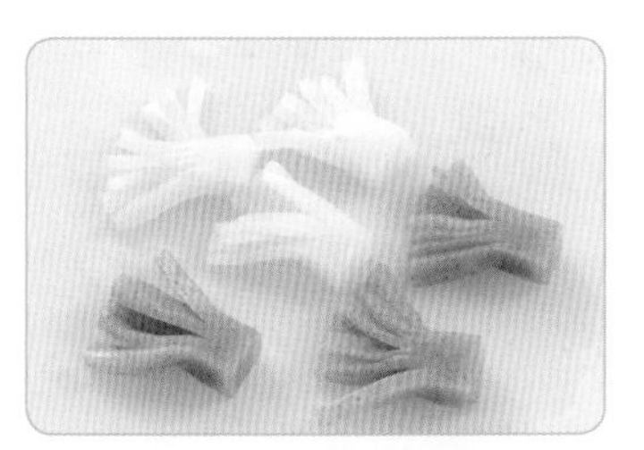

❸ 分別將每個塊狀蒟蒻切割成扇形，再由前端一切為二到預留1cm處不切斷即成。

大黃瓜皮柳葉切雕法

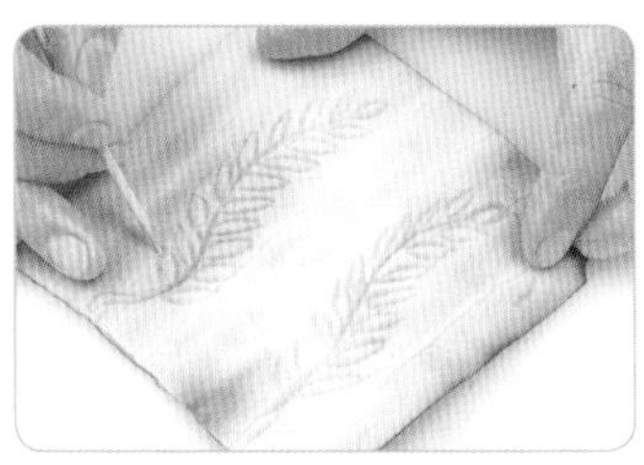

❶ 大黃瓜中段以片刀片取0.3cm表皮，背面以牙籤畫出彎曲的的柳葉中心梗，再畫出葉片。

❷ 以雕刻刀順著柳葉外形切雕，切時應避免切斷中心梗部。

❸ 紅蘿蔔尾端切除尾尖，再切除上下左右表皮，呈梯形（上底1cm、下底2.5cm、高3cm）。

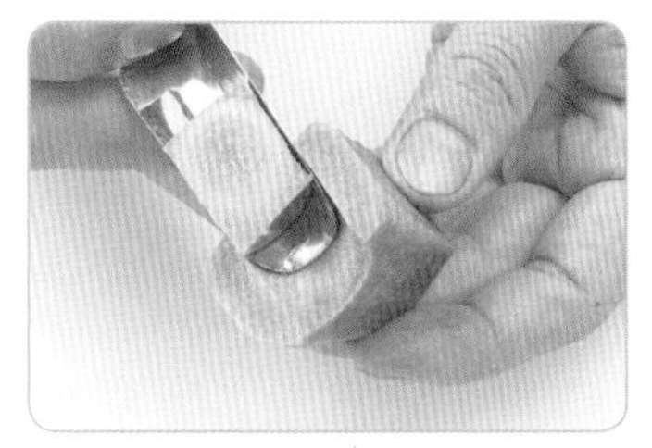

❹ 梯形紅蘿蔔下底部，以大圓槽刀挖除半圓，以雕刻刀修成弓形。

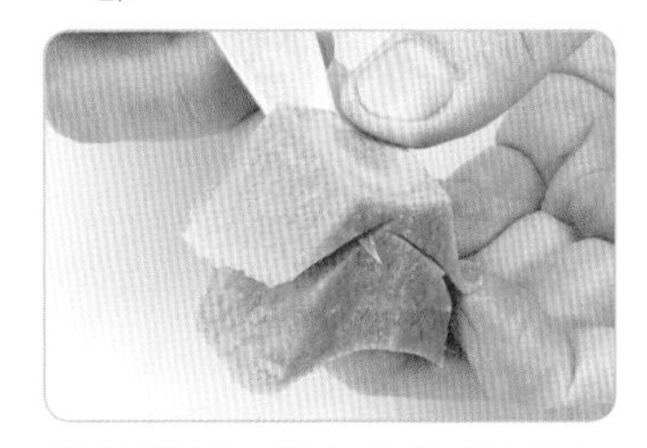

❺ 以雕刻刀將上底修成弓形，使成飛標狀。

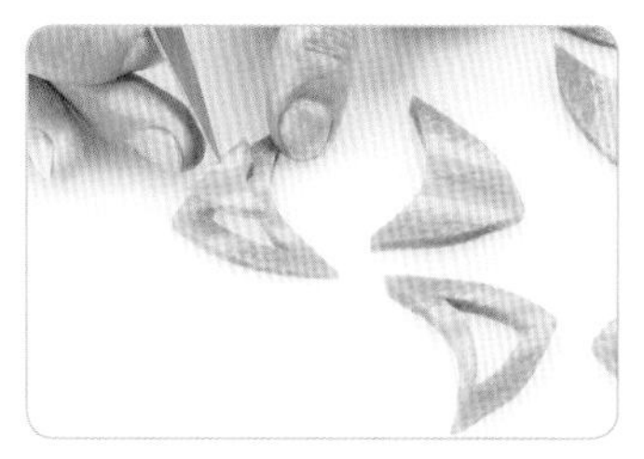

❻ 紅蘿蔔以片刀切成0.3cm薄片數片，每片以雕刻刀順著外緣0.5cm切成鏤空，即可排盤。

青木瓜花切雕法

使用工具：雕刻刀、尖形槽刀、牙籤
切雕類型：直斜圓弧、整體美感

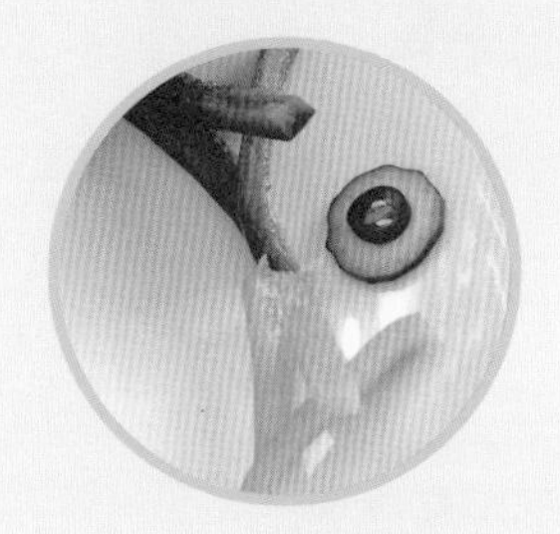

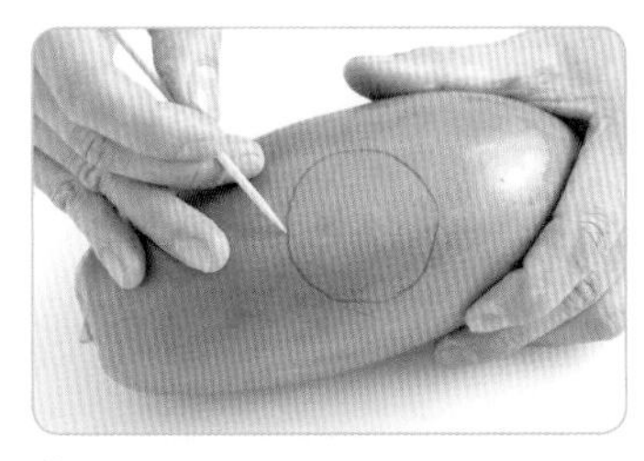

❶選購外表翠綠、外型飽滿的青木瓜，以牙籤在表皮中間劃出圓圈，大小以一般杯口為主。

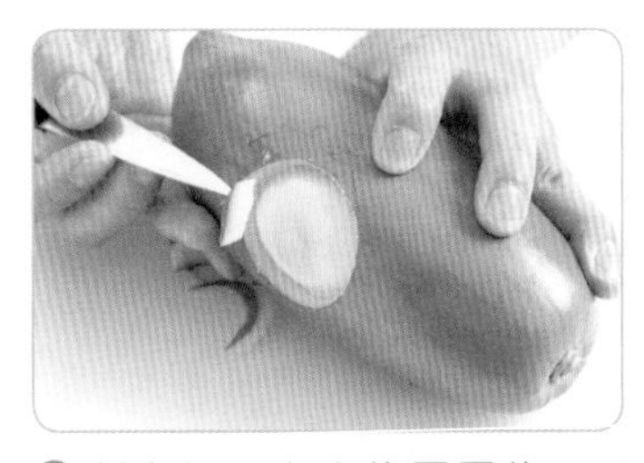

❷劃出杯口大小的圓圈後，以雕刻刀切割圓圈、深1cm，再由內面切除表皮。

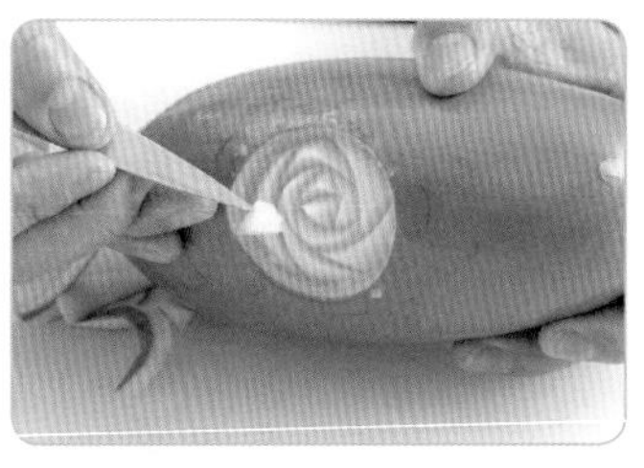

❸將內圈表皮片除後，以雕刻刀圓弧直刀切割，再圓弧斜刀切割，去除餘肉，切雕出花蕊形。

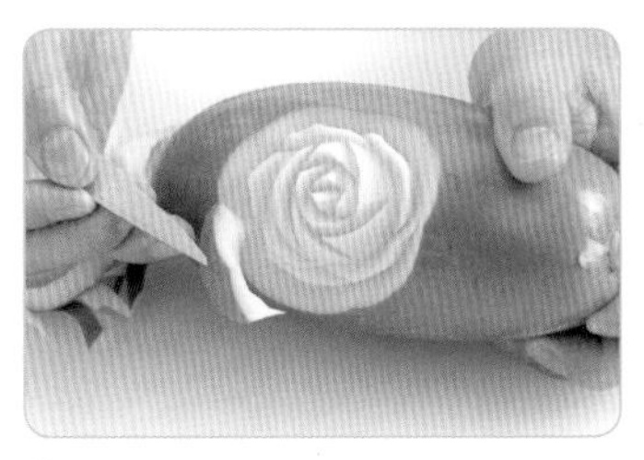

❹將內部花蕊切好後，再以雕刻刀，由外圓弧斜切花瓣半圓，第二刀更斜，切除餘肉。

❺以雕刻刀，順著圓弧切雕出半圓花瓣，再更斜刀切除餘肉，呈盛開的花朵。

❻將花朵切雕好後，以尖形槽刀，推切出葉脈柔軟的線條，切兩條。

❼以尖形槽刀推切出兩條葉脈線條後，再沿線條兩側推切出葉脈。

❽以尖槽刀推切出左右葉脈後，以雕刻刀由葉脈側邊斜刀、更斜刀，切出立體的葉子形。

❾分別以雕刻刀，將左右的葉脈側邊斜刀、更斜刀切雕出葉子形，沒切雕的部分，切出線條即成。

- 選購青木瓜，以新鮮翠綠、表皮無受傷刮痕為主。
- 切雕時要特別注意青木瓜的水液黏滑，避免切到手。
- 花瓣的層次以不規則為主，斜切、更斜切可雕出有層次的花瓣。
- 排盤裝飾若會滾動，底部可以片刀微切平，方便站立。

竹葉對折長形切雕 I

使用工具：雕刻刀
切雕類型：間隔切雕、線條美學

❶ 取竹葉，以梗為中心對摺，梗朝外，如圖切割。

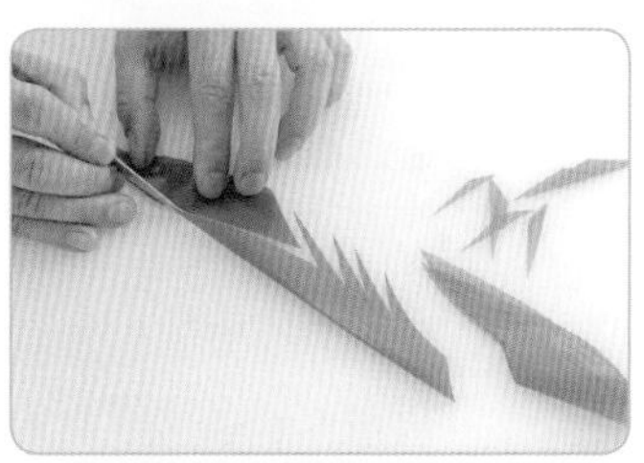

❷ 以雕刻刀如圖切割後，間隔切割出四個鋸齒尖形。

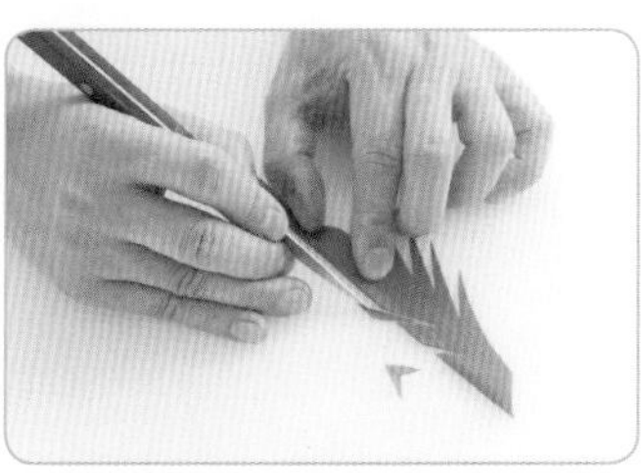

❸ 將竹葉外圍切雕好後，再切雕內面鋸齒。

❹ 以雕刻刀，分別在竹葉的內外側雕出如圖。

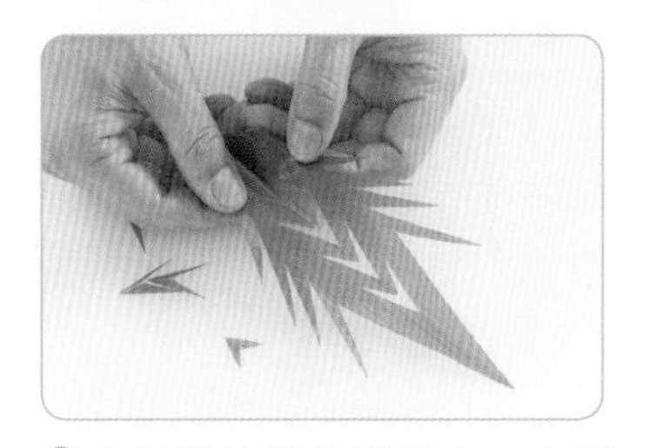

❺ 在切雕竹葉的過程中，左手壓住竹葉，右手拿刀切雕，切好後翻開。

❻ 將竹葉切雕好後，同方法再切雕另一片，切好後即可排盤裝飾。

竹葉對折長形切雕 II

使用工具：雕刻刀
切雕類型：圓弧線條、鋸齒切割

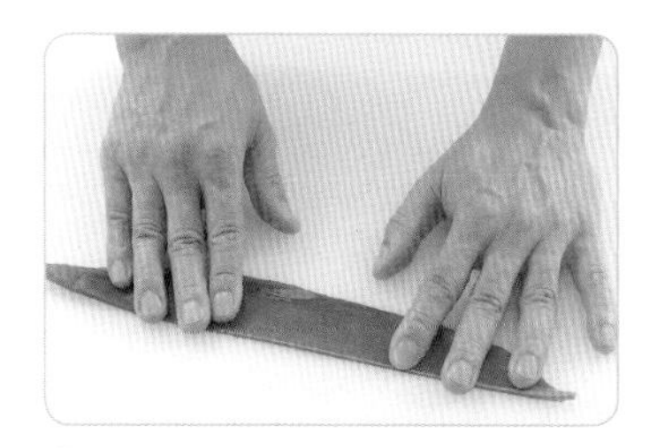

❶ 取新鮮竹葉，以梗為中心對摺，梗朝外，輕壓定型。

❷ 以雕刻刀切斷竹葉的梗，再切除竹葉，如圖。

❸ 以雕刻刀在外圍竹葉切割四個鋸齒狀，如圖。

❹ 將外圍切雕斜鋸齒後，再如圖切斷竹葉。

❺ 將竹葉形狀切出後，輕壓竹葉，以雕刻刀鏤空切雕竹葉。

❻ 以雕刻刀小心切雕出鏤空的竹葉圖後，翻開即成。

竹葉對折一半切雕

使用工具：雕刻刀
切雕類型：直斜線條、鏤空變化

❶ 取新鮮竹葉，取中心對摺，輕壓定型。

❷ 將竹葉對摺定型後，以雕刻刀由內往外切出蝴蝶的觸鬚。

❸ 以雕刻刀切出蝴蝶的長短觸鬚後，略轉竹葉45度，切雕出翅膀。

❹ 左手輕壓竹葉，小心的切雕出兩片翅膀及身體。

❺ 將半邊的蝴蝶切出後，再以雕刻刀在翅膀內切出鏤空橢圓狀。

❻ 分別以雕刻刀在蝴蝶上下翅膀切雕出左右的鏤空橢圓形狀。

❼ 將上下翅膀各切雕出三個鏤空橢圓後，在身體切出鋸齒如圖。

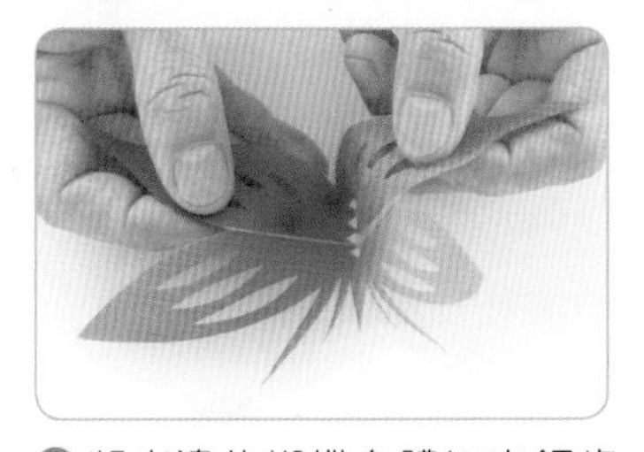

❽ 將半邊的蝴蝶身體切出鋸齒後，翻開，呈立體的蝴蝶即成。

日式刨片刨絲器

日式料理中，食用生魚片墊底的紅、白蘿蔔絲，就是以「刨片刨絲器」刨出來的。這些絲狀蔬菜，不但可以做為配菜食用，也有很好的排盤裝飾作用。

日式的刨片刨絲器，分為台灣製及日本製，兩者價格約相差1倍，可於五金刀具店購買得到。

購買時須注意，隨器具附有刨絲用粗細刀片，共3片。刨絲刨片器的構造一邊是刀片座，一邊是伸縮可旋轉的把手（如圖1）。

使用時，若要刨片，則直接於刀片座前將食材由前往後拉切即成。若要刨絲時，則需裝上刨絲片刀。視菜餚的需要，可隨意選用粗或細的刀片。

圖1

例如，要刨紅、白蘿蔔細絲時，先將刨細絲的片刀裝於片刀座並固定好，將白蘿蔔插入刀片座圓孔，再以旋轉手把針釘固定住白蘿蔔另一端，順時針方向旋轉，即可刨出細絲狀，如圖2、圖3所示。

圖2

圖3

剛刨出的蘿蔔絲需以礦泉水洗過，再用冰開水浸泡15分鐘左右，食用時口感較脆，也能消除生蘿蔔的辛辣嗆味。

自我評量

是非題

( ) 1. 在雕刻蔬果時，要小心刀具的銳利，無名指及小指需緊靠抵住食材，避免割到手或切壞作品。

( ) 2. 切雕大黃瓜皮楓葉，無需以牙籤在表皮內面畫草稿，直接以雕刻刀雕即可。

( ) 3. 片刀的特點是刀口鋒利，重量輕與方便靈活使用。

( ) 4. 果雕技術與刀具齊全並不重要，最重要的是要有果雕的興趣與職業道德。

( ) 5. 小黃瓜及茄子扇形薄片，每片間隔0.5cm切好後，再切平底部使能站立排盤。

( ) 6. 排盤裝飾用的盤子，盡量以單一色系，如純白或象牙白為主，較能凸顯果雕的價值。有紋路、花色的盤子盡量少用。

( ) 7. 韭菜花網狀排法，需先將韭菜花燙熟，再用溫水沖洗，濾乾水分，切整齊，再排盤裝飾。

( ) 8. 雕刻工具用畢以清水洗淨，以乾布擦拭，妥善收藏，避免生鏽及損傷刀刃。

( ) 9. 各式的蒟蒻板捲摺，可做涼拌或和其他菜餚一起烹煮。

( ) 10. 雕刻刀有別於一般小刀、水果刀，刀刃只有單邊，用意在於雕刻圓弧時能靈活旋轉。

選擇題

( ) 1. 切雕木薄片時，先以長尺及鉛筆略做記號，再以雕刻刀切割。將兩端捲起，需以 (1)漿糊 (2)三秒膠 (3)釘書針 (4)膠水 固定。

( ) 2. 蒟蒻板可至 (1)超級市場 (2)文具行 (3)五金行 (4)麵包店 購買到。

( ) 3. 剛刨出的白蘿蔔絲，以礦泉水洗過，是為了消除蘿蔔的 (1)甜味 (2)辛辣味 (3)苦味 (4)酸味 ，以及增加脆度。

( ) 4. 本章大黃竹節切雕是以 (1)大黃瓜肉 (2)大黃瓜籽 (3)大黃瓜皮 (4)小黃瓜皮 切雕出的。

( ) 5. 五金餐具行所賣的木薄片都是整包，若沒有用到那麼多，可至市場的 (1)蔬果攤 (2)豬肉攤 (3)海鮮攤 (4)生魚片攤 購買，較經濟實惠。

PART

07

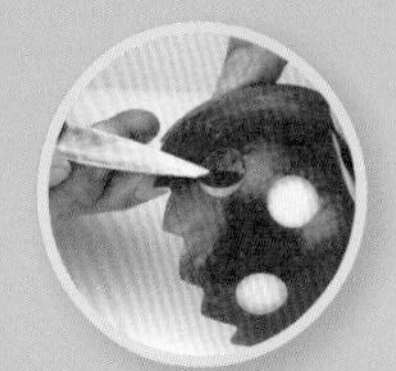

瓜果盅切雕

切雕瓜果盅需要多種的工具配合，利用瓜果類外形圓潤、表皮挺實的特性，雕出各種中空的造型。成品具有實用性，可以當作盛裝菜餚、水果或醬汁的容器來使用。

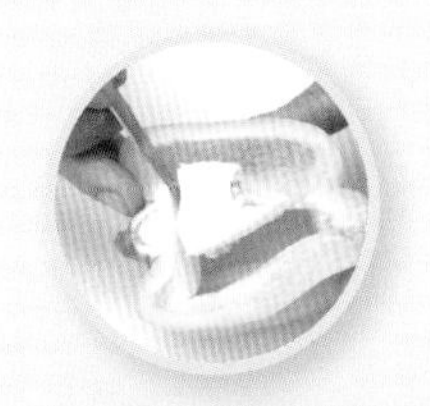

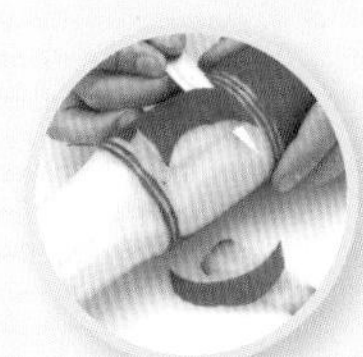

大黃瓜竹節盅

使用工具：片刀、雕刻刀、圓槽刀、尖槽刀、挖球器、三秒膠

切雕類型：等分劃分、線條切雕

竹節盅 1

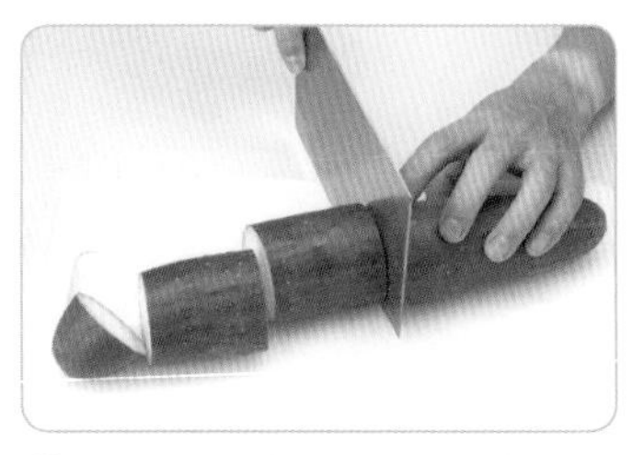

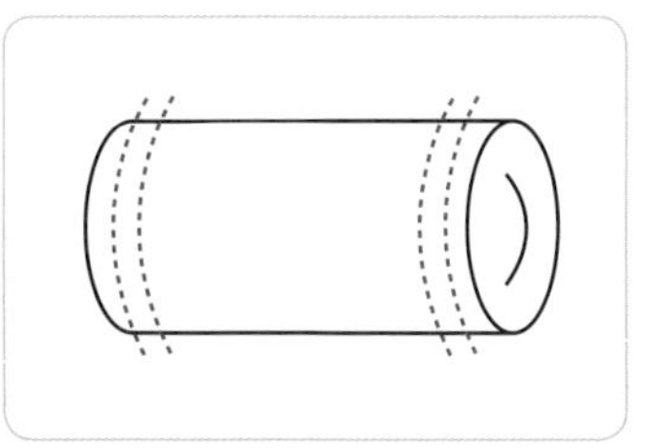

❶ 取新鮮翠綠直長的大黃瓜，以片刀切除頭部圓弧3cm，再切取8cm長段2段。

❷ 大黃瓜長段以V型槽刀在頭、尾兩邊的瓜皮上，各挖切2圈細線，每條線間隔0.3cm，深度0.3cm。

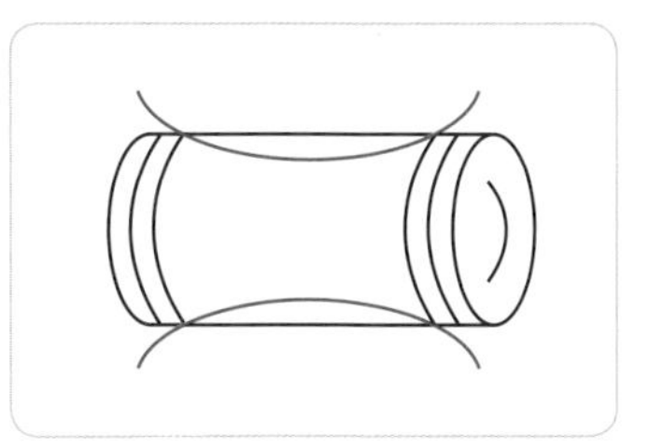

❸ 以雕刻刀將外皮的上下線條之間，切雕成圓弧形凹面，最深處0.5cm。

❹ 以雕刻刀在一端直刀切割瓜皮內0.5cm、深度5～6cm的瓜肉。

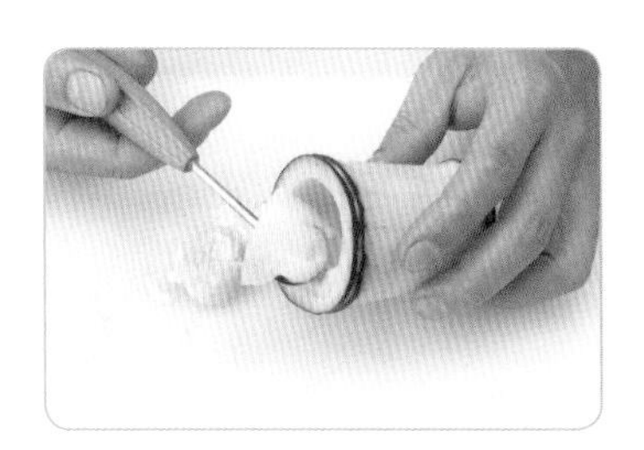

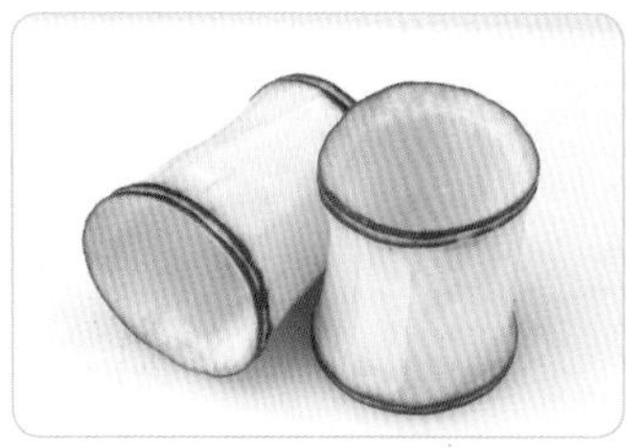

❺ 以挖球器挖除黃瓜內籽部分，呈竹節盅形，需小心勿挖破盅底。

❻ 以雕刻刀斜40度，修整盅口的形狀。

❼ 切雕好的竹節盅，以礦泉水洗淨，可放入什錦蔬菜條生食，或放入炒好的蝦鬆、牛肉鬆等。

- 以尖形槽刀，挖切竹節線條，力道需注意，圓弧環繞線條需對準，避免歪斜或對不準。
- 以雕刻刀片切表皮中段時，圓弧需特別小心。勿切太深而看到籽。
- 挖取內籽時需小心，勿挖破底部。

竹節盅 2

❶ 取新鮮翠綠直長的大黃瓜1條，以片刀切除頭尾各3cm。

❷ 黃瓜全長劃分為3等分，以2支牙籤做記號，以V型槽刀在頭、尾兩邊的瓜皮上，各挖出2圈細線，每條線間隔0.2cm，深度0.2cm。

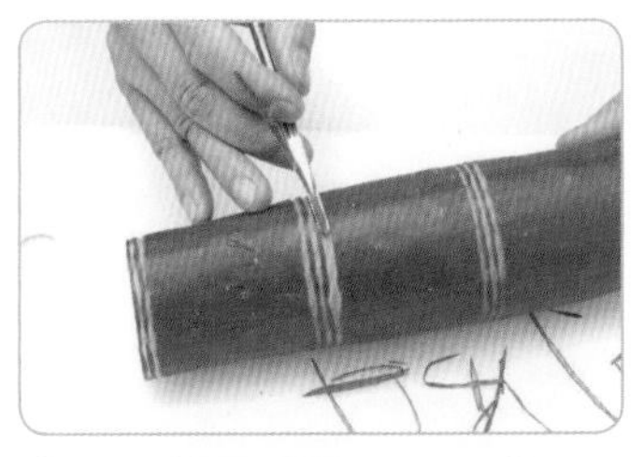

❸ 在牙籤標記處，以V型槽刀分別挖出3圈細線，每條線間隔0.2cm。

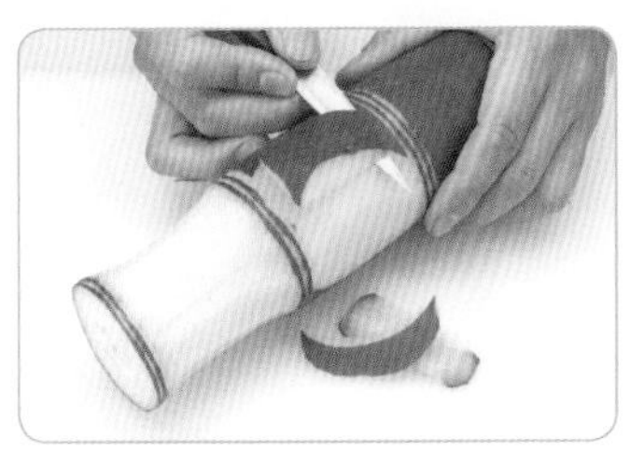

❹ 分別將三段竹節表面，以雕刻刀切成圓弧形凹面，最深處0.5cm。切下的黃瓜皮留下備用。

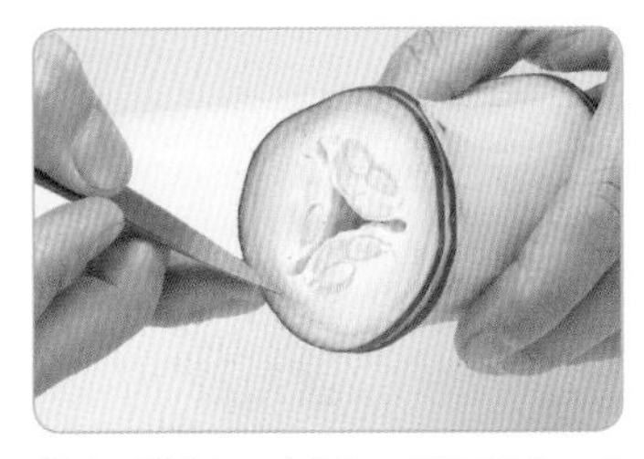

❺ 以雕刻刀在頭、尾兩端，直刀切割瓜皮內0.5cm、深度0.5cm的瓜肉。

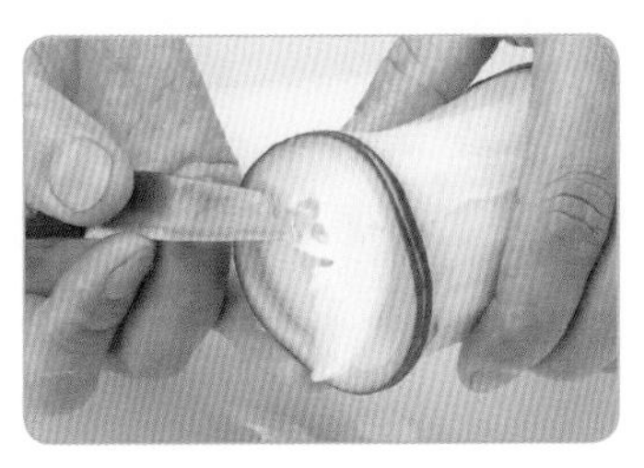

❻ 以雕刻刀由內往外修整頭、尾的切面。

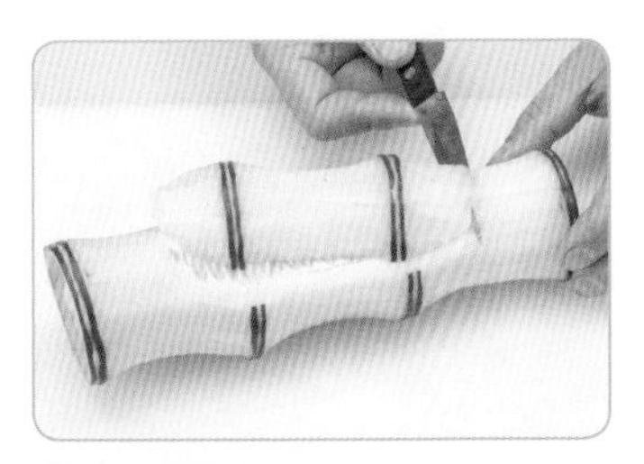

❼ 以牙籤於竹節中段，畫出橢圓形開蓋線條，以雕刻刀切開蓋子。

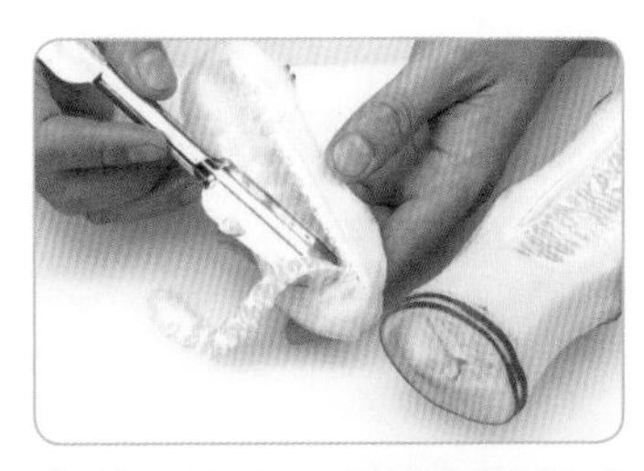

❽ 蓋子部分以圓槽刀挖除內籽，保留1cm厚的瓜肉。

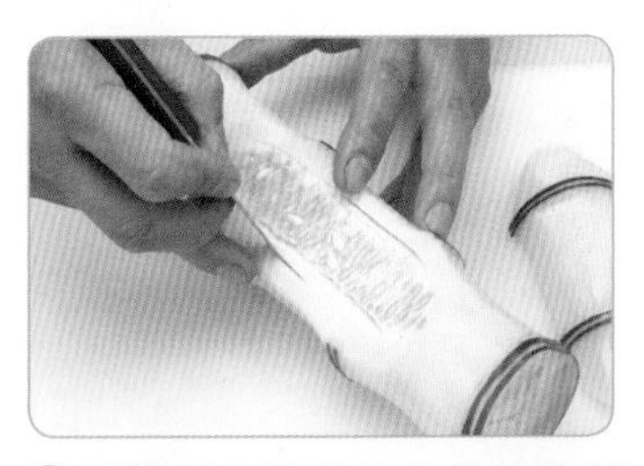

❾ 用雕刻刀順著已切除的盅蓋橢圓形，往內1cm處直切一圈，深度2cm。

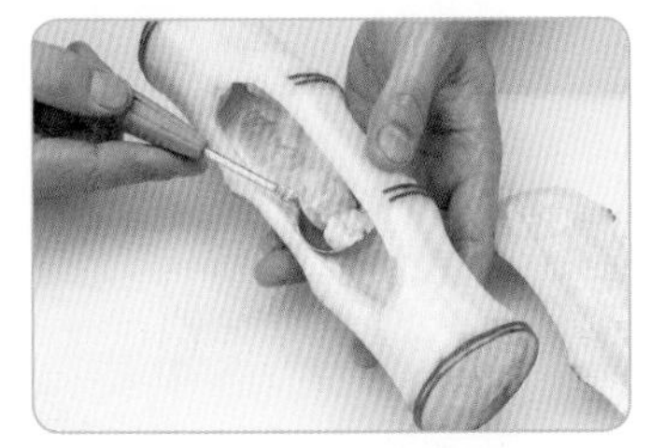

❿ 以挖球器挖除橢圓區域的瓜肉及瓜籽，成凹型槽狀，操作時需小心勿挖穿底部。

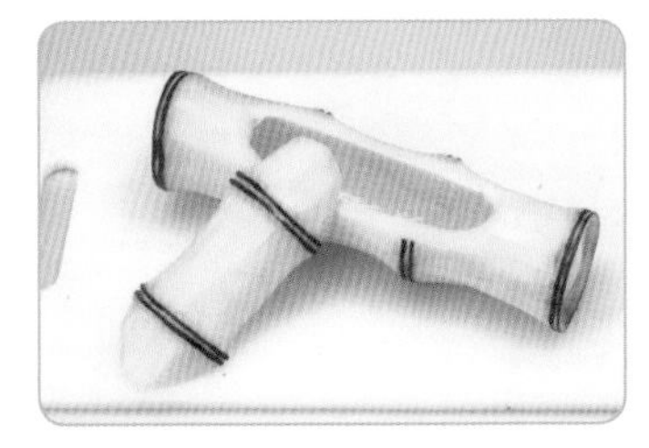

⓫ 以清水洗淨，再以雕刻刀修整內面不規則處。

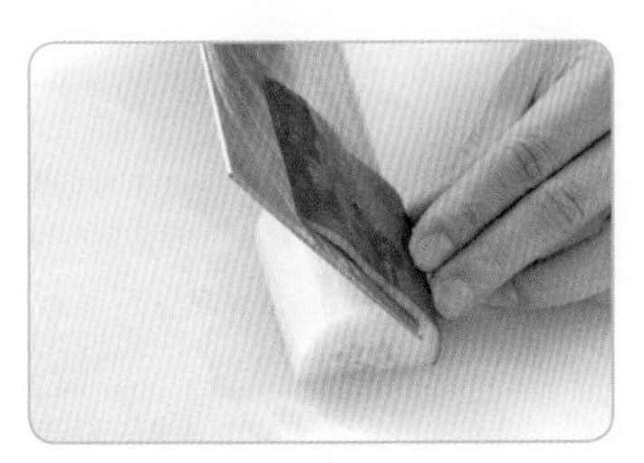

⓬ 取一段大黃瓜，以片刀片取表皮，厚度約0.5cm。

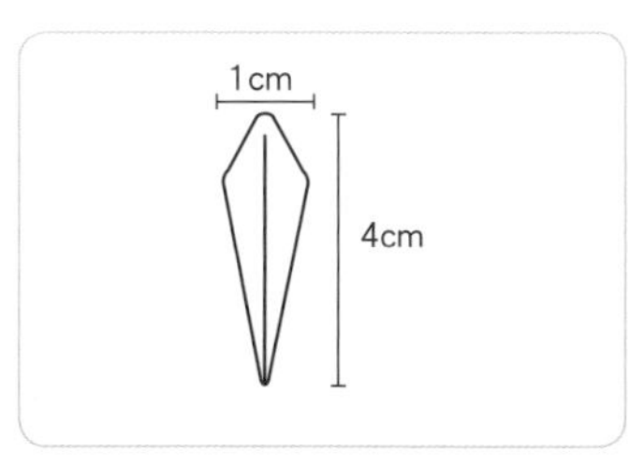

⑬ 取步驟4切雕下的黃瓜皮，以雕刻刀雕出6片尖長形竹葉，如圖所示。

⑭ 將大黃瓜表皮內面以牙籤畫出竹葉形，再切雕出竹葉。

⑮ 每片竹葉取中心線，直刀斜刀切出中心葉脈線條。

⑯ 每片竹葉翻至背面，將較寬的一頭以斜刀微微切薄。

⑰ 竹葉3片一組，以三秒膠黏接，再黏於竹節盅上適當位置。

⑱ 此竹節盅較少放入菜餚，一般只做為裝飾用。

- 片取竹節每節的間隔圓弧時，下刀深度需特別注意避免切到籽。
- 以雕刻刀，圓弧開蓋前，需先略劃出線條，避免失敗。
- 竹節底部微切平，避免滾動。
- 切割竹葉，葉子要細長形，三片為一組，大小要一致。

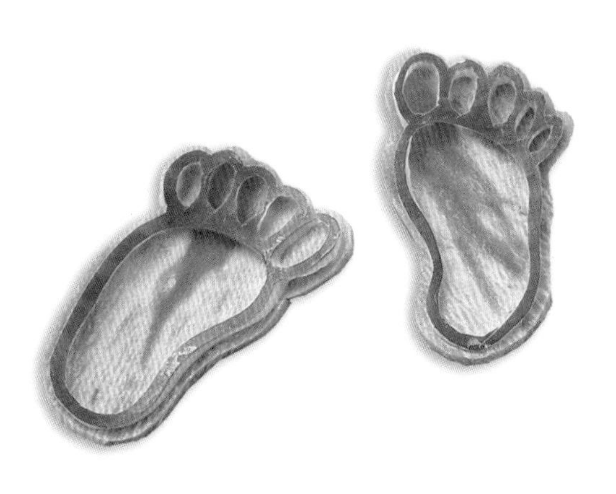

南瓜盅與南瓜盤

使用工具：片刀、雕刻刀、圓槽刀、尖槽刀、大湯匙、三秒膠
切雕類型：等分劃分、平穩控刀

南瓜盤 1

❶ 取新鮮亮麗橢圓球狀南瓜1粒，以片刀於蒂頭旁直刀切成兩半。

❷ 取有蒂的一半，以片刀將切口的另一邊平行切除0.5cm，成為盅底，使之易於平穩擺放。

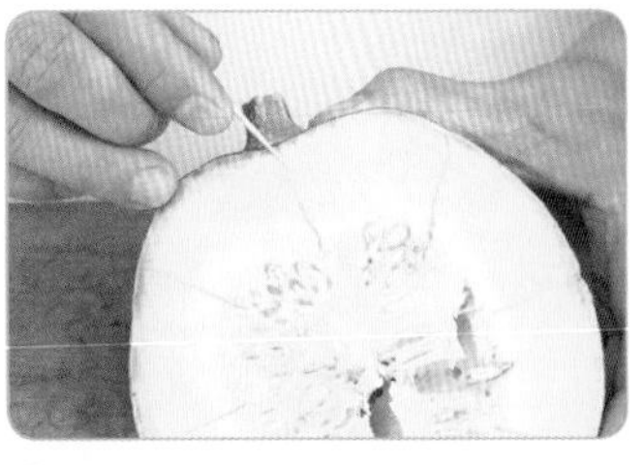

❸ 南瓜切面以牙籤劃分十字形線條成4等分後，再平分每等分，成為8等分。

❹ 以雕刻刀將每一等分切出深度1.5cm的V形，成為8個尖形鋸齒。

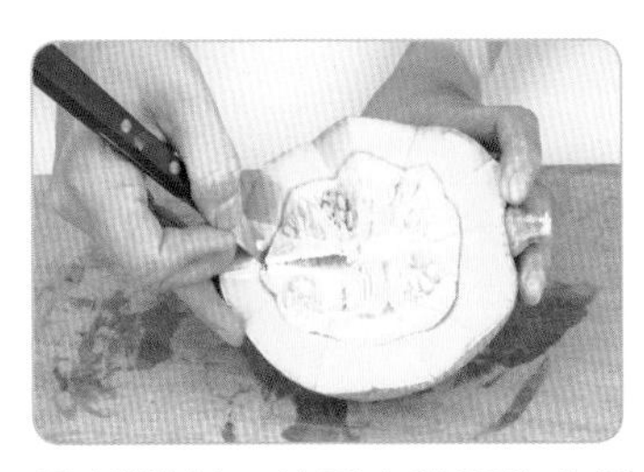

❺ 以雕刻刀於瓜肉與籽的交界處（視瓜肉厚薄），斜55度順著弧形切割，深3cm。

❻ 用大湯匙順著刀痕將內籽完全挖除，成為凹形槽狀。

❼ 取先前切除的底部瓜皮，以牙籤畫出相連的兩片葉子，再以雕刻刀順著線條切雕葉形。

❽ 以雕刻刀直刀、斜刀切雕中心線及左右葉脈，再以尖型槽刀切雕葉緣鋸齒。

❾ 將南瓜盤近蒂頭處邊緣切一細縫，將葉片黏接於縫隙即可。可將南瓜蒸熟，裝入醬爆雞丁或彩椒肉片等菜餚。

- 南瓜質地較硬，且瓜肉有黏液，容易黏滑，切雕時須特別小心注意。
- 切雕葉脈勿太深，避免穿透葉片。
- 挖取內籽，需以大湯匙挖取，才會光滑漂亮。

南瓜盤 2

❶ 取新鮮亮麗橢圓球狀南瓜1粒，以片刀於蒂頭旁直刀切成兩半。取無蒂頭的一邊，切除底部0.5cm，使能站立。

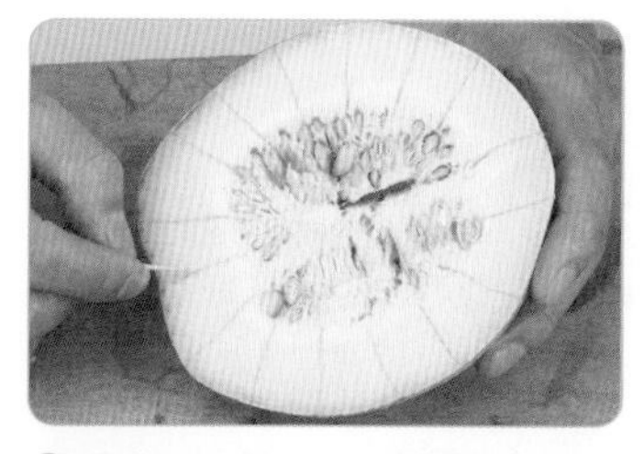

❷ 南瓜切面以牙籤劃分十字形，再每等分劃分四小等分，平均劃分成16等分。

❸ 將畫線處直切，深1.5cm，再斜切45度，切出16個∠形鋸齒。

❹ 以雕刻刀斜度50度，順著瓜肉與瓜籽的分界處切割，深3cm。

❺ 用大湯匙順著刀痕將南瓜內籽挖除乾淨。

❻ 可將南瓜蒸熟，裝入彩椒炒牛柳、糖炸里肌肉等菜餚。

南瓜盅

❶ 取完整的南瓜1粒，上下分3等分，以牙籤環繞瓜身畫出上方1/3的分界線。

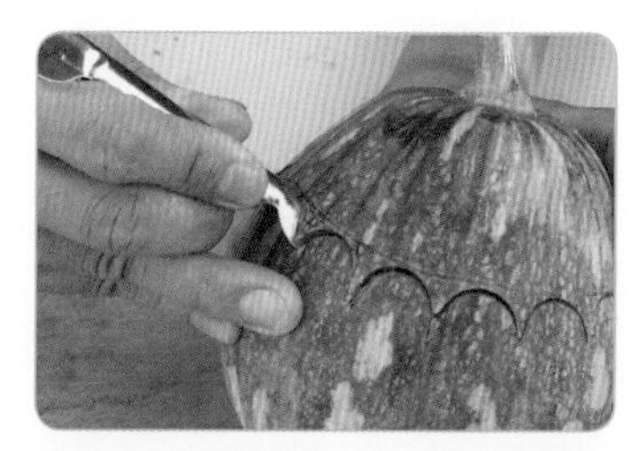

❷ 以大圓形槽刀，環繞分界線橫切至中心，至完全繞行一圈。。

❸ 拔開上蓋。以片刀切除底部0.5cm，使能站立。

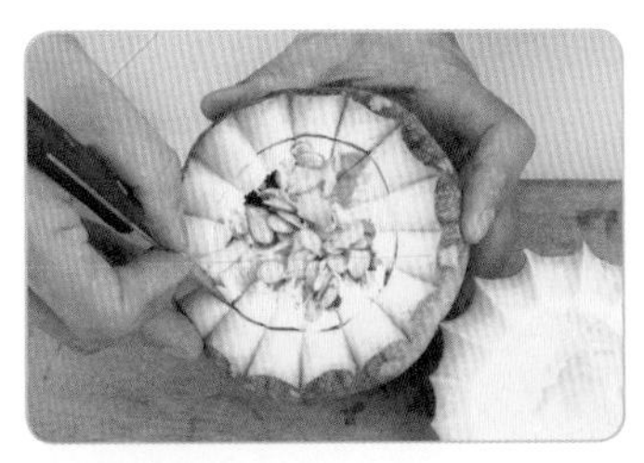

❹南瓜盅以雕刻刀在瓜肉與瓜籽分界處環繞直切一圈，深度4cm。

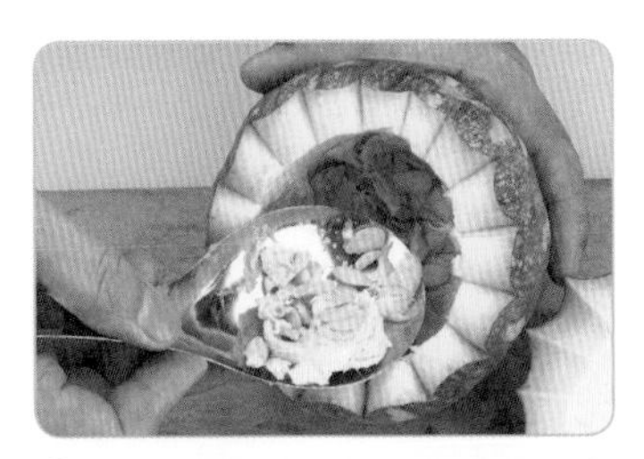

❺以大湯匙順著刀痕將內籽部分完全挖除，蓋子部分以同樣方式去除內籽。

❻盅內放入粉蒸肉、粉蒸排骨，整顆入鍋蒸熟，食用時可挖取瓜肉一起食用。

變化❶步驟2中若使用大尖形槽刀，可依同樣方法切雕出不同造形的南瓜盅。

變化❷取南瓜切平底部，以刀斜切如圖，再將內籽挖除即成。

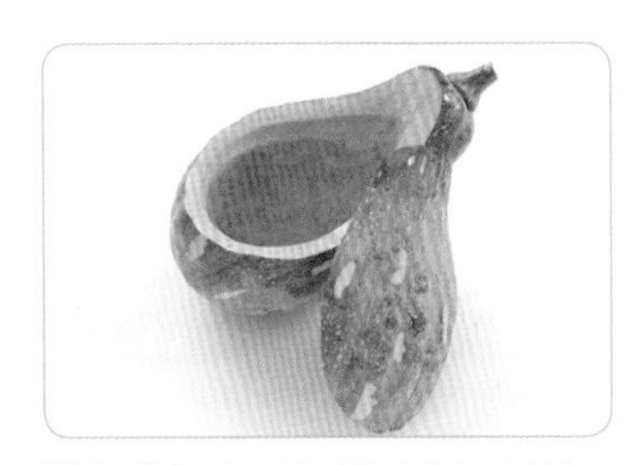

變化❸取南瓜切平底部，以片刀斜切45度，左右斜切到中心，開蓋挖除內籽即成。

- 切南瓜盅時，也可以利用挖球器代替雕刻刀和大湯匙，將內籽慢慢挖除。
- 南瓜盅放入蒸籠蒸煮時，南瓜外圍需以鋁箔紙由底部往上包住，避免南瓜蒸熟後，瓜皮破裂。
- 南瓜盅蒸10分鐘後，可以用筷子穿插測試，若是軟了代表完全煮熟。

柳橙盅與柳橙籃

使用工具：片刀、雕刻刀、牙籤、三秒膠
切雕類型：盅形變化、切割果肉

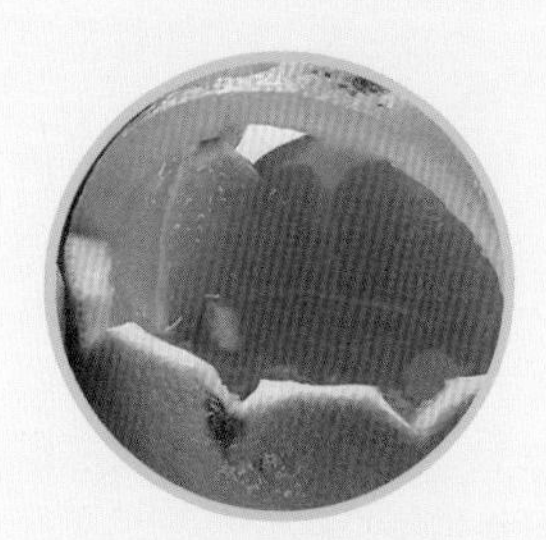

柳橙籃 1

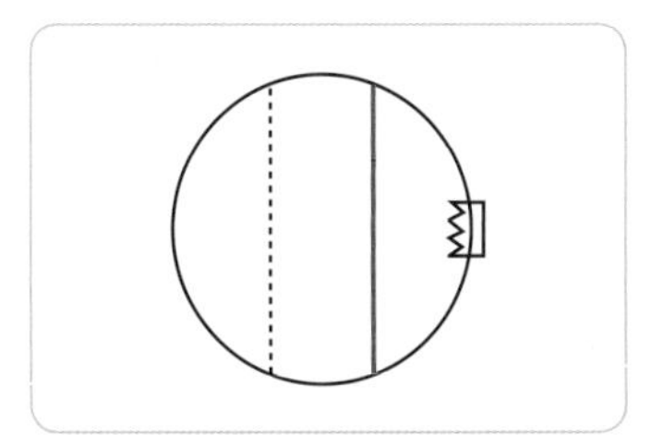

❶ 取色澤鮮橘無斑點柳橙1粒，蒂頭朝右，縱向劃分3等分。

❷ 以片刀於靠近蒂頭一等分切開後，再切取厚度0.5cm薄片1片。

❸ 取柳橙切面的中心線，中心線兩端以牙籤做記號，以片刀左右橫切0.5cm厚，於中心線處預留1cm不切。

❹ 以雕刻刀於橙肉與橙皮的邊界處，斜55度環繞切割一圈，深度2cm。

❺ 以雕刻刀順著刀痕斜45度由內往外切除果肉。

❻ 取先前切下的0.5cm圓片柳橙，以雕刻刀順著橙肉與橙皮的邊界處，切除果肉留下表皮。

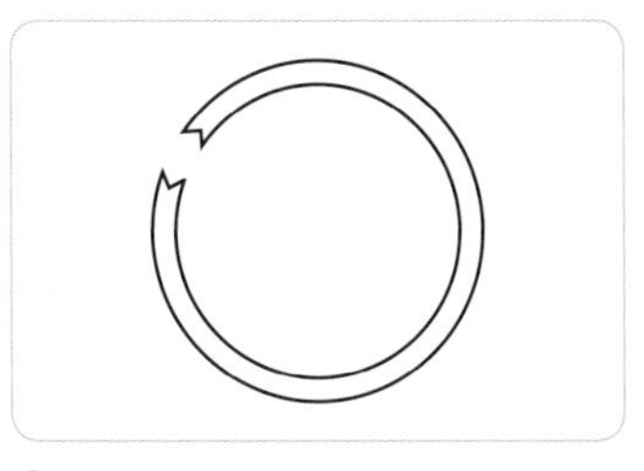

❼ 將表皮切斷成條狀，兩端切出V形叉口。

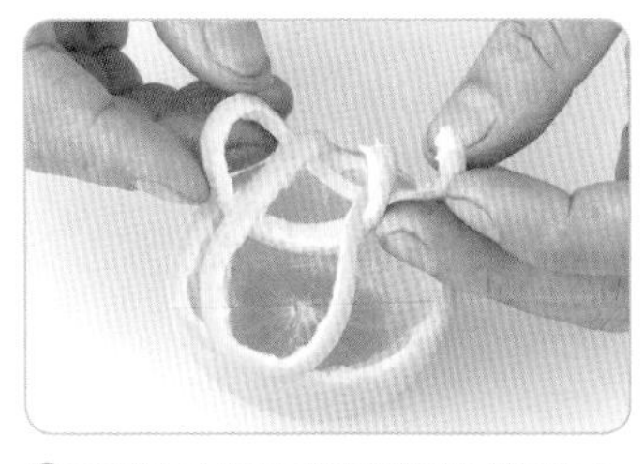

❽ 輕輕拉起兩側邊緣的柳橙皮，以條狀柳橙皮綁住，需綁緊，但小心勿拉斷。

❾ 柳橙籃切雕好後，可放入巴西里、生菜葉、紅辣椒花做為排盤裝飾用。

- 雕刻刀非常尖銳，在挖果肉時須特別小心，左手手指應避免放在刀尖施力的方向，以免不小心切穿果皮而傷及手指。
- 柳橙中心梗較硬，切割時要特別小心。

柳橙籃 2

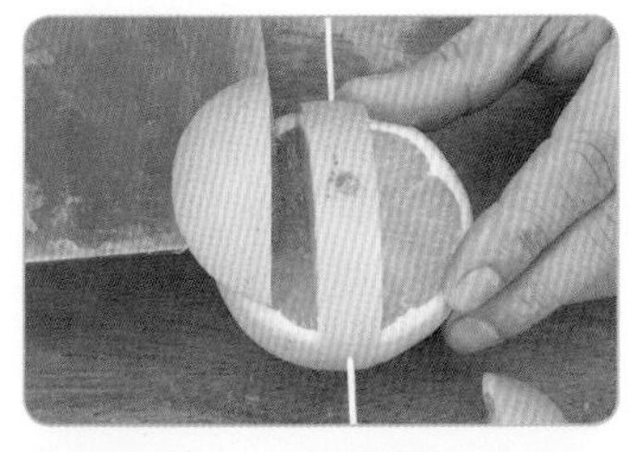

❶ 柳橙1粒，蒂頭畫出縱向中心線，再畫出橫向中心線。取片刀於中心線左右各0.5cm，直刀切至橫向中心線止，再由橫向中心線橫刀切除左右兩塊柳橙瓣。

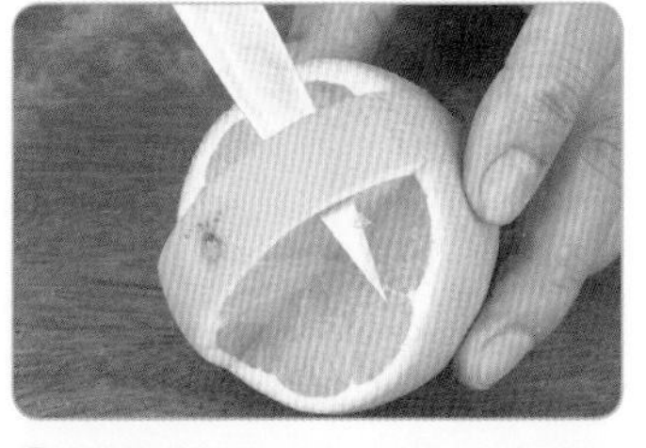

❷ 以雕刻刀將提把處外皮和果肉交界處順著圓弧切開。

❸ 橫刀切除提把內果肉，需小心勿切斷提把。

❹ 以雕刻刀於提籃內側，表皮與果肉交界處，斜55度環繞切割一圈，深2.5cm。由內往外切除籃子內側果肉。

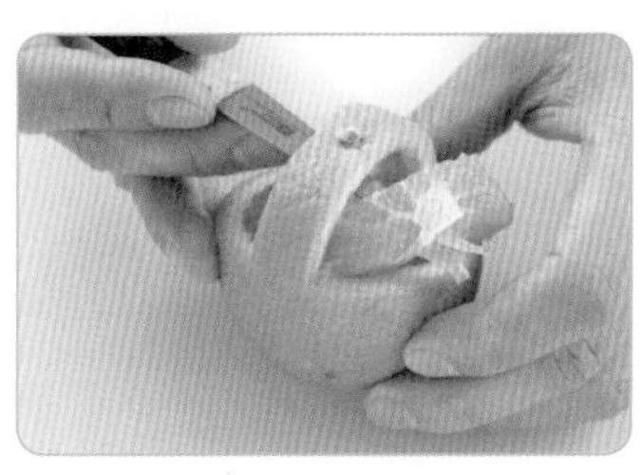

❺ 以雕刻刀由內往外切除籃子內側果肉，取出。

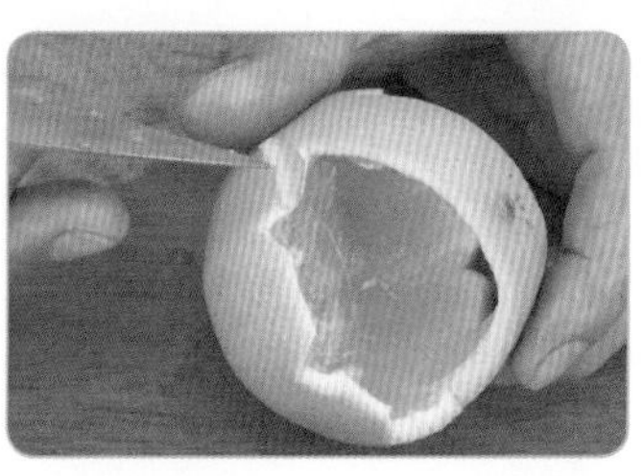

❻ 兩側籃邊以牙籤分別劃分4等分，依等分切成圓弧波浪狀。

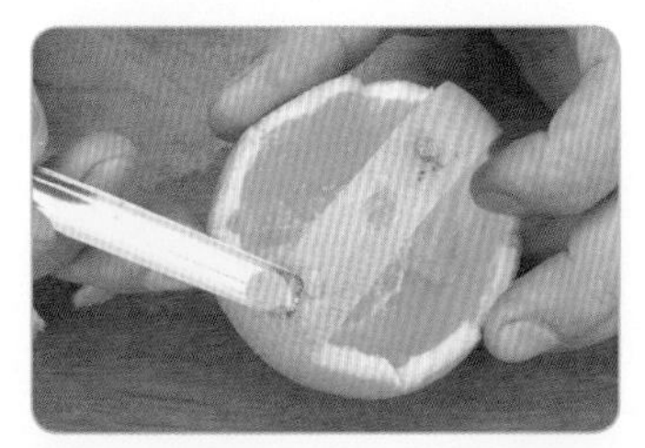

❼ 以小圓槽刀於提把蒂頭兩旁1cm處挖出兩圓孔(A)，在靠近籃子邊緣的把手處再挖出兩圓孔(B)。

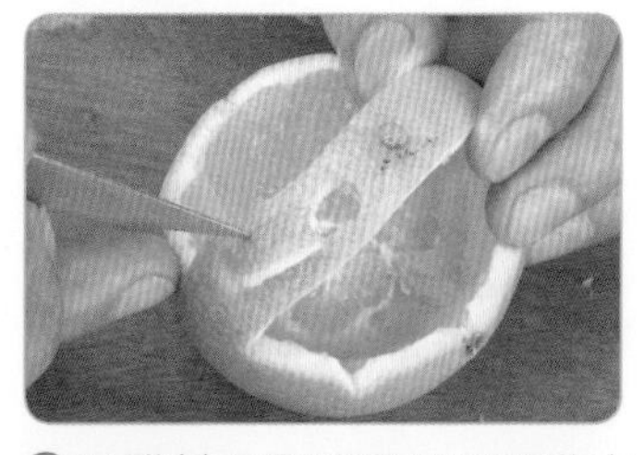

❽ 以雕刻刀分別將(A)(B)兩孔之間的果皮切除。

❾ 柳橙籃切雕好後，可放入巴西里、生菜葉、紅辣椒雕花做為排盤裝飾用。

- 切割籃子提把，兩邊需對稱，避免歪斜或切斷。
- 切除內側果肉時需小心勿切破籃子而傷到手。

柳橙盅

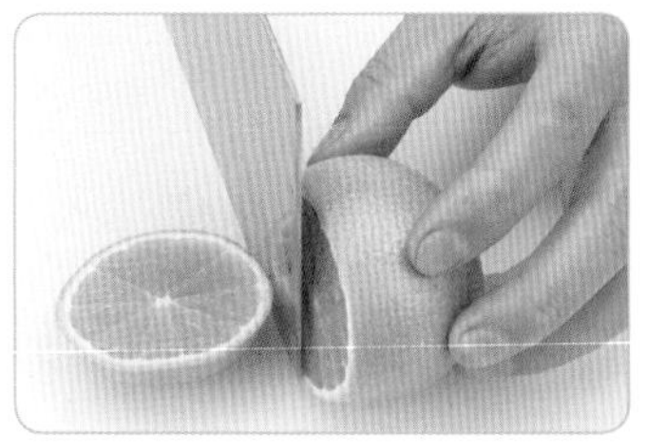

❶ 柳橙1粒，蒂頭朝右，以牙籤縱向劃成4等分，以片刀切割靠近蒂頭的1等分。

❷ 取3/4的部分做為柳橙盅，以雕刻刀將柳橙皮與果肉交界處直刀切一圈，深度3.5cm。

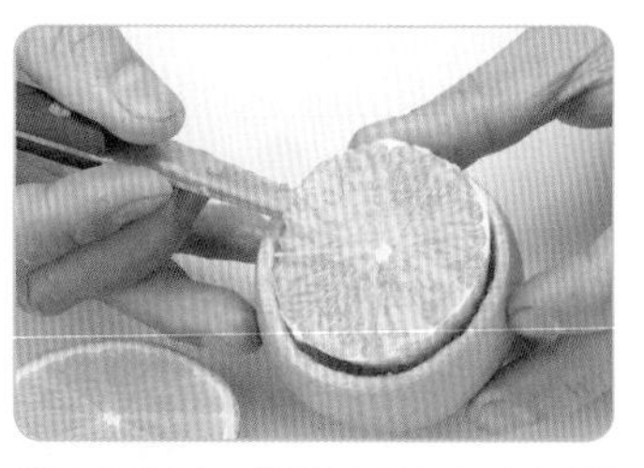

❸ 以雕刻刀順著刀痕小心切除果肉，勿切穿表皮。

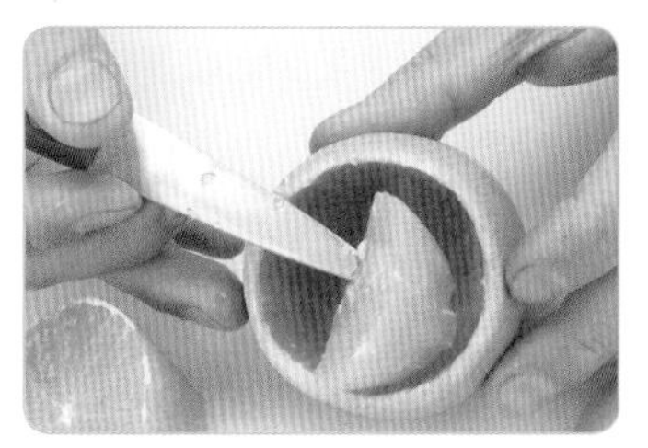

❹ 以斜刀方式，分次將果肉完全挖除，成為盅形。

❺ 取1/4的部分為盅蓋，拔除蒂頭，取一片新鮮帶梗的九層塔葉，如圖所示。

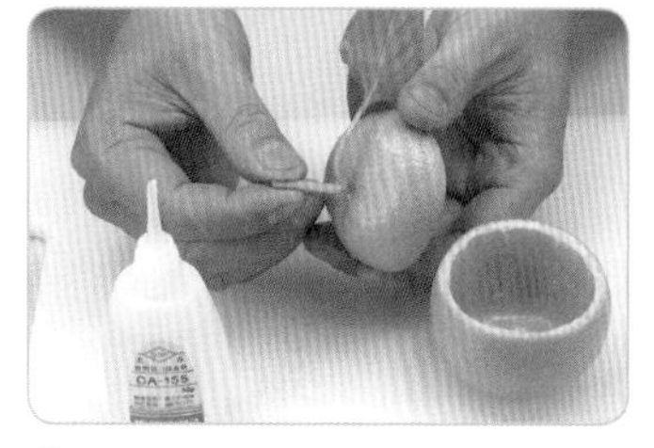

❻ 九層塔洗淨擦乾，以三秒膠黏接於柳橙蒂頭凹槽內。

❼ 切雕好的柳橙盅，可放入各種切丁的涼拌菜、泡菜等。

- 片取內側果肉時需小心勿切破籃子表皮傷到手。
- 黏接三秒膠要小心，勿黏到手，或滴到果肉。

木瓜盅與木瓜盤

使用工具：片刀、雕刻刀、圓槽刀、牙籤
切雕類型：軟硬控刀、等分切雕

木瓜盤

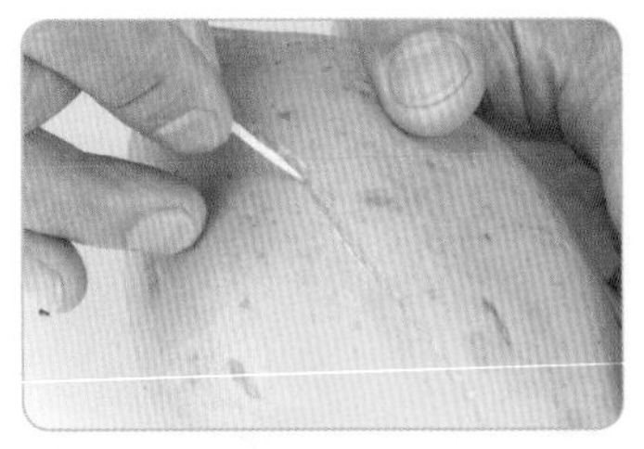

❶ 取外形完整無刮痕的新鮮木瓜1粒，取橫向中心線，以牙籤輕輕畫出分界線。

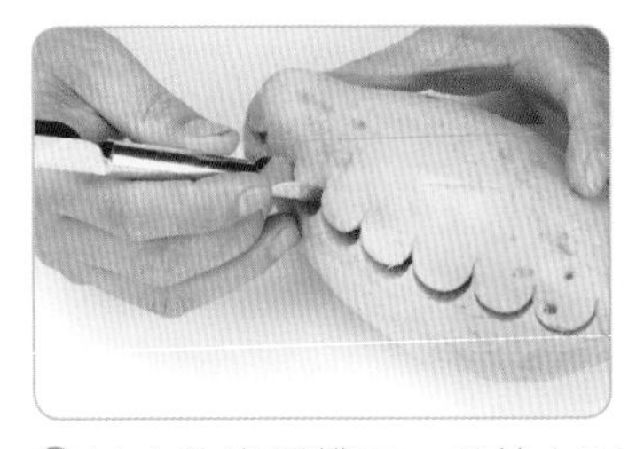

❷ 以大的半圓槽刀，環繞上下分界線橫切到中心。

❸ 將上下兩半分開，以大湯匙挖除內籽，即可放入其他鮮果。食用時以湯匙挖取瓜肉食用。

木瓜盅 1

❶ 取外形完整表皮無刮痕的新鮮木瓜1粒，切除頭、尾兩端1.5cm（當盅底），取頭至尾部的中間，切為兩段，以小湯匙挖除內籽。

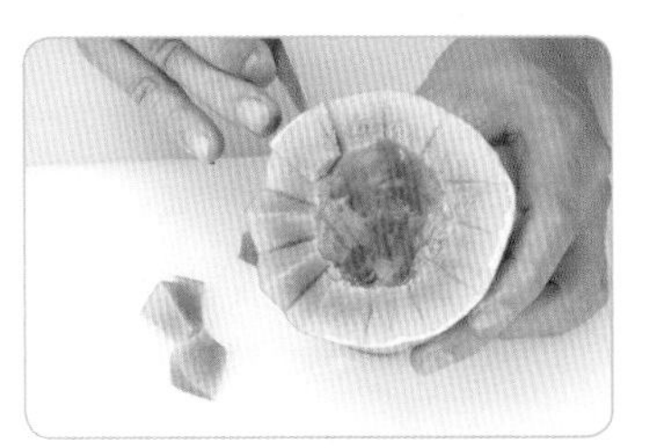

❷ 取頭部一邊，以牙籤在切口處劃分十字形，呈四等分，每等分再劃分三小等分，再以雕刻刀左右斜切出尖形鋸齒即可。

❸ 木瓜凹槽可放入鮮果丁甜湯，食用時以湯匙挖取鮮果丁及瓜肉一起食用。

木瓜盅 2

❶ 延續木瓜盅1的步驟1，取木瓜尾端一半，切面處以牙籤於果肉畫十字分4等分，再將每一等分分為3等分，共12等分。

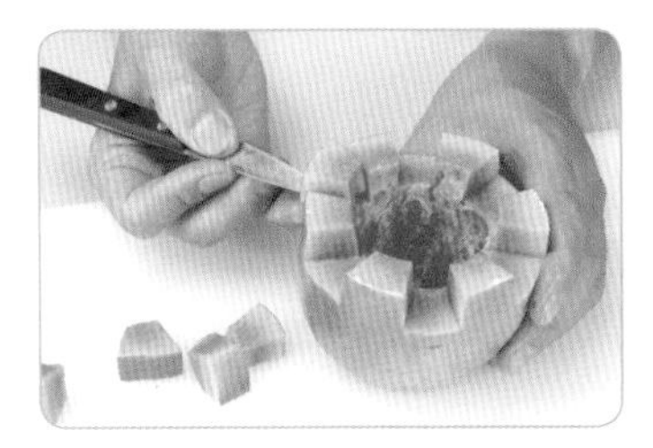

❷ 以雕刻刀於畫線處直刀切割，深1.5cm，再以雕刻刀橫刀切成城牆狀。

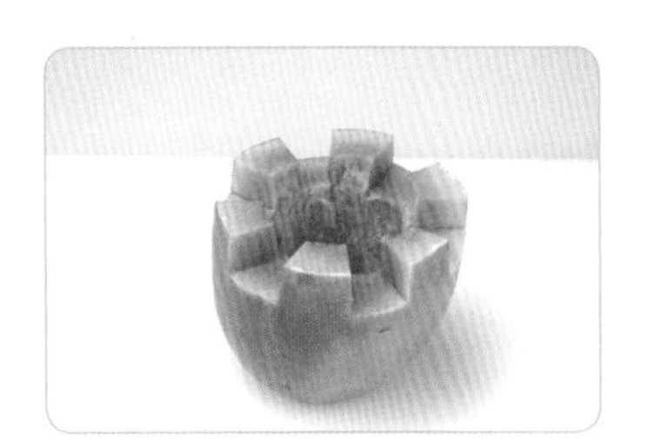

❸ 木瓜凹槽可放入鮮果丁，食用時以湯匙挖取木瓜一起食用。

- 木瓜屬甜味水果，所以不適合放入帶酸味的水果，味道不佳。
- 因木瓜較軟，切雕時需小心，勿捏破木瓜，或切斷鋸齒凹槽。

鳳梨盅與鳳梨盤

使用工具：片刀、雕刻刀、大湯匙
切雕類型：深淺控刀、挖切果肉

鳳梨盅

❶ 取新鮮完整葉片緊連的鳳梨1粒，以片刀直剖成兩半。

❷ 取其中一半，以雕刻刀於頭、尾向內2cm處下刀，切至皮層較硬處即停止，勿切穿鳳梨皮。

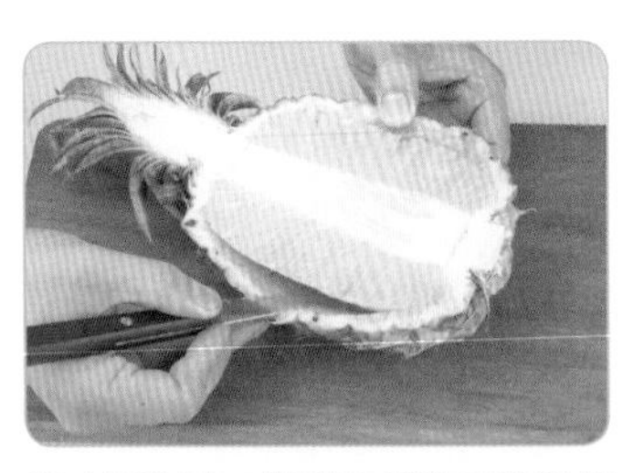

❸ 以雕刻刀順著鳳梨兩邊邊緣內1cm處斜切，深度3cm。

❹ 以雕刻刀由中心向左右斜刀切割，分次切出果肉。

❺ 將底部的鳳梨肉完全切除。

❻ 以湯匙將其餘鳳梨肉刮除。

❼ 以雕刻刀將鳳梨表皮邊緣處，每隔1cm雕出鋸齒狀。

❽ 雕好的鳳梨盅，內部以紙巾微吸乾汁液，即可擺入各式以鳳梨烹調的菜餚，如鳳梨牛柳、菠蘿雞球、鳳梨排骨等。

- 以片刀切割整顆鳳梨時，須拿穩，避免滾動切歪。
- 雕刻刀切除果肉時須小心，勿切穿表皮。

鳳梨盤

❶ 取半個鳳梨，以片刀再直切為一半，呈1/4塊。

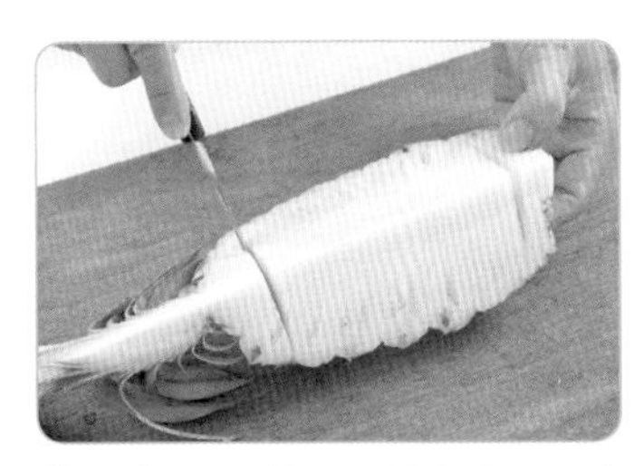

❷ 取其一，於頭、尾向內2cm處各切一刀，至皮層較硬處。

❸ 再順著鳳梨表皮邊緣1cm左右切出鳳梨果肉即成。

哈密瓜盅與哈密瓜盤

使用工具：片刀、雕刻刀、圓槽刀、湯匙

切雕類型：等分劃分

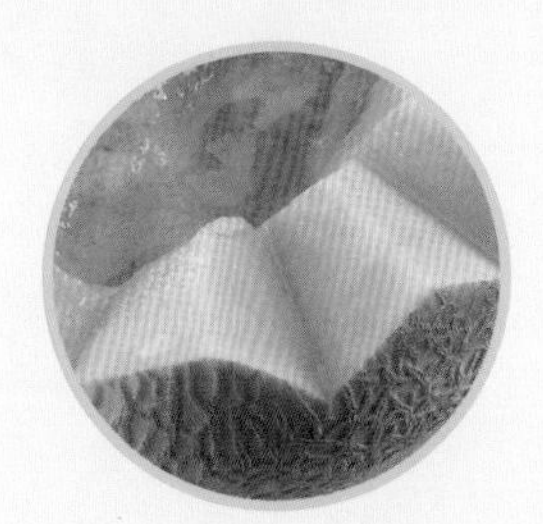

哈密瓜盅

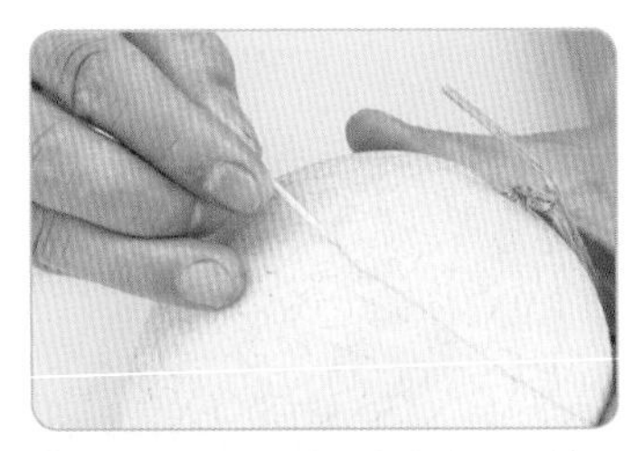

❶ 取完整新鮮飽滿哈密瓜1粒，頭到尾分為4等分，以牙籤於蒂頭起1/4處輕畫一圈。

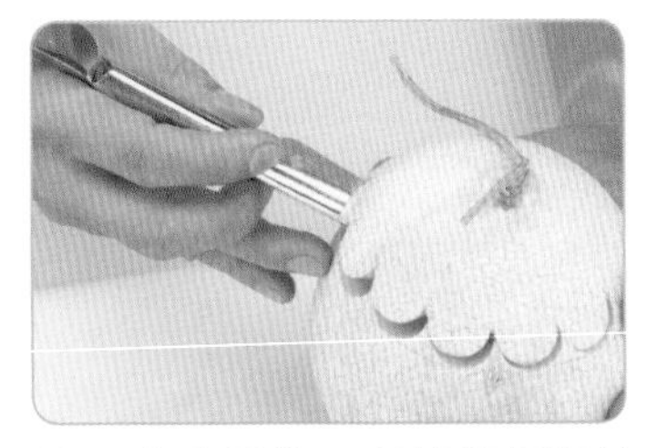

❷ 以大支圓槽刀環繞著標記線條橫切，切至哈密瓜中心，打開盅蓋，以小湯匙挖除內籽。

❸ 切雕好的哈密瓜盅可放入切丁的什錦水果，食用時以小湯匙挖取果肉食用。

▶ 操作步驟2以圓槽刀切開盅蓋時，需斜30度切至中心。

哈密瓜盤 1

❶ 取蒂頭緊連的新鮮飽滿哈密瓜1粒，以片刀於蒂頭旁0.5cm直刀切成兩半，以湯匙挖除內籽。

❷ 取無蒂頭半邊，以牙籤於果肉切面，每隔1.5cm畫一條線，以雕刻刀直刀斜刀切出V形鋸齒。

❸ 切好的哈密瓜盅，可用挖球器挖取瓜肉，再以湯匙將內面修整光滑，和什錦水果或海鮮沙拉等冷食一起放入食用。

哈密瓜盤 2

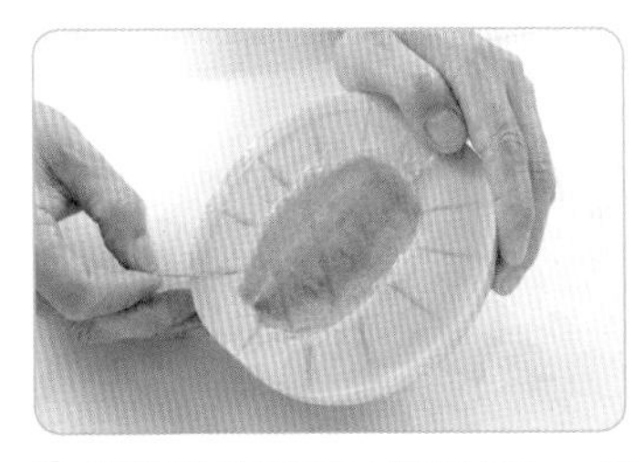

❶ 延續哈密瓜盤1的步驟1，取有蒂頭的半邊，切面以牙籤每隔1.5cm畫一線條。

❷ 以雕刻刀左右斜切45度到線條處，切出V形鋸齒。

❸ 切好的哈密瓜盤可以挖球器挖取果肉，再以湯匙將內面修整光滑，和什錦水果或海鮮沙拉等冷食一起放入食用。

蘋果盅與蘋果碟

使用工具：片刀、雕刻刀、圓槽刀、尖槽刀、挖球器、牙籤

切雕類型：線條鋸雕、盅形開蓋

蘋果盅

❶ 取色澤鮮豔完整的紅蘋果1粒，以片刀微切除底部，使能站立。

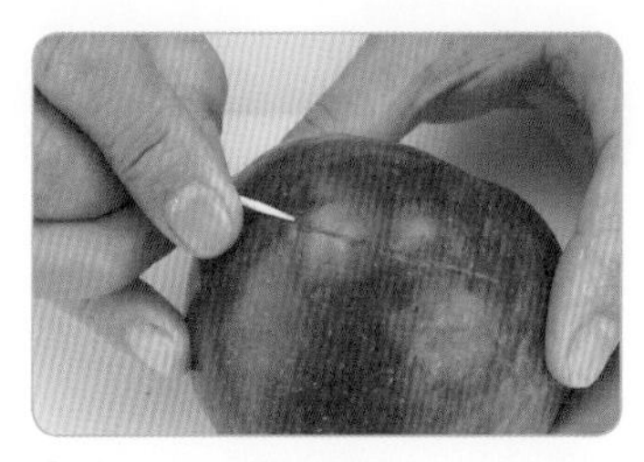

❷ 頭至尾分為4等分，以牙籤於蒂頭一端1/4畫一圈記號。

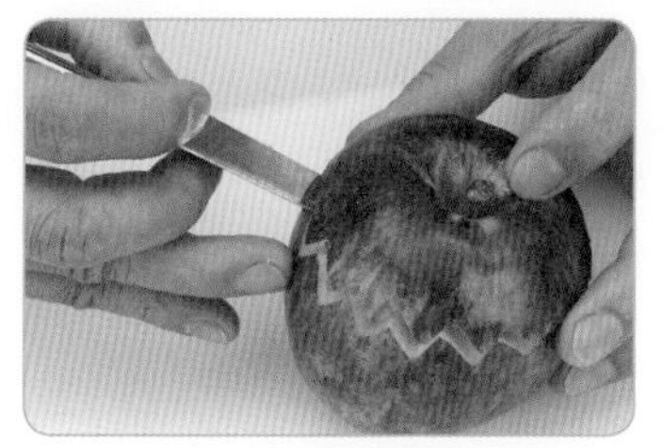

❸ 以V型槽刀環繞標記線條，向下斜40度深切至中心，即可開蓋。

❹表皮內側0.7cm以雕刻刀直切一圈，深度3～4cm（視蘋果大小）。

❺以挖球器順著刀痕將蘋果內籽與肉挖除，勿把底部挖破。

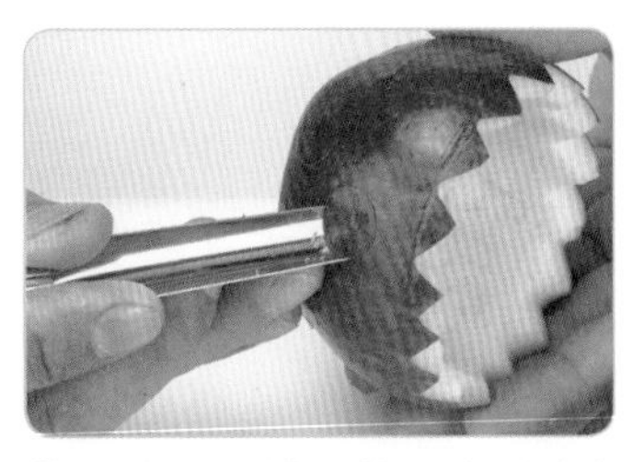

❻以中形圓槽刀於果盅外皮處挖切出數個圓圈，深0.5cm。

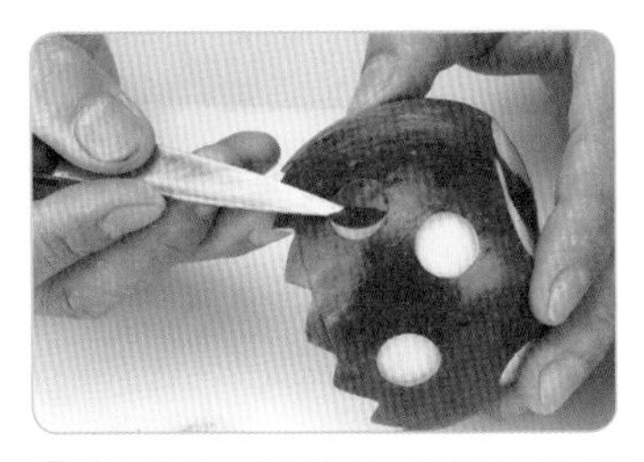

❼以雕刻刀將每個圓圈的表皮環繞雕除。

❽切雕好的蘋果盅，以鹽水泡數秒鐘，可防止變黑。擦乾水分，可放入烹煮好的蝦鬆、雞鬆或牛肉鬆等。

- 以圓槽刀挖切表皮時勿切太深，避免挖穿果盅。
- 以圓槽刀挖切圓圈勿太深。

蘋果碟

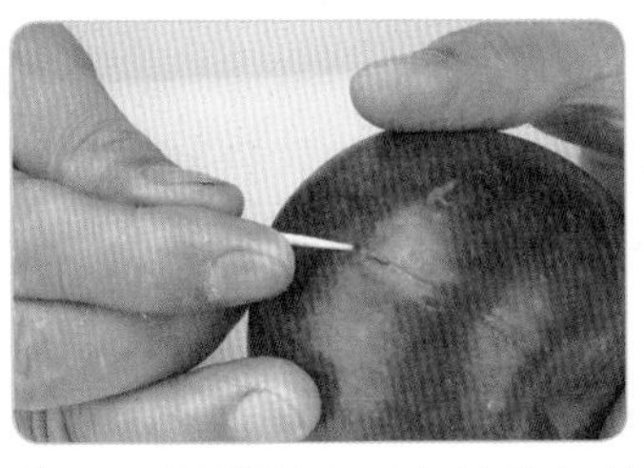

❶取色澤鮮豔果形完整的紅蘋果1粒，以蘋果蒂頭為中心，以牙籤輕輕畫分兩半，勿把蘋果皮劃破。

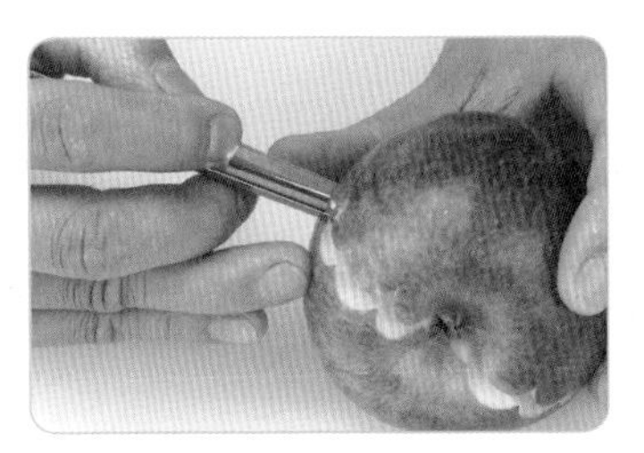

❷以中形圓槽刀順著牙籤線條直刀切至中心。拔除蒂頭，分為兩半。

❸表皮內側0.5cm以雕刻刀斜45度切一圈，深度2cm。

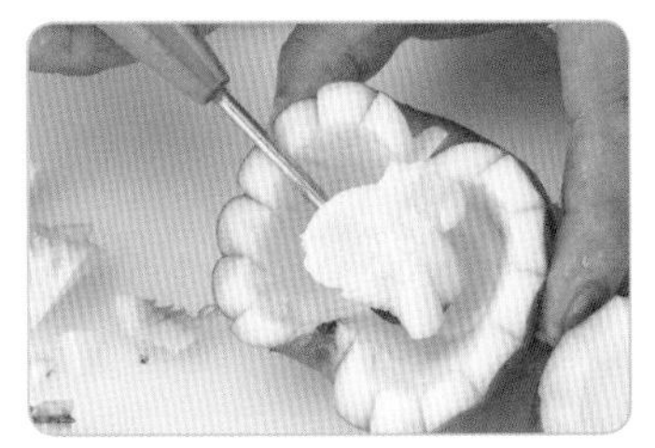

❹以挖球器順著刀痕挖取果肉，需小心勿挖破表皮。

❺切雕好的蘋果碟擦乾水分，可放入蘋果鮮蝦鬆、香蘋沙拉等。

- 切雕好的蘋果碟需微泡鹽水，可防止變黑。
- 以牙籤畫出線條勿畫太深傷到表皮。

甜椒盅與甜椒碟

使用工具：片刀、雕刻刀、牙籤、三秒膠

切雕類型：盅形開蓋、平穩切雕

甜椒盅

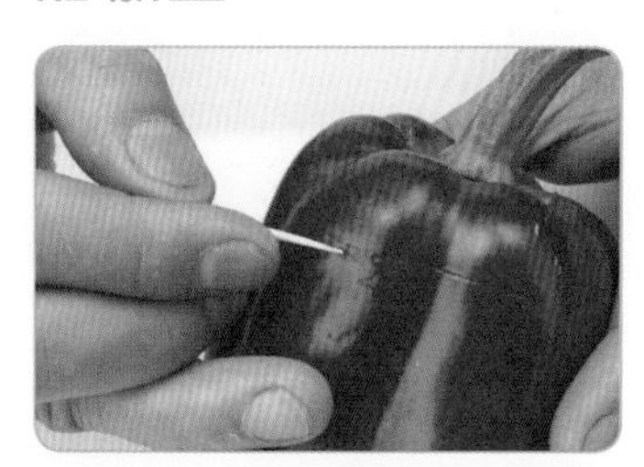

❶ 取顏色鮮亮蒂頭完整紅甜椒1粒，以牙籤於蒂頭下2cm輕畫一圈線條（勿劃破表皮）。

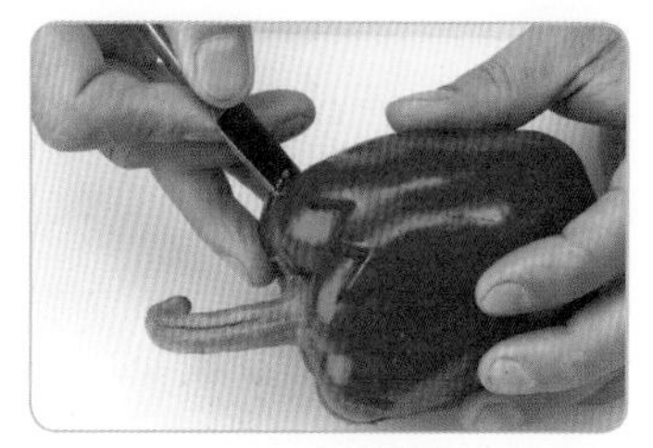

❷ 以中形尖槽刀延著分界線斜45度切到中心。

❸ 輕輕拔開蒂頭蓋子。

❹以雕刻刀分別將上下兩部分的海綿體、內籽切除乾淨。

❺修整內部，底部切除少許使能站立，洗淨備用。

❻另取半片新鮮青椒，去籽後直切為兩段，頭部一段再直切為3條長方塊。

❼取1條長方塊，以雕刻刀切平內膜，以牙籤畫出葉子形，順著線條切雕出葉子。

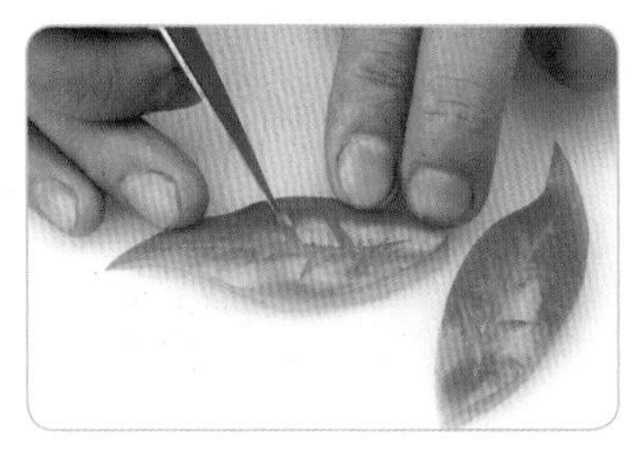

❽以牙籤在葉子上輕畫葉脈，以雕刻刀雕出中心葉脈，再雕刻左右葉脈。

❾將雕刻好的葉子以三秒膠黏於紅甜椒梗上即成。可放入什錦蔬菜沙拉丁或彩椒蝦鬆等。

甜椒碟

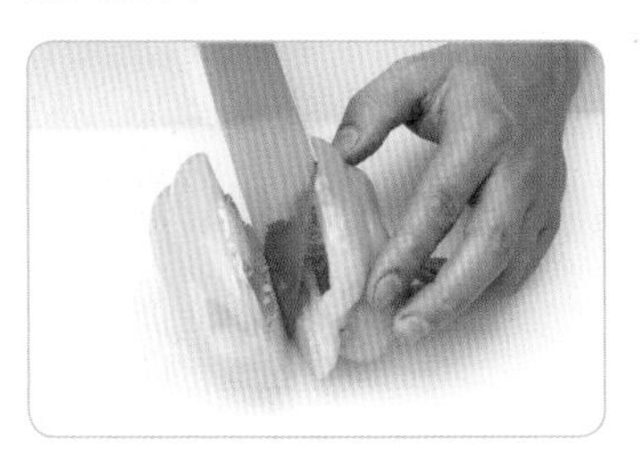

❶取顏色鮮亮蒂頭完整的黃甜椒1粒，以片刀於蒂頭旁直切為兩半。

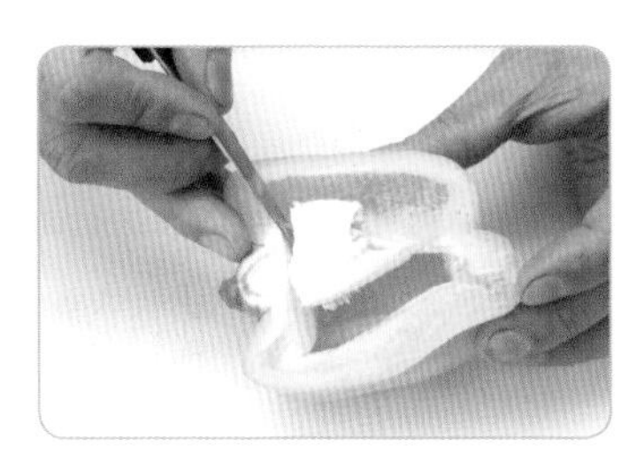

❷取半邊，以雕刻刀直切頭部一端的內籽。

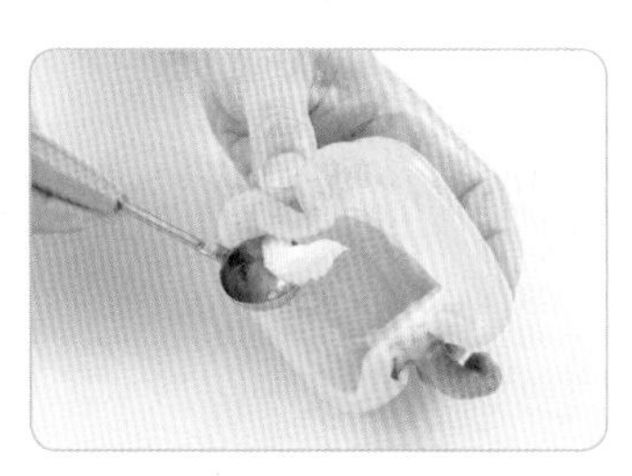

❸再以挖球器小心的挖除內面海綿薄膜。

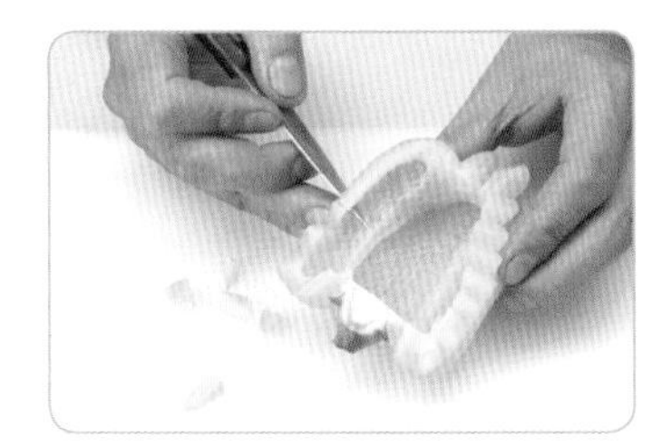

❹以雕刻刀於黃甜椒切面左斜右斜45度，切雕出鋸齒邊緣。

❺按照「甜椒盅」步驟6～8雕成葉片，以三秒膠黏接於黃甜椒蒂頭處。可放入烹調好的炒什錦菇丁或是生菜沙拉等。

- 切雕葉脈須小心，勿切穿青椒肉。
- 甜椒盅內面的海綿體，亦可使用挖球器挖除。

火龍果盅與火龍果碟

使用工具：片刀、雕刻刀、挖球器、大湯匙
切雕類型：深淺切雕、挖切果肉

火龍果盅

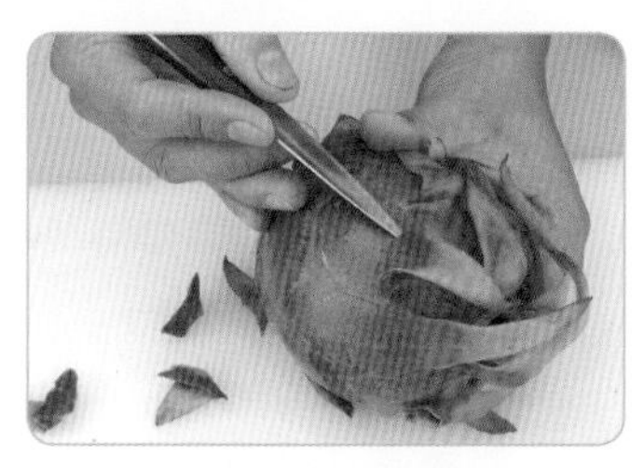

❶ 取色澤鮮豔完整的火龍果1粒，以雕刻刀將表面凸出的葉片修除。

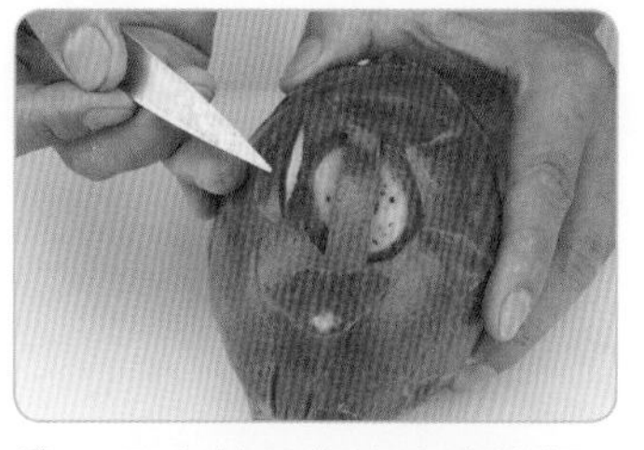

❷ 取果身較平的地方當底部，以片刀切除0.5cm，使能站立。頂端處預留1cm寬的區域，以直刀和橫刀切出蓋子上的把手。

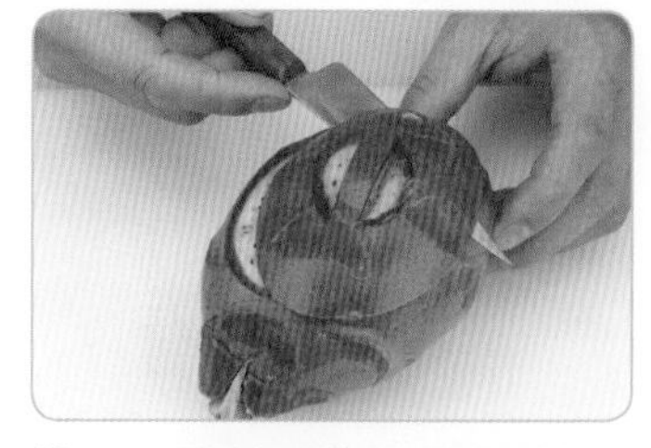

❸ 再以雕刻刀橫刀切取頂端1/4處當盅蓋，以下3/4作為盅體。

❹將火龍果盅以挖球器挖取果肉，再以大湯匙清出不規則餘肉，再以挖球器挖取下層果肉。

❺最後以大湯匙將盅內所有不規則果肉完全挖取乾淨。

❻完成的火龍果盅可放入海鮮沙拉、雞肉沙拉等菜餚。

火龍果碟

❶取表面修整好的火龍果1粒，以片刀從蒂頭至尾端直切成一半。

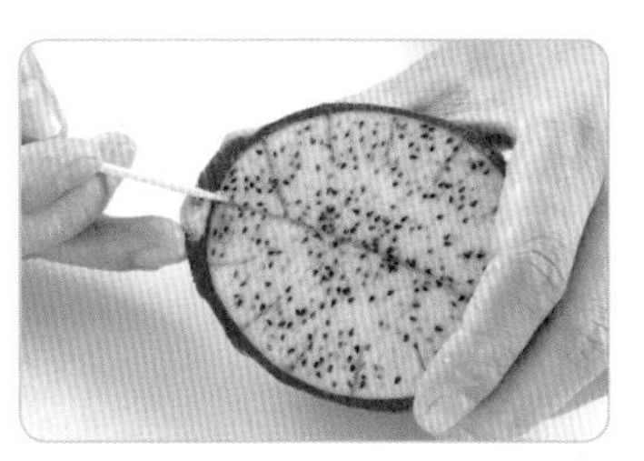

❷取半邊火龍果，以牙籤每隔1cm畫一記號。

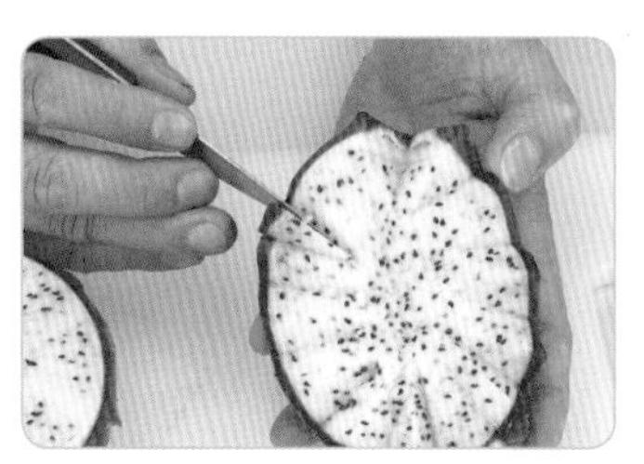

❸以雕刻刀將每一等分，左右斜刀切出V形鋸齒狀。

❹取另外半邊火龍果，以牙籤每隔1cm畫一記號，以一直刀、一斜刀切出∠形鋸齒。

❺分別以大湯匙於表皮邊緣0.5cm處挖出果肉。

❻完成火龍果碟可放入果律蝦球、龍果炒魚片、龍果炒雞丁等菜餚。

以挖球器挖取火龍果球時，因盅形較深，需分兩次挖取，即先挖一層球後，再以大湯匙挖除不規則的果肉，再挖第二層球。

番茄盅與番茄碟

使用工具：片刀、雕刻刀、挖球器
切雕類型：盅形變化、控刀切雕

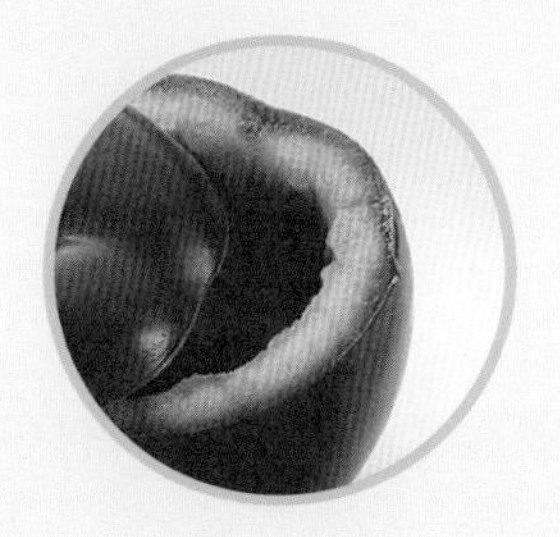

番茄盅

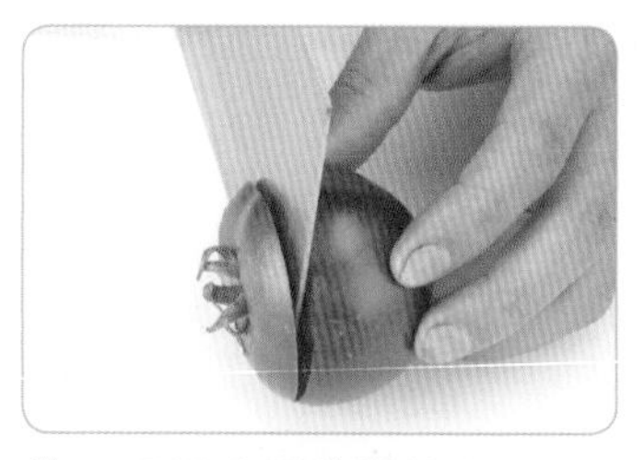

❶ 取色澤亮麗飽滿的大紅色番茄1粒，頭至尾分為4等分，以片刀於靠近蒂頭的1等分處切開盅蓋。

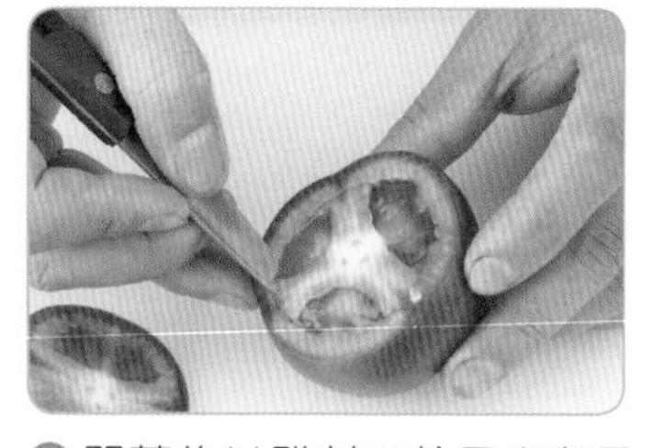

❷ 開蓋後以雕刻刀於果肉與果皮交界處直刀切斷至底部。

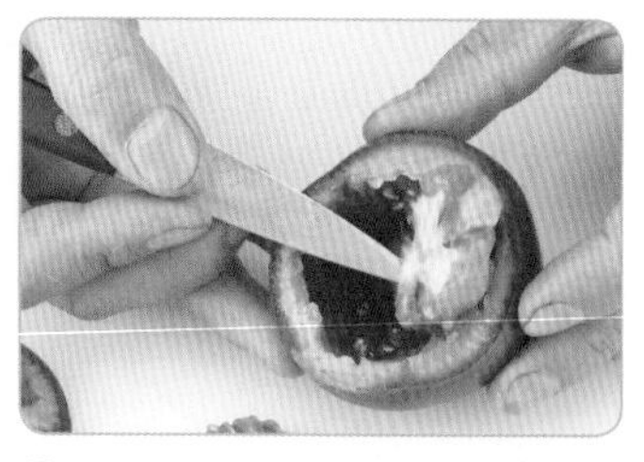

❸ 以雕刻刀左右斜切挖出果肉，或以小湯匙直接挖出果肉。

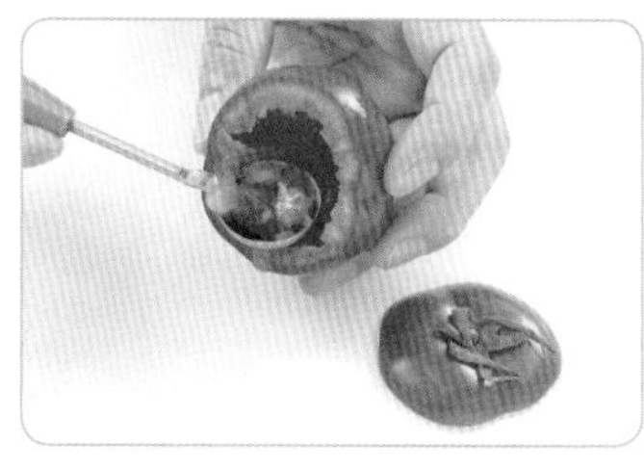

❹ 最後再以挖球器完全挖空內子及纖維。

❺ 切割好的番茄盅以紙巾微吸乾盅內汁液，即可放入烹調菜餚，如茄丁炒雞米、番茄炒蝦鬆等。

▶ 因番茄質地軟，切雕時勿用力捏，也要避免壓切，以免番茄變形，破壞外觀。

番茄碟

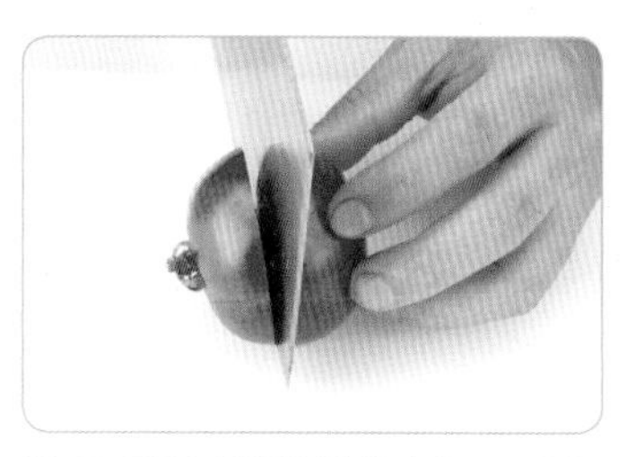

❶ 取色澤亮麗飽滿的大紅色番茄1粒，頭至尾分為3等分，以片刀於靠近蒂頭的1等分處切開。

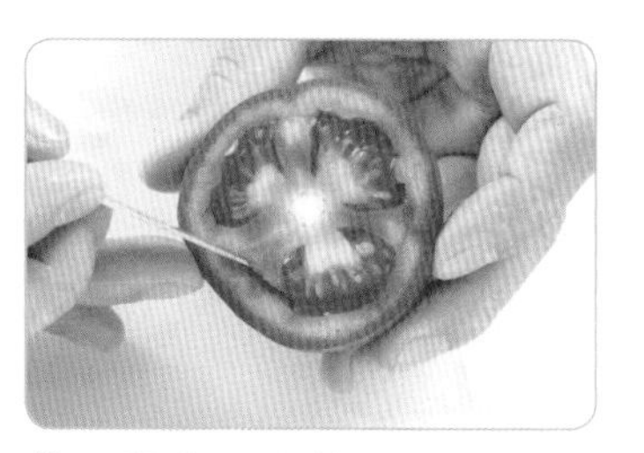

❷ 切開後以雕刻刀於果肉與果皮交界處直刀切斷黏接處至底部。

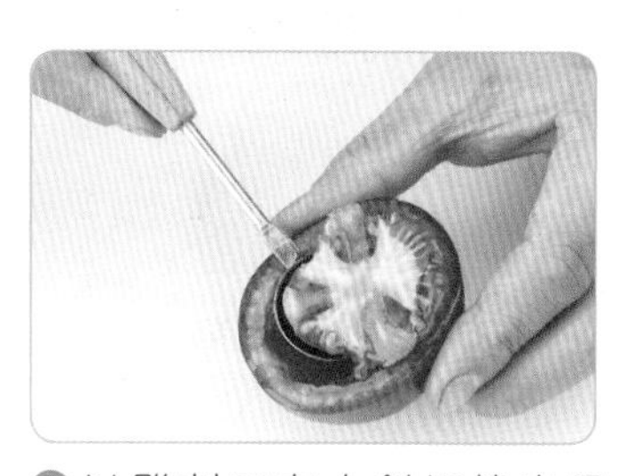

❸ 以雕刻刀左右斜切挖出果肉，或以挖球器，直接挖出果肉皆可。

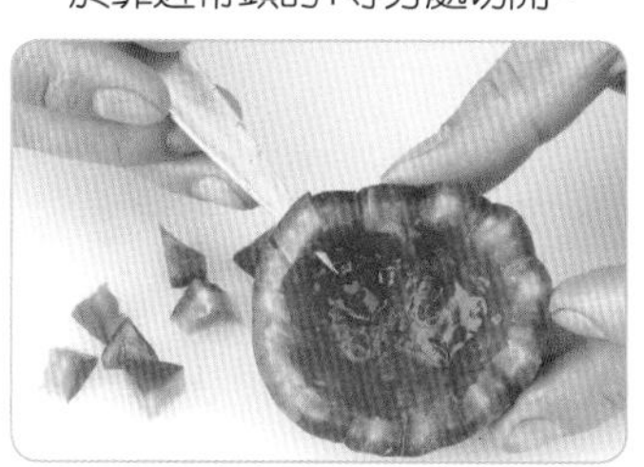

❹ 以牙籤於番茄皮邊緣每0.5cm做記號，切出V形鋸齒。

❺ 切好的番茄碟以紙巾微吸乾碟內汁液，可放入一小片鋁箔紙，再放入沾醬料、胡椒鹽等。

▶ 放入鋁箔紙的用意是避免沾醬變味，或胡椒鹽濕掉。

▶ 番茄較軟，切雕鋸齒需小心，勿切斷。

竹筍盅與竹筍碟

使用工具：片刀、雕刻刀、挖球器
切雕類型：圓球挖切、盅形變化

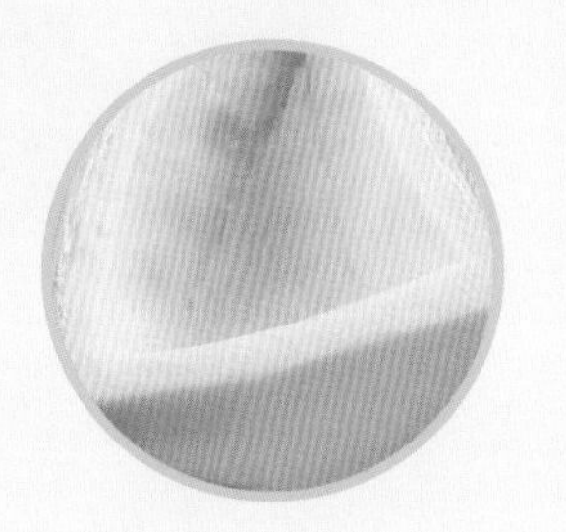

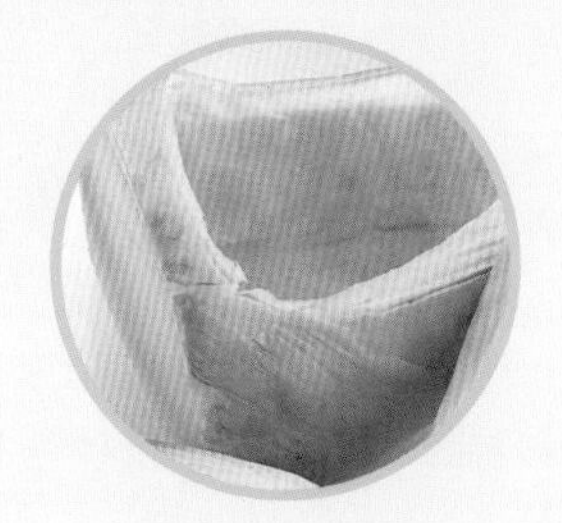

竹筍碟

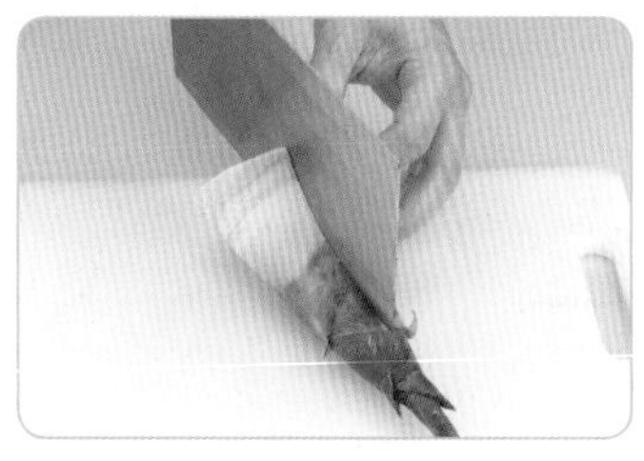

❶ 取形體較直的綠竹筍1支，以片刀直剖成兩半。

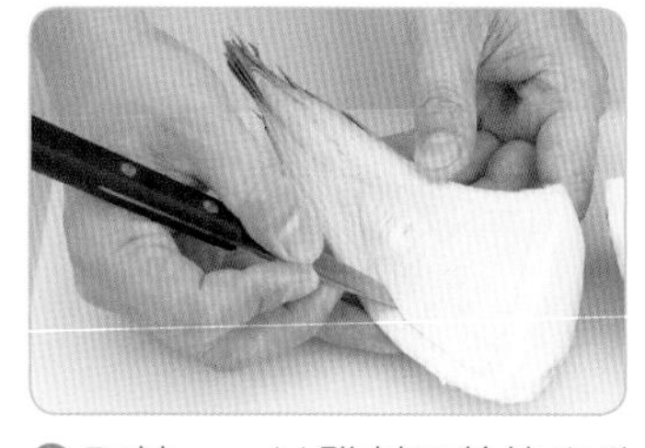

❷ 取其一，以雕刻刀於筍肉外緣向內0.5cm處，斜50度深3cm切一圈。

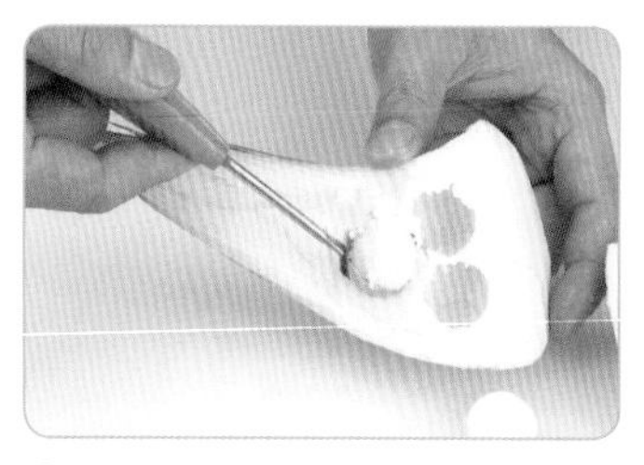

❸ 以挖球器挖取半圓球形筍肉，不規則筍肉挖除，挖出碟形。

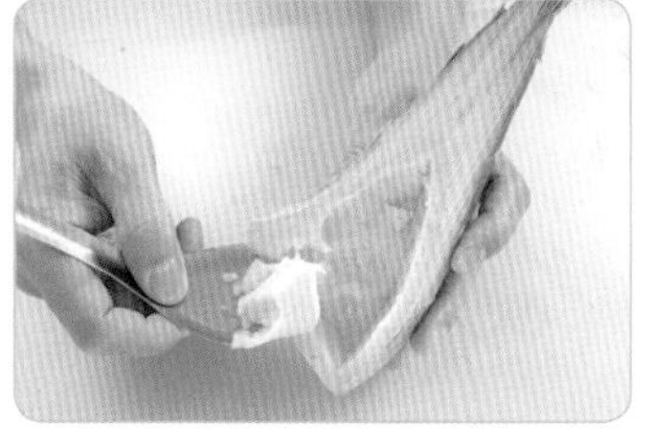

❹ 以大湯匙完全把多餘果肉挖空。

❺ 切雕好的筍盅及筍肉可燙熟，放入沙拉鮮蝦仁，或做成焗烤海鮮盅。

- 以挖球器挖取竹筍肉時，須小心勿挖破頭部。
- 竹筍碟、盅需燙熟，才可以放入菜餚。

竹筍盅

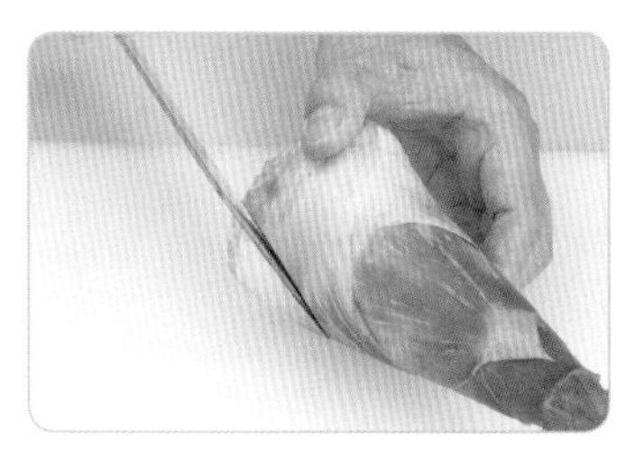

❶ 取形體較直的綠竹筍1支，以片刀於頭部一角切除1cm，做為底部使之站立。

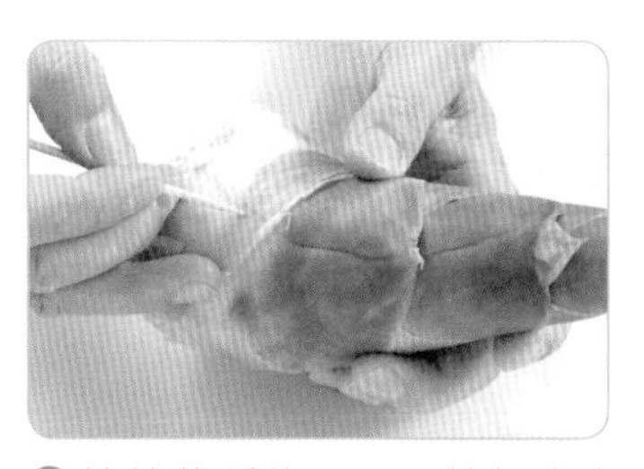

❷ 竹筍放穩後，以牙籤輕畫出開蓋線條。

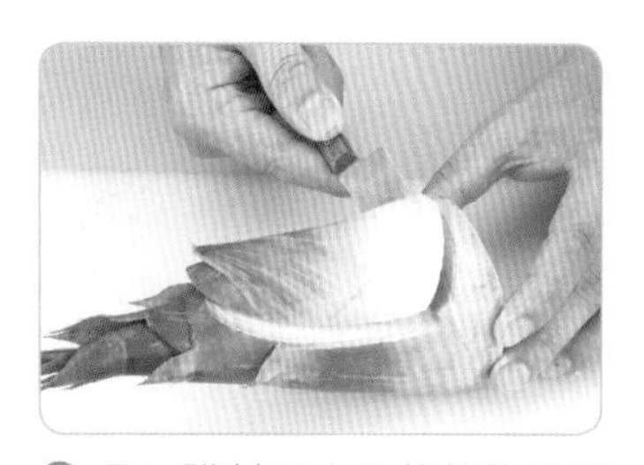

❸ 再以雕刻刀小心依線條切開圓弧蓋子。

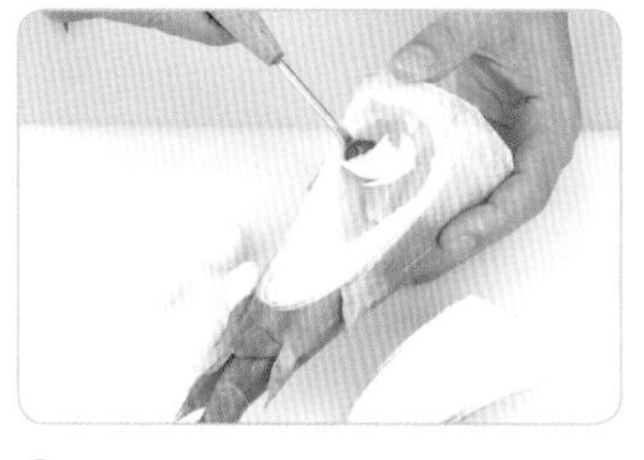

❹ 以雕刻刀順著筍肉外緣向內0.5cm，斜45度切一圈，勿切破頭部。以挖球器挖取筍肉，再挖除不規則部分，成為盅形。

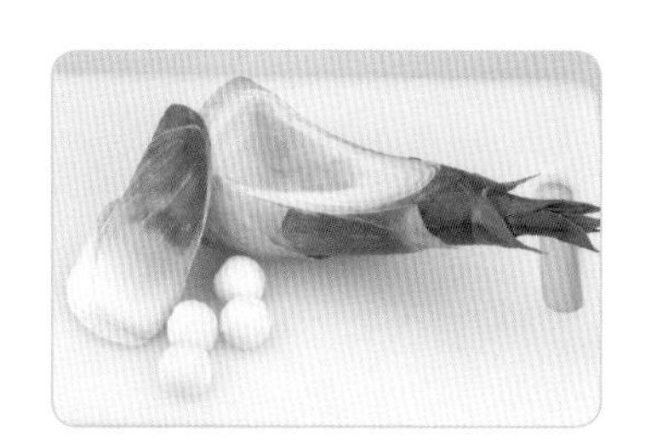

❺ 切雕好的筍盅和筍肉，燙熟後可放入涼筍沙拉，或做成焗烤海鮮雞肉盅等。

- 竹筍外殼質地較硬，切開盅蓋稍有難度，操作時要特別小心。

白蘿蔔盅

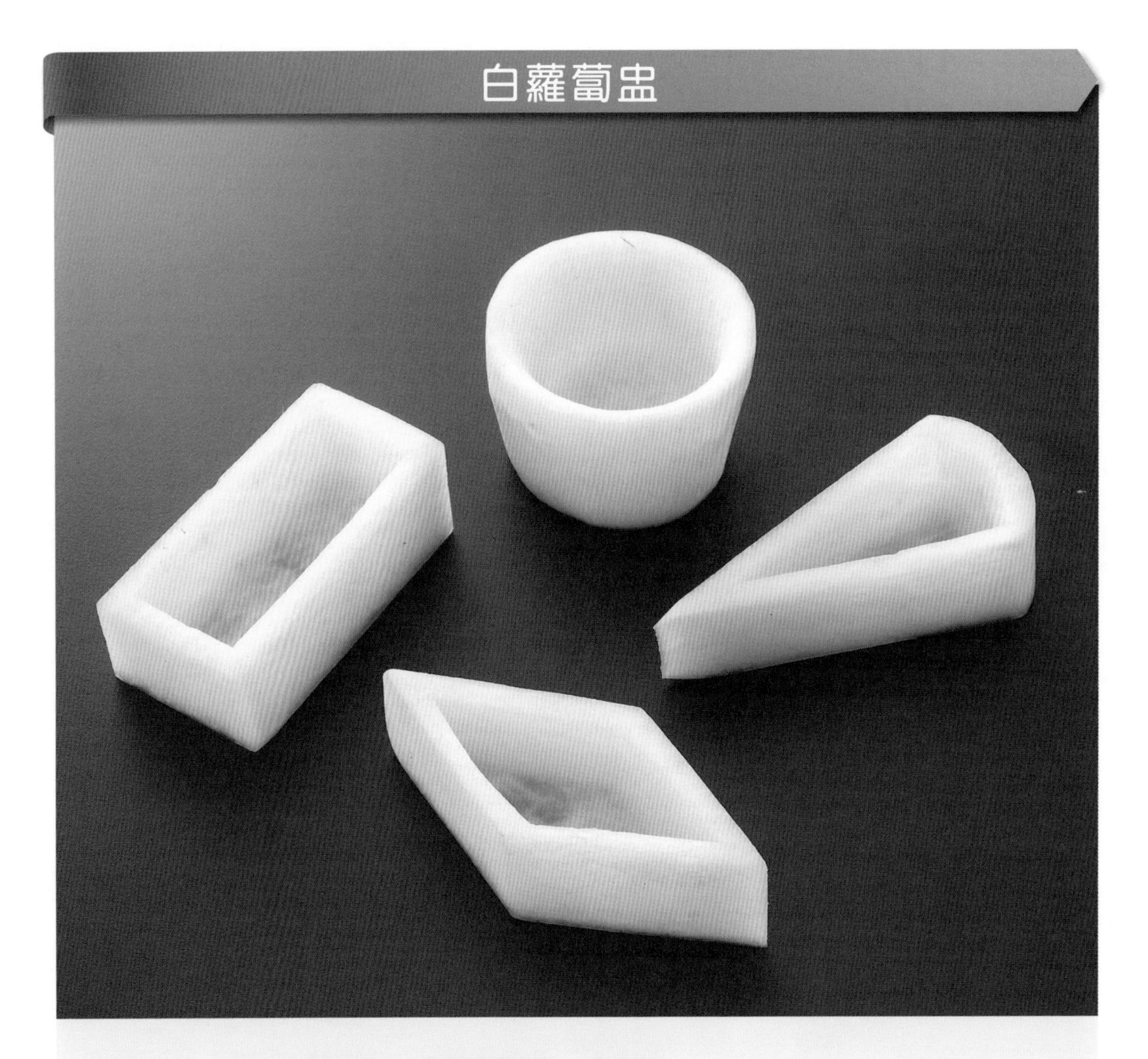

使用工具：片刀、雕刻刀、波浪形壓模、挖球器

切雕類型：直斜切割、控制挖孔

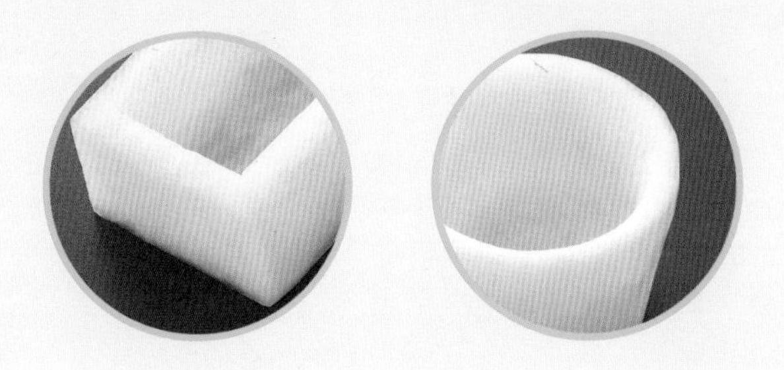

白蘿蔔盅 1

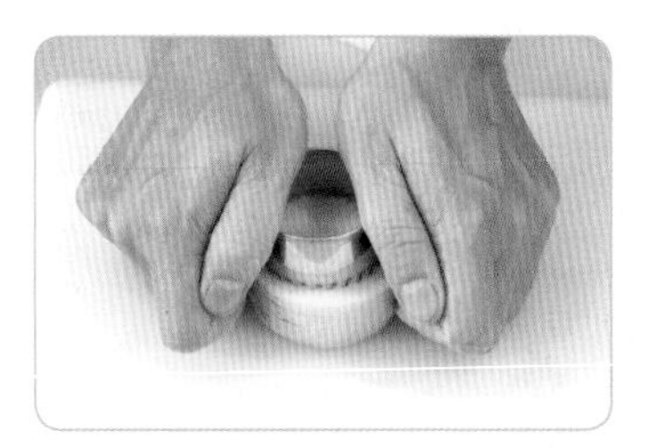

❶ 取厚重新鮮飽滿的白蘿蔔1條，以片刀切除蒂頭一端3cm，續切成2.5cm圓形厚片。以波浪圓形壓模壓切出波浪圓塊。

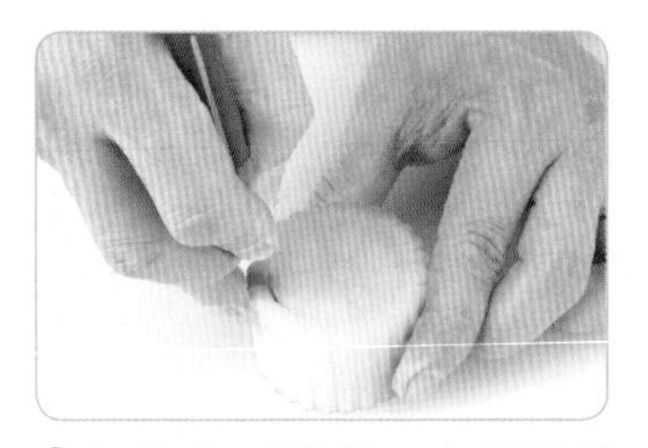

❷ 切面處以雕刻刀在波浪邊緣向內0.5cm切出一圈，深2cm。勿切穿底部。

❸ 以挖球器順著刀痕挖除中間的蘿蔔肉，勿挖破底部。

白蘿蔔盅 2

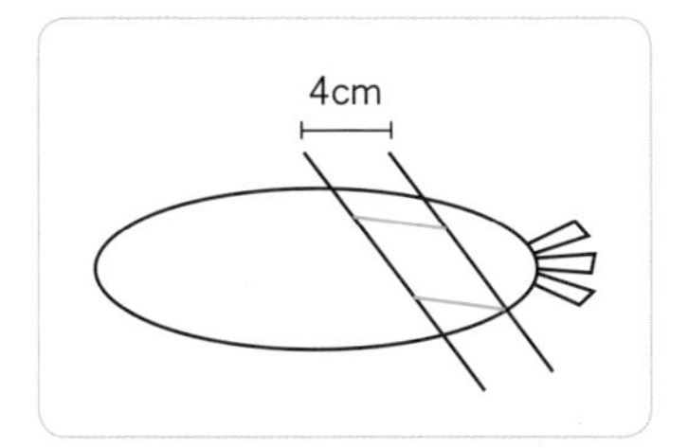

❶ 白蘿蔔1條，以片刀斜45度切除頭部，再切取4cm斜片。以片刀將斜片切成高2.5cm的菱形。

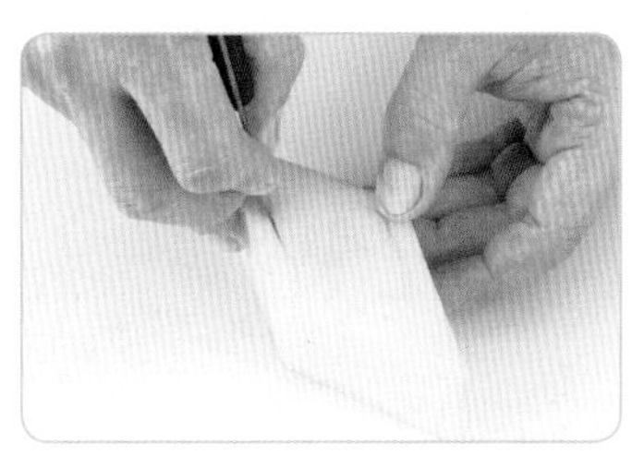

❷ 以雕刻刀於菱形外緣向內0.5cm處直切一圈，深度2cm。以挖球器順著刀痕挖成盅形。

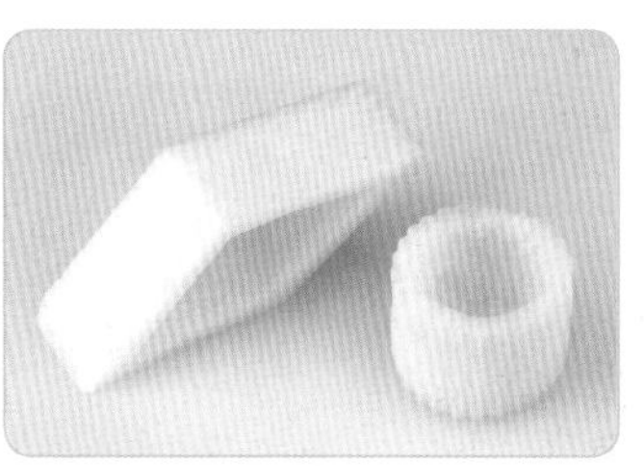

❸ 可依個人喜好，或不同菜餚的風格特色，雕出不同形狀的蘿蔔盅。

白蘿蔔盅 3

❶ 取白蘿蔔1條，以片刀直切尾端7cm一段。

❷ 以片刀切除兩側圓弧邊，再以片刀切成三角形。

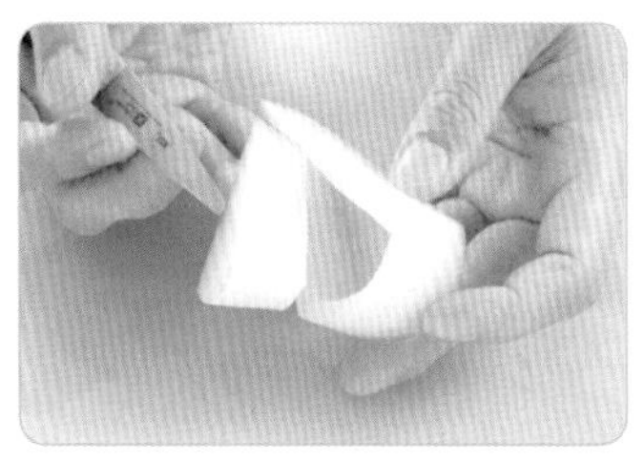

❸ 以雕刻刀，同上述雕法，挖空內面呈三角盅型即成。

▶ 雕好的蘿蔔盅可鑲入各種餡料，例如絞肉、魚漿、干貝、花枝漿等。鑲入餡料前必須先把蘿蔔燙熟，鑲好餡料後再放入蒸籠蒸熟，即可食用。

檸檬碟與檸檬籃

使用工具：片刀、雕刻刀

切雕類型：等分劃分、切除果肉

檸檬碟 1

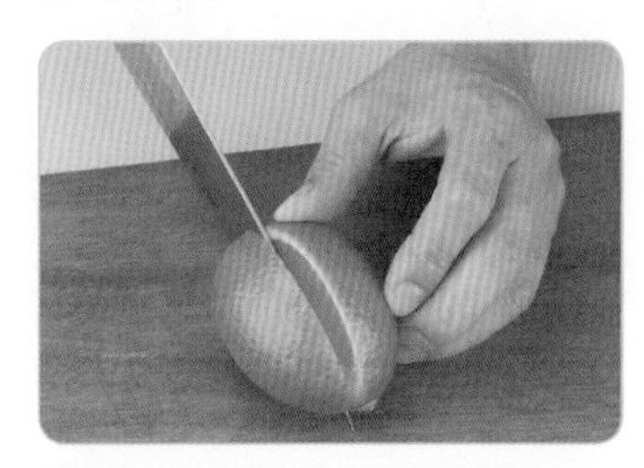

❶ 取新鮮翠綠完整的檸檬1粒，以片刀由蒂頭至尾端直切為兩半。

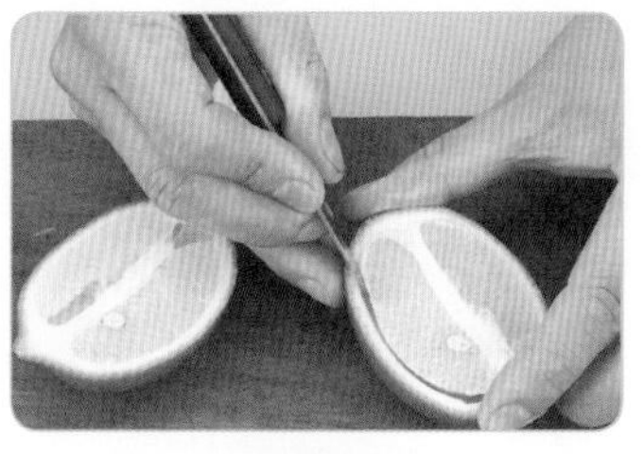

❷ 以雕刻刀順著檸檬皮內0.5cm處斜切一圈，深度2cm。

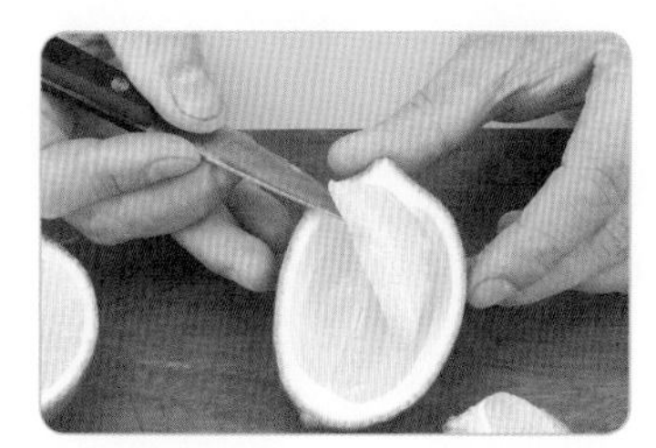

❸ 以雕刻刀由內往外切除果肉。

④以雕刻刀於檸檬皮邊緣，每0.5cm切出一V形鋸齒。另一瓣同樣切取果肉，但表皮不切鋸齒。

⑤切割好的檸檬碟，放入一小片鋁箔紙，即可裝入各種沾醬料。

用鋁箔紙圓片、墊入碟子內，避免沾醬變味，或胡椒鹽濕掉。

檸檬碟 2

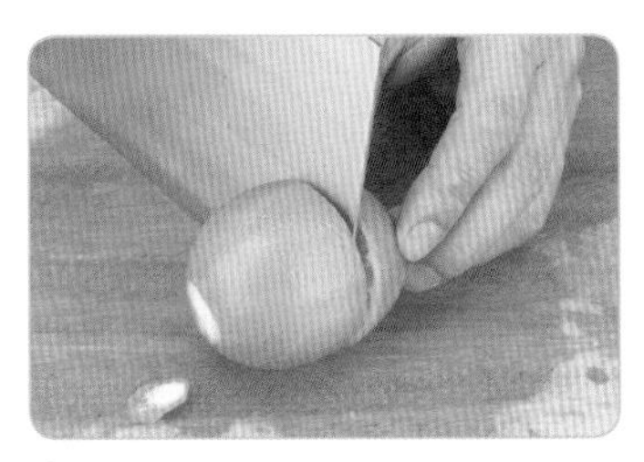

①取檸檬1粒，橫放，以片刀切除尾端0.5cm，頭至尾劃分3等分，以片刀切除靠近頭部1等分。

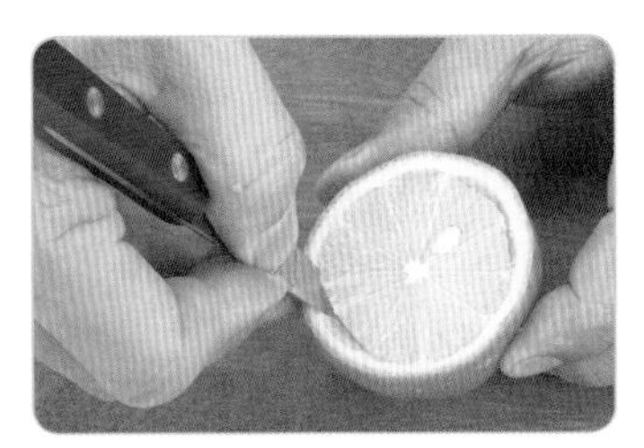

②取尾端2/3，以雕刻刀順著檸檬皮內緣斜切，深度2cm，勿切穿檸檬皮。

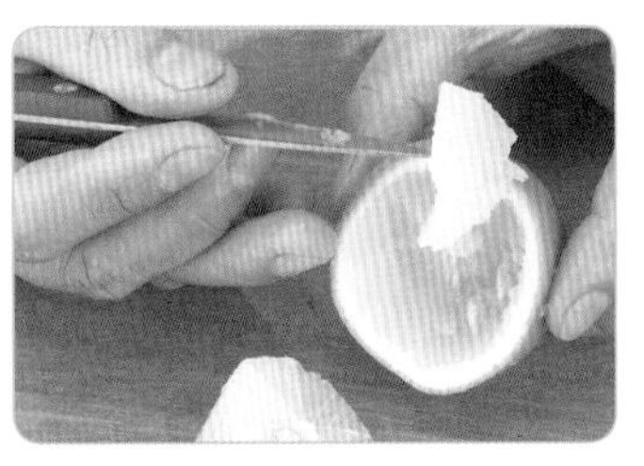

③以雕刻刀左右斜45度，由內往外切除果肉。

④將檸檬果肉挖除後，以牙籤劃分出8等分線條。

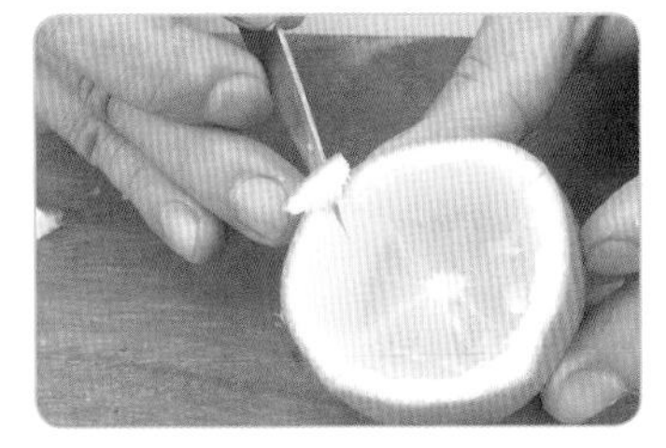

⑤以雕刻刀順著8等分線條，圓弧左右切割。

⑥切割好的檸檬碟，放入一小片鋁箔紙即可裝入各種沾醬料，或做為裝飾用。

- 以片刀直切或橫切，需握穩刀子，避免切割歪斜。
- 挖切內面果肉需小心，勿切穿透果皮而傷到手。

檸檬籃

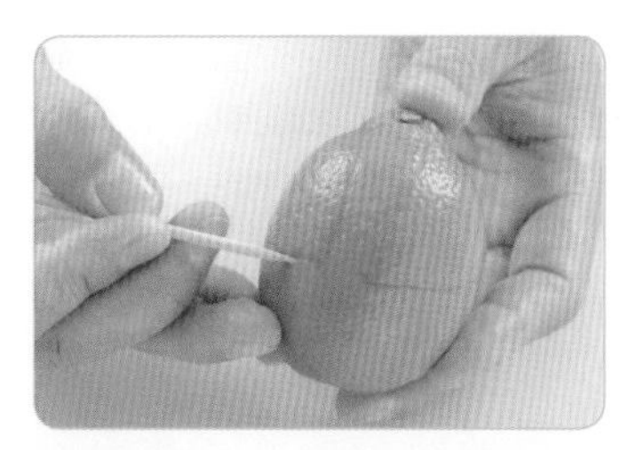

❶ 檸檬1粒，以片刀切除尾端0.7cm，於蒂頭畫出縱向中心線，再畫出橫向中心線。

❷ 取片刀於中分線左右各0.5cm直刀切至橫向中心線止，再由橫向中心線橫刀切除左右兩瓣，成為提籃狀。

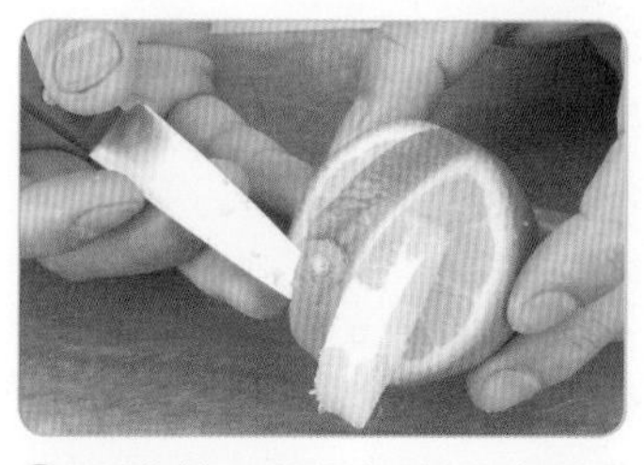

❸ 以雕刻刀將提把處外皮和果肉交界處順著圓弧切開，再橫刀切除提把內果肉，需小心勿切斷提把。

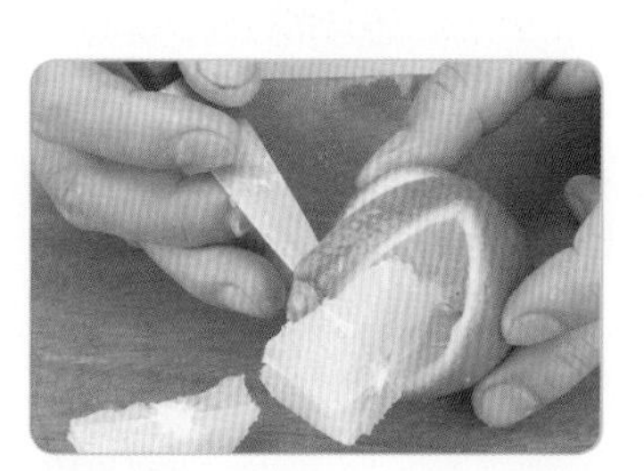

❹ 以雕刻刀於提籃內側，表皮與果肉交界處，斜50度環繞切割一圈，深2cm，再左右斜切挖出果肉。

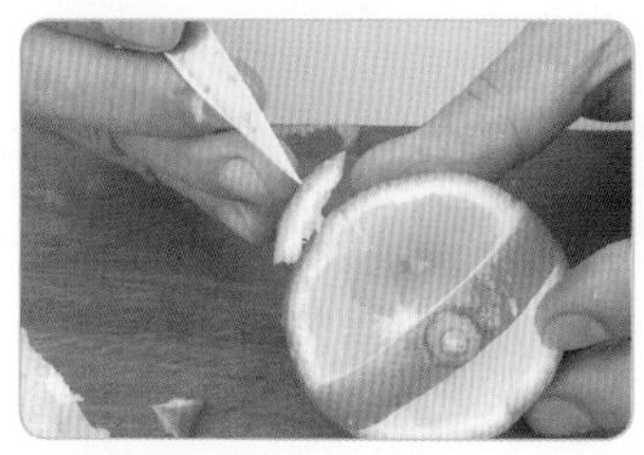

❺ 分別取兩側籃邊的中心位置，切成每邊兩個圓弧形波浪。

❻ 切割好的籃子，可放入巴西里、生菜葉、蘭花等做為排盤裝飾。

- 切割籃子提把，兩邊需對稱，避免歪斜。
- 切除內側果肉時，需小心勿切破籃子而傷到手。
- 手若有傷口，需戴手套，避免檸檬湯汁刺痛傷口，影響切雕。

自我評量

是非題

(　) 1. 切雕好的蘋果盅可用醋水浸泡數分鐘，可防止果肉變黑。

(　) 2. 切雕大黃瓜竹節盅前，需以牙籤於黃瓜表皮略劃出竹節紋路後，再以V形槽刀挖出線條。

(　) 3. 學習蔬果切雕，須具備三心：耐心、專心、小心。

(　) 4. 新鮮亮麗橢圓狀的南瓜，質地較硬，切雕盅形時無需特別小心。

(　) 5. 南瓜盅入蒸籠蒸煮時，需以鋁箔紙環繞南瓜外圍，以免南瓜蒸熟後瓜皮破裂。

(　) 6. 檸檬籃切雕好後，可放入巴西里、生菜葉、紅辣椒花做為排盤裝飾用。

(　) 7. 切割番茄盅時，因為番茄較軟，所以切割時勿用力壓切，以免番茄變形。

(　) 8. 大部分的瓜果都有圓弧度，容易切到手或雕壞食材，所以切雕時要特別的小心。

(　) 9. 木瓜選購以果形完整、表皮富光澤、斑點細而均勻、表皮顏色呈金黃色為最佳。

(　) 10. 哈密瓜宜選購果形歪斜、有蟲蛀有斑痕、蒂頭脫落者。

選擇題

(　) 1. 火龍果宜選購　(1)果身完整無蟲害、外表呈粉紅色　(2)果身歪斜、表皮皺摺、顏色不均　(3)有斑點、光澤亮麗　(4)便宜就好。

(　) 2. 切雕好的甜椒盅，黏接葉片時以　(1)膠水　(2)三秒膠　(3)漿糊　(4)膠帶　黏接。

(　) 3. 切雕蘋果盅前，應以牙籤　(1)輕劃表皮　(2)劃破表皮　(3)挖出凹洞　(4)插做記號　再以雕刻刀順著線條切雕。

(　) 4. 竹筍盅切雕好後需以　(1)醋水浸泡　(2)鹽水清洗　(3)礦泉水清洗　(4)熱水燙熟　才可裝入菜餚食用。

(　) 5. 各式瓜果碟形，放入鋁箔紙的用意是　(1)避免沾醬變味　(2)避免沾醬流出　(3)避免瓜果肉變味　(4)美觀。

PART

08

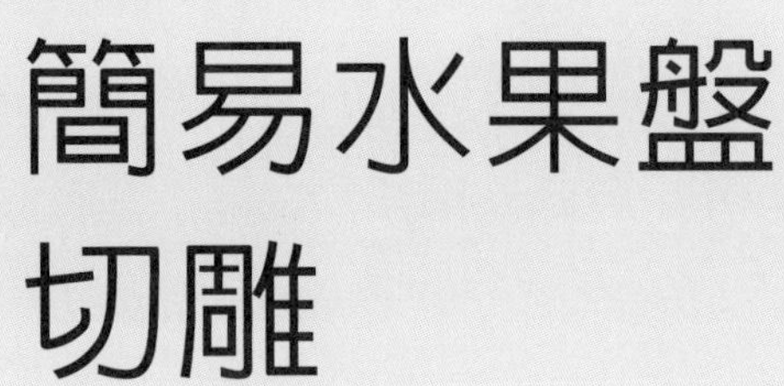

簡易水果盤切雕

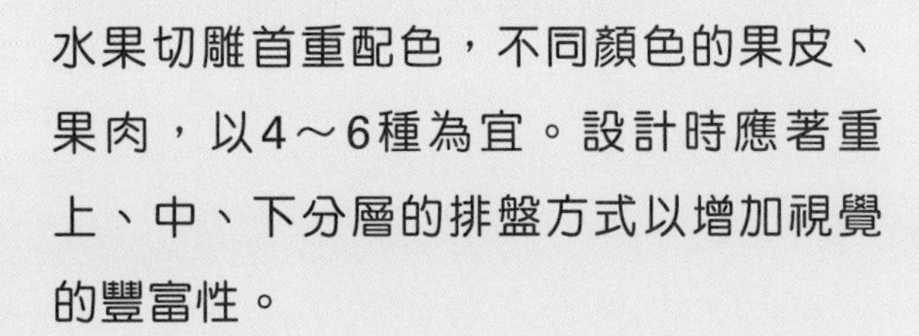

水果切雕首重配色，不同顏色的果皮、果肉，以4～6種為宜。設計時應著重上、中、下分層的排盤方式以增加視覺的豐富性。

滿載甜蜜果

使用工具：片刀、雕刻刀、挖球器、牙籤
切雕類型：深淺線條、顏色造形

❶木瓜半粒，無子西瓜1/10片，哈密瓜1/4個，百香果1粒，葡萄6粒，枝幹相連的荔枝2粒。

❷1/4個哈密瓜以片刀直切為三長片，取1片，底部切平1.5cm，片開半邊外皮，厚度0.5cm，表皮切上下兩刀，外翻，以切口朝內頂住果肉固定形狀。

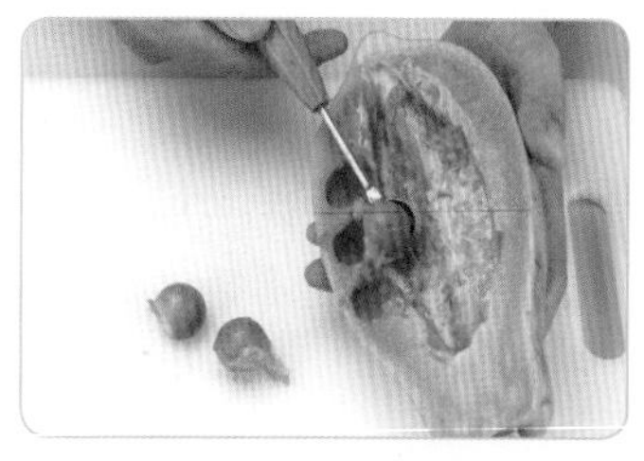

❸木瓜半粒以大湯匙挖除內籽後，以小挖球器挖取圓球形木瓜球。另以挖球器挖出西瓜球、哈密瓜球，葡萄洗淨備用。

❹以雕刻刀環繞木瓜表皮以內0.8cm處切一圈。

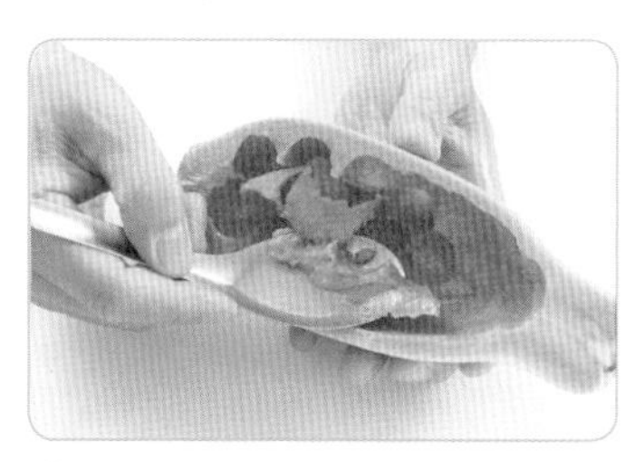

❺以大湯匙順著刀痕挖成船形，船形底部微切除0.5cm。

❻取2粒黏在一起的荔枝，以雕刻刀於荔枝表皮中段處切開一圈，不可切到果肉。

❼以手撥除荔枝尾端的外皮。

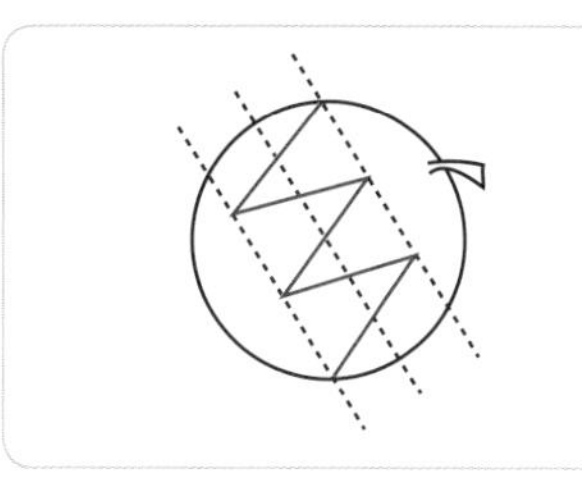

❽取鮮紅飽滿的百香果1粒，以牙籤畫出4等分，中間兩等分處，上下錯開1cm，畫成尖形鋸齒狀。

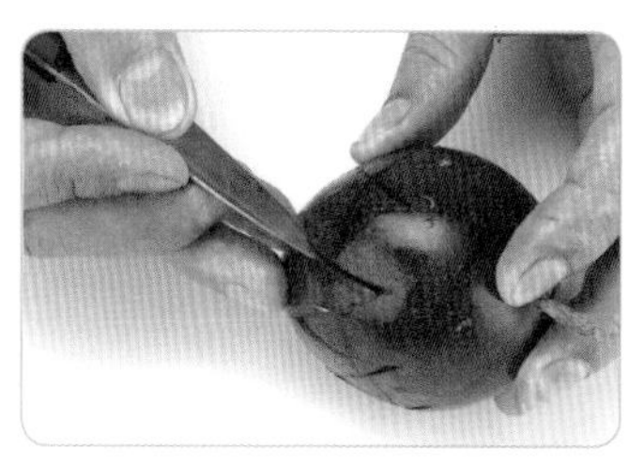

❾以雕刻刀斜刀切開鋸齒線條環繞一圈，即可拔開兩半。所有材料依完成圖排盤即可。

- 片取哈密瓜表皮，須順著表皮的圓弧弧度切割，避免切太厚。
- 木瓜質地較軟，以挖球器挖球時須小心，避免將表皮挖破。

比翼常相守

使用工具：片刀、雕刻刀、牙籤
切雕類型：平穩控刀、層次排盤

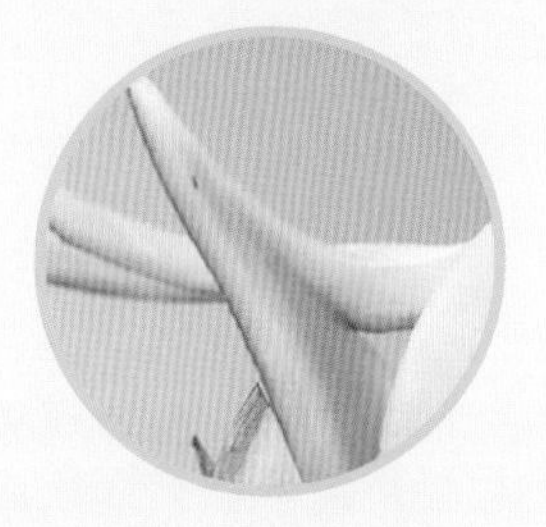

❶楊桃1粒，香蕉2條，哈密瓜1/4塊，小西瓜1/3，蘋果1粒，奇異果1粒。

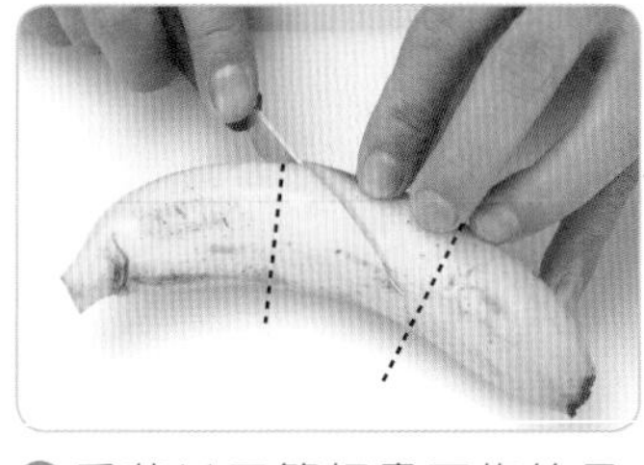

❷香蕉以牙籤輕畫兩條線呈3等分，以雕刻刀將中段切斜對角，深度為香蕉的1/2。翻面，同方向再切一次。

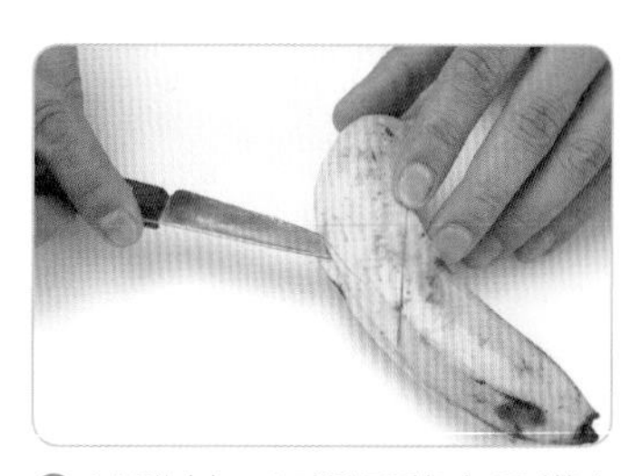

❸以雕刻刀切開香蕉中段橫向中心線，上下兩斜刀於香蕉內部銜接。

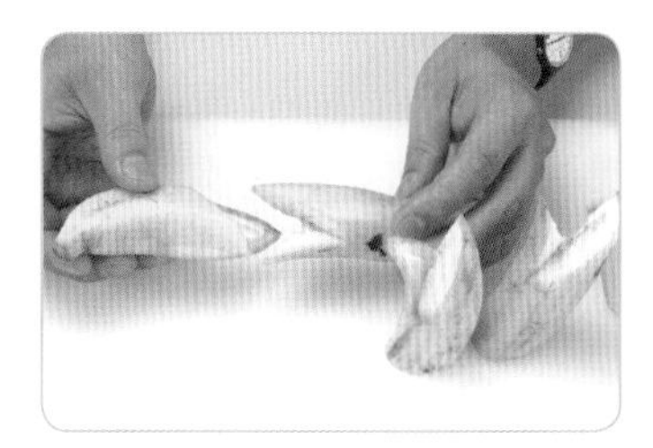

❹將切好的香蕉小心拔開，切口處呈鋸齒尖形，切平頭尾端，使能站立，微泡鹽水避免果肉變黑。

❺取1粒蘋果，以片刀切為兩半，取其一再分切為二，以片刀斜度45度切除內籽0.8 cm，使能站立。

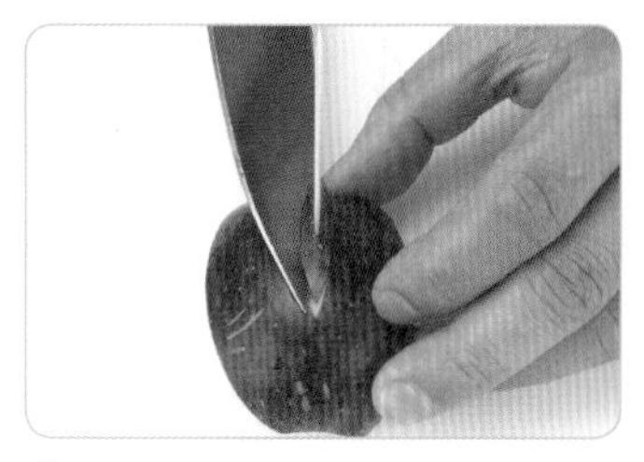

❻劃出蘋果表皮的中心線，以牙籤於正中央標記位置，以片刀於距離中心線0.4cm處，斜45度切割到中心線，翻轉180度，以同方法再切一次。

❼按步驟6的方式繼續切割蘋果，刀子保持同方向與斜度，每切一刀就翻轉蘋果，再切另一邊，切出V形片狀數片。

❽將切下的蘋果片，由小到大重疊回復原狀。

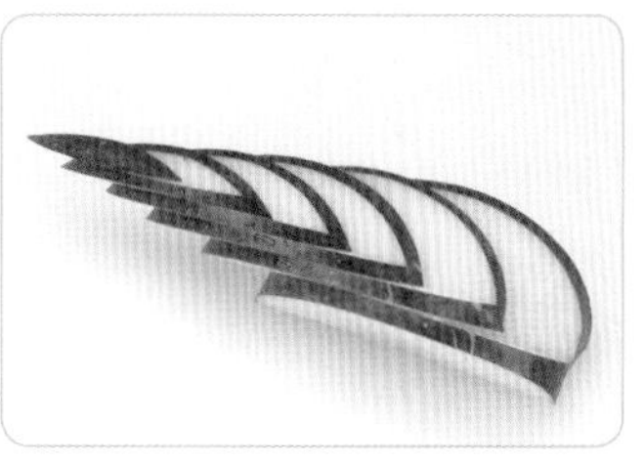

❾疊好後，以手順著同一方向推出，成為塔狀，每層間距1cm。微泡鹽水，備用。

- 步驟4中，切好的香蕉若拔不開，需依步驟2的刀痕再切割深一點。
- 切割蘋果塔時，需注意刀子平穩及前後對稱。

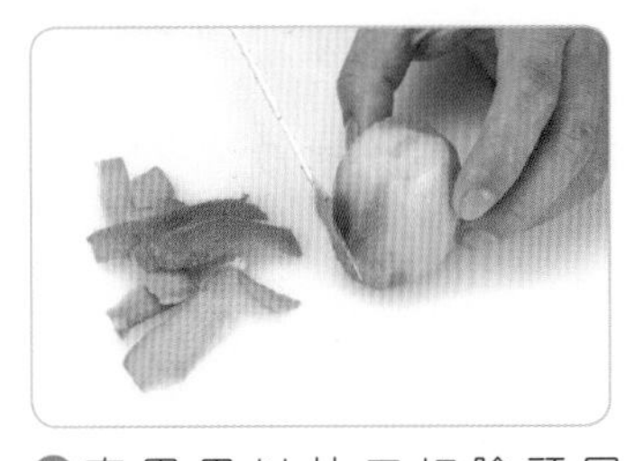

⑩奇異果以片刀切除頭尾0.5cm，順著圓弧切除表皮。

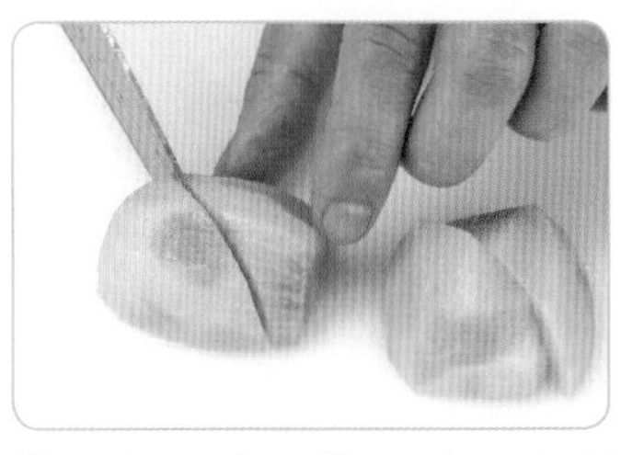

⑪以片刀直切為二半，取其一，上下預留1cm，於中段斜切對角線。

⑫排盤時將兩塊並黏，站立。

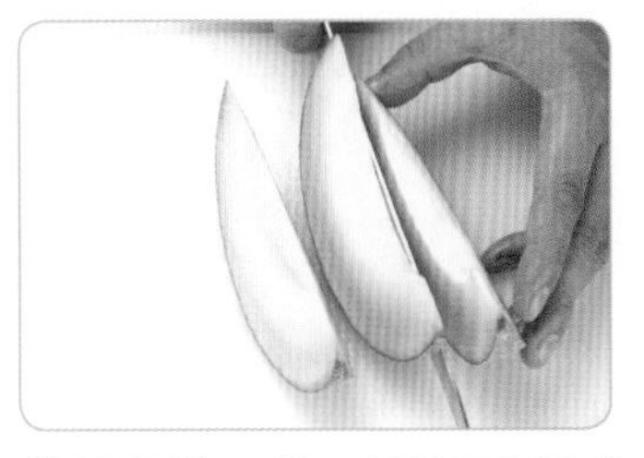

⑬哈密瓜1/4片，以片刀直切成3等分。

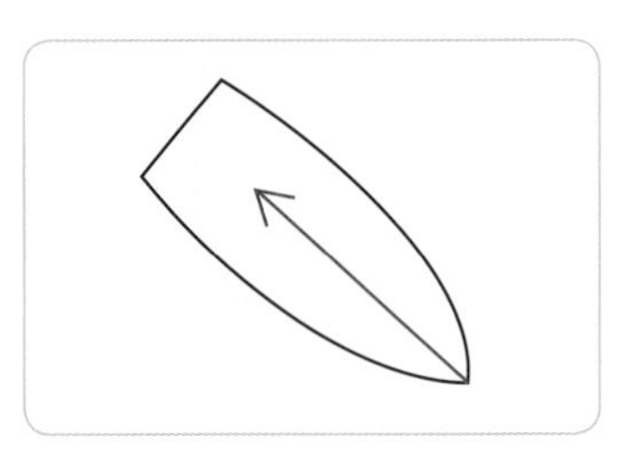

⑭取一片哈密瓜，切除頭部1.5cm，以雕刻刀於表皮外切割箭頭形，刀痕深0.8cm。

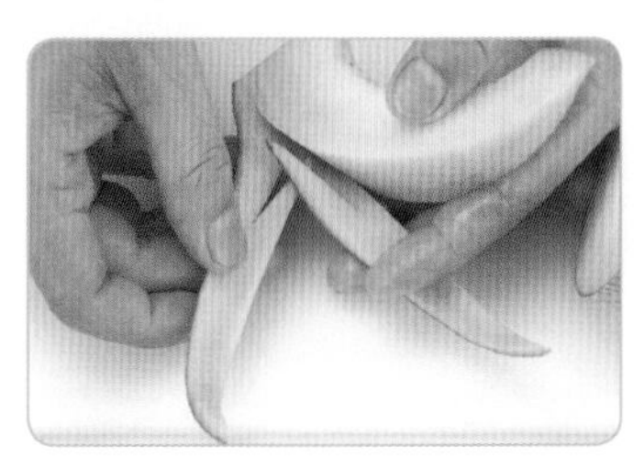

⑮以片刀從尖端處片開表皮，厚0.6cm，留1.5cm不切斷，將表皮外翻，開叉處朝內頂住果肉固定位置。

⑯取另一片哈密瓜，切除頭部1.5cm，由尖端處片切表皮0.6cm，到底部1.5cm不切斷，再以雕刻刀於表皮內面切3刀。

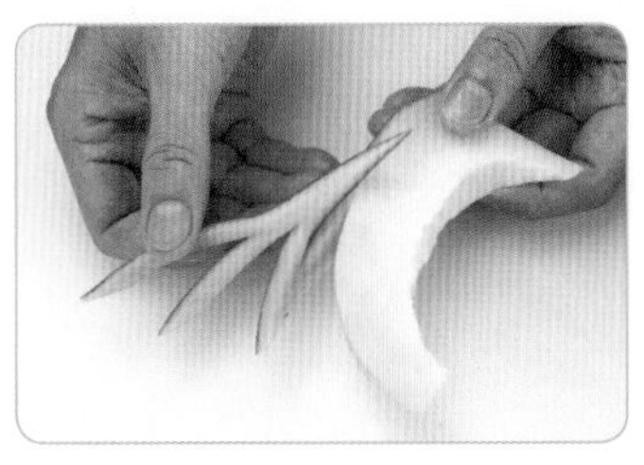

⑰將表皮外翻，下方尖叉朝內頂住果肉固定形狀。

⑱楊桃以片刀將每瓣邊緣表皮順圓弧切除，切除頭部1cm後，續切成星形片狀，每片厚度0.6cm。西瓜切割成三角片排入盤內，再將先前所切雕所有材料依完成圖排入盤內。

- 切割哈密瓜表皮，需注意厚度的拿捏；翻摺表皮時須小心，避免摺斷。
- 圓弧片切奇異果表皮亦可以刮皮刀刮除表皮。

花籃豐滿載

使用工具：片刀、雕刻刀、牙籤

切雕類型：平衡控制、整體裝飾

❶ 葡萄柚2粒，蘋果1粒，奇異果1粒，柳橙1/3粒，葡萄2粒。

❷ 葡萄柚以牙籤由頭尾劃分4等分，以片刀切除頭部1等分，再切1片0.5cm圓片。

❸ 取3/4葡萄柚，切面的直徑兩端以2支牙籤做記號，以片刀分別從左右側橫切，厚度0.5cm，直徑左右各1cm處不切斷。

❹ 以雕刻刀斜55度，於果皮與果肉的交界處切一圈，深4cm。

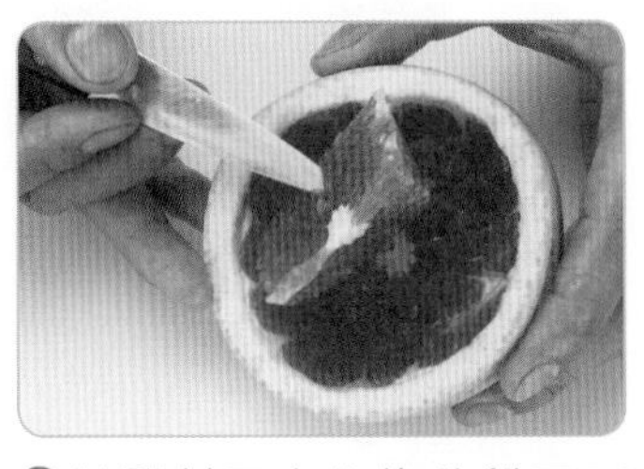

❺ 以雕刻刀由內往外斜刀50度，分數次切出果肉。

❻ 取先前切下的0.5cm薄片，以雕刻刀從皮層內膜處下刀，切下表皮成圓圈。

❼ 表皮圓圈以雕刻刀切斷，切斷處切成V形叉口，成緞帶狀。

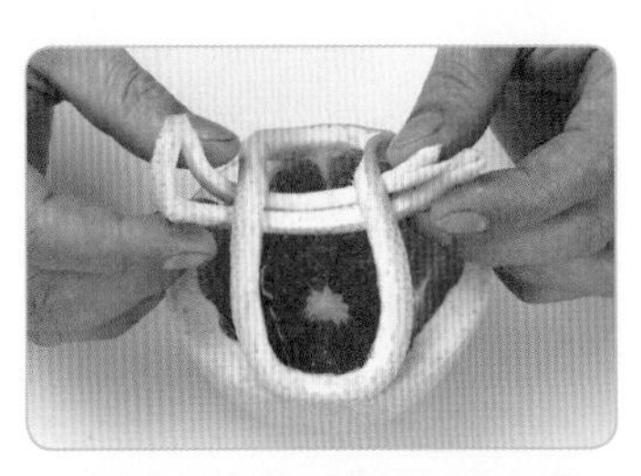

❽ 用果皮緞帶將葡萄柚兩邊的提把綁住。

❾ 依2～9步驟再切雕1粒葡萄柚提籃。

❿ 蘋果1粒以片刀直切兩半，取其一再切為二。

⓫ 取1/4塊蘋果，以片刀斜45度切除內籽，使能站立。

⓬ 將1/4塊蘋果取中心線，再一切為二。

⑬以片刀斜55度切除內籽，使能站立。

⑭取蘋果塊中心線，再以雕刻刀將尾端切成葉子尖形。

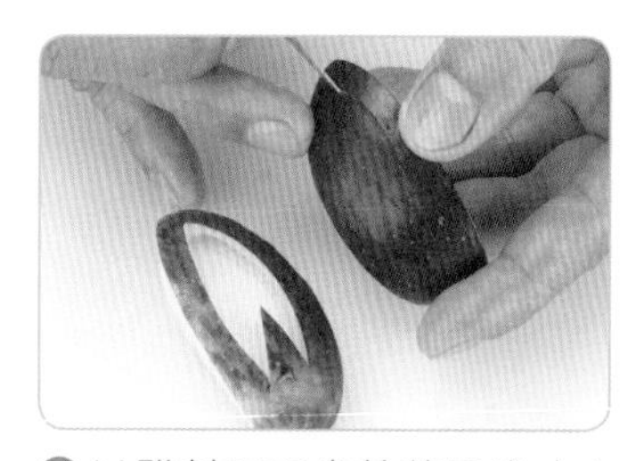

⑮以雕刻刀刀尖於蘋果表皮上切出深0.5cm尖形圖案。

⑯以雕刻刀從尾端尖形片開0.3cm表皮，留底部1cm不切斷，去除中間表皮。

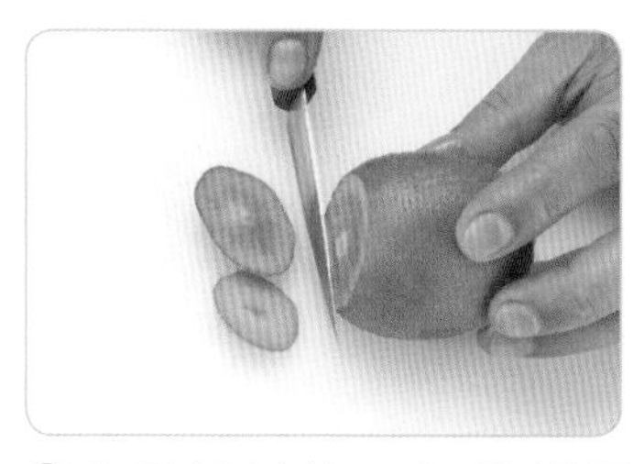

⑰奇異果以片刀切除頭尾0.5cm。

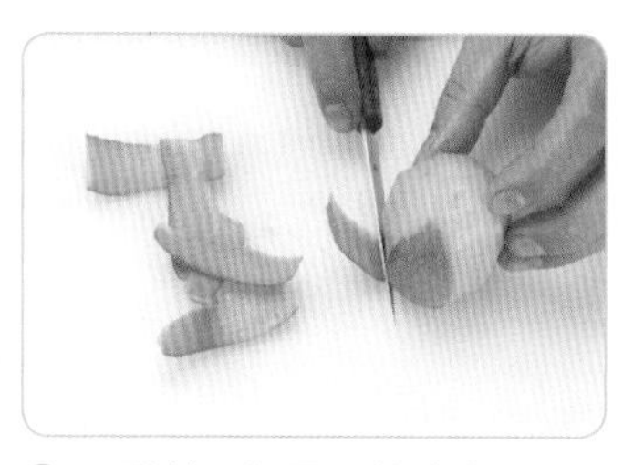

⑱以雕刻刀順圓弧片除表皮。

⑲將表皮切除後，再以雕刻刀切割8等分。

⑳取1/3片柳橙，以片刀橫切0.5cm圓片，共切2片。

㉑以雕刻刀切開柳橙半徑，將一端翻轉成S形。

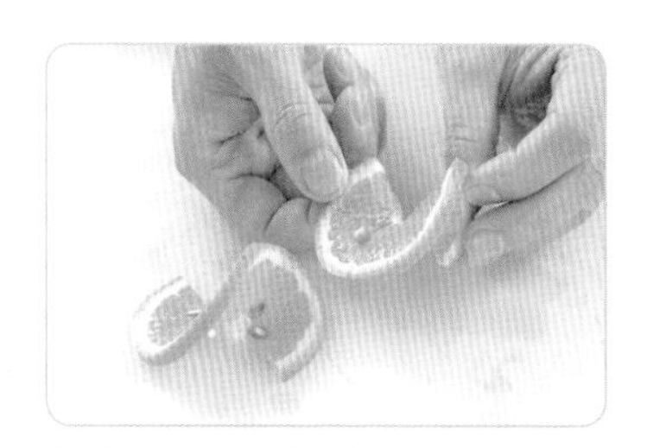

㉒將柳橙圓片切好後翻折成S形排盤。

㉓取大小一致的葡萄以雕刻刀一切為二排入柳橙上即成。

㉔分別將葡萄柚籃子裝入柚肉、奇異果片。葡萄柚片放上柳橙S形片及半圓形葡萄。蘋果葉片一起排入盤中即可。

操作步驟8綁果皮緞帶時須小心，勿使用猛力，易使果皮斷裂。利用果皮本身的彈性輕輕使力，較容易將其固定。

蘋果表皮各式切雕法

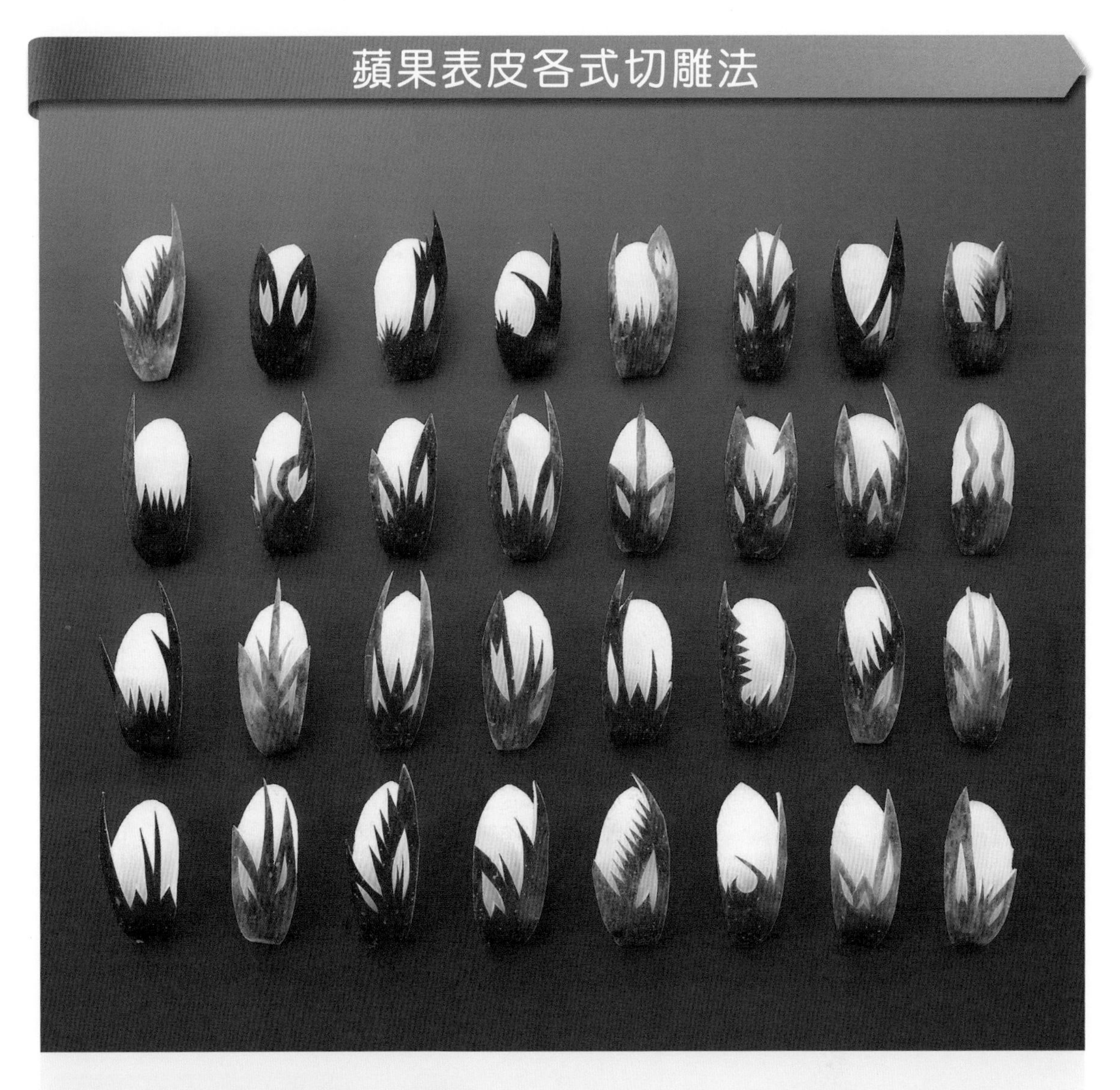

使用工具：片刀、雕刻刀、牙籤
切雕類型：圖形變化、表皮切雕

❶ 取色澤鮮豔紅潤、果形完整漂亮的紅蘋果4粒。

❷ 蘋果1粒，拔除蒂頭，以片刀切成一半。

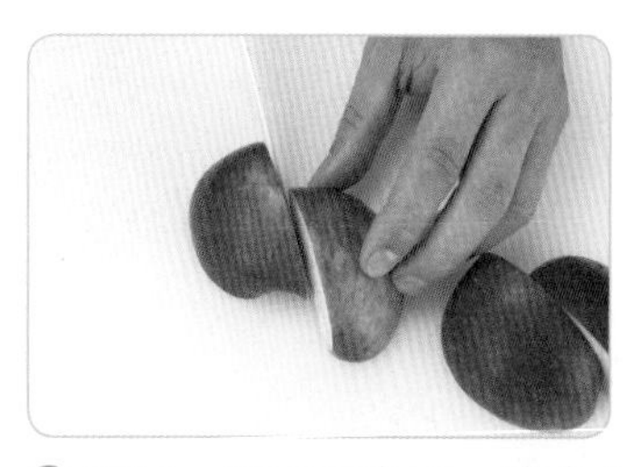

❸ 將每一半再切為二，成為4片。

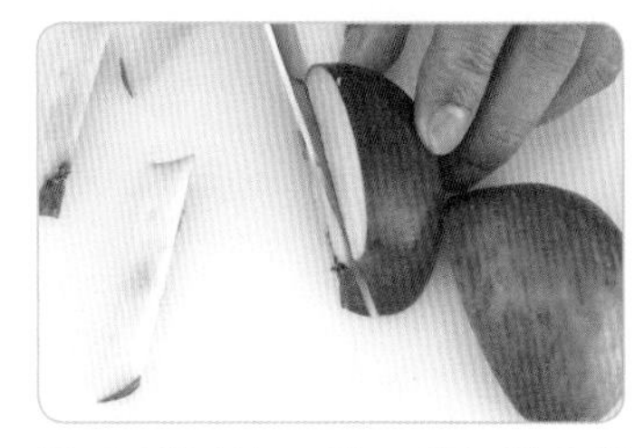

❹ 分別以片刀斜45度切除內籽0.5cm，使能站立。

❺ 內籽切除後，再以片刀將每等分切成兩半，成為1/8。

❻ 再以片刀斜50度，切除每等分內籽0.5cm，使能站立。

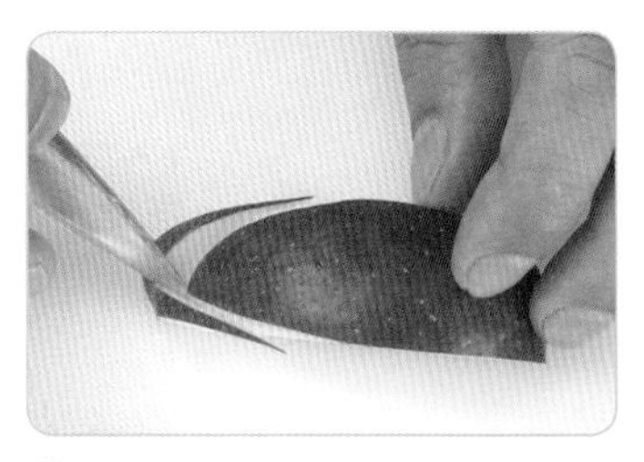

❼ 每片蘋果取中心線為基準，以雕刻刀將一端切出葉子尖形。

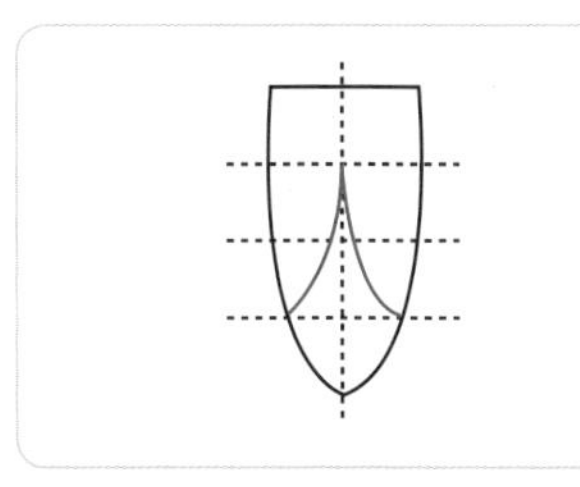

❽ 取一片蘋果，葉片尖形朝向自己，上下分4等分並取出中心線，依圖中紅線所示切割兩弧線，深度0.5cm。

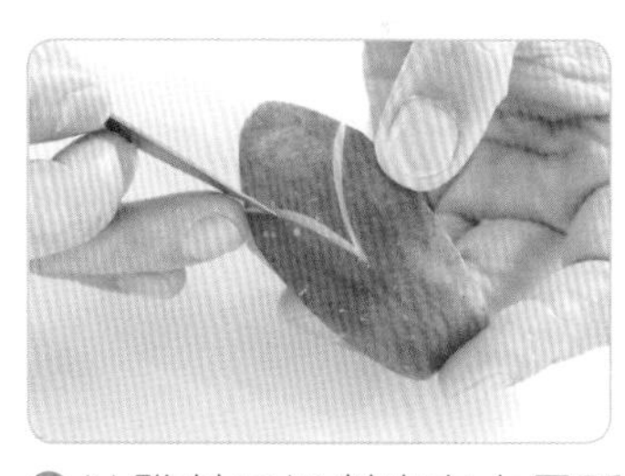

❾ 以雕刻刀切割出左右圓弧線，下刀深0.5cm。

❿ 由尖端順著圓弧面片開表皮，厚度0.3cm，留底部1.5cm不切斷。

⓫ 將葉片尖端多餘的皮移除，在切開的表皮上雕出尖形紋路，如圖所示。

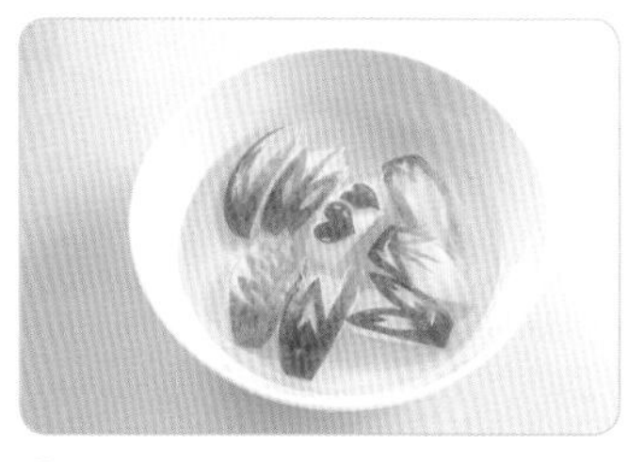

⓬ 將雕好的蘋果葉片微泡鹽水避免變黑即可排盤。

- 須遵循一切八等分的切法，避免切成大小不均。
- 完成圖中共有32款蘋果皮切雕，提供讀者參考，每一顆蘋果可切出8片。切雕好的蘋果葉片，需以低濃度鹽水洗過，可避免褐變。

花團錦簇鮮

使用工具：片刀、雕刻刀
切雕類型：均等切片、層次排列

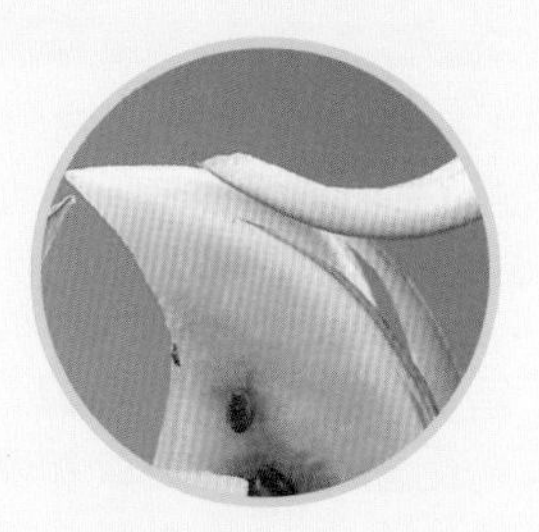

❶小玉西瓜1/6粒，哈密瓜1/4粒，楊桃1粒，愛文芒果1粒，火龍果半粒。

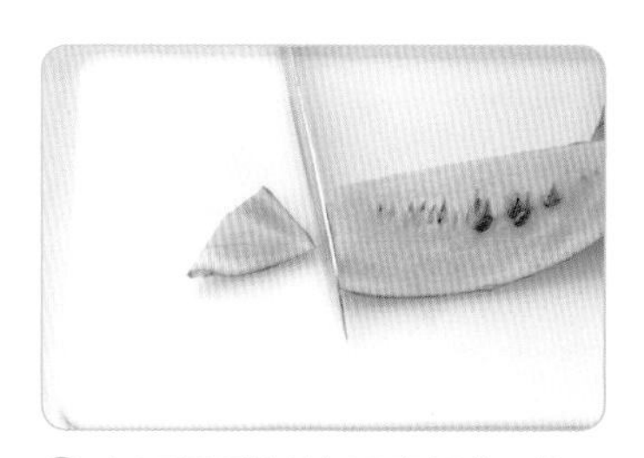

❷小玉西瓜以片刀直切為2片，取其一，以片刀切除蒂頭一端3～4cm。

❸以片刀由尖端順著圓弧片開表皮，厚度0.5cm，留4cm不切斷。

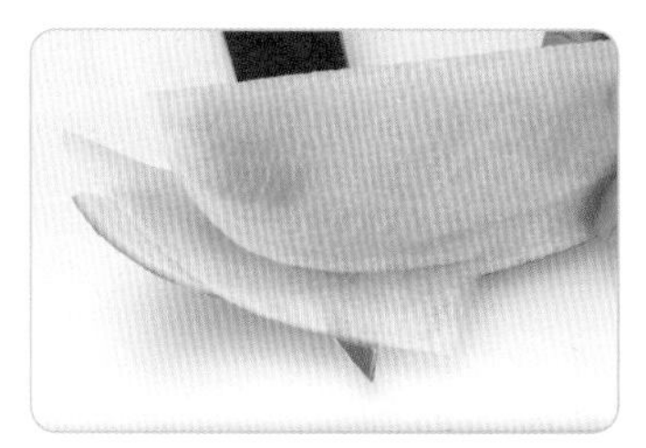

❹若片開的表皮太厚，可將皮上多餘果肉再一次切除。

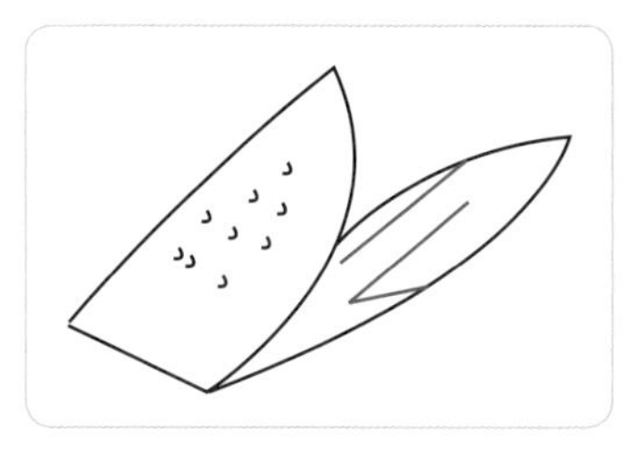

❺在表皮上切雕出3刀，如圖所示。

❻以雕刻刀將西瓜肉頂端一邊削成尖形。

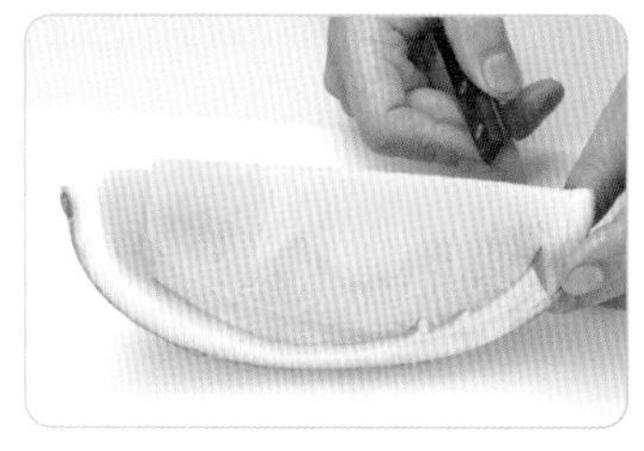

❼取另一片小玉西瓜，以雕刻刀切開瓜肉與瓜皮交界。

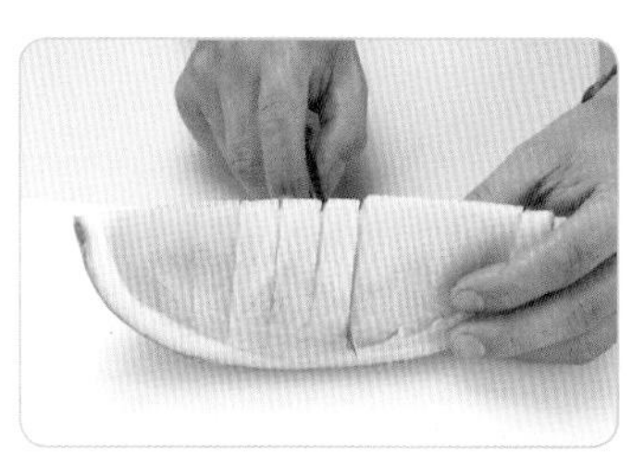

❽以雕刻刀將肉直切成塊狀，每塊間隔1.5cm，切好後左右推開做出層次感。

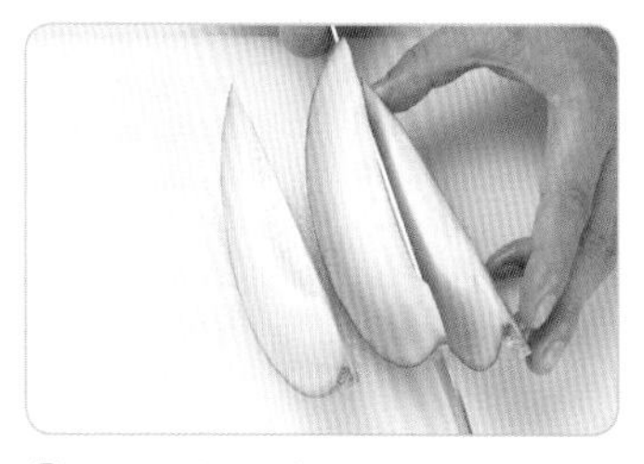

❾取1/4片哈密瓜，以片刀切成3等分。

❿以片刀分別切除每片的頭部2cm。以片刀片開表皮，厚度0.4cm，留2.5cm不切斷。

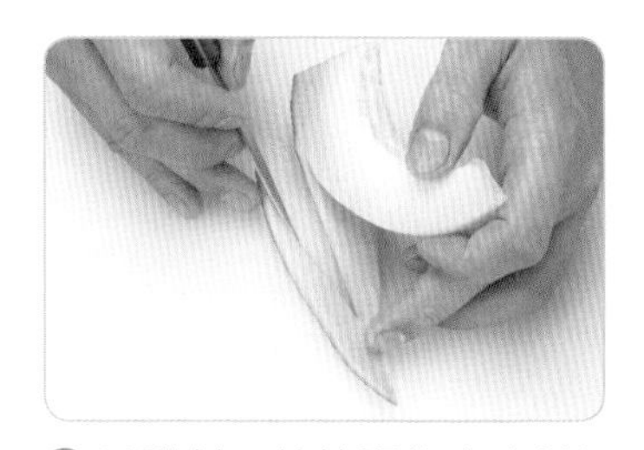

⓫以雕刻刀於片開的表皮斜切一刀，如圖所示。

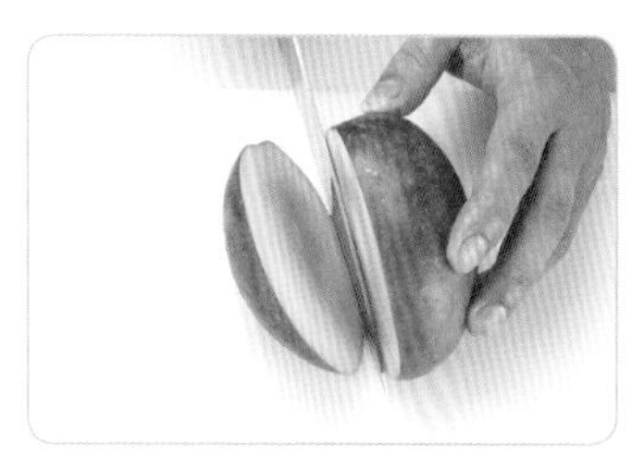

⓬取色彩鮮亮的愛文芒果1粒，通過蒂頭取中心線，以片刀於中心線旁1cm直切。

⑬ 切下的芒果片，以雕刻刀將果肉切割出網狀交叉刀痕，每刀間隔1cm，需小心勿切斷表皮。

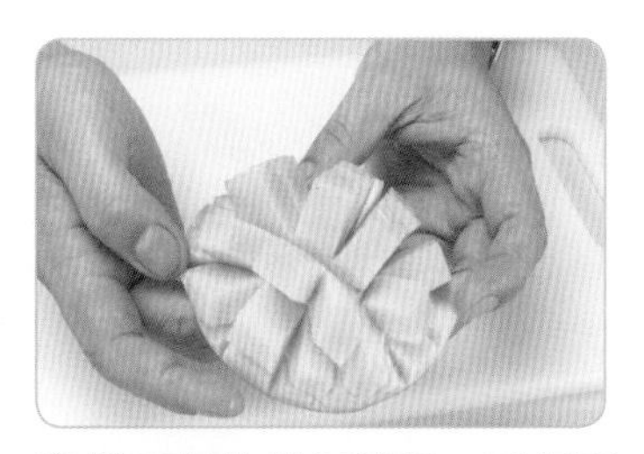

⑭ 雙手握住芒果邊緣，手指置於底部中心由下往上推，即可展開果肉。

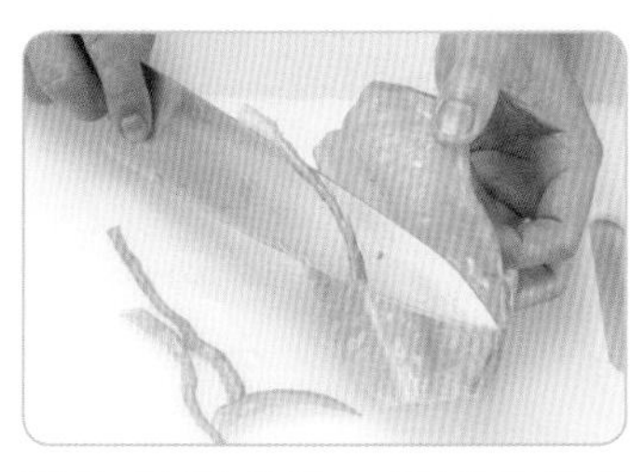

⑮ 取新鮮多汁，果形完整的楊桃1粒，以片刀切除頭尾1cm。楊桃以片刀將每瓣邊緣表皮順圓弧切除。

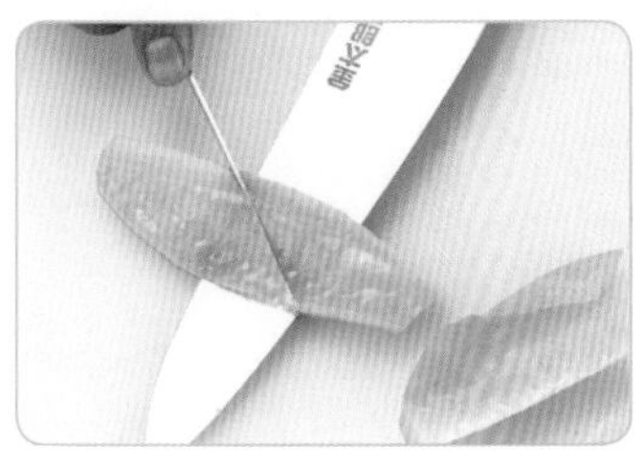

⑯ 以片刀將楊桃片切出，去除楊桃心。每片分別以西式片刀橫插入楊桃瓣的中段，再以雕刻刀將片刀上半部果肉斜切一刀。

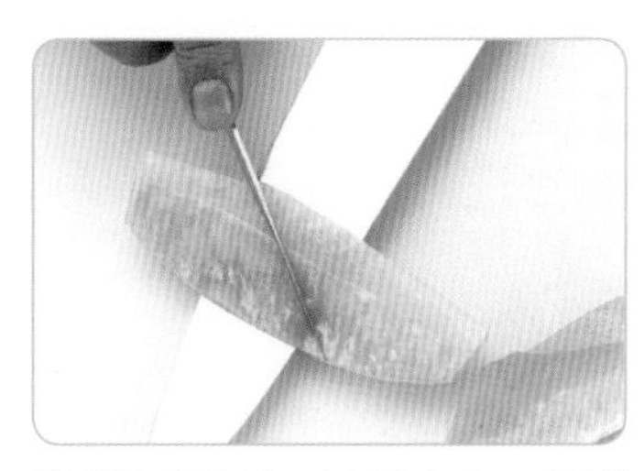

⑰ 翻至反面，以同方向、同位置再斜切一刀。

⑱ 以手拔開即呈2個交叉尖形狀。

⑲ 另取半粒火龍果，以雕刻刀將果皮表面切割成3等分。

⑳ 以手撥開表皮取果肉。

㉑ 將撥好皮的火龍果肉以片刀直切，斜向切3刀成4等分。將每等分位置拉開，再反向切2刀成菱形塊。分別將切雕好的各式水果，依高、中、低順序排盤。

- 小玉西瓜表皮較脆硬，厚度的拿捏須注意，避免摺斷。
- 切割芒果交叉刀型下刀深度須掌控得宜，小心勿切斷表皮。
- 切割楊桃交叉形左右斜切需一致。

甜蜜雙飛燕

使用工具：片刀、雕刻刀
切雕類型：均等切片、對稱排列

❶ 小玉西瓜1/4塊，紅西瓜三角片2片，美濃瓜1粒，木瓜半粒，葡萄約10粒。

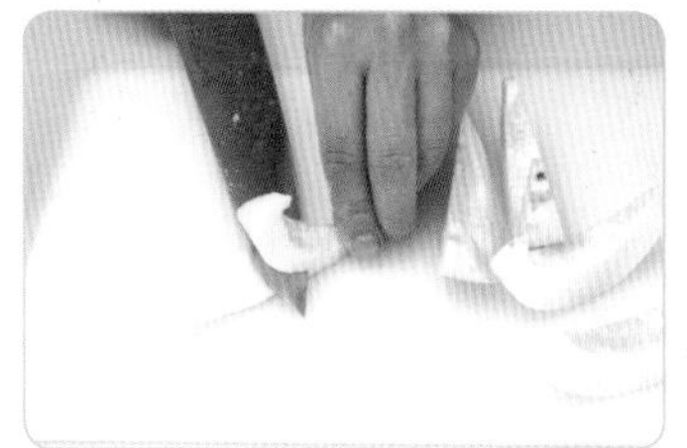

❷ 美濃瓜以片刀直切為2半，挖除內籽，每一邊再切成4片，片除表皮（亦可以刮皮刀刮除表皮，再切等分）。高腳杯內放入各式的水果塊。

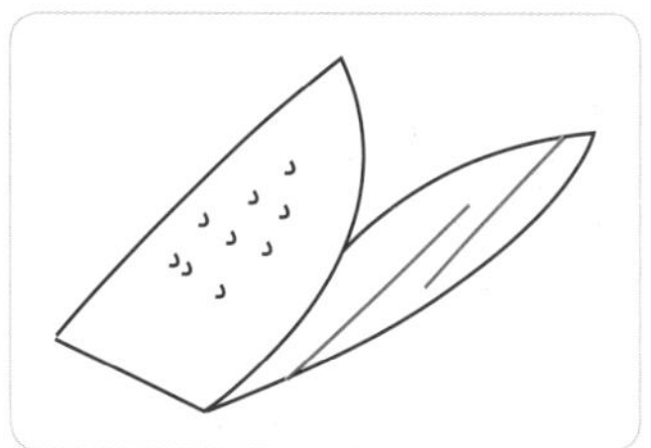

❸ 紅西瓜以片刀從尖端片取表皮，厚0.5cm，留2cm不切斷。於表皮切2刀，外翻表皮，以下方尖叉朝內頂住固定形狀，即可排入盤內兩側。盤中央放入高腳杯及其他水果。

- 切雕西瓜表皮時，左右須不同方向，切取底部斜度亦須互相對稱。
- 須注意整體排盤的顏色及高、中、低層次。

各式水果盤進階切法

柳橙切雕法 -1

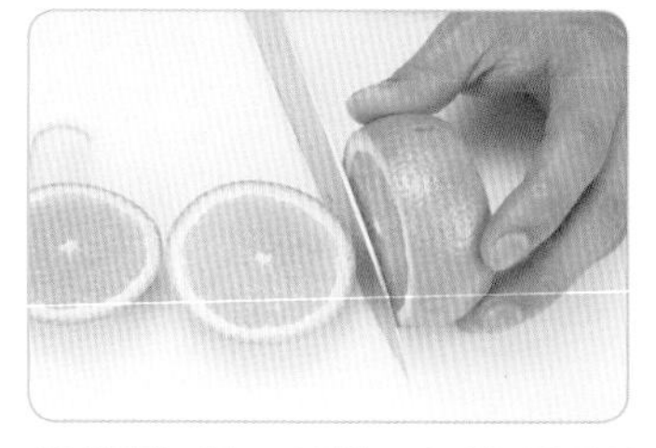

❶ 柳橙1粒，以片刀切除頭尾各1.5cm，取中段。

❷ 柳橙中段平放砧板，再以片刀直切2半圓塊。

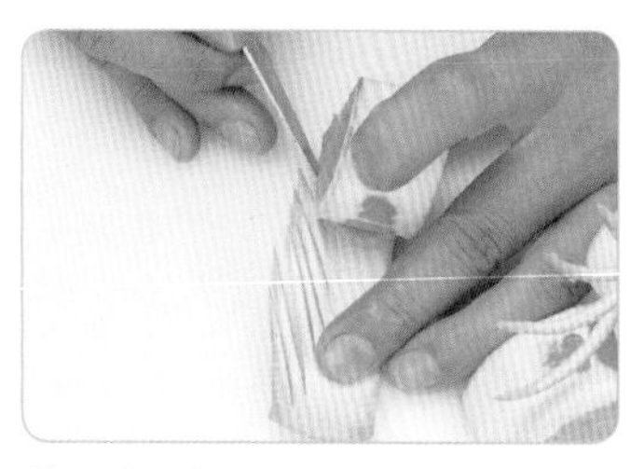

❸ 柳橙半圓塊以片刀由一端片開表皮，厚0.2cm，留1cm不切斷。以雕刻刀於片開的表皮斜切數刀，每刀間隔0.2cm，至果皮相連處止。

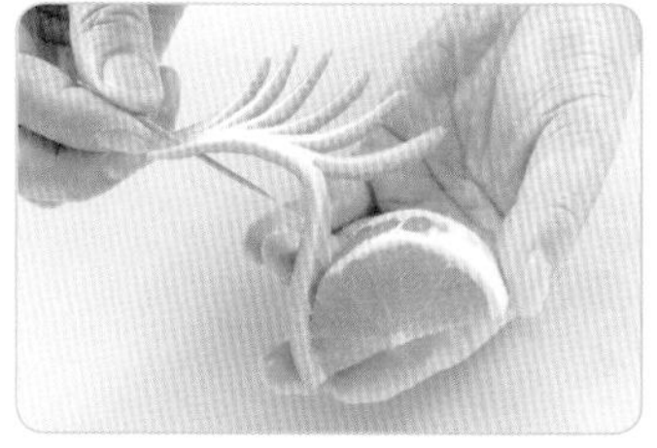

❹ 將切雕好的柳橙表皮往外翻，以牙籤串插。

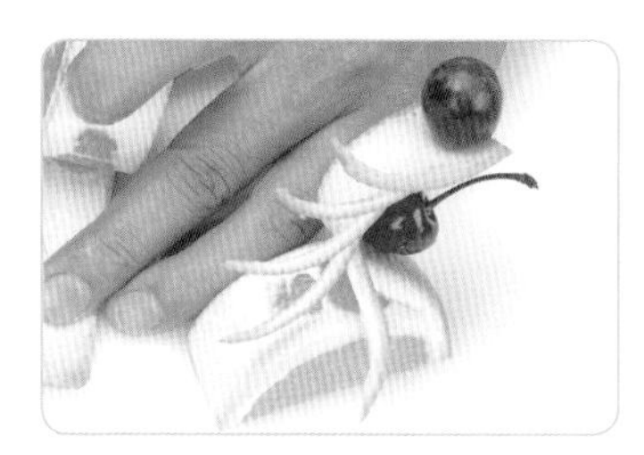

❺ 將皮往外翻出，再以牙籤串插上櫻桃與葡萄固定。

柳橙皮若太厚，可片切薄一點，翻摺時較不易斷裂。

柳橙切雕法 -2

❶ 柳橙1粒，以片刀切除頭蒂0.5cm，再切成8等分。

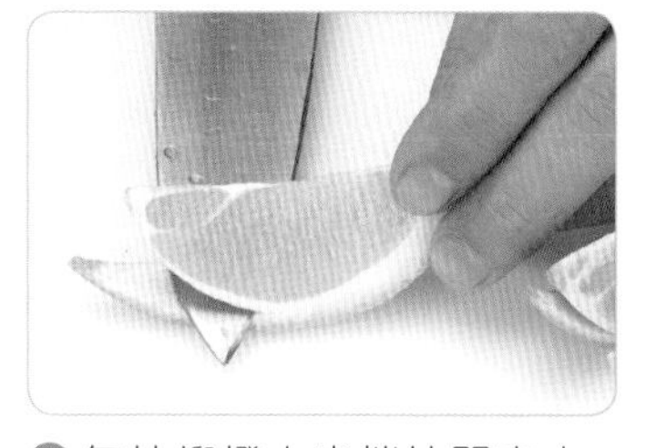

❷ 每片柳橙由尖端片開表皮，厚0.2cm，留1cm不切斷。

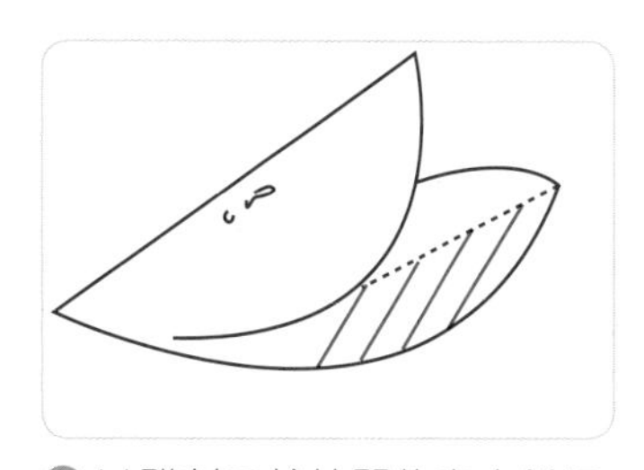

❸ 以雕刻刀於片開的表皮斜切4刀，每刀間隔0.2cm。

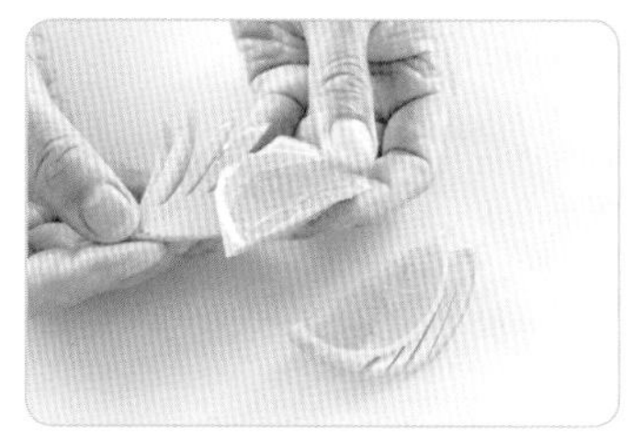

❹ 以雕刻刀由柳橙內面切割斜線，如圖。

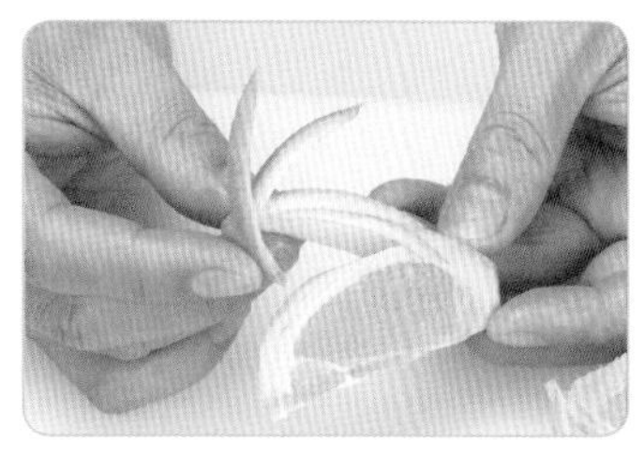

❺ 表皮由尖端往果肉方向內摺，調整果皮間隔即完成。

須遵循一切八等分的切法，避免切成大小不均。

柳橙切雕法 -3

❶ 柳橙1粒，以片刀切除頭蒂0.5cm，以尖槽刀於表皮挖出縱向直線，每條線間隔1cm，深0.2cm。

❷ 以片刀橫向切成0.4cm圓片，即可排盤。

以尖槽刀挖取圓弧表皮線條，力道須均匀，避免挖太深。

柳橙切雕法 -4

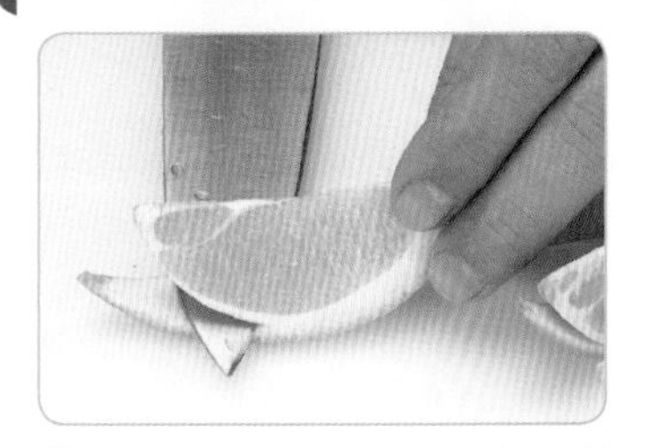

❶ 柳橙1粒，以片刀切除頭蒂0.5cm，再切成8等分。每一等分以雕刻刀片開表皮，留1cm不切斷。

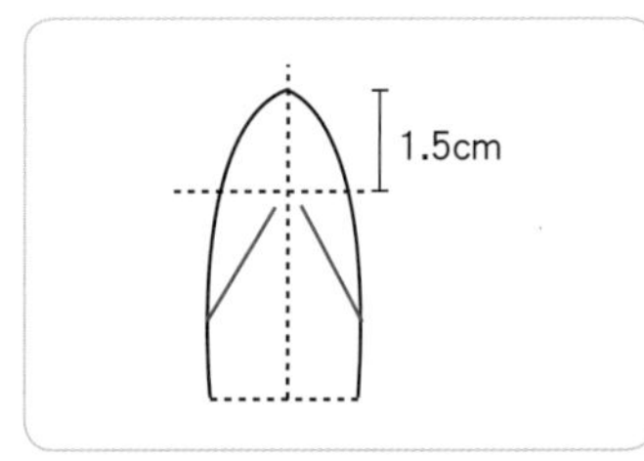

❷ 如圖所示，以雕刻刀在片開的表皮上斜切2刀，2刀中間距離0.5cm。

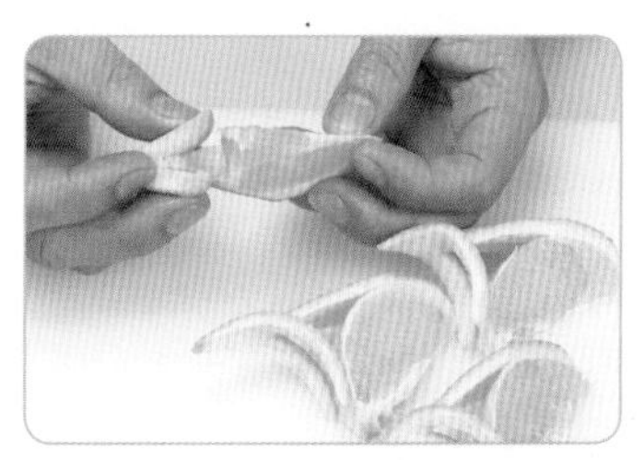

❸ 翻開外皮，左右尖角由內側往上摺，頂住果肉固定形狀即成。

柳橙切雕法 -5

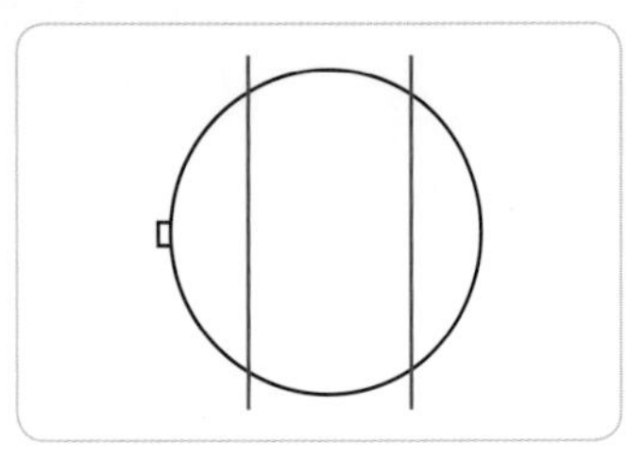

❶ 取柳橙一粒，以片刀切取頭尾1.5cm圓片。

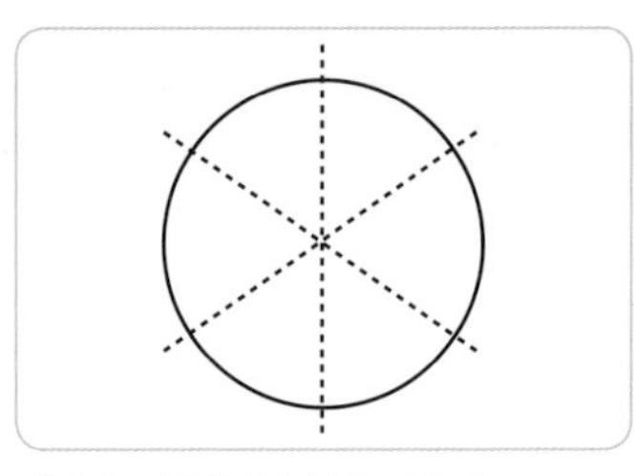

❷ 以牙籤均等劃分6等分。

❸ 以片刀將每一等分切成圓弧V形凹槽，即成花瓣形狀。

等分的劃分、左右圓弧的切割，間隔、深淺都須力求均等一致。

鳳梨切雕法 -1

❶ 取色澤新鮮、鳳梨葉完整、有天然果香味的鳳梨1粒，以片刀切平蒂頭1cm，再直切成兩半。

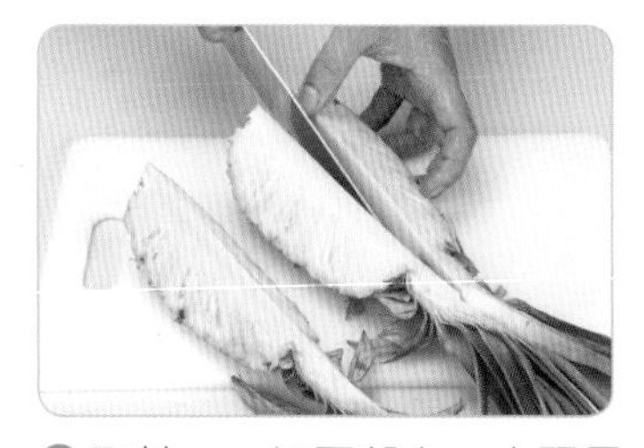

❷ 取其一，切面朝上，由頭尾直刀方向切成3等分，成為3長片。

❸ 取一鳳梨長片，以雕刻刀於頭尾1.5～2cm處，直刀切割到表皮處。

❹ 以雕刻刀於表皮與果肉交界處，左右兩刀之間，橫刀切取果肉，再將果肉切成1.5cm厚塊狀。

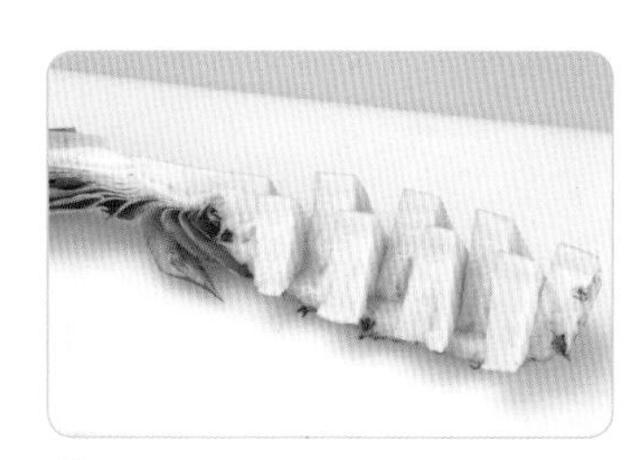

❺ 將切好的鳳梨塊放回鳳梨皮內，左右推出層次感即可。

- 片切鳳梨肉，勿黏太多在表皮上。
- 切割鳳梨肉，間隔厚度要一致。

鳳梨切雕法 -2

❶ 鳳梨直切半粒，以片刀切除頭尾約3cm。

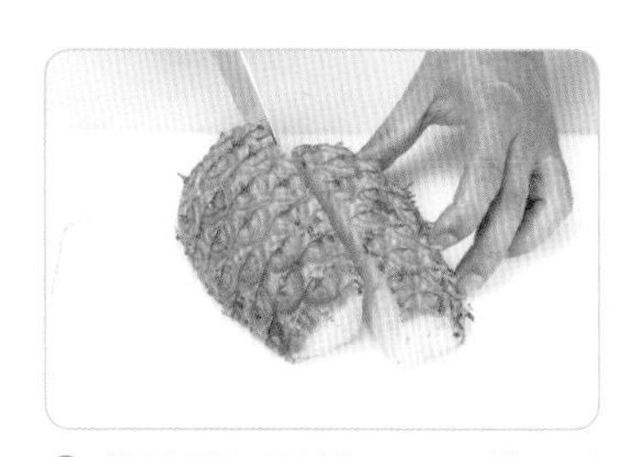

❷ 將鳳梨切面朝下，以片刀直切中心為2半。

❸ 分別以片刀順著圓弧片除1cm表皮，再修除剩餘表皮。

切法❶取其一，鳳梨心朝上，以片刀左右斜45度，切除心部成為V形凹槽，再切成1.5cm厚片即成。

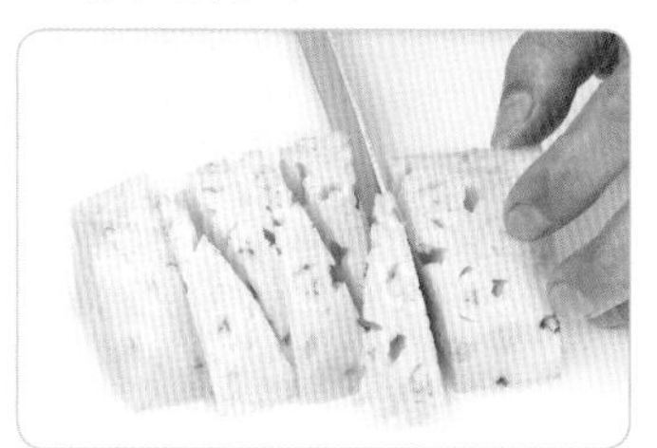

切法❷取另一片去皮鳳梨，鳳梨心朝向自己，以片刀切成長三角片即成。

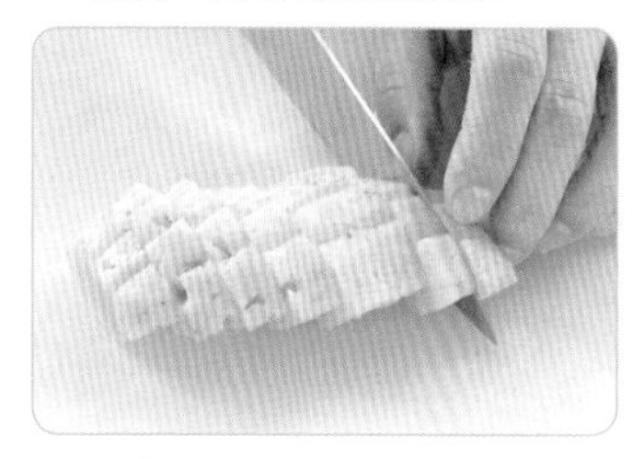

切法❸取一片去皮鳳梨，以片刀切除鳳梨心1cm，在上面切鋸齒，再橫切間隔1cm塊狀。

鳳梨切雕法 -3

❶ 取鳳梨1/3長瓣，切面向上，以雕刻刀橫向切開頂端1.5cm（鳳梨心部分），頭帶一端留1cm不切斷。

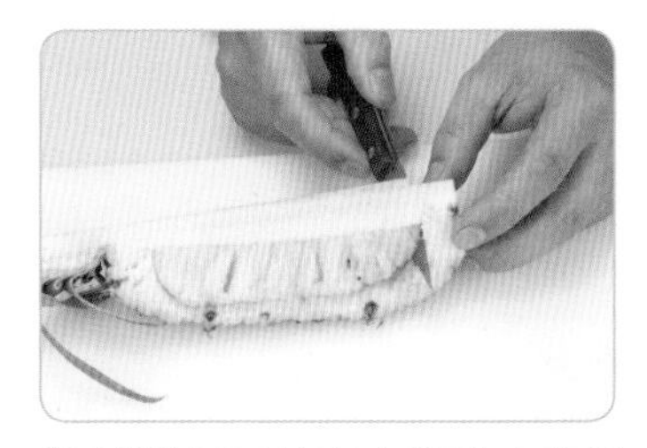

❷ 以雕刻刀於表皮與果肉交界處橫刀切取果肉。

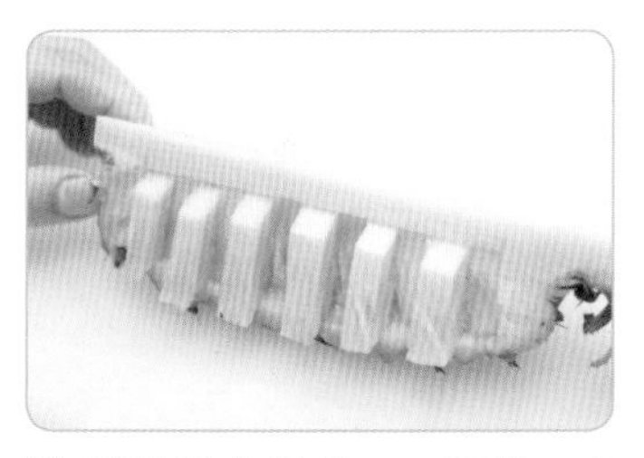

❸ 再將果肉切成1cm厚片，左右推出層次感即可。

香蕉切雕法 -1

❶ 取色澤鮮黃直長形香蕉1條，以雕刻刀切除頭尾2cm。

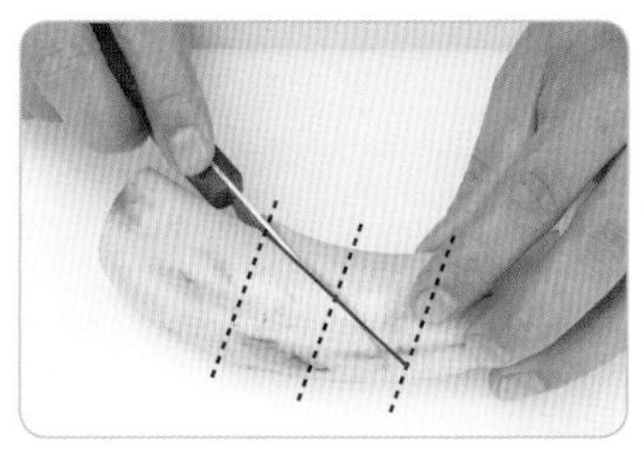

❷ 香蕉頭至尾分4等分，取中間2等分，以雕刻刀直刀斜切對角線，深度1/2。香蕉左右翻面，以同方向斜切對角線，深度1/2。

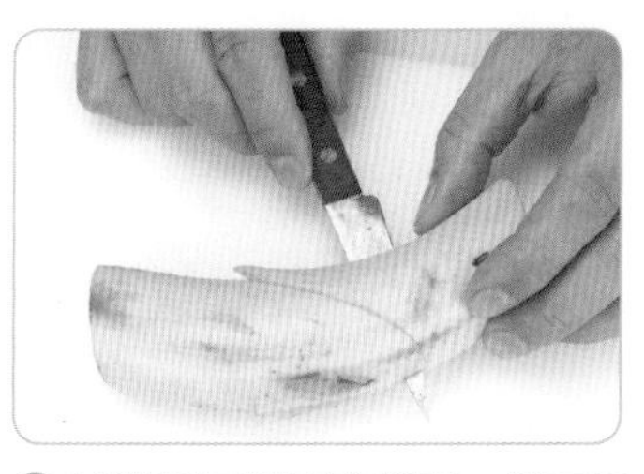

❸ 以雕刻刀從香蕉側面，橫刀切開中間兩等分。

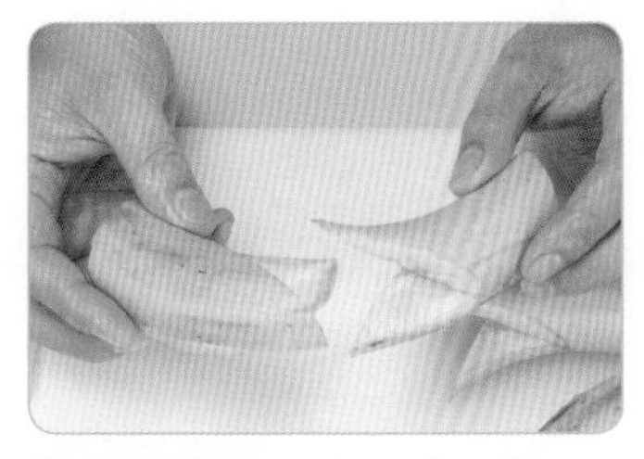

❹ 輕輕拔開左右兩邊，開口呈交叉尖形。

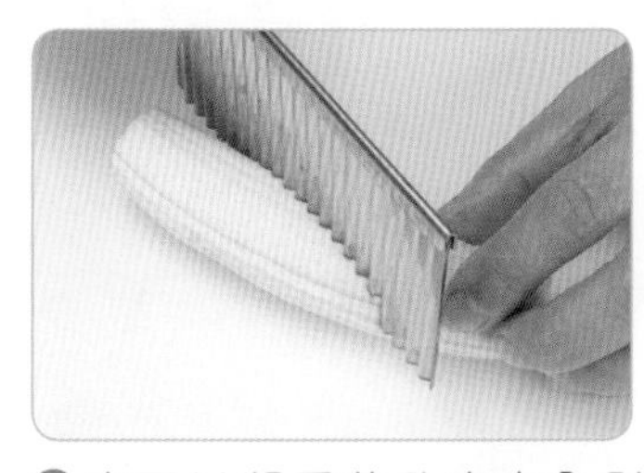

❺ 也可以將香蕉外皮完全剝除，以波浪刀取代雕刻刀斜切對角線。

❻ 再橫刀切開中間拔開呈交叉尖形。

操作步驟4時，若無法拔開香蕉，只需依步驟2的刀痕處再切深一些即可。

香蕉切雕法 -2

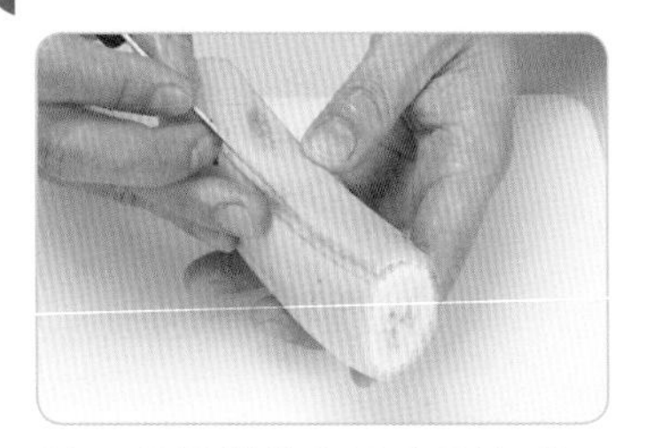

❶ 取色澤鮮黃直長形香蕉1條，以雕刻刀切除頭尾2cm，順著香蕉的彎曲直刀切開表皮。

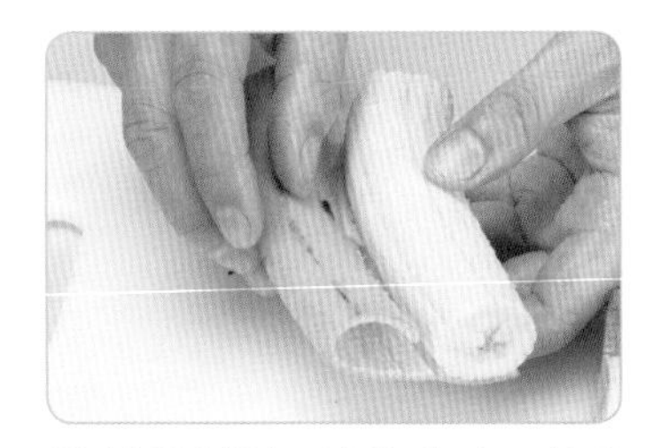

❷ 以手剝開一半的表皮，往內捲摺。

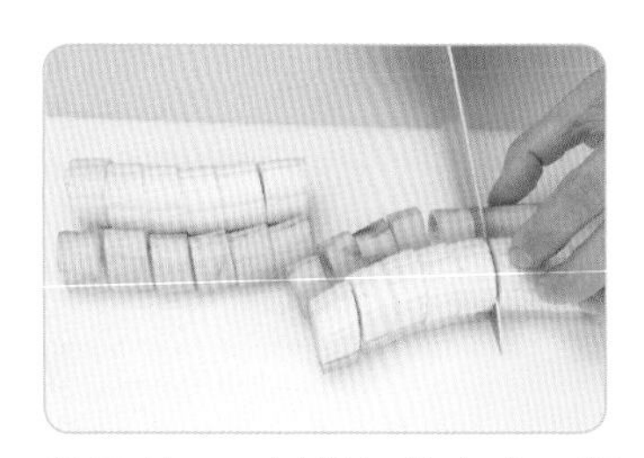

❸ 取片刀，以拉切的方式，將香蕉連皮切成1.5cm圓段。

▶ 切好的香蕉若需久放，可沾上少許鹽水，較不易變褐色。

小番茄切雕法 -1

❶ 取色澤鮮豔、大小平均、外形完好的小番茄數粒，以雕刻刀切除頭蒂0.2cm。

❷ 拿穩番茄，以雕刻刀直切為均等兩半，即可排入水果盤做配色食用。

▶ 切割小番茄取中心線推拉切，避免歪斜、大小不均，而影響美感。

小番茄切雕法 -2

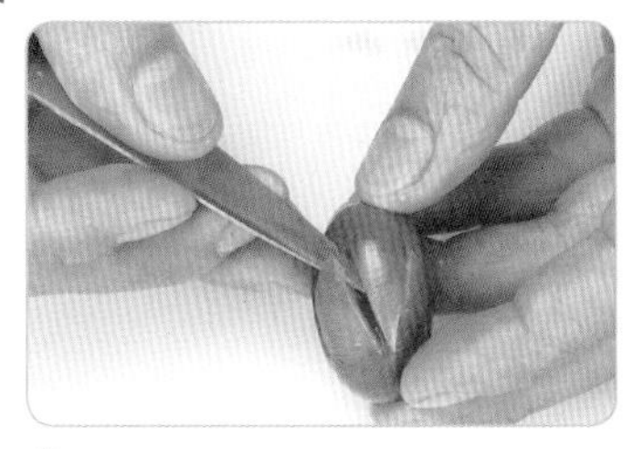

❶ 取大小平均的小番茄數粒。分別以雕刻刀於茄身中段切割鋸齒狀，需切至中心，每個鋸齒寬半公分。

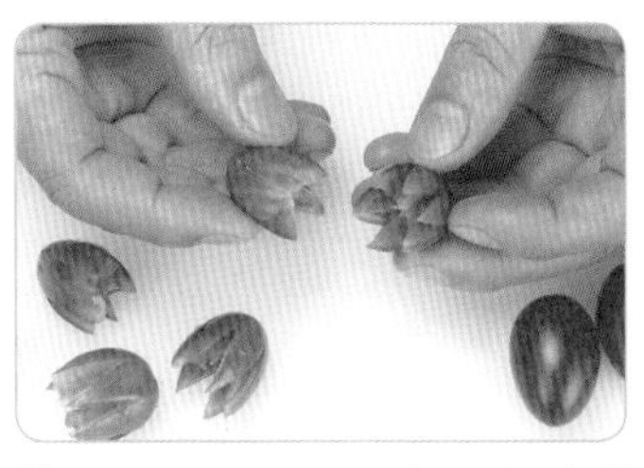

❷ 小心拔開頭尾，成2朵鋸齒花形。

❸ 分別將每粒番茄切雕好排入水果盤配色即成。

▶ 番茄屬漿果類，質軟、多汁，切割用的刀具須鋒利，較不會造成果實變形及汁液流出的情況。

楊桃切雕法 -1

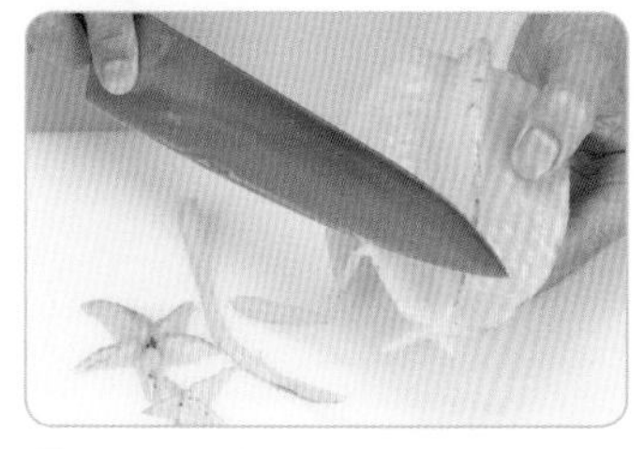

❶ 取果形完整、無歪斜、顏色亮麗的楊桃1粒，以片刀切除頭尾1cm，順著每一果瓣的邊緣圓弧削去表皮。

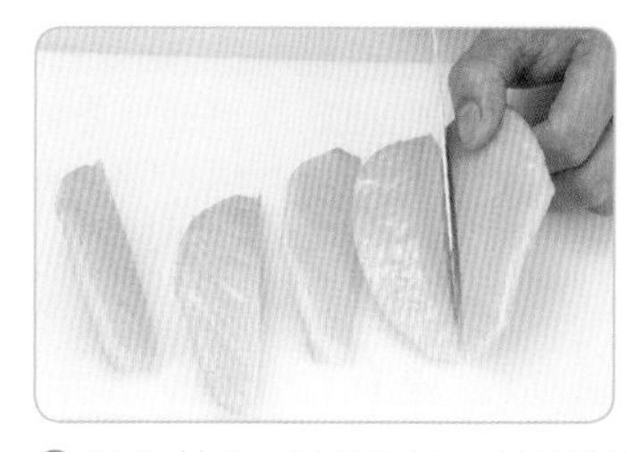

❷ 再以片刀分別將每一片果瓣切出，再去除果心及籽。

❸ 每片楊桃上下預留2.5cm，取中段，以雕刻刀斜切對角線，深度1/2。左右翻面，以同方向斜切對角線，深度1/2。再從楊桃片側面，橫刀切開中段即成。

楊桃切雕法 -2

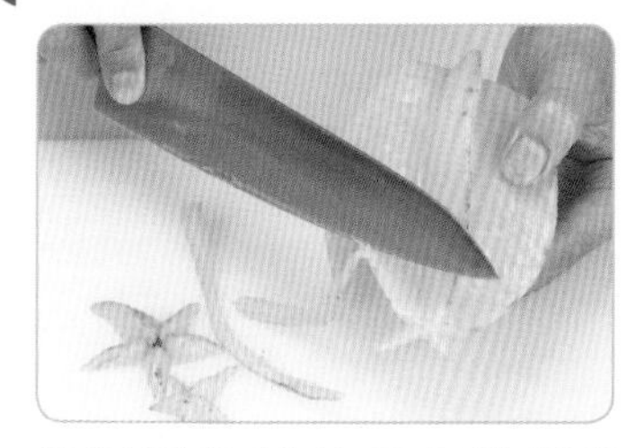

❶ 將楊桃以片刀切除頭部1cm，順著每一果瓣的邊緣圓弧削去表皮。

❷ 以片刀橫刀直切1cm薄片，每片呈星形。

> 楊桃選擇星形瓣完整的來切雕較好看。
> 切割厚薄片需一致。

洋香瓜表皮切雕法 -1

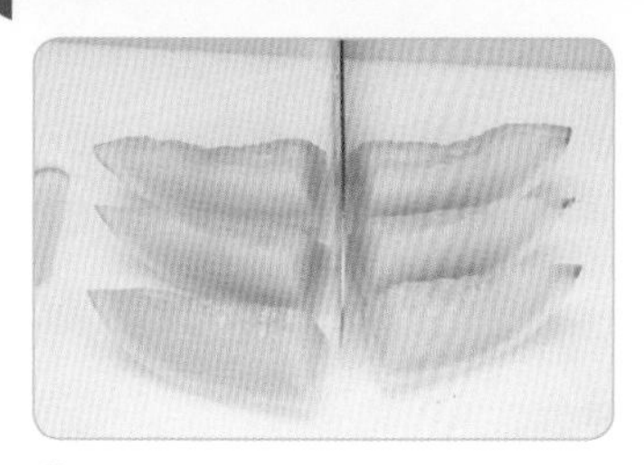

❶ 取香瓜1/4塊，以片刀直切成3等分片狀，再橫切成6等分。

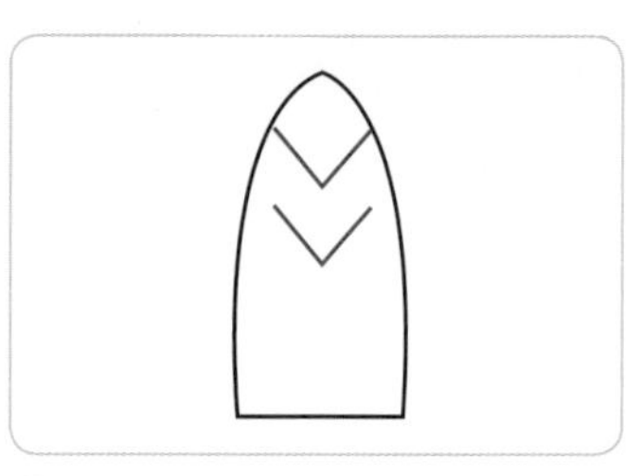

❷ 取1塊香瓜，以雕刻刀於表皮上切割兩個V形，深度0.6cm。（如圖）

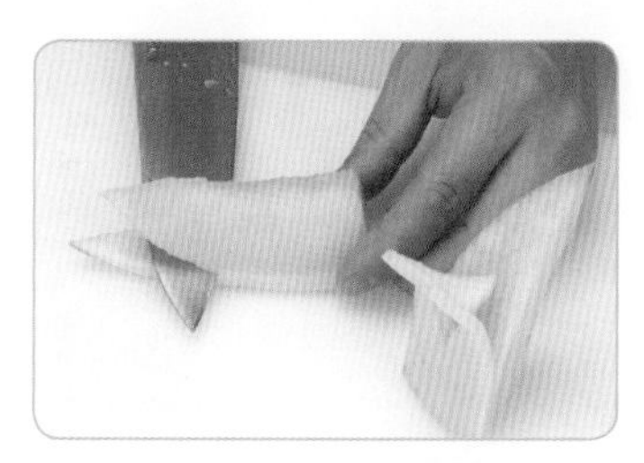

❸ 以片刀由尖端片開表皮，厚度0.4cm，留1.5cm不切斷，尖端部分的表皮移除。

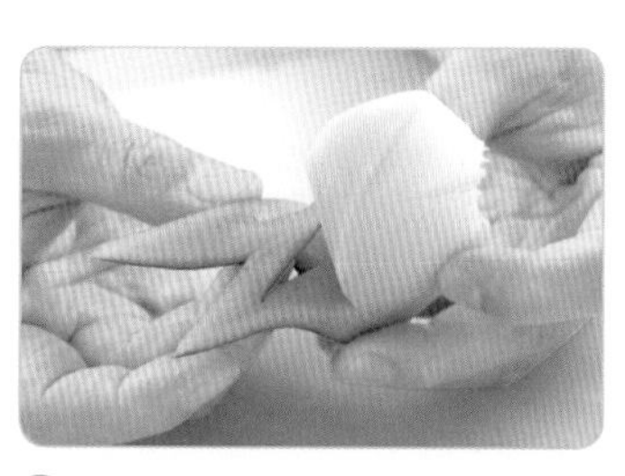

❹翻開表皮，V形刀痕向內頂住果肉定形。

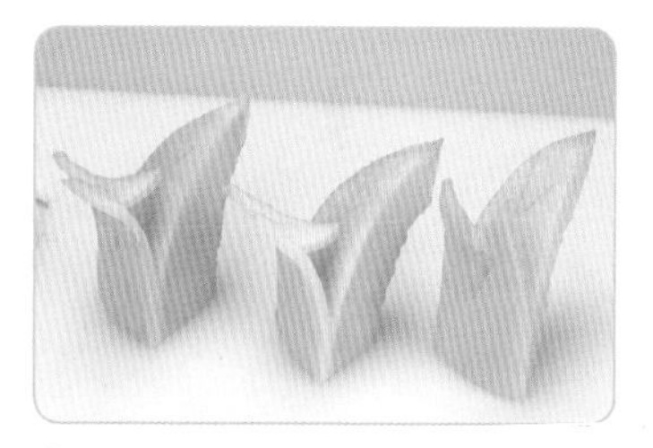

❺分別摺好每塊即可排入什錦水果盤內搭配。

- 表皮切雕勿太厚，應順著圓弧片切，以免翻折時斷裂。
- 切割等分，大小需一致。

洋香瓜表皮切雕法 -2

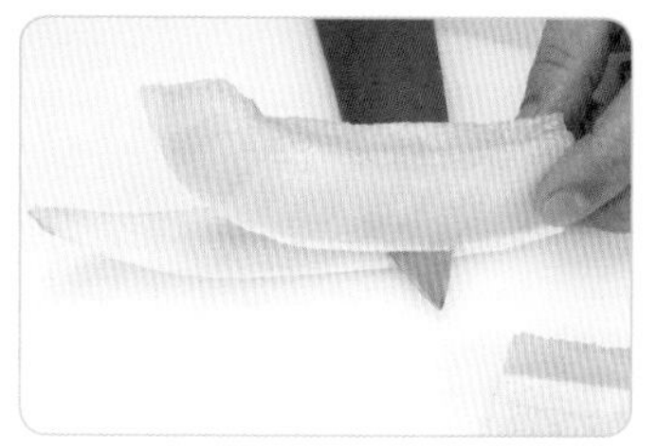

❶取香瓜1/4塊，以片刀直切成3等分片狀，取1等分切除頭部1cm，再片除表皮。

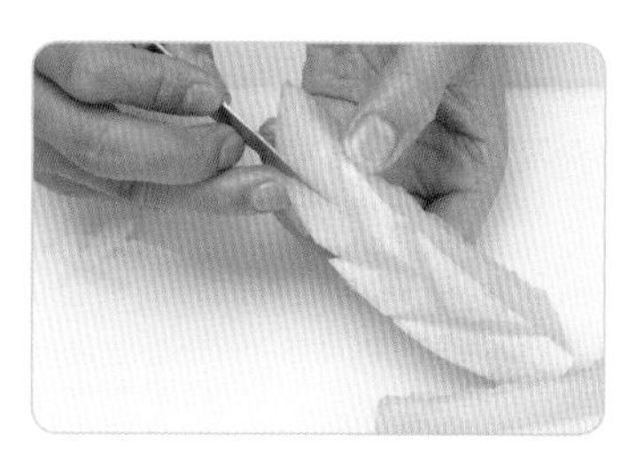

❷香瓜表面，以雕刻刀左右直刀斜刀切出人字紋路即可。

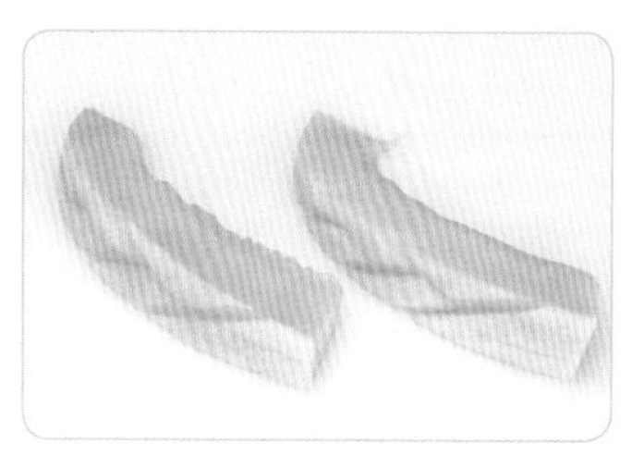

❸人字紋路切好後，即可排入什錦水果盤內搭配。

洋香瓜表皮切雕法 -3

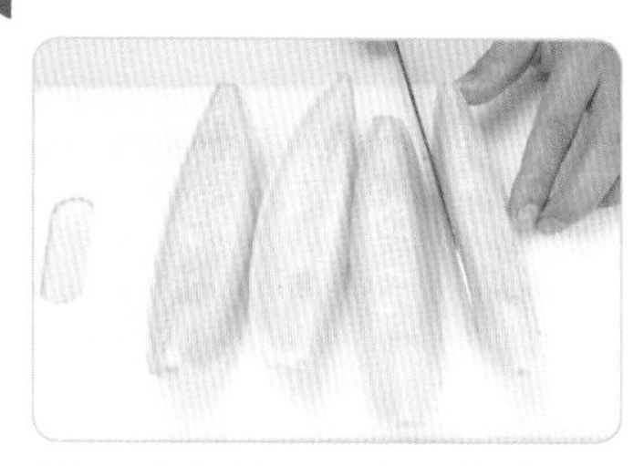

❶香瓜半粒，以湯匙挖除內籽後，再以片刀直切中心為兩半，每片再切成2等分。

❷取1瓣香瓜，以片刀片開表皮，厚0.4cm，留3cm不切斷。

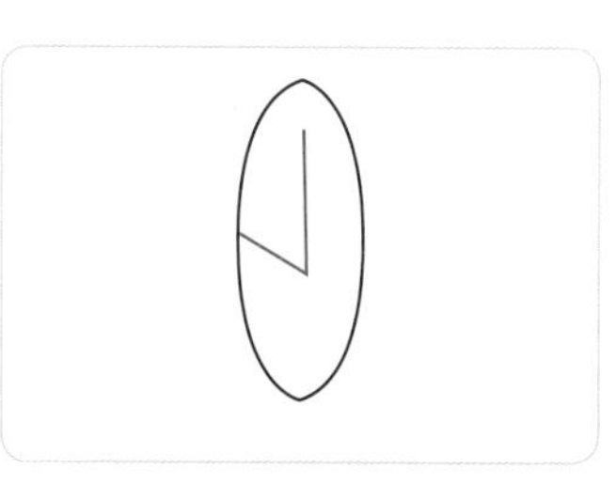

❸以雕刻刀於片開的表皮內面切割2刀，如圖所示。

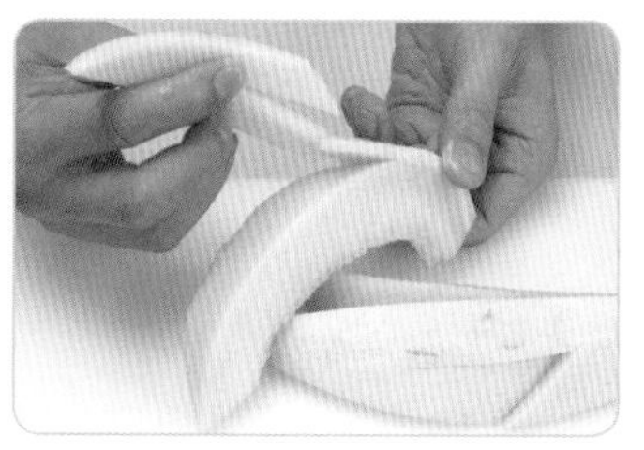

❹將表皮外翻，切口處往內頂住瓜肉固定形狀。

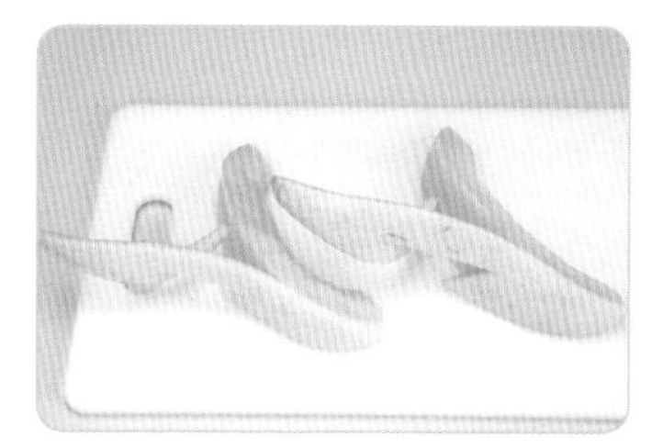

❺切好後即可排入什錦水果盤。

- 片切表皮，厚薄需注意，避免翻折表皮而斷掉。

洋香瓜表皮切雕法 -4

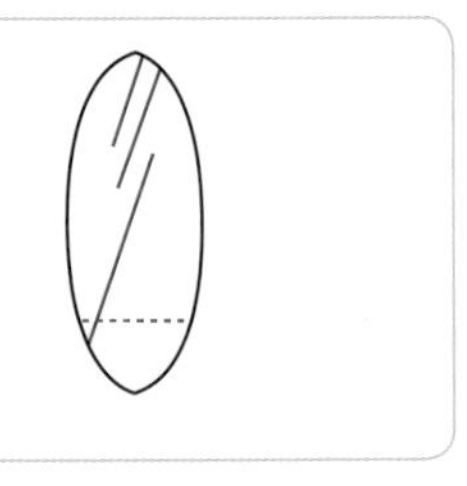

❶ 依照「香瓜表皮切雕-3」步驟1～2切成片狀。每片分別以雕刻刀於片開的表皮內面切割。

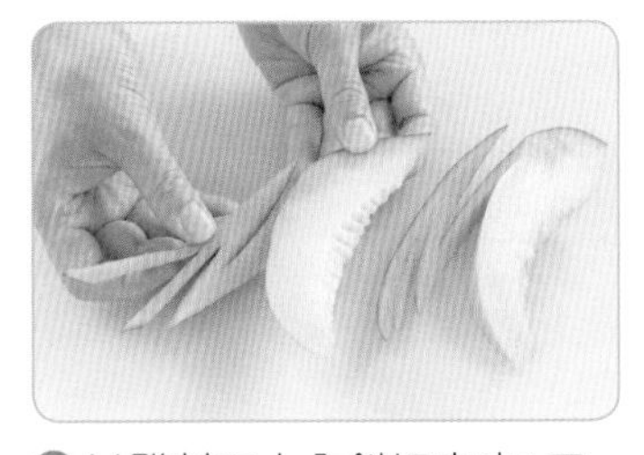

❷ 以雕刻刀由內斜切表皮1刀，轉面由內往外切割2刀。

❸ 將表皮外翻，下方尖叉向內頂住果肉固定形狀即成。

切割香瓜皮上的切口前，最好先用牙籤在預定的位置上做記號。

哈蜜瓜表皮切雕法 -1

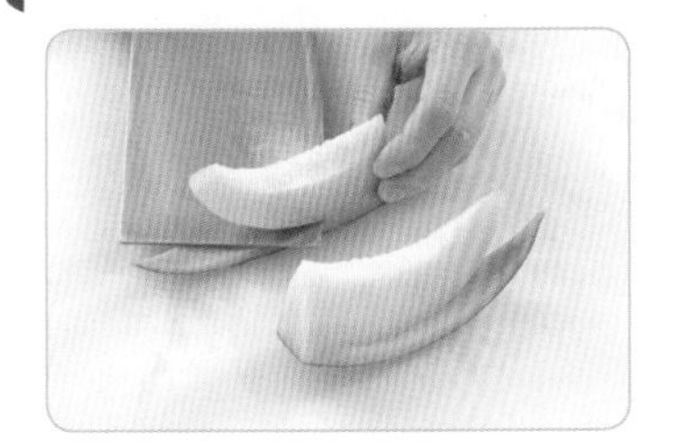

❶ 以雕刻刀，由尖端處片切表皮，0.5cm到底部1.5cm不切斷。

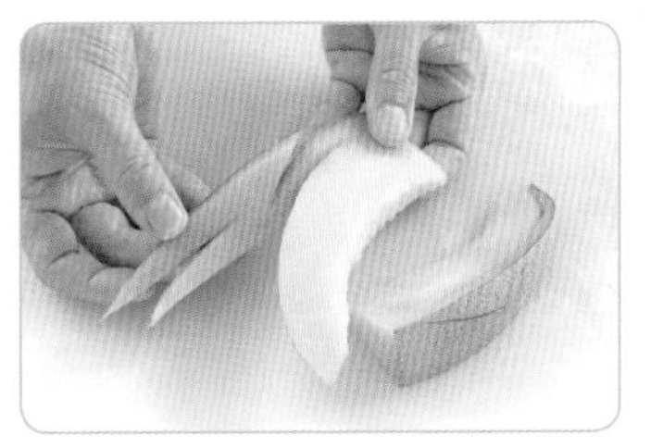

❷ 翻開表皮由內面以牙籤劃出直斜線條。

❸ 以雕刻刀，順著線條切割、翻折表皮，撐位果肉即成。

哈蜜瓜表皮切雕法 -2

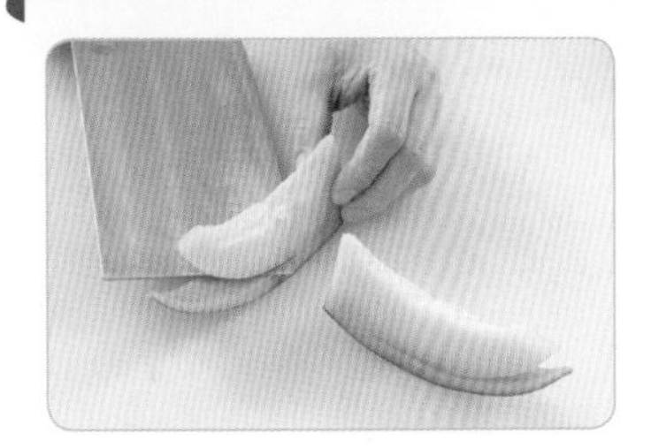

❶ 以雕刻刀，由尖端處片切表皮0.5cm到底部1.5cm不切斷。

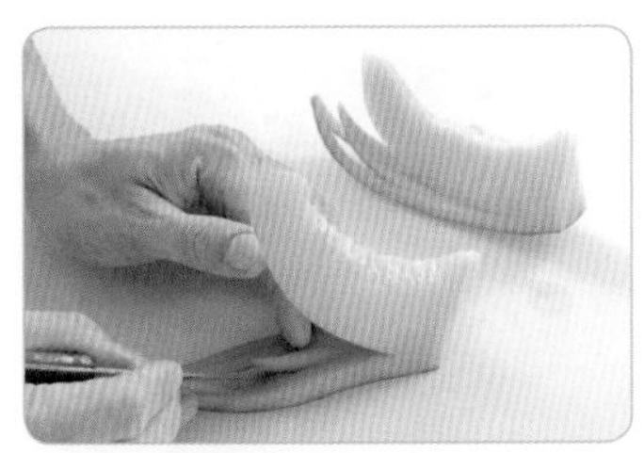

❷ 翻開表皮，由內面以牙籤劃出由大到小的V型線條。

❸ 以雕刻刀，順著線條切割，往外翻出表皮即可。

作品欣賞

● 闔家慶團圓

● 兩情長相許

● 片片相思情

● 登高皆歡喜

● 更上一層樓

● 西廂情未了

● 海誓話山盟

● 妳情我願意

● 甜蜜多結子

● 玫瑰鮮果香

自我評量

是非題

( ) 1. 水果切雕首重配色，需以不同顏色、果皮、果肉以4～6種為最好。

( ) 2. 蘋果皮切雕是以片刀將1粒蘋果，切割出同形狀同大小的十等分，於表皮切雕各式圖案線條。

( ) 3. 選購蘋果時，外表有光澤、果皮豔紅、具有天然果香味者最佳。

( ) 4. 將各種水果切雕好後，分別排入盤中呈高、中、低層次，較能呈現立體美感。

( ) 5. 火龍果去皮法是先以雕刻刀於表皮切割等分後，再以手剝開表皮即成。

( ) 6. 水果類因為有圓弧度，所以切雕時無需小心。

( ) 7. 鮮果食材含水分高，容易因手的溫度及燈光照射流失水分，所以切畢應以保鮮膜包好並冷藏。

( ) 8. 切雕好的蘋果葉片需以糖水洗過，可避免產生褐變。

( ) 9. 楊桃以片刀切除頭部後，再以片刀直切1cm薄片，每片會呈四角形。

( ) 10. 挖球器是一種特殊的工具，可用來將質地脆硬的瓜果根莖類挖成球形。

選擇題

( ) 1. 西瓜宜選購表皮鮮豔呈淺綠色及 (1)重量重，拍打有清脆聲 (2)重量輕，拍打有清脆聲 (3)重量重，拍打無清脆聲 (4)便宜即可。

( ) 2. 波浪刀主要功用是將食材切割呈 (1)圓弧狀 (2)尖形狀 (3)波浪狀 (4)鋸齒狀。

( ) 3. 水果雕刻的整體呈現，從造形、外觀挑逗人的 (1)味覺、視覺 (2)聽覺、味覺 (3)嗅覺、聽覺 (4)以上皆是。

( ) 4. 選擇水果盤的材料時，果皮、果肉配色以 (1)1～3種 (2)4～6種 (3)5～8種 (4)7～9種 最恰當。

( ) 5. 選購柳橙應以 (1)厚重、表皮呈綠色 (2)厚重、圓形、表皮呈橘黃色 (3)較輕、表皮有斑點皺痕 (4)無光澤、果身鬆軟者。

Culinary Carving and Plate Decoration

PART

09

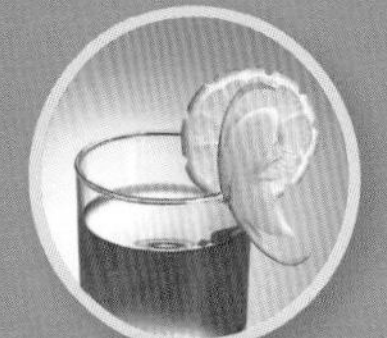

飲品杯飾切雕

切雕杯飾在選取材料時，需考慮與飲品顏色是否相配；設計造形時，要考量杯緣是外擴、內縮或直立形，才能作出相得益彰的作品。

各式杯飾緞帶切法

使用工具：片刀、雕刻刀、牙籤
切雕類型：厚薄控制、距離控制

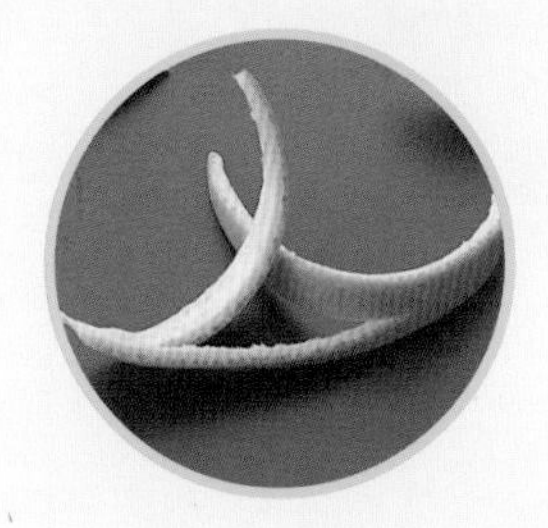

杯飾緞帶 1

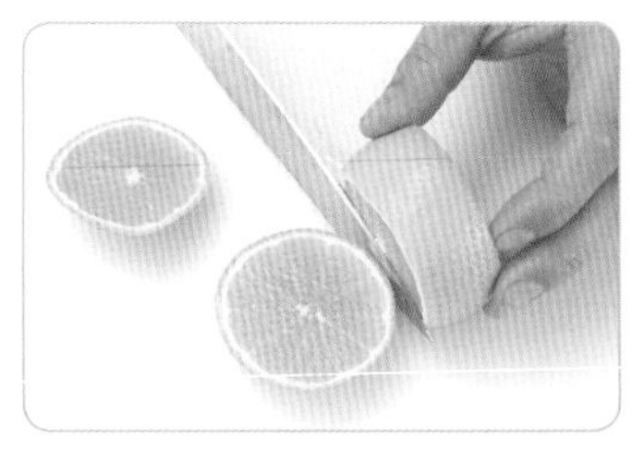

❶ 取色澤光亮、表皮無傷的柳橙1粒，以片刀切除頭尾，留中段寬2.5cm。

❷ 取中段，以片刀順著表皮弧度片取表皮。

❸ 柳橙皮內面朝上，再以片刀切除較厚的內皮。

❹ 外皮朝上，以雕刻刀斜45度切除前後兩端。

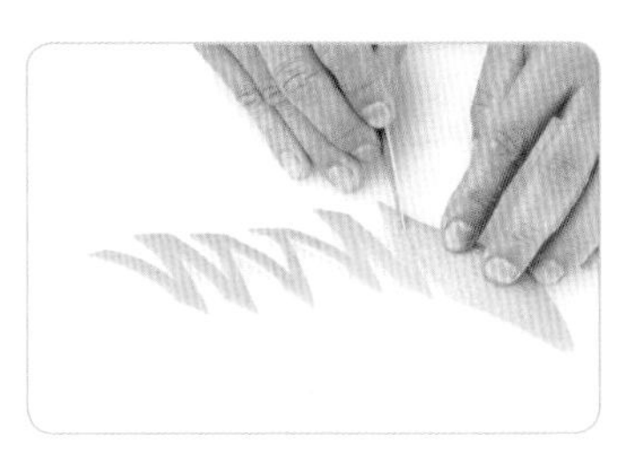

❺ 左右兩端預留0.5cm，以雕刻刀一左一右斜切平行直線，每條線間隔0.5cm，不切斷。

❻ 輕輕將左右拉開，即可裝飾於杯緣。

杯飾緞帶 2

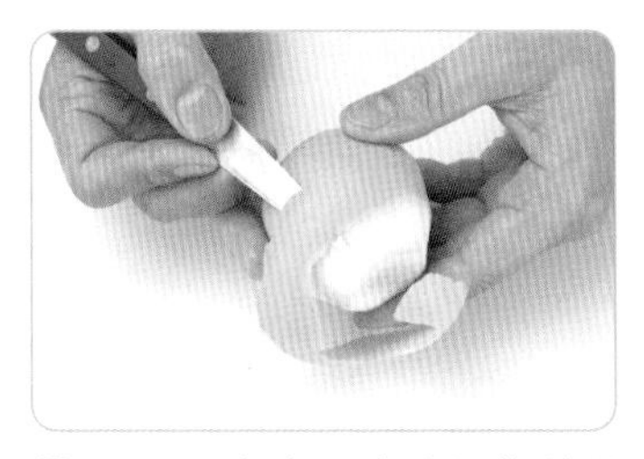

❶ 取色澤光亮、表皮無傷的柳橙1粒，以雕刻刀切除頭蒂0.5cm，從頭部環繞圓弧片取表皮，寬度1.2cm，厚0.2～0.3cm，呈長條形。

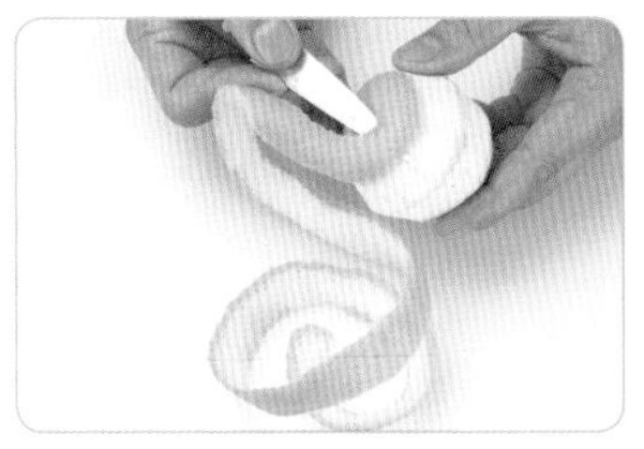

❷ 將柳橙環繞圓弧片切至柳橙尾端才切斷。

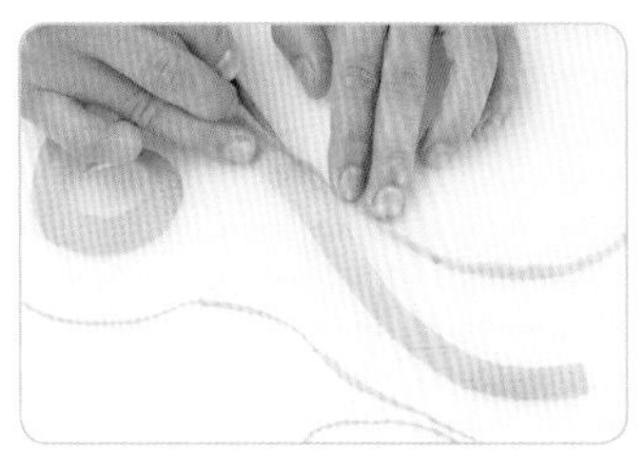

❸ 將切下的柳橙皮攤平於砧板，表面朝上，以雕刻刀修整左右不規則處。

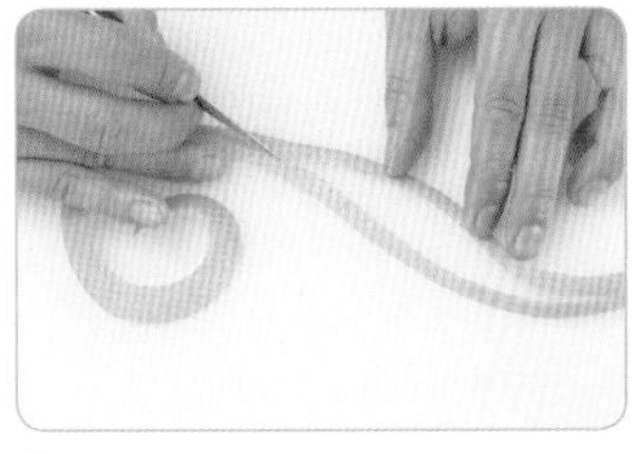

❹取柳橙皮的一端，預留1.5cm，以雕刻刀切開中心線成為2長條。

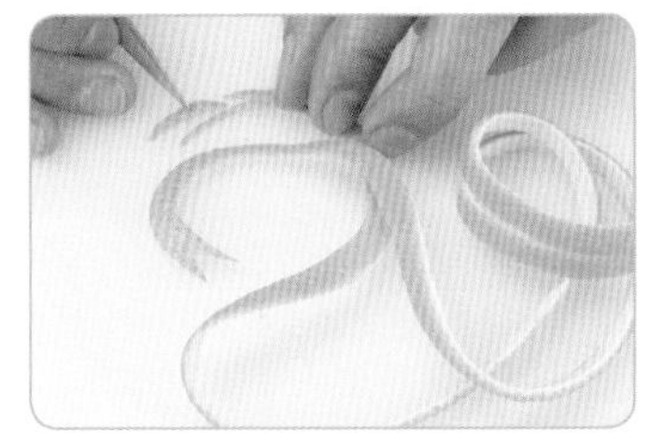

❺長條尾端分別以雕刻刀切出V形分叉。

- 以筷子由尾端捲摺，輕壓定形，即可裝飾。
- 片切表皮薄度需一致。

杯飾緞帶 3

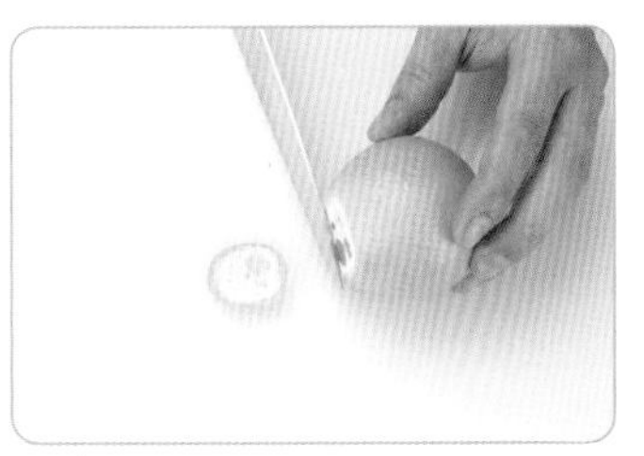

❶取色澤亮麗、表皮無傷的柳橙1粒，以片刀切除蒂頭0.5cm。

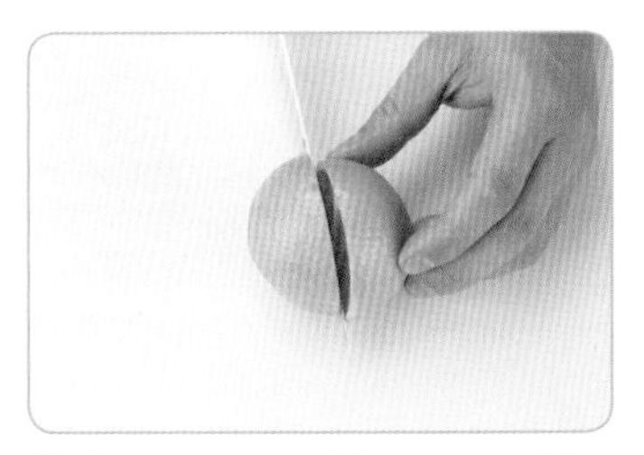

❷蒂頭切面朝砧板，再以片刀取中心線直切為2半圓。

❸分別取半圓柳橙，以片刀取中心直切為二，成4片。

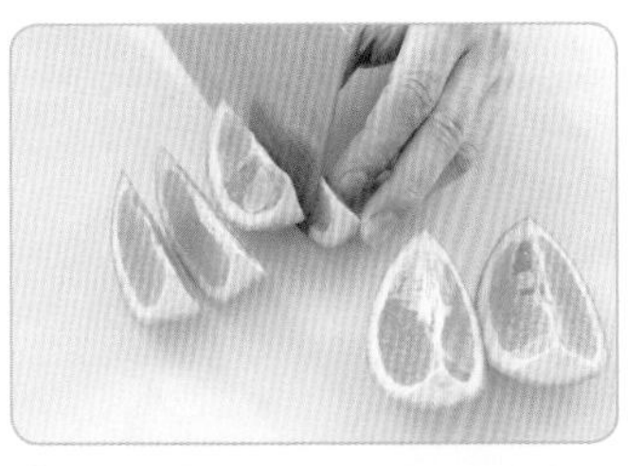

❹將柳橙1/4片再分別切成一半，成為1/8。

❺取2片，以片刀片取厚度0.3cm表皮。

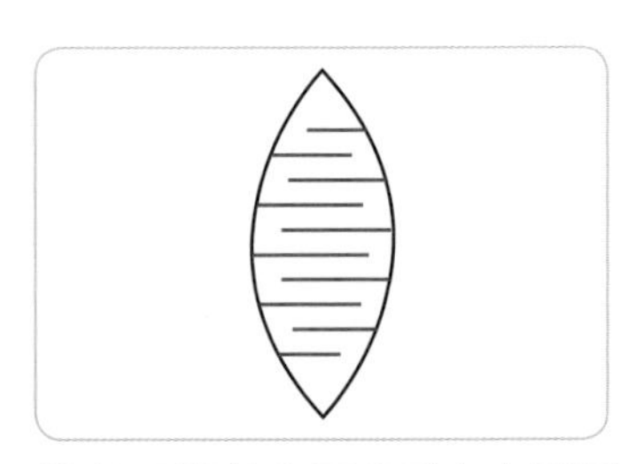

❻以牙籤於內面分別左右間隔0.5cm，劃出線條。

❼以雕刻刀，順著線條左右切割，間隔0.5cm。

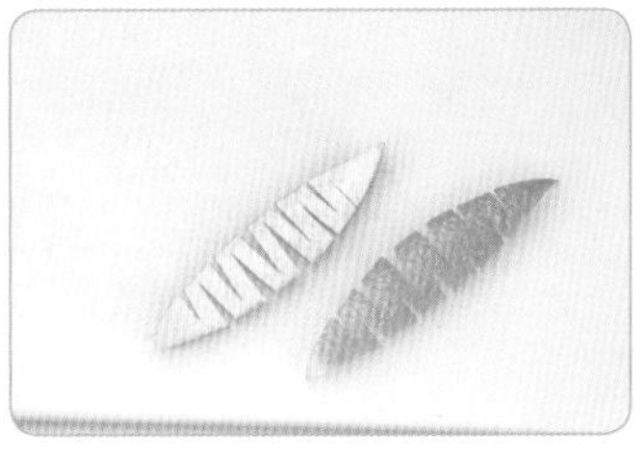

❽以雕刻刀小心的依線條完全切好。

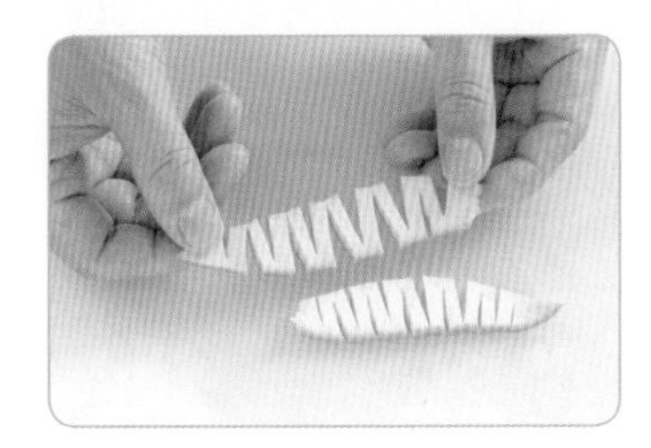

❾ 切雕好的杯飾，以手拉開呈長條型即成。

- 柳橙表皮內側果肉需完全切除乾淨。切割左右刀時，邊緣需預留0.5cm。

杯飾緞帶 4

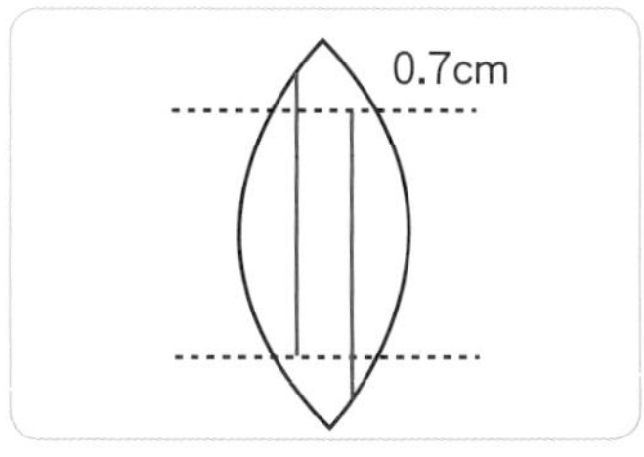

❶ 取柳橙1/8片，以片刀片取0.3cm表皮。將橙皮寬度劃分3等分，頭尾兩端預留0.7cm，以牙籤做好記號。

❷ 取雕刻刀依上圖紅線處切開，各有一端不切斷，即呈N字形。

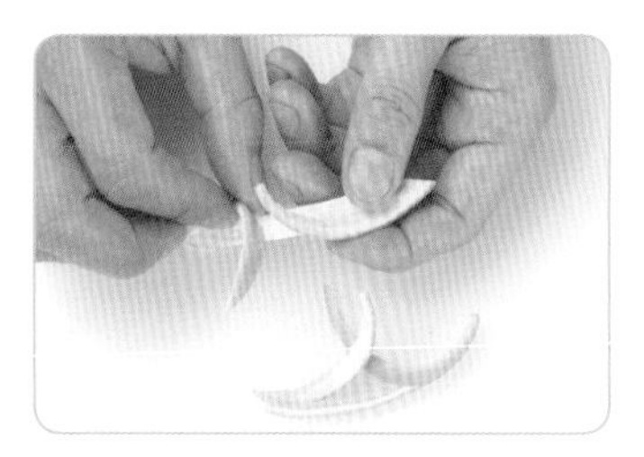

❸ 以手將左右兩長條反扣即成。

杯飾緞帶 5

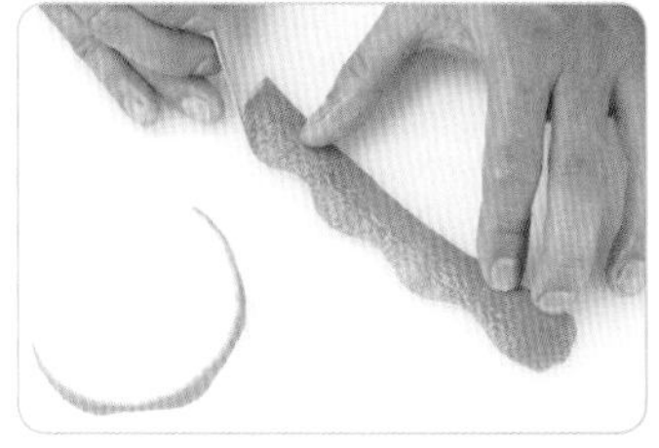

❶ 取色澤翠綠、外形飽滿的檸檬1粒，以片刀切除頭尾，取中段厚2cm，再以片刀片取表皮，厚度0.3cm。攤平於砧板，以雕刻刀將兩邊切成波浪形。

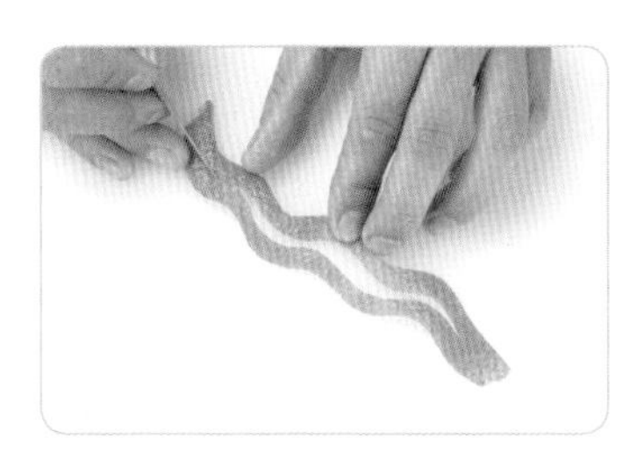

❷ 取一端預留1cm不切，順著波浪狀中心線切割成2長條。

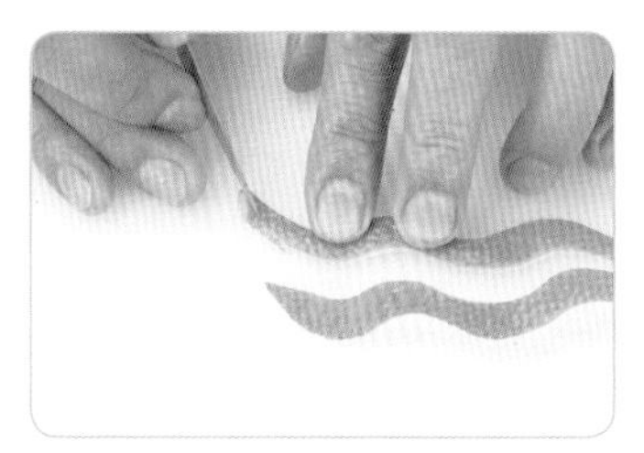

❸ 尾端分別以雕刻刀切成尖形，即可當飲品杯飾緞帶用。

杯飾緞帶 6

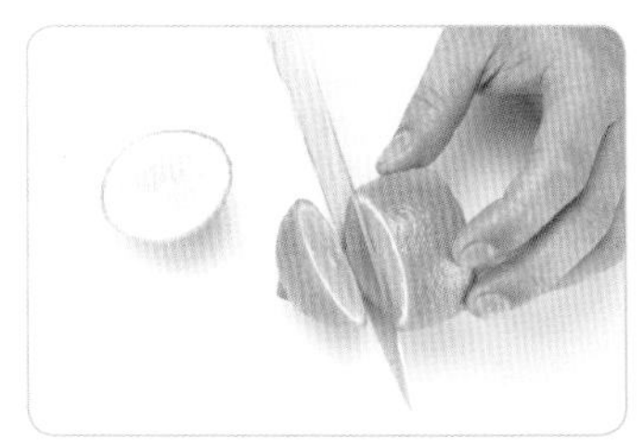

❶ 取色澤翠綠的檸檬1粒，切除頭尾，取中段2cm。

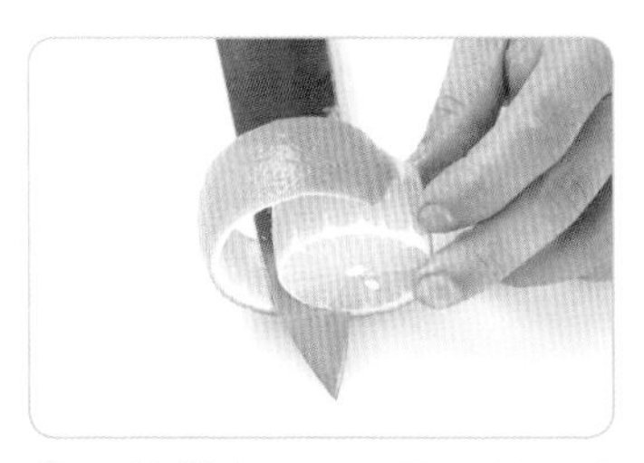

❷ 取檸檬中段，以片刀片取表皮，厚度0.2～0.3cm。

❸ 以片刀將檸檬皮內面較厚的部分修除。

❹檸檬皮內面朝上，攤平於砧板，以雕刻刀上、下各預留0.4cm，間隔0.5cm，切好一面，翻面再切割，如圖所示。

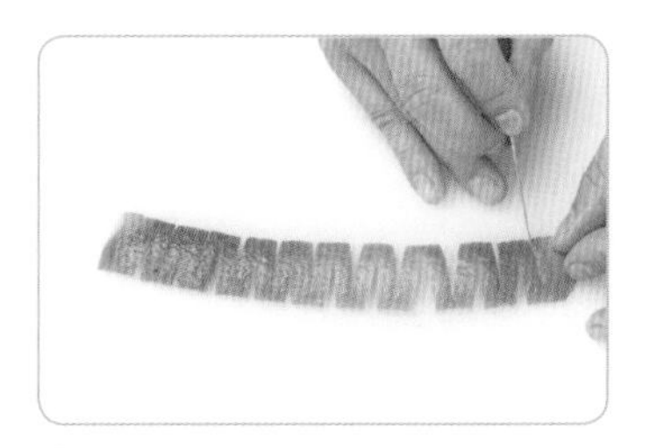

❺反覆操作步驟4，切至尾端，上下、左右間隔需注意。

❻將切好的檸檬表皮輕輕拉開，即可裝飾杯緣。

檸檬菊花形

❶取色澤鮮綠檸檬1粒，以片刀切除頭尾取中段2cm。

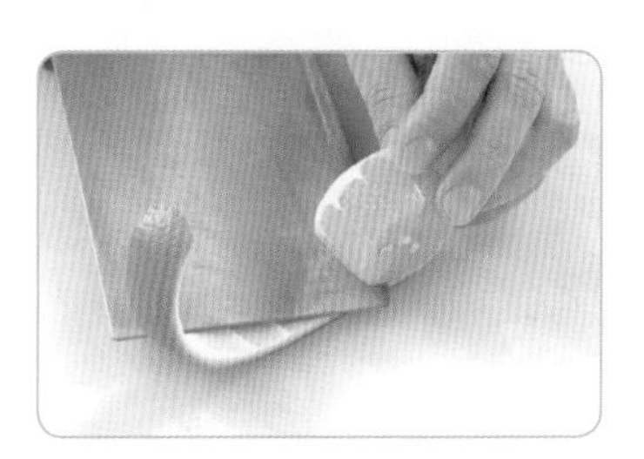

❷取中段以片切，片切圓弧表皮，厚度0.2～0.3cm。

❸將切出的表皮，以片刀第二次片切表皮至0.2～0.3cm。

❹攤開表皮，以雕刻刀由內面中心線，斜切細條狀。

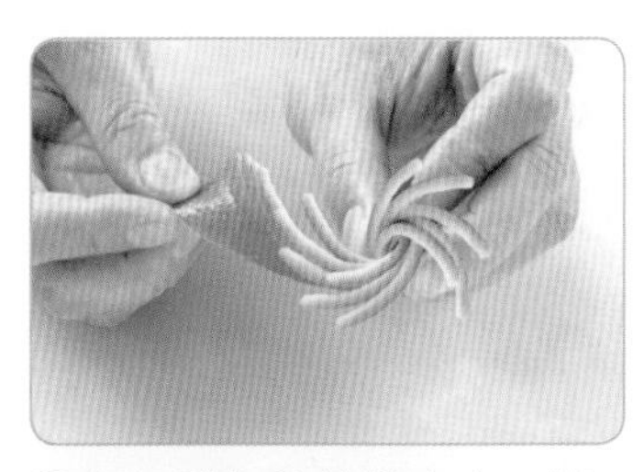

❺將切雕好的檸檬表皮一端，旋轉捲摺成菊花狀。

❻以手小心的捲摺表皮成菊花狀，以細牙籤串插固定即成。

- 各樣式的柳橙、檸檬皮緞帶切雕成品供練習時參考。在構思杯飾時，需同時注意到果汁或雞尾酒的顏色，以求配色的適切性。
- 切割杯飾緞帶最重要的是線條間隔、長寬、厚度、等分都力求均等一致。

楊桃花杯飾

使用工具：

雕刻刀

切雕類型：

均等切片、整體裝飾

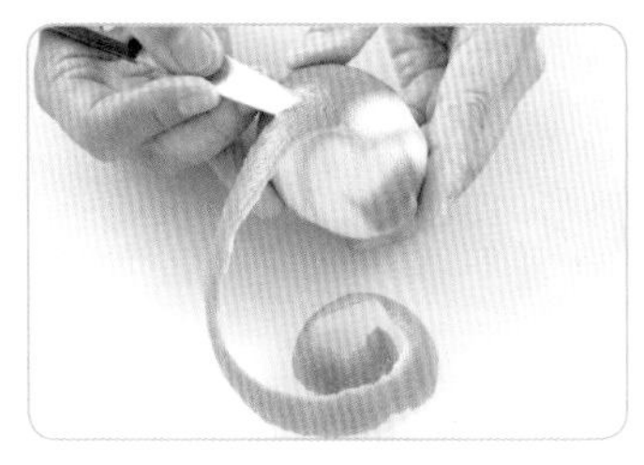

❶ 取檸檬1粒，以雕刻刀切取頭部0.5cm後，從頭部環繞圓弧片切表皮，寬1.2cm、厚0.2cm，呈長條形。

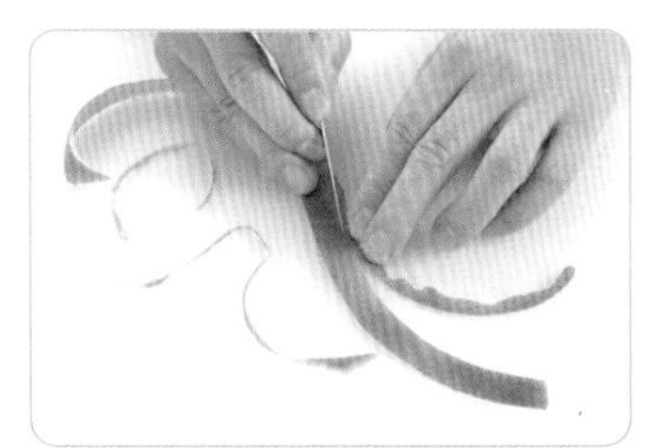

❷ 以雕刻刀將檸檬表皮左右側不規則切直平。

❸ 將雕好的檸檬皮緞帶用筷子捲摺定形即成。

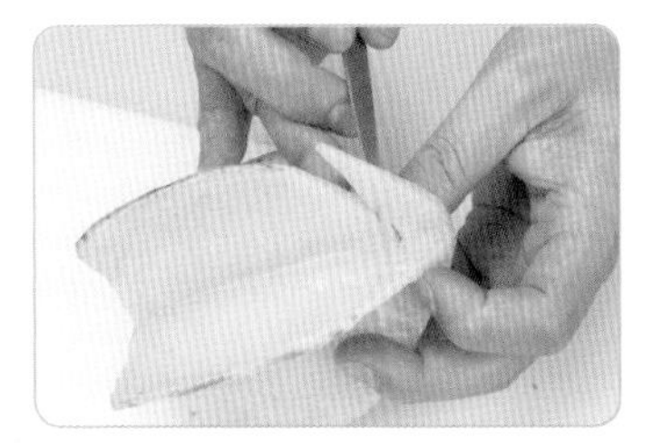

❹ 取星形完整的楊桃1粒，以雕刻刀將尾端邊緣削成尖形，再以雕刻刀斜切每一瓣，切成邊緣厚度0.2cm、中心厚度0.8cm。

❺ 將立體星形楊桃底部切一缺口，插於杯緣，凹處放入櫻桃，再搭配檸檬皮切雕的緞帶即成。

- 楊桃底部切割缺口時須特別小心，勿切斷。
- 檸檬皮緞帶切好後，以筷子略捲，再勾於杯緣。

西瓜片杯飾 -1

使用工具：
片刀、雕刻刀
切雕類型：
直斜變化、層次排列

❶取新鮮飽滿的紅肉西瓜，以片刀切割三角片，厚1.5cm。

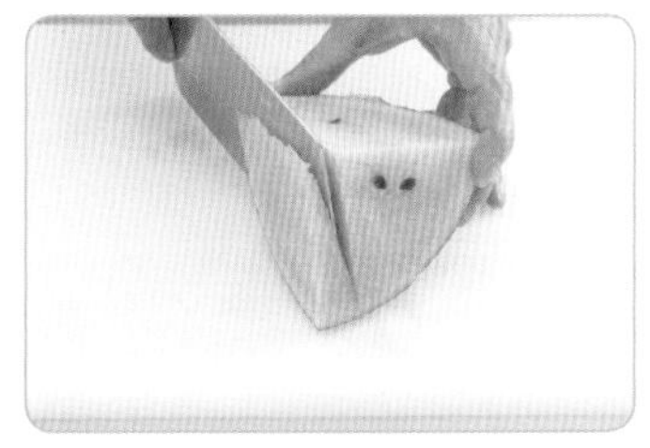

❷以片刀切割小玉西瓜呈三角形片，厚1.5cm。

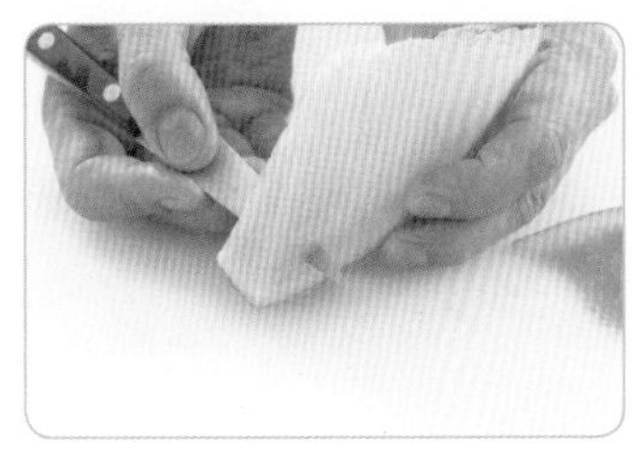

❸分別切出三角片後，以雕刻刀在底部各切一刀。

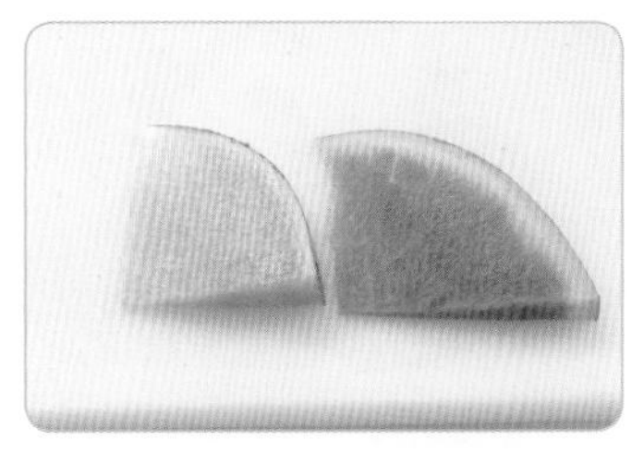

❹取新鮮飽滿的紅西瓜及小玉西瓜各1片，以片刀切成長5cm、寬3cm、厚1cm的三角形片。

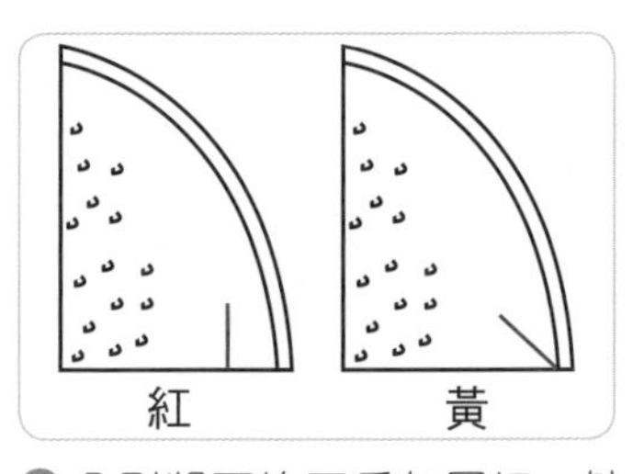

❺分別將兩塊西瓜如圖切一缺口，即可插於杯緣。

- 需選購較小、皮薄的西瓜來切雕杯飾。
- 切割串插用的缺口時須小心，勿切過深。

西瓜片杯飾 -2

使用工具：
片刀、雕刻刀
切雕類型：
顏色鮮明、切雕裝飾

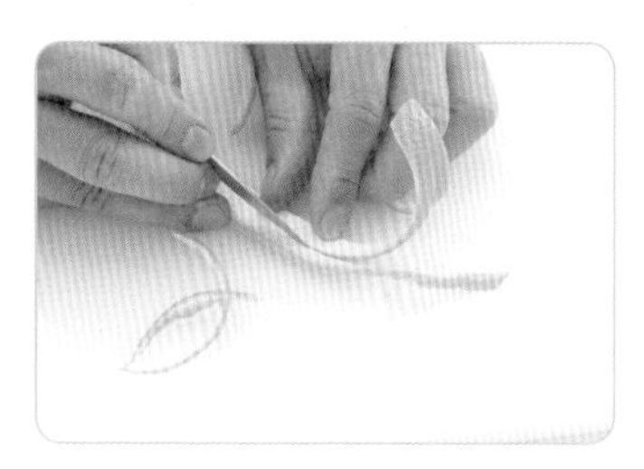

❶ 以雕刻刀將切出的柳橙皮，切除左右不規則邊。

❷ 以片刀切割西瓜一片呈三角形，厚1.5cm。

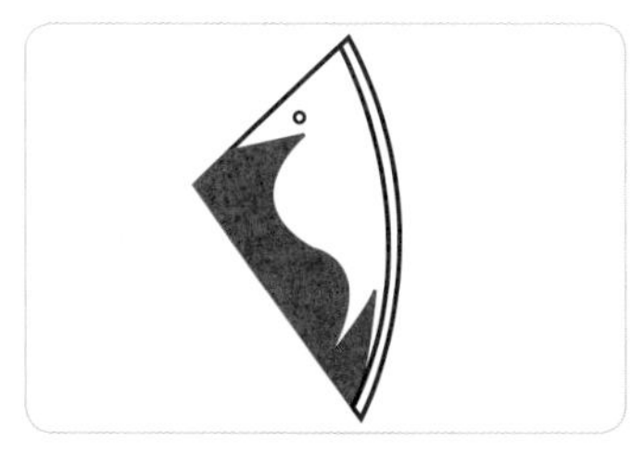

❸ 以雕刻刀切除圖中紅色部分，即成海馬造形。

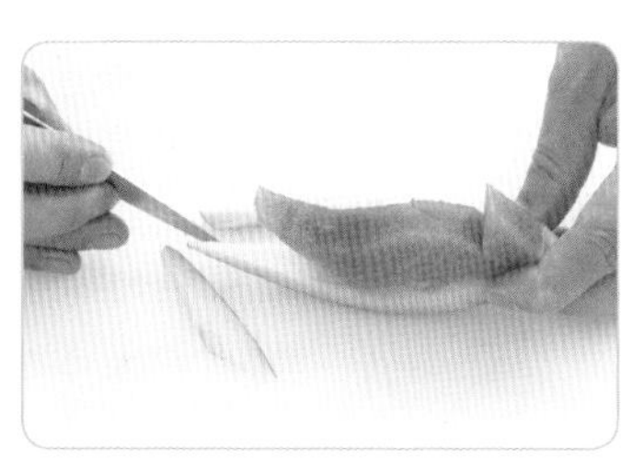

❹ 以牙籤劃出海馬形後，以雕割刀切雕完成。

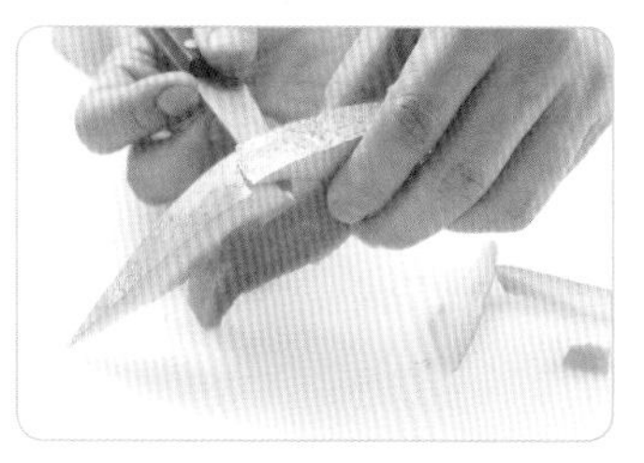

❺ 海馬形狀切好後，於表皮斜切一缺口，插於杯緣，搭配柳橙皮長條放入杯內配色裝飾即成。

- 需選取西瓜尾端，紅肉較多，顏色較亮麗。
- 可以先以牙籤小心的略劃出圖型再切雕。

紅蘿蔔鯉魚杯飾

使用工具：
片刀、雕刻刀、牙籤
切雕類型：
立體雕刻、切雕排列

❶ 取色澤橘黃、無空心的紅蘿蔔頭部一段，以片刀切取長6.5cm、寬1cm、高4cm的厚片。

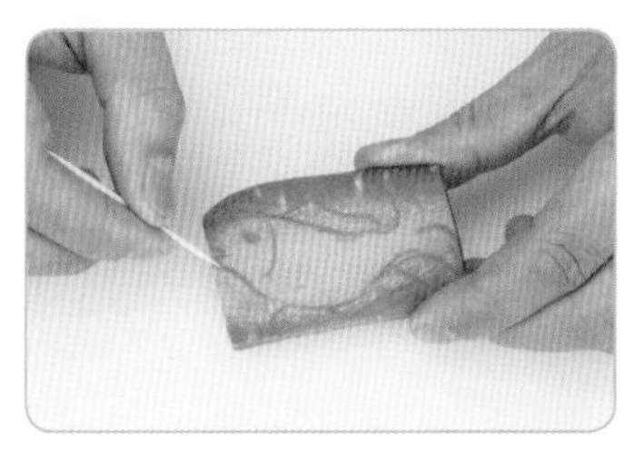

❷ 以牙籤畫出魚形，再以雕刻刀切雕出魚形。

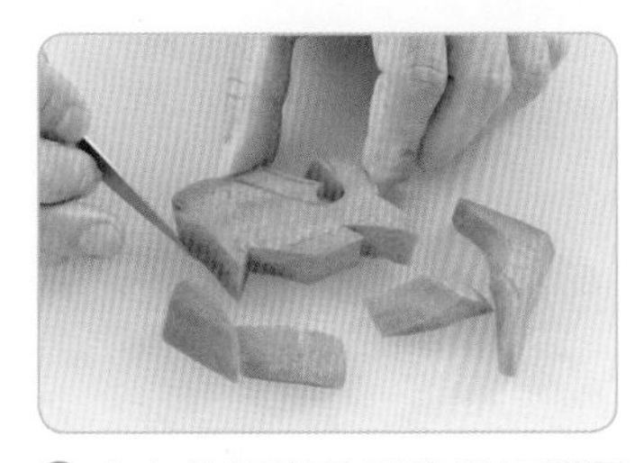

❸ 小心的切出魚型後再切雕圓弧型。（可參考中式排盤裝飾第84頁）

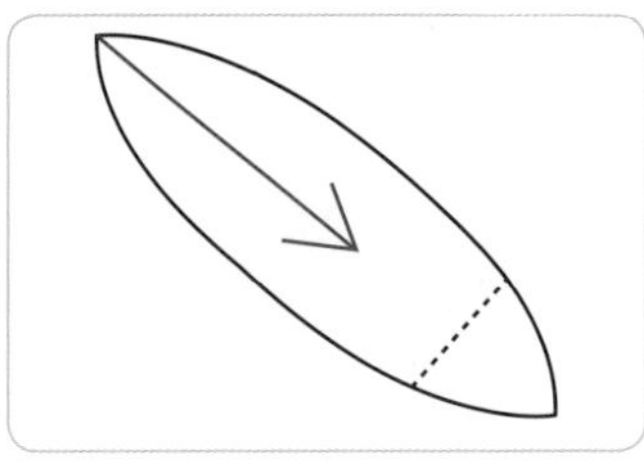

❹ 取1/8片柳橙，以片刀片開表皮，留1cm不切斷，於片開的表皮內面切出箭形紋路。

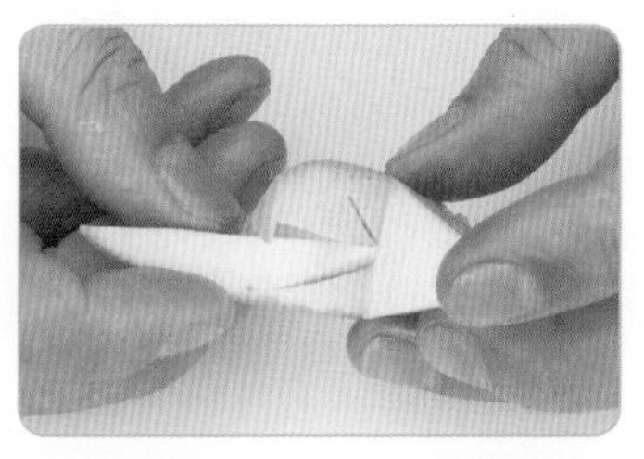

❺ 將柳橙皮外翻，中間兩處斜切口向內勾住果肉邊緣，即可插於杯緣。紅蘿蔔魚肚切一刀插於杯緣即成。

- 紅蘿蔔魚的尺寸可以視杯口的大小調整。
- 切割魚肚的缺口，需注意斜度，亦可燙熟再做裝飾。

西瓜皮劍插杯飾

使用工具：

片刀、雕刻刀、牙籤

切雕類型：

立體雕刻、切雕排列

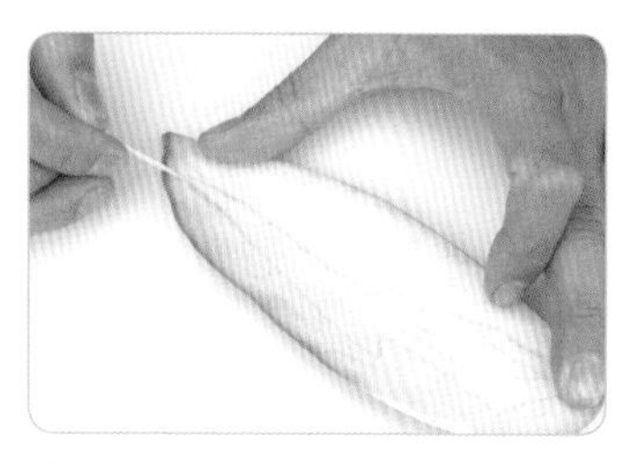

❶ 取色澤翠綠的西瓜皮一大塊，長約15cm，厚度0.5cm。

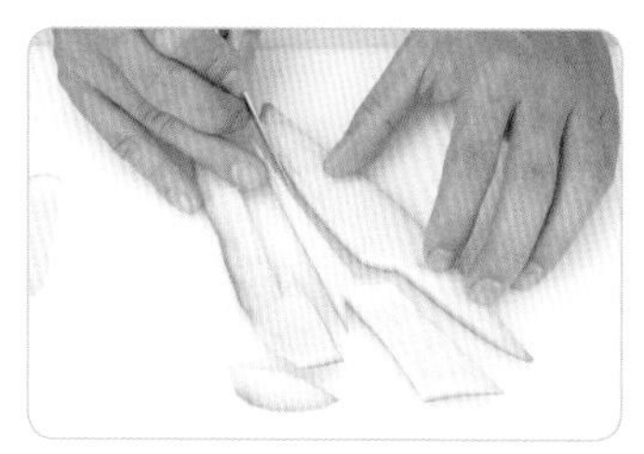

❷ 以牙籤於表皮內面劃出劍插形，以雕刻刀直刀切雕出。

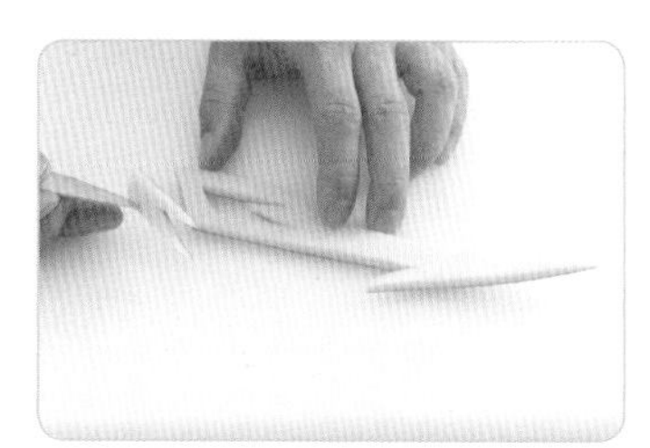

❸ 以雕刻刀將劍插形切出後，再切割鏤空，如圖。

❹ 切雕好的西瓜皮劍插，放入冰開水中泡5分鐘（使其硬挺變直），取出拭乾水分即可放入果汁內裝飾。

❺ 須注意果汁與裝飾物的顏色，勿放入同色的果汁中。

- 切雕西瓜皮的厚度應均勻一致。
- 雕好的西瓜皮勿泡水太久，否則會捲成半圓形，反而不美觀。

鳳梨蘋果杯飾

使用工具：

片刀、雕刻刀、牙籤

切雕類型：

線條美感、表皮串插

❶ 取色澤豔紅的蘋果半粒，以片刀由右側3分之1處開始片取表皮，厚0.3cm。

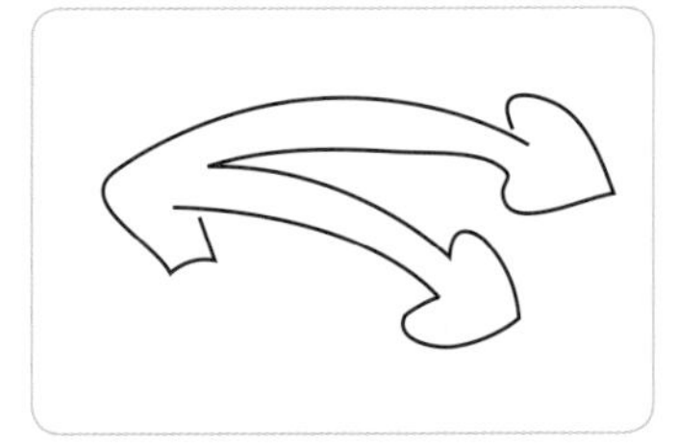

❷ 以牙籤畫出雙心裝飾形，如圖所示，梗部需預留倒叉缺口。

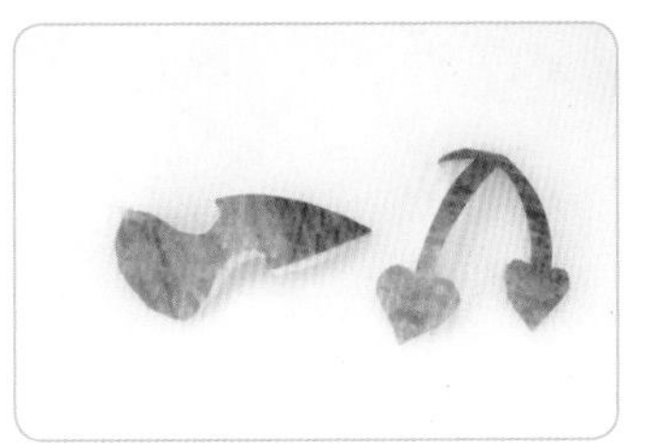

❸ 以雕刻刀切出外形，心形處挖出鏤空。

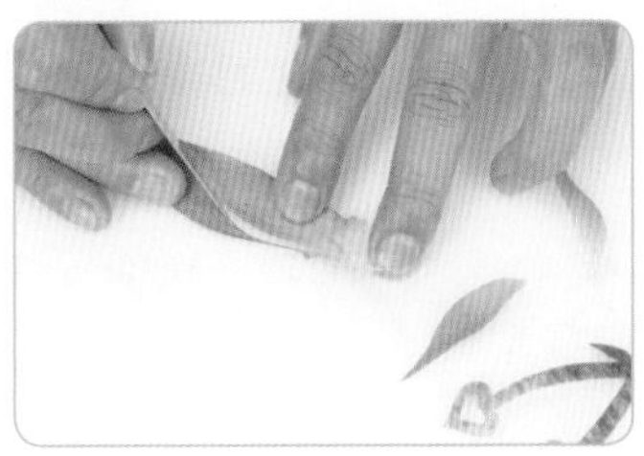

❹ 取鳳梨葉以雕刻刀切雕葉片狀，一邊削成尖形，共切3片。

❺ 取鳳梨三角切片，果肉切一缺口插於杯緣，表皮處切一缺口插入鳳梨葉，再於杯緣勾上雙心裝飾即可。

- 蘋果需順著圓弧片切表皮，厚度須一致。
- 鳳梨葉選取較翡綠的比較硬挺。

鳳梨杯飾

使用工具：

片刀、雕刻刀

切雕類型：

鋸齒切雕、串插裝飾

❶ 選購較小的鳳梨半顆，以片刀切除葉子頭部，再切割1cm半圓片。

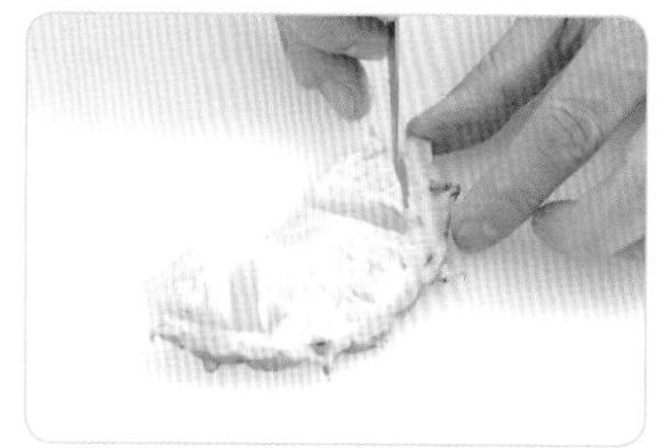

❷ 取半圓片， 雕刻刀前後切出兩支觸鬚形，再切割中段。

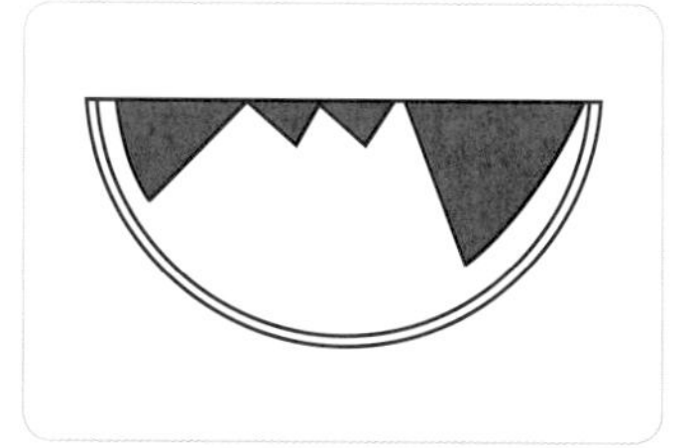

❸ 以雕刻刀切除圖中紅色部分呈蝴蝶形。

❹ 取鳳梨葉，以雕刻刀將一端切割成尖形，切數片。

❺ 將鳳梨表皮斜切一缺口，插於杯緣，鳳梨葉再插於鳳梨肉後方即成。

- 鳳梨片的大小，視杯口大小而伸縮比例。
- 鳳梨葉串插果肉需有長有短、略斜且牢靠。

楊桃檸檬杯飾

使用工具：

片刀、雕刻刀

切雕類型：

厚度控制、去皮銜插

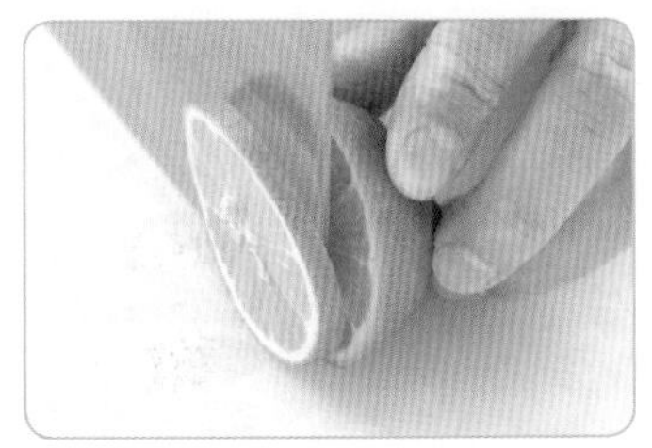

❶ 以片刀切取中段檸檬圓片一片。

❷ 將檸檬切出0.5cm圓片後，以雕刻刀切一缺口。

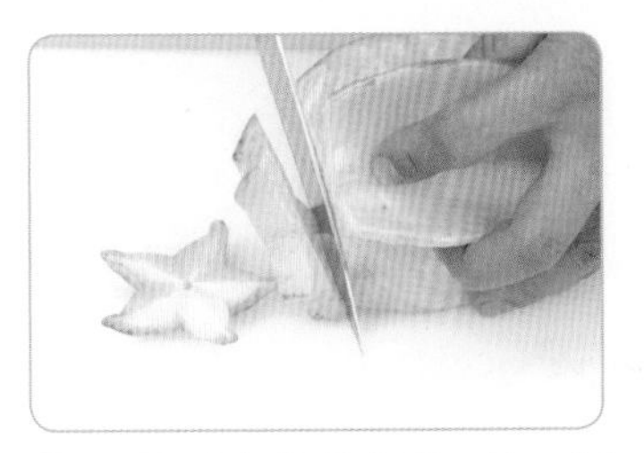

❸ 取星形完整的楊桃1粒，以片刀切除頭部1cm，再切取0.5cm薄片。

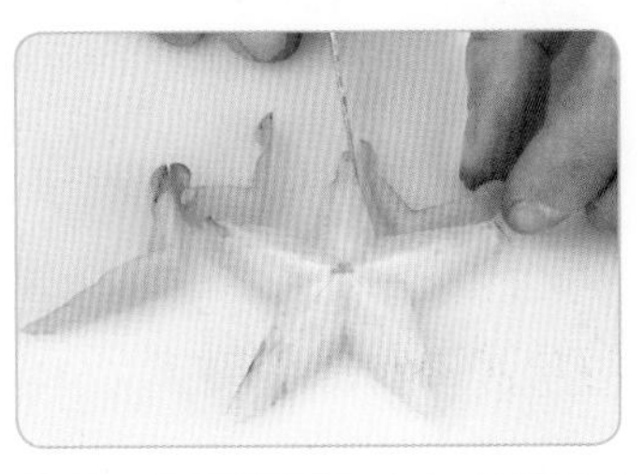

❹ 取1片星形楊桃（大小視杯子而定），以雕刻刀切除楊桃外皮0.1～0.2cm。

❺ 於楊桃切一缺口，插於杯緣，再搭配檸檬圓片及紅櫻桃即成。

- 切割檸檬圓片，需拿穩避免滾動而危險。
- 須選擇星形瓣完整的楊桃，取中段來使用。

鳳梨櫻桃杯飾

使用工具：
片刀、雕刻刀、尖槽刀
切雕類型：
線條切雕、層次串插

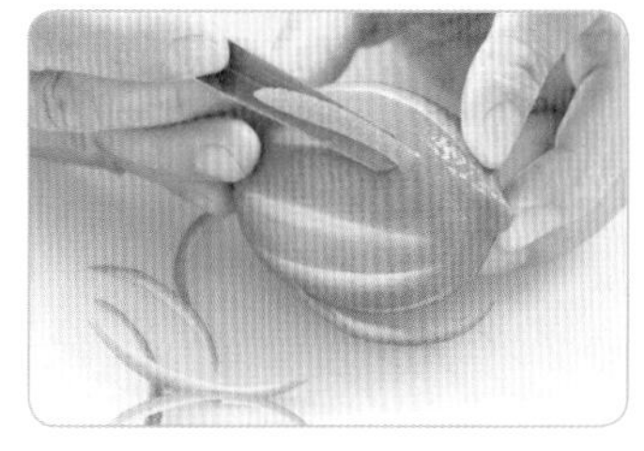

❶ 取檸檬1粒，以尖槽刀間隔1cm挖切鋸齒狀。

❷ 以片刀橫切檸檬中段圓片，厚0.5cm，切一缺口插於杯緣。

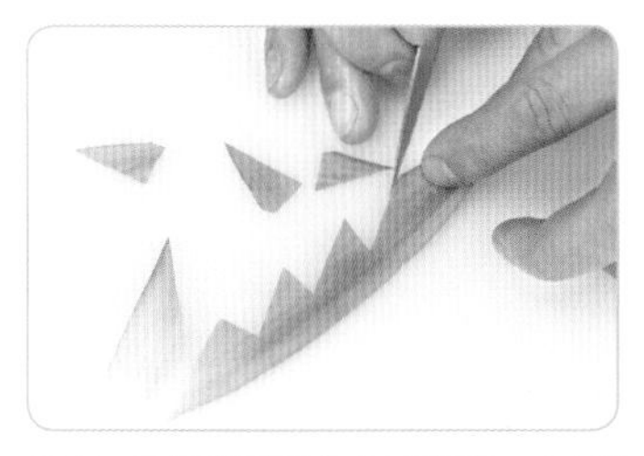

❸ 取色澤翠綠的鳳梨葉，以雕刻刀將一邊切成閃電狀，每個鋸齒間隔1.3cm。

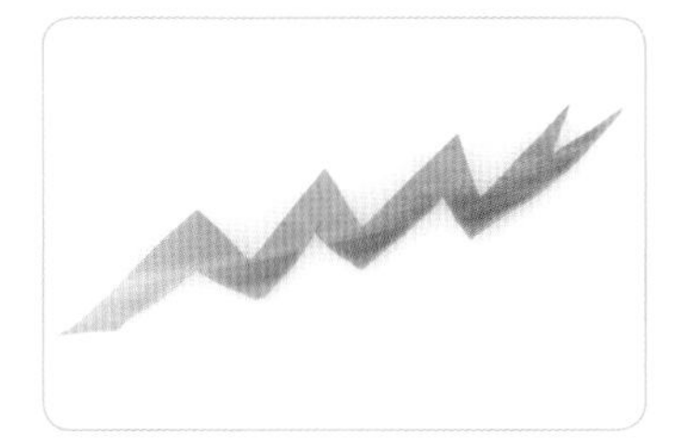

❹ 切好一邊，再平行切割另一邊，尾端切雕成V開叉，頭部切一倒勾便於垂掛，共切2片。

❺ 鳳梨半圓片切1缺口插在杯緣，再勾上鳳梨葉，插上紅櫻桃即成。

- 鳳梨葉的切雕，寬度與形狀的整體協調須特別注意。
- 切檸檬片最好取一顆檸檬的中段，勿使用頭尾，較好看。

柳橙皮杯飾

使用工具：
片刀、雕刻刀、牙籤
切雕類型：
均等線條切割、翻扣

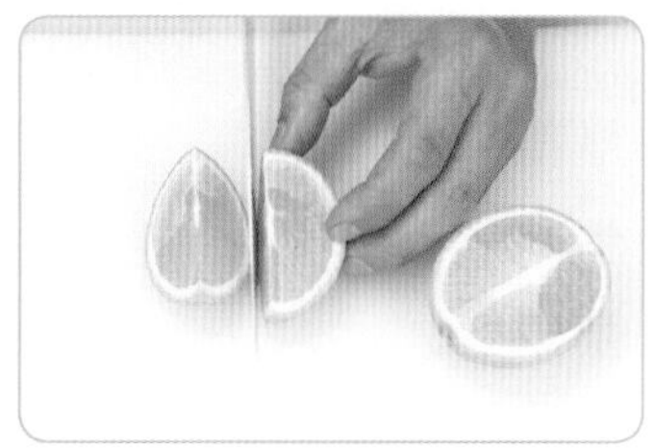

❶ 柳橙由頭至尾直切為4等分。

❷ 取1/4片，以片刀片取表皮0.3cm。

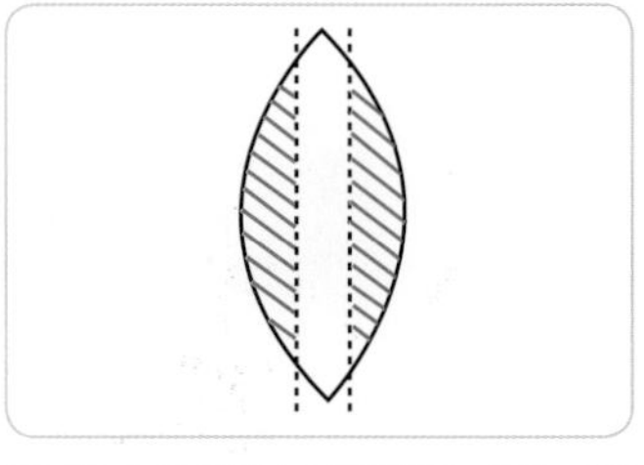

❸ 表皮內面以牙籤縱向分為3等分，以雕刻刀於右邊1等分切出斜線，每條線間隔0.2cm，翻轉180度，再以同角度切出斜線。

❹ 將柳橙皮切割好後，表面朝下彎成U形，插於杯緣，再搭配紅櫻桃及吸管即成。

- 片切柳橙需直切，避免歪斜。
- 此杯飾適合用於直立杯，如果汁杯、高球杯等。

小番茄杯飾

使用工具：

片刀、雕刻刀、牙籤

切雕類型：

等分劃分、片皮、翻插

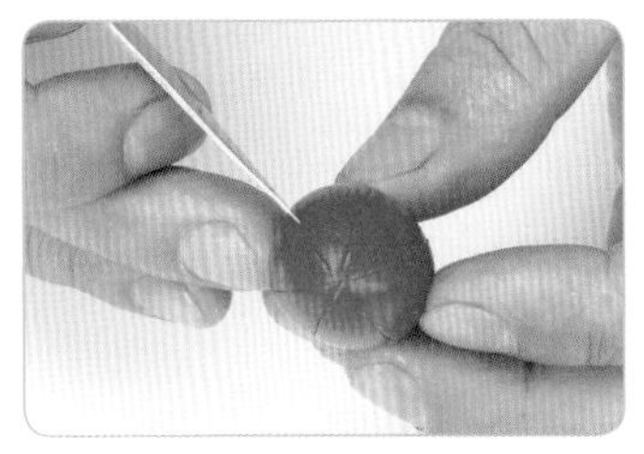

❶ 取新鮮飽滿、圓尖形小番茄1粒，以雕刻刀於尖端表皮劃出6等分，再順著等分線劃至最後1cm停止，刀痕深度0.2cm。

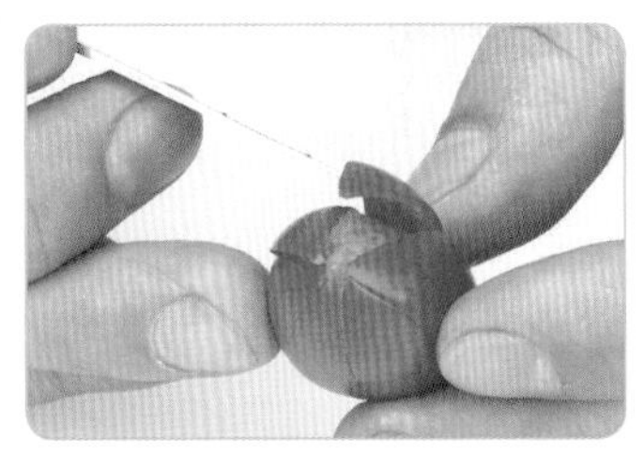

❷ 由尖端片開表皮，厚度0.1cm，到底部1cm停止。

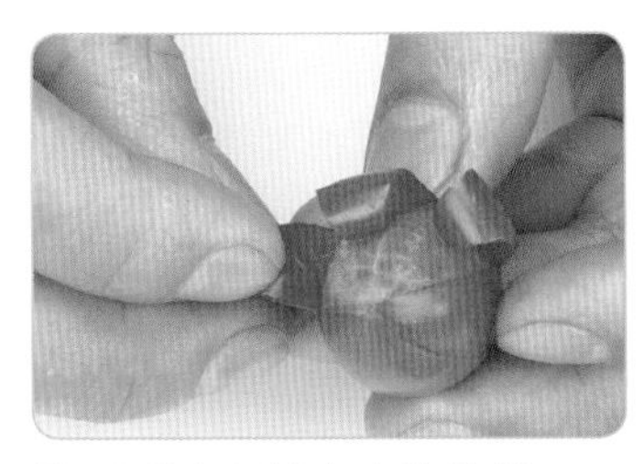

❸ 以手小心將表皮往內摺。

❹ 取柳橙皮，內面以牙籤畫出星狀，再切雕出。

❺ 將番茄花底部切1cm缺口，上端切一小缺口插入柳橙星星，再將番茄花插於杯緣，搭配檸檬皮緞帶勾住杯緣即成。

作品欣賞

各式杯飾切雕成品

● 番茄檸檬皮杯飾

● 西芹檸檬杯飾

● 檸檬奇異果杯飾

● 大黃瓜櫻桃杯飾

● 香瓜皮、柳橙皮杯飾

● 檸檬蘋果杯飾

● 鳳梨蘋果柳橙皮杯飾

● 檸檬番茄紅蘿蔔杯飾

● 草莓杯飾

● 橘子番茄杯飾

● 火龍果皮杯飾

● 檸檬辣椒杯飾

自我評量

是非題

(　) 1. 高腳杯杯緣分為外擴、內縮、直口，所以在切雕杯飾時，需特別注意形狀與圖案的直斜度。

(　) 2. 水果果肉較軟，無需使用雕刻刀切雕，只要用水果刀就可以切出漂亮的杯飾。

(　) 3. 飲品果汁加入杯飾後，賣價可提高，又增加視覺美感。

(　) 4. 一般飲品杯飾皆以水果類來製作較多，蔬果類較少。

(　) 5. 選購較軟、較熟的水果類來做杯飾，即好雕又好吃。

(　) 6. 一般杯飾分為：(1)牙籤、劍插、串插、(2)勾於杯緣杯內、(3)以雕刻刀切割斜缺口，插於杯緣、(4)沉入杯底四種。

(　) 7. 需插於杯緣的杯飾，須特別注意杯口形狀，再決定切口的斜度。

(　) 8. 串插或勾於杯緣的裝飾，其大小以超過杯口半徑為宜。

(　) 9. 在選擇杯飾時，需注意飲品的顏色是否和裝飾的蔬果重複，味道是否搭配。

(　) 10. 因為水果果肉鬆軟，切雕杯飾時，形狀線條宜簡單利落，無需花太多時間切割。

選擇題

(　) 1. 杯飾是指將各種瓜果以雕刻刀切雕出　(1)不同形狀樣式　(2)瓜果形狀　(3)圓形、正方形　(4)長形、三角形　，串插於杯緣。

(　) 2. 柳橙的選購以何者較佳？　(1)鬆軟，呈深橘色　(2)厚重，蒂頭緊連，呈橘黃色　(3)表皮有斑點、無光澤　(4)便宜就好。

(　) 3. 檸檬的選擇以外表青綠色、有光澤，外形呈　(1)頭大尾小　(2)凹凸形　(3)表皮有斑點裂痕　(4)橢圓形　為最佳。

(　) 4. 為了使飲品外觀更亮麗　(1)加入水果　(2)加上裝飾物　(3)加入蔬菜　(4)加入色素　顯得格外重要。

(　) 5. 鳳梨的選擇以外表呈現頭青、尾黃的金黃色，果形呈　(1)歪斜　(2)正圓形　(3)圓筒形　(4)頭大尾小　者較佳。

評量解答

PART 1

是非題

1.○	2.✕	3.○	4.✕	5.○
6.○	7.○	8.✕	9.✕	10.✕
11.○	12.○	13.✕	14.○	15.○
16.○	17.✕	18.✕	19.○	20.○

選擇題

1.(1)	2.(2)	3.(3)	4.(4)	5.(1)
6.(2)	7.(1)	8.(4)	9.(4)	10.(2)

PART 2

是非題

1.✕	2.○	3.✕	4.○	5.✕
6.✕	7.✕	8.○	9.○	10.○

選擇題

1.(1)	2.(4)	3.(4)	4.(2)	5.(4)
6.(4)	7.(2)	8.(4)	9.(1)	10.(3)

PART 3

是非題

1.○	2.✕	3.○	4.○	5.○
6.○	7.○	8.✕	9.✕	10.✕

選擇題

1.(1)	2.(4)	3.(3)	4.(1)	5.(3)

PART 4

是非題

1.✕	2.○	3.✕	4.○	5.○
6.○	7.○	8.✕	9.○	10.○

選擇題

1.(4)	2.(1)	3.(2)	4.(1)	5.(3)

PART 5

是非題

1.✕	2.○	3.✕	4.✕	5.○
6.○	7.✕	8.✕	9.○	10.○

選擇題

1.(1)	2.(3)	3.(2)	4.(4)	5.(1)

PART 6

是非題

1.○	2.✕	3.○	4.✕	5.○
6.○	7.✕	8.○	9.○	10.○

選擇題

1.(3)	2.(1)	3.(2)	4.(3)	5.(4)

PART 7

1.✕	2.○	3.○	4.✕	5.○
6.○	7.○	8.○	9.○	10.✕

選擇題

1.(1)	2.(2)	3.(1)	4.(4)	5.(1)

PART 8

1.○	2.✕	3.○	4.○	5.○
6.✕	7.○	8.✕	9.✕	10.○

選擇題

1.(1)	2.(3)	3.(1)	4.(2)	5.(3)

PART 9

是非題

1.○	2.✕	3.○	4.○	5.✕
6.○	7.○	8.✕	9.○	10.○

選擇題

1.(1)	2.(2)	3.(4)	4.(2)	5.(3)

Culinary Carving and Plate Decoration

Culinary Carving and Plate Decoration

國家圖書館出版品預行編目資料

蔬果切雕技法與盤飾/周振文編著.--八版.--新北市:
新文京開發出版股份有限公司, 2021.12
面； 公分

ISBN 978-986-430-799-9（平裝）

1. 蔬果雕切

427.32 110020492

蔬果切雕技法與盤飾（第八版） （書號：**HT02e8**）

編著者 周振文
出版者 新文京開發出版股份有限公司
地址 新北市中和區中山路二段 362 號 9 樓
電話 (02) 2244-8188（代表號）
FAX (02) 2244-8189
郵撥 1958730-2
四版 西元 2015 年 08 月 20 日
五版 西元 2016 年 07 月 20 日
六版 西元 2017 年 08 月 20 日
七版 西元 2019 年 09 月 01 日
八版 西元 2022 年 01 月 01 日

 建議售價：490 元

法律顧問：蕭雄淋律師
ISBN 978-986-430-799-9

New Wun Ching Developmental Publishing Co., Ltd.

New Age · New Choice · The Best Selected Educational Publications — NEW WCDP

新文京開發出版股份有限公司

新世紀．新視野．新文京—精選教科書．考試用書．專業參考書